风暴潮灾害风险评估的理论与实践

——以河北省为例

于福江　仉天宇　滕骏华
董剑希　吴　玮　付　翔　◎著

海洋出版社
2019年·北京

图书在版编目(CIP)数据

风暴潮灾害风险评估的理论与实践：以河北省为例 / 于福江等著. — 北京：海洋出版社, 2019.8
ISBN 978-7-5210-0410-6

Ⅰ. ①风… Ⅱ. ①于… Ⅲ. ①风暴潮－风险评价－研究 Ⅳ. ①P731.23

中国版本图书馆CIP数据核字(2019)第187316号

FENGBAOCHAO ZAIHAI FENGXIAN PINGGU DE LILUN YU SHIJIAN
——YI HEBEISHENG WEILI

责任编辑：张　荣
责任印制：赵麟苏

海洋出版社 出版发行
http://www.oceanpress.com.cn
北京市海淀区大慧寺路 8 号　　邮编：100081
北京朝阳印刷厂有限责任公司印刷　　新华书店北京发行所经销
2019年10月第1版　　2019年10月第1次印刷
开本：889mm × 1194mm　1 / 16　印张：21.25
字数：450千字　定价：258.00元
发行部：62132549　邮购部：68038093　总编室：62114335
海洋版图书印、装错误可随时退换

序

风暴潮是一种破坏力很强的海洋灾害。通常是指由海上大风引发海水堆积而导致的海面异常升高，风暴潮和近岸浪会侵袭和破坏沿岸各类设施，甚至危害生命安全，海水淹浸过的土地还会引起盐碱化。我国沿海的风暴潮既有台风引发的风暴潮，又有温带天气系统引起的风暴潮。由于受太平洋暖池的影响，西北太平洋区域的台风高发，每年热带气旋产生的个数比世界上其他任何海区都要多，登陆我国沿岸或影响我国海域的台风数量也是最多的。受东亚气象条件的影响，我国温带地区的气旋、寒潮大风时常发生，在特定的条件下，也经常会引发温带风暴潮。

我国海岸线漫长，是世界上受风暴潮影响最严重的国家之一，风暴潮灾害的发生频率高，风暴潮强度大，灾害影响范围广泛，从南到北，几乎都有受到风暴潮侵袭的风险。南部主要受台风风暴潮的影响，台风风暴潮强度一般较大，来势迅猛，发生频率与登陆或影响我国的台风数量密切相关。北部则同时受台风和温带天气过程的影响，相比来看，温带风暴潮的发生更加频繁，北方地区对台风的认识较少，沿海对强潮的防范能力偏弱，加之北部海区水深较浅，海湾地形明显，台风一旦沿海岸线北上，和北方的冷空气相配合，引发的风暴潮经常具有很强的破坏力。历史上多次北上的台风，都在渤海、黄海沿岸引发了较为严重的风暴潮灾害。

国家海洋预报台自1970年以来就开展风暴潮的预警报工作，为我国沿海地区提供风暴潮高水位及其出现时间的预报信息，至今已经有40余年了。近些年来，又根据沿海地区防潮减灾的需要，新增加了风暴潮漫堤和漫滩的预警报，进一步将风暴潮的预警报推向精细化。风暴潮的预警报工作成绩斐然，对保护人民生命安全作用非常显著，因风暴潮灾害导致的平均伤亡人数一直呈下降趋势。但同时，尤其是改革开放以来，沿海地区的经济社会发展非常迅速，各类设施总量快速增加，风暴潮预警报虽然对保护船只和固定设施有重要作用，但受灾害影响的经济损失仍然呈上升趋势。此外，受自然和人类活动的共同影响，全球气候变化的特征愈发明显，海平面上升造成海堤等防护能力下降，海上的台风活动也发生了一些变化，虽然台风产生个数有时会有所下降，但登陆或影响我国海域的台风数量却在增多，同时，台风强度、路径和影响范围都在产生新的变化，这些都对准确、及时的风暴潮预警报提出了新的挑战。

国际上来看，联合国2005年对全球减灾战略进行了调整：从减轻灾害损失调整为减轻灾害风险，从单纯减灾调整为把减灾与可持续发展相结合。这就要求在继续做好灾害临发生前和灾害发生期间预警报的同时，尝试开展灾前的预防，从科技的角度，主要就是开展风暴潮灾害风险评估研究。

在风暴潮灾害风险评估技术方面，国家海洋预报台的早期研究工作奠定了良好的基础，经过三代科技工作者持续不断的技术攻关，形成了风暴潮数值模拟、风暴潮漫滩模拟等技术和模式储备。以于福江研究员领衔的本书作者团队，及时跟进这一转变，利用前期自主研发的模拟技术储备，积极开展风暴潮灾害风险评估的理论探索和现实实践，在河北省黄骅市这一典型试验区，完全采用自主技术和模式，完成了首份我国风暴潮灾害风险评估的系列研究工作，在风暴潮灾害预防和减轻的研究方面取得了明显的进步。

近期获悉作者团队将河北省黄骅市风暴潮灾害风险评估的有关成果整理出版，感觉非常欣慰。在风暴潮减灾领域的这一新尝试，突破了传统海洋预警报的范畴，是一个重要的技术创新，在减灾理论和技术方面填补了空白。成果得到及时转化，实际应用效果良好，对现实的海洋防灾减灾也具有非常好的指导意义。希望能看到更多更好的自然灾害风险评估方面的科技成果涌现出来，应用到灾害管理中去，全面提高灾前预防的科学水平，结合海洋预警报技术的不断提高，共同造福防灾减灾事业，为保障人民生命和财产安全做出应有的重要贡献。

巢纪平

中国科学院院士

2019年6月于北京

前 言

风暴潮灾害是我国最主要的海洋灾害，发生频率高、灾害强度大，其影响范围、损失程度都居各项海洋灾害之首。国家海洋预报台长期开展风暴潮的预报技术研究和预警报工作，具有丰富的技术储备和资料积累。通过对台风和温带天气过程的预判，结合海岸带的实际情况发布风暴潮预警报，提供我国沿海各地的风暴潮高潮位时间和区域，以及漫堤或漫滩的可能影响范围及程度等信息，为沿海的防潮减灾提供了重要参考，在海洋防灾减灾事业中发挥了重要作用。

风暴潮灾害的风险是客观存在的，为了加深对灾害风险的了解，增强应对灾害能力，预防和减轻灾害损失，需要进行海洋灾害风险评估和区划，制作灾害应急预案。这一减灾的策略调整实际上强化了灾害的风险管理，将减轻灾害风险纳入到政府的各项规划中。如果说风暴潮的预警报更多的是灾害的临阵提醒，那么风暴潮灾害的风险评估则是预先分析，真正做到了未雨绸缪，防患于未然。

为了适应对风暴潮防灾减灾需求的调整和“关口前移”的转变，在做好风暴潮预警报的同时，风暴潮预警报技术研究团队预先开展了风暴潮灾害风险评估的研究工作，对风险评估中涉及的技术、模式、资料、信息系统以及灾前预防、预警报和灾中应对等机制方面进行了系统性的研究。此时，恰逢河北省海洋局对河北省海洋灾害高度重视，启动了海洋灾害预警报的警戒潮位核定等工作，经与国家海洋预报台的技术团队沟通后，决定开展河北省黄骅市风暴潮灾害的风险评估工作，从而让风暴潮灾害风险评估的理论、技术得以付诸实践。

河北省黄骅市是风暴潮灾害的易发区，既有台风风暴潮，也有温带风暴潮，由于北上的台风较少，因此台风风暴潮发生次数相对较少，但几次台风风暴潮灾害都较为严重。温带风暴潮发生的频次较多，无论是温带气旋，或者是寒潮大风，都比较容易引发温带风暴潮灾害。经过与河北省海洋局的密切合作，项目研究团队通过复杂、精密的科学设计、计算和分析，提供了简单、直观、实用的风暴潮灾害风险分布图，有利于提高人民群众的防潮减灾意识，使有关单位、部门和居民很容易了解自身所处位置在潮灾中的危险程度，明确人员是否要撤离、财物是否要转移，采取有效的疏散路线，变消极为积极，有的放矢地科学应对。根据灾害风险分布，政府部门可以合理地制定土地利用规划，将重点投资项目和海岸工程、海水养殖、居民区等放在风险小的地方，避免在风险大的区域出现人口与资产的过度集中，而是代以施行加强海堤等硬防护，种植护岸植物等措施，同时可为防潮保险业务的拓展提供依据。

风暴潮灾害风险评估的理论、技术经过实践检验，具有良好的应用。本书提供的相关研究成果已于2008年年底提交河北省海洋局应用。2009年4月15日渤海遭受一次强温带风暴潮过程，沧州市海洋环境监测站根据风暴潮灾害风险图，启动相应的灾害应急预案，第一时间将预警通报给预计受影响地区的企事业单位、海上施工单位和养殖户，组织采取防灾措施，大大减少了灾害损失。沿岸民众普遍感到满意和赞赏，密切了海洋业务部门与民众之间的关系。

海洋灾害风险评估是防范海洋灾害的重要基础工作，对于海洋防灾减灾决策的正确与否具有重大的意义，一旦决策失误，会使多年来的建设成果遭受重大的损失。海洋防灾减灾的经济效益是难以用数字准确计算的。与灾害造成的损失相比，前期的减灾投入微乎其微，把工作做在前面，就可以大大减少自然灾害造成的人员伤亡和经济损失，取得事半功倍的效果。依据以往对海洋防灾减灾的粗略估算，一次严重风暴潮灾害的成功预防，可以减少人员伤亡95%以上，减少经济损失20%～50%之多。按照国际和国内通用的标准计算，投入产出比至少可达1：10以上。

最后，真心希望本书的出版能使海洋灾害的管理者、业务工作者，以及从事海洋灾害风险评估研究的科技工作者从中获得一些帮助，对我国乃至国际上的海洋防灾减灾事业能够有所裨益，切实减少风暴潮灾害造成的人员伤亡和经济损失。

于福江

2019年6月

目 录

第1章 概述

第2章 风暴潮灾害风险评估基本理论

第3章 河北省黄骅市海洋灾害基础地理信息及处理

第4章 河北省沿海高精度海面风场模拟

第5章　河北省黄骅市风暴潮灾害风险评估

第6章　河北省海洋灾害风险评估管理信息系统

第1章
概述

1.1 基本概念

1.1.1 风暴潮定义

风暴潮是指由强烈的大气扰动（强风和气压骤变）所引起的海面异常升高或降低现象。它具有数小时至数天的周期，通常叠加在正常潮位之上，而风浪、涌浪（具有数秒到几十秒的周期）叠加在前二者之上。由这三者的结合引起的沿岸海水暴涨常常酿成巨大灾害，通常称为风暴潮灾害或潮灾。世界气象组织前秘书长D. A. Davies（1978）曾指出："绝大多数因热带气旋而引起的特大自然灾害是由风暴潮引发的沿岸涨水造成的。"

在我国历史文献中风暴潮又多称为"海溢""海侵""海啸"及"大海潮"等，风暴潮的空间范围一般为几十千米至上千千米，时间尺度或周期约为数小时至100小时，介于地震海啸和天文潮波之间。由于风暴潮的影响区域是随大气扰动因子的移动而移动，因此有时一次风暴潮过程往往可影响1 000～2 000 km的海岸区域，影响时间可长达数天之久。沿海验潮站或河口水位站所记录的潮位变化，通常包含了天文潮、风暴潮、海啸及其他。

一般的验潮装置均滤掉了数秒级的短周期海浪引起的海面波动。从验潮曲线中准确分离出风暴潮是困难的，这是由于非线性作用使天文潮和风暴潮并非严格的线性叠加，因此，依据实测潮位减去正常潮位计算出的剩余值中，有时明显地表现出潮周期振动。不过目前国内外仍采用实测潮位与天文潮代数差的方法来分离风暴潮。

1.1.2 风暴潮分类

按照诱发风暴潮的大气扰动特征分类，风暴潮分为台风风暴潮和温带风暴潮两大类。在我国，风暴潮一年四季都有发生。夏、秋季节大陆沿海多有台风风暴潮发生，其频发区和严重区为沿海海湾的湾顶及河口三角洲区，春、秋、冬季渤海和黄海沿岸多有温带风暴潮发生。

1.1.2.1 台风风暴潮

在西北太平洋沿岸国家中，我国沿海遭受台风风暴潮的袭击既频繁又严重。依据统计，全球平均每年有80～90个热带气旋生成，其中西北太平洋和南海热带风暴以上强度热带气旋年平均生成数约占30%，台风以上强度年平均生成数约占34%。因此，西北太平洋及其边缘海、中国南海在全球8个台风生成区中占首位，是全球台风最为活跃的海域。据1949—2009年统计资料，西北太平洋和南海台风年平均生成数为27.3个，年平均登陆数为6.9个。期间共发生黄色及以上级别风暴潮（高潮位超过当地警戒潮位）228 次，平均37 次/年。目前，我国主要依靠验潮站监测风暴潮，当台风在外海向开阔海岸移来时，岸边验潮站首先观测到海面的缓慢上升或降低，一般只有20～30 cm，持续时间通常有十几个小时，这是台风风暴潮来临的预兆，即初振阶段，尔后，随着台风的逐渐移近，风暴潮位急剧升高，并在台风过境前后达到最大值，即激振阶段，最后，是余振阶段，有时在港湾内可持续一天以上。以8007号台风风暴潮为例，1980年7月22日，我国广东省海康县的南渡站记录到的最大台风风暴潮为585 cm。此次记录到的风暴潮居世界第三位，我国第一位。

1.1.2.2 温带风暴潮

由温带天气系统引起的局部海面振荡或非周期性异常升高（降低）现象称为温带风暴潮。其中温带天气系统通常是冷性高压、具有锋面结构的低压等天气系统的统称，主要活动于中高纬度。在西北太平洋沿岸国家中，中国是最易遭受温带风暴潮灾害的国家。

我国沿海一年四季均会发生温带风暴潮，其中1—4月、10—12月为频发期。我国温带风暴潮主要特点：一是次数多，莱州湾1951—2016年期间，共发生726次温带风暴潮，平均11次/年；二是影响时间长，渤海湾与莱州湾一年四季均会发生温带风暴潮；三是影响范围广，北至辽宁省，南至海南省均出现过温带风暴潮。

1.2 我国风暴潮灾害概况

1.2.1 台风风暴潮灾害

我国位于西北太平洋和南海海域沿岸，频繁遭受台风风暴潮袭击，每年有近20个台风影响我国海域，有7个左右台风登陆我国沿海地区。

我国历史上最早的潮灾记录可追溯到公元前48年。在《中国历代灾害性海潮史料》一书中，统计了我国历史上从公元前48年到公元1946年这一漫长岁月中各朝代潮灾发生的次数。新中国成立前我国共发生576次潮灾。在这576次潮灾中，随着年代的延伸，潮灾的记载日趋详细，一次潮灾的死亡人数由“风潮大作溺死人畜无算”到给出具体死亡人数。从这些详细的记载中，不难看出每次死于潮灾的，少则数百上千人，多则万人乃至数万人之巨。

1845年（清道光二十五年）农历二月二十九日发生特大海潮，海水倒灌达百余里，仅山东海丰、沾化、利津三县海水淹没土地即有65 000亩（引自山东省自然灾害史）。

1895年（清光绪二十一年）农历四月初五、初六日，东南风如吼，入夜风益怒号，雨如瀑布，20英尺（约6.1 m）高海啸，沿海浪高7 m，淹没土屋千数百家。塘沽至北塘间铁路冲断，海挡全部冲决口。从天津大沽口到河北省歧口“七十二连营”基地被冲得荡然无存，死者2 000余人。

20世纪，死亡万人以上风暴潮灾害事件共有5次，最严重的是1922年8月2日发生在广东汕头的特大台风风暴潮灾害。据史料记载：1922年8月2日下午3时，风初起，傍晚愈急，9时许，风力益厉，震山撼岳，拔木发屋，加以海潮骤至，大雨倾盆，平均水深丈余，沿海低下者数丈，乡村被卷入海涛中，屋舍倾塌不可胜数，受灾尤烈，150多千米的海堤被悉数冲毁，海水入侵内陆达15 km。有户籍可查的，死亡7万～8万人，无数人无家可归。这是20世纪以来，我国死亡人数最多的一次风暴潮灾害。

新中国成立后，死亡千人以上的特大风暴潮灾害共有3次，分别发生在1956年、1969年和1994年。

1956年8月2日，5612号台风在浙江杭州湾引发特大风暴潮，澉浦站测得最大增水值达5.32 m，在我国风暴潮记录中为第二位，仅次于广东南渡站（5.85 m）。浙江省75个县（市）大都遭到极其惨重的损失，其中象山县南庄尤为悲惨，其门前涂海塘全线溃决，纵深10 km一片汪洋，7万多间房屋被冲垮，南庄平原平均水深1 m，有些地方水深甚至达到5 m，看不到一寸陆地。全省干部、群众共死亡4 925人。

1969年7月，广东汕头发生特大风暴潮灾害，汕头站最大增水为2.98 m，最高潮位超过当地警戒潮位1.60 m。汹涌的海水冲垮海堤，夷平村庄，淹没良田，死伤的家畜、倒塌和损坏的房屋数以万计；数千吨的货船被搁置岸边。汕头市成为泽国，一些钢筋混凝土结构的两层楼被冲倒，饶平、澄海、潮阳等沿海较低处水深达4 m。全省共死亡1 554人，其中包括广州军区汕头牛田洋农场接受"再教育"的大学生83人，解放军470人。直接经济损失1.98亿元。

1994年，9417号台风在浙江瑞安登陆，风暴潮伴随巨浪，以排山倒海之势突袭温州一带沿海，导致海塘、海堤被冲毁，发生大面积海水漫滩，温州市沿瓯江一带平地水深达1.5～2.5 m；温州机场因堤防溃决，候机厅海水深达1.5 m，机场停航12天，机场跑道海水退去后留下的漂浮物（包括溺亡牲畜）重达数百吨。全省有1 150万人遭到不同程度的灾害影响；189个城镇进水，228万人被海潮、洪水围困；5.0×10^4 hm^2农田被淹；4.7×10^7 hm^2对虾塘被冲毁；10万余间房屋倒塌，86万余间房屋损坏；520.7 km海塘损毁，3 421处堤塘决口，长243 km；1 757艘船只损坏；全省1 216人死亡，266人失踪，直接经济损失131.51亿元。

为了探讨台风风暴潮历史灾害时间分布特征，本章统计了中国沿海典型代表站最大风暴增水与发生时间，分析了中国沿海台风风暴潮增水的大、小分为特强、强、较强、中等和一般四个级别，分别对应Ⅰ、Ⅱ、Ⅲ、Ⅳ和Ⅴ级；大于151 cm且小于等于200 cm为Ⅲ级；大于101 cm为Ⅳ级；大于50 cm且小于等于100 cm为Ⅴ级。

月际分布特征如图1.1～图1.6所示。

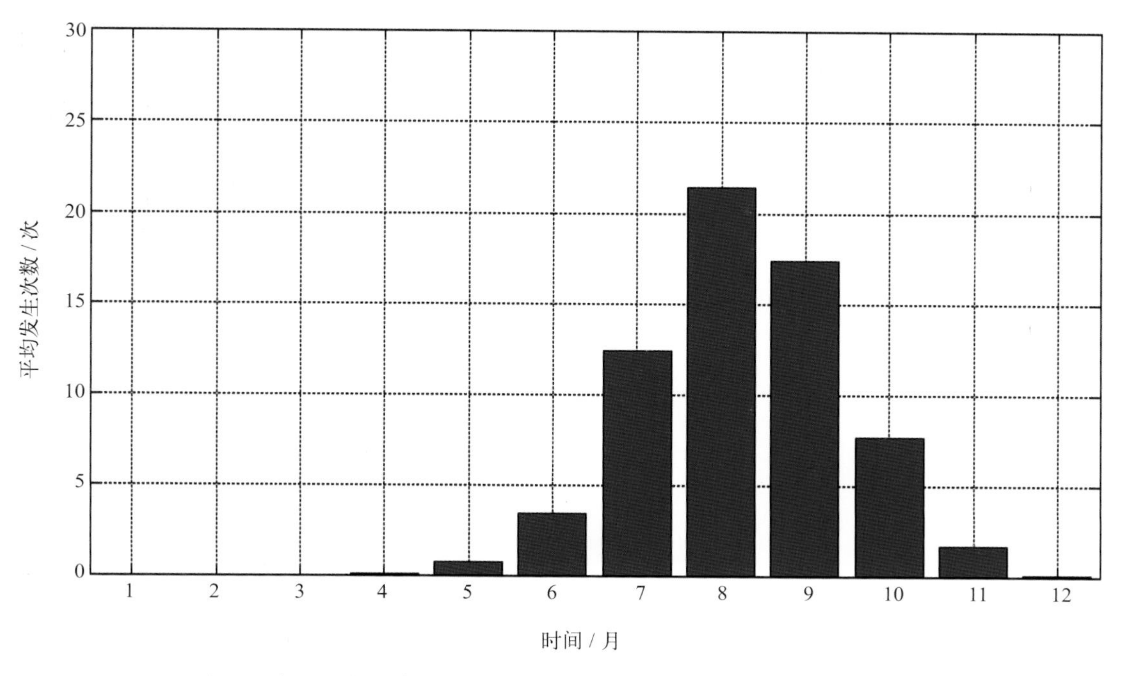

图1.1　中国沿海风暴增水（≥50 cm）次数月际变化（1949—2008年）

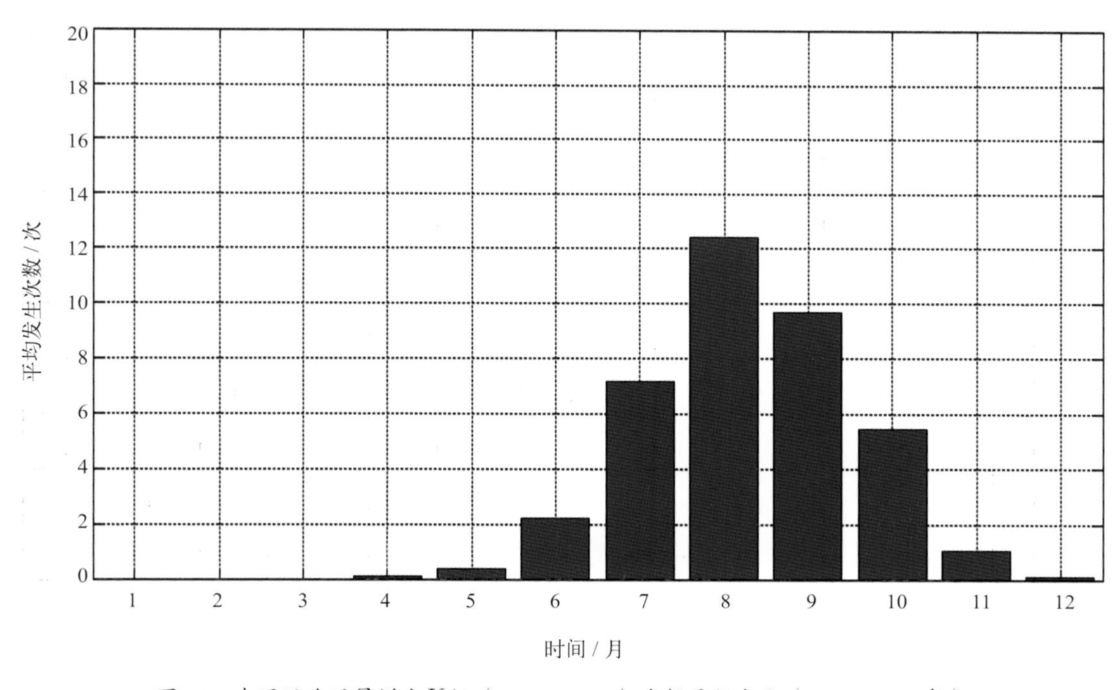

图1.2　中国沿海风暴增水Ⅴ级（50～100 cm）次数月际变化（1949—2008年）

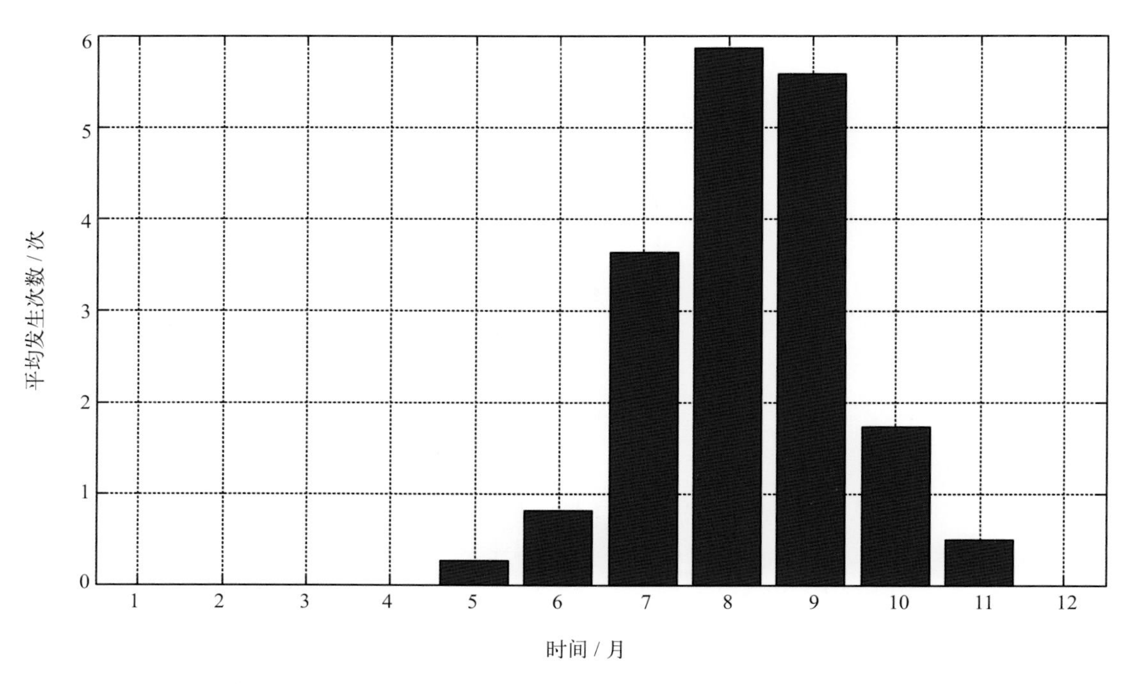

图1.3　中国沿海风暴增水Ⅳ级（101～150 cm）次数月际变化（1949—2008年）

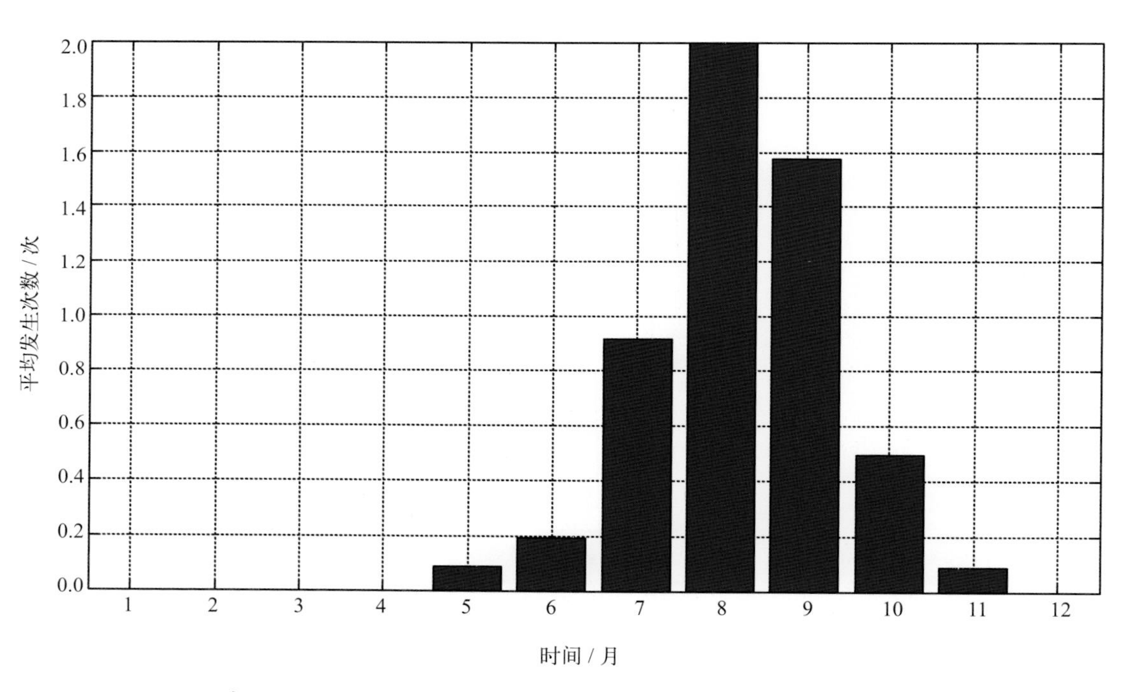

图1.4　中国沿海风暴增水Ⅳ级（151～200 cm）次数月际变化（1949—2008年）

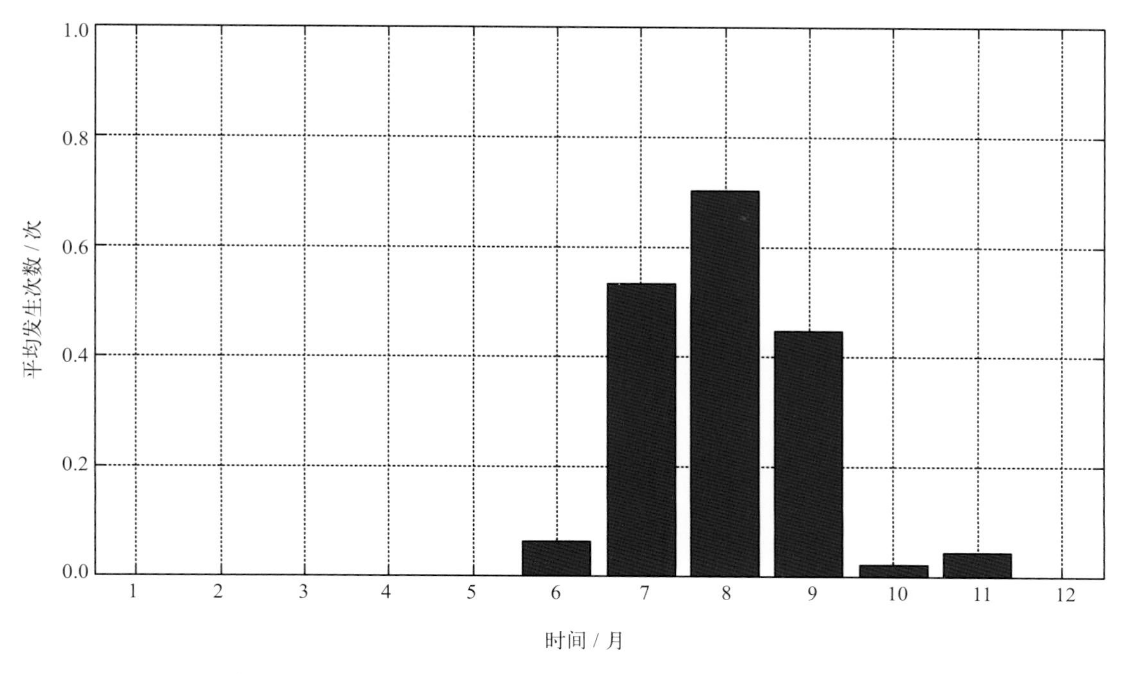

图1.5 中国沿海风暴增水Ⅱ级（201～250 cm）次数月际变化（1949—2008年）

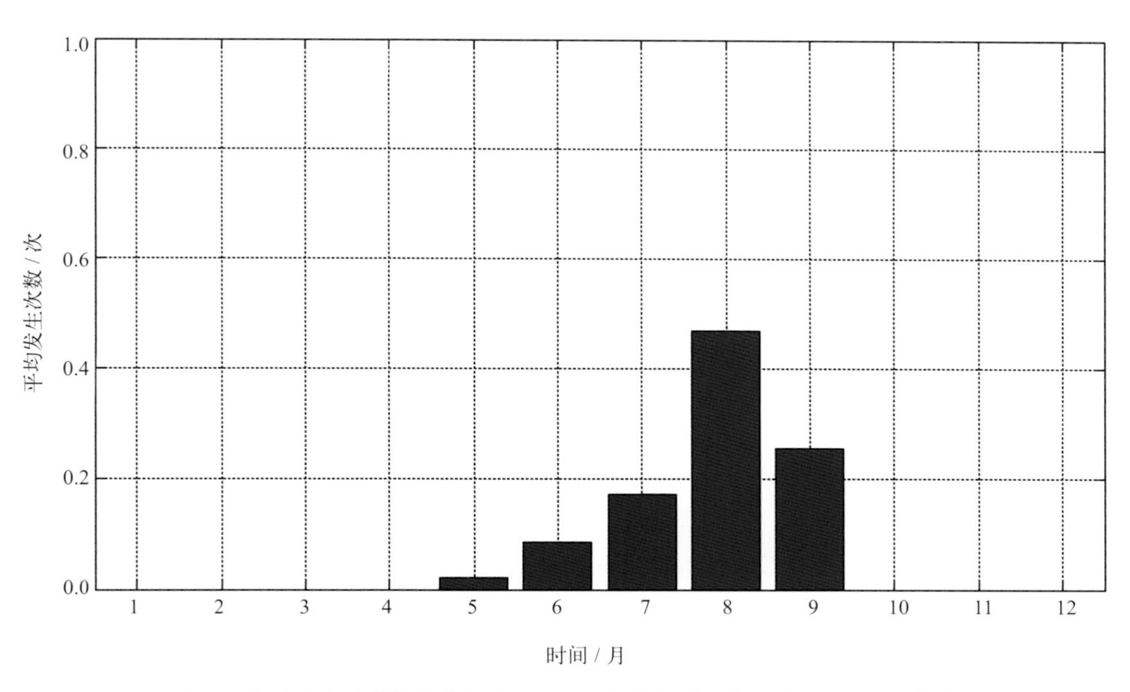

图1.6 中国沿海风暴增水Ⅰ级（≥251 cm）次数月际变化（1949—2008年）

从图1.1可以看出，中国沿海4—12月在沿海均会发生增水50 cm以上的风暴潮，其中7—9月为风暴潮多发期，每个站平均发生次数超过10次，8月为最多，超过20次。从各级风暴增水图（图1.2～图1.6）可以看出，以Ⅴ级风暴增水为最多，发生次数占总次数的50%以上，其中8月的次数居首位，之后依次为9月、7月、10月、6月、11月、5月、4月和12月；Ⅳ级风暴潮约占总次数的21%，主要发生在7—9月，以8月的次数居多，其次为9月和7月；Ⅲ级风暴潮发生次数明显减少，以8月的次数为最多，之后依次是9月、7月、10月、6月、5月和11月；历史上6—11月也曾发生过Ⅱ级风暴潮，以8月的次数居首位，其次分别为7月、9月、6月、11月和10月；Ⅰ级则发生于5—9月，其中8月的次数明显偏多，之后依次为9月、7月、6月和5月。

总体来看，我国沿海8月发生风暴潮的次数最多，无论总次数还是各级次数均为最多，其次为9月，除Ⅱ级外，总次数和其他各级次数均为第二多。值得注意的是，5月和6月虽然发生次数相对较少，但也曾发生数次特大风暴潮过程，10月和11月则发生数次大风暴潮过程。

我国风暴潮的年代际分布特征也较为显著。如图1.7～图1.12所示。

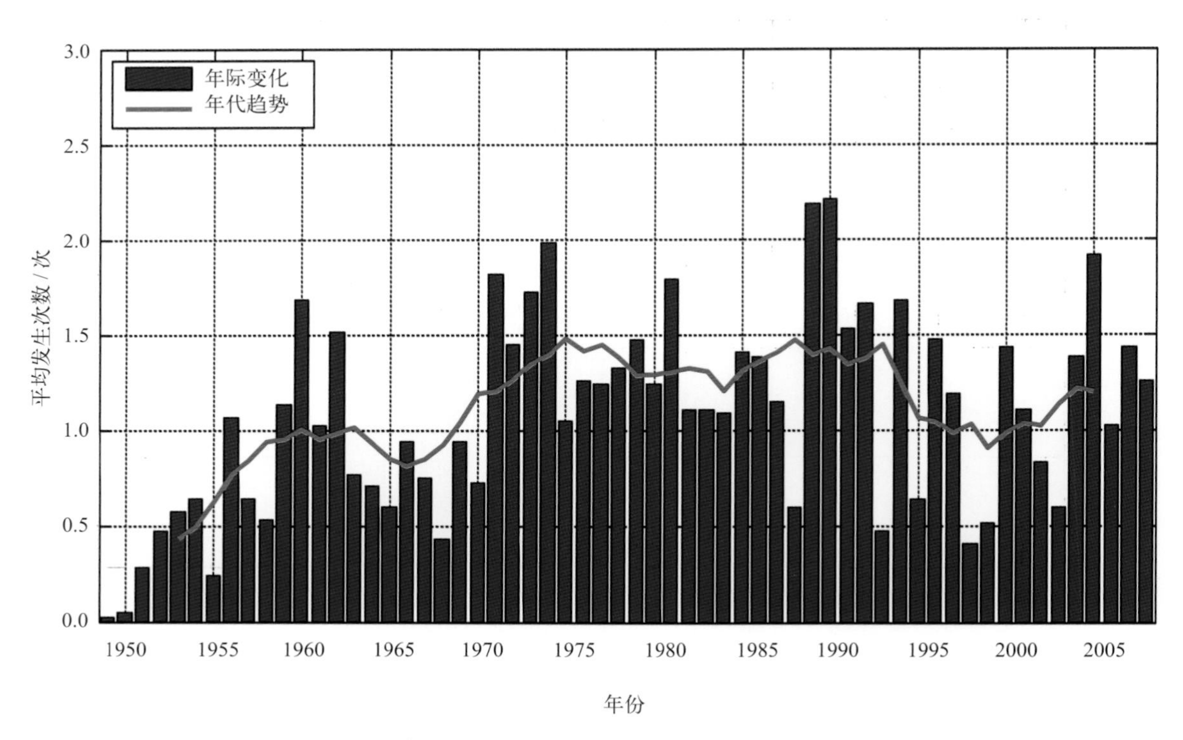

图1.7　中国沿海风暴增水（≥50 cm）次数年际变化

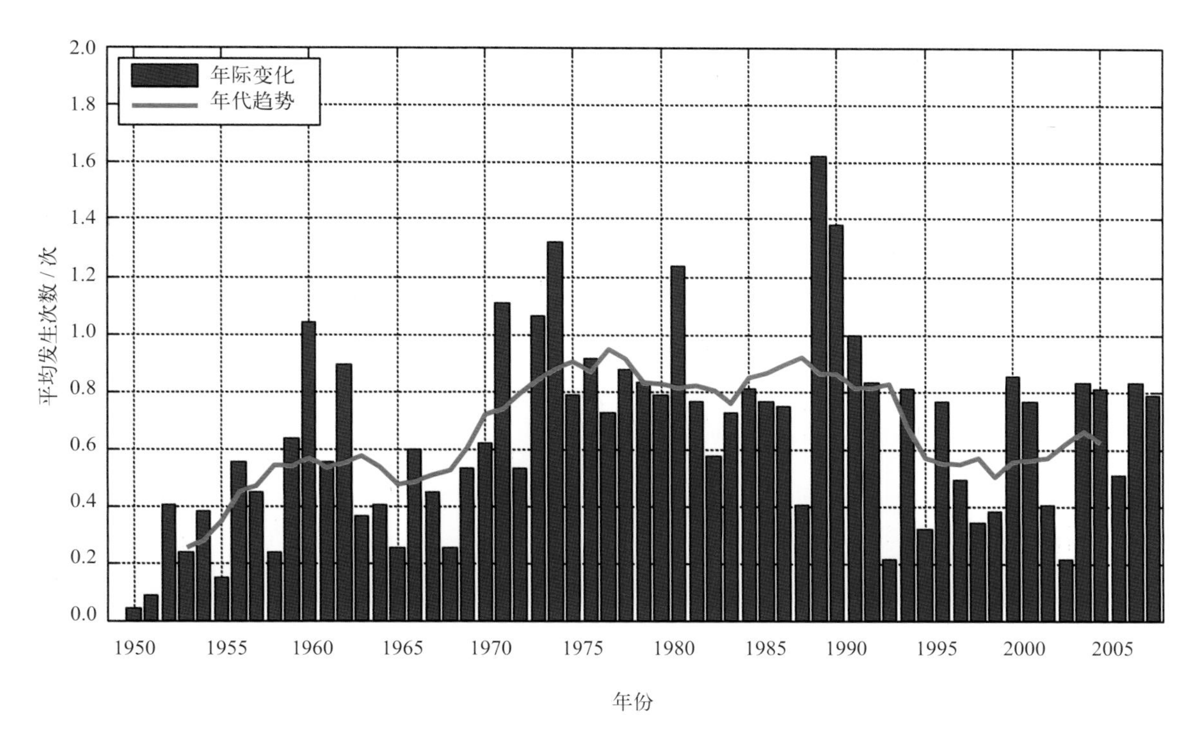

图1.8 中国沿海风暴增水Ⅴ级（50～100 cm）次数年际变化

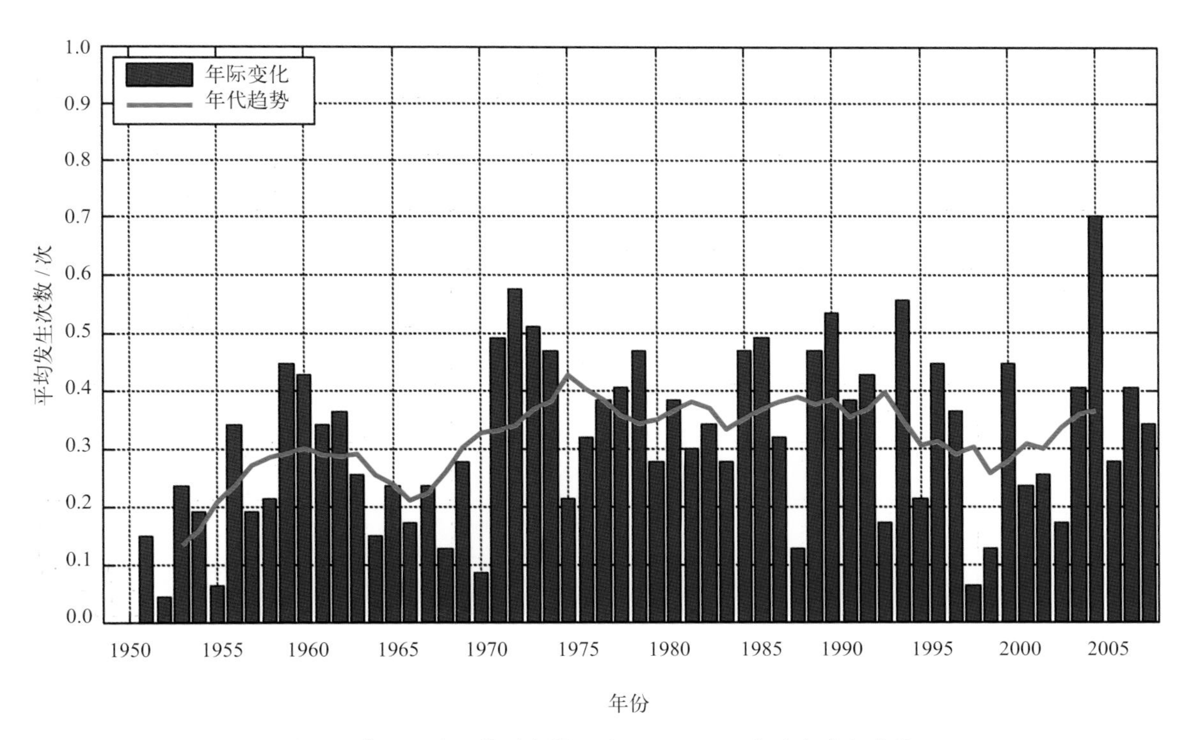

图1.9 中国沿海风暴增水Ⅳ级（101～150 cm）次数年际变化

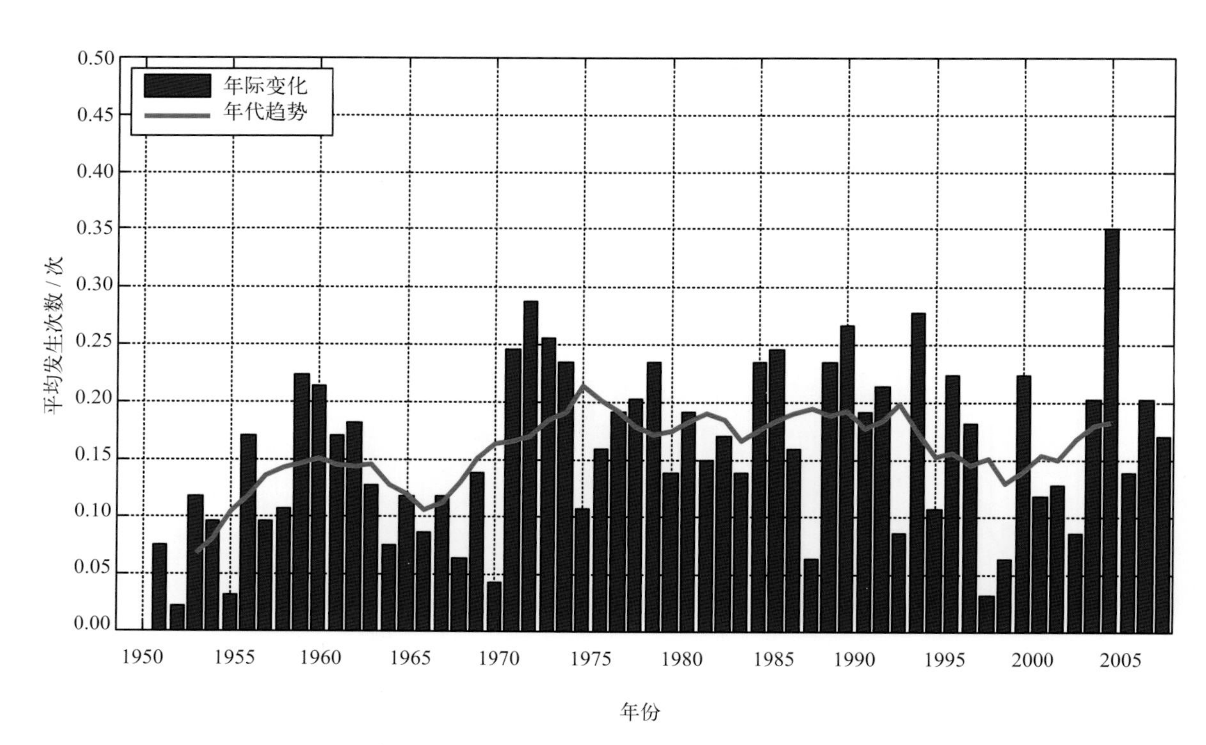

图1.10　中国沿海风暴增水Ⅲ级（151～200 cm）次数年际变化

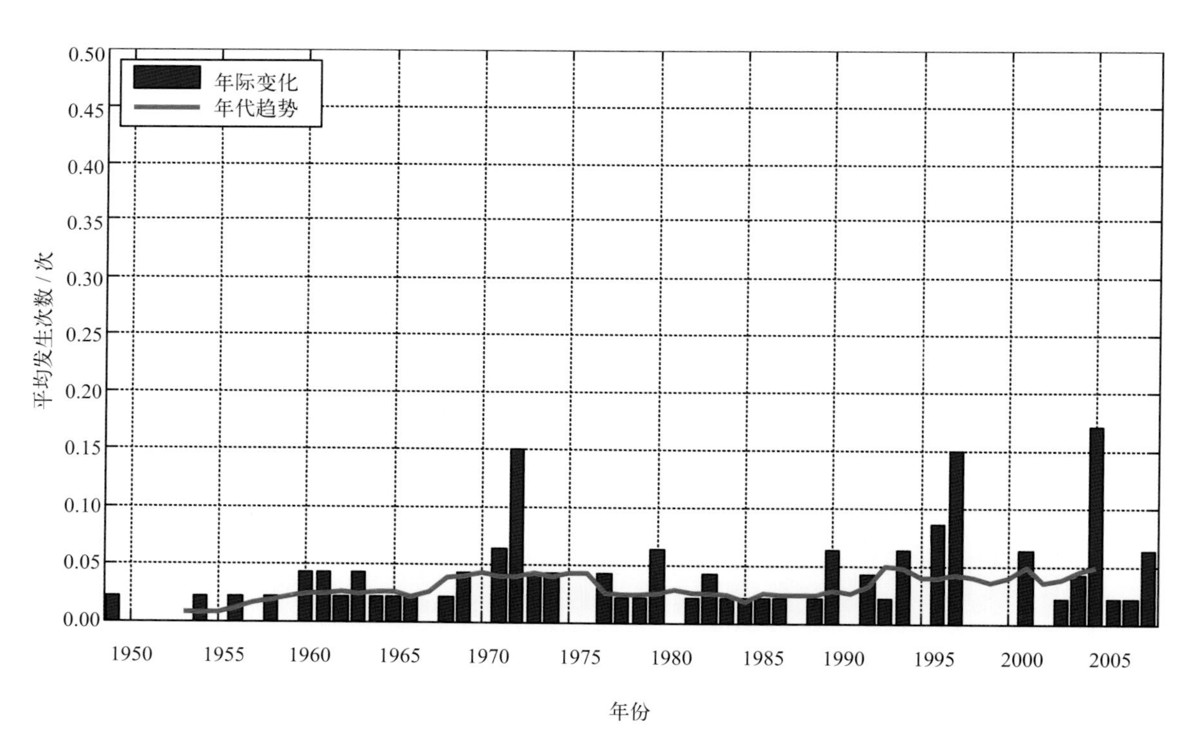

图1.11　中国沿海风暴增水Ⅱ级（201～250 cm）次数年际变化

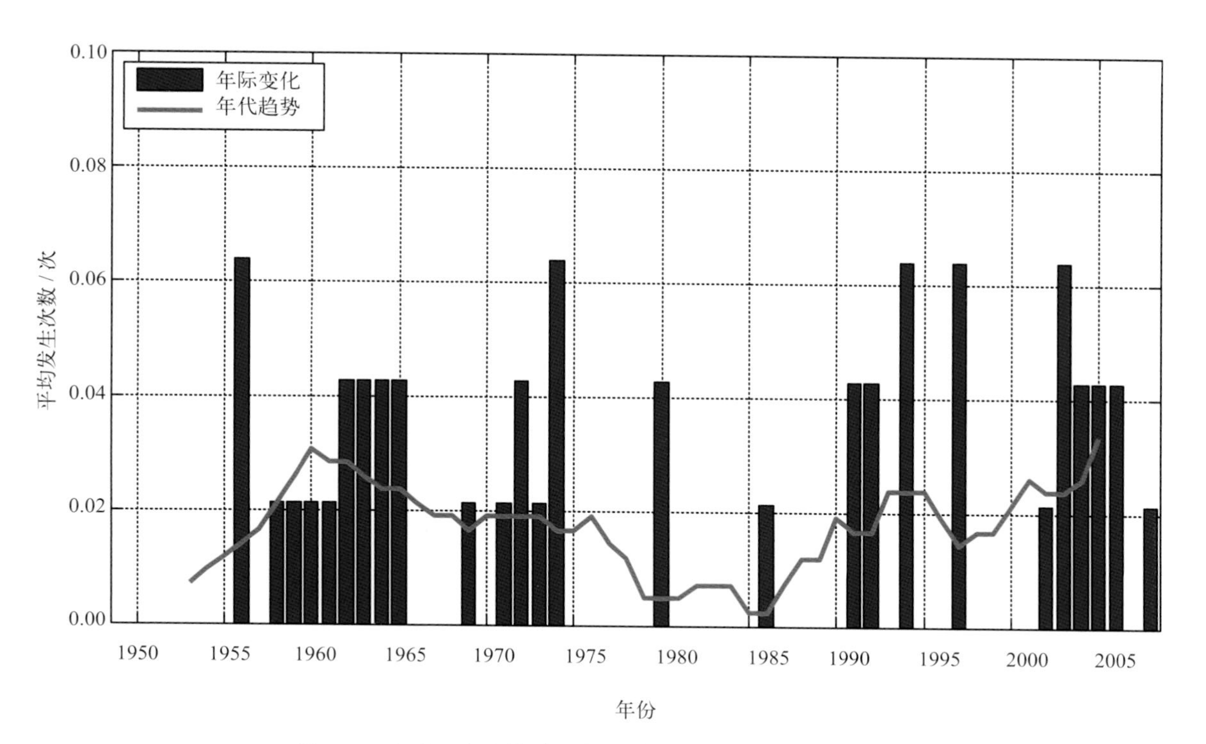

图1.12　中国沿海风暴增水Ⅰ级（≥251 cm）次数年际变化

从中国沿海风暴潮次数年际变化图（图1.7）中可以看出，1949—2008年，虽然风暴潮发生次数不同年代间有着较为明显的波动，但总体仍然呈上升的趋势。20世纪50年代后期和60年代前期、70年代至90年代中期、21世纪前10年中后期为风暴潮发生次数较多的时期，其中70年代和90年代前期较其他年代偏多。

台风风暴潮次数年代际变化趋势和台风登陆次数以及影响个数有着密切的关系。统计结果表明，5年滑动平均的台风风暴潮发生频次和登陆台风之间有着较好的相关关系，登陆台风多发期对应台风风暴潮次数高发期。

与50年来全球气温变化相比，20世纪50年代中期全球气温偏低对应我国风暴潮发生次数明显偏少；50年代后期至60年代前期的气温偏高则对应风暴潮次数偏多，为这一阶段的高峰期；70年代末以来全球气温升高幅度较大，对应风暴潮次数显著增加；90年代中后期至21世纪前10年中期虽然风暴潮发生次数有所减少，但仍然和60年代的峰值次数相当，平均发生次数约为1次/站。但是风暴潮发生次数与全球气温变化的关系较为复杂，二者之间的相关关系还有待进一步研究。

从图1.8～图1.12可以看出，各级风暴潮年代际变化趋势不尽相同，Ⅴ级和Ⅳ级风暴潮次数的变化趋势基本一致，20世纪50年代后期和60年代前期、70年代至90年代中期、21世纪前10年中后期为风暴潮发生次数较多的时期；Ⅲ级风暴潮则在90年代前期和中期以及21世纪前10年中后期发生次数较多，平均次数约为0.15 次/站，其他时期则不足0.1次/站；Ⅱ级风暴潮年代际变化趋势不十分明显，20世纪90年代中期前和21世纪前10年中期发生次数略多于其他时期；Ⅰ级风暴潮年代际变化鲜明，20世纪60年代前期、90年代中期及21世纪前10年中期明显偏多，一是由于登陆台风的个数多；二是登陆或影响的台风强度强。

1.2.2 温带风暴潮灾害

温带风暴潮一般发生在中高纬度地带的沿海国家。在亚洲，我国是最易遭受温带风暴潮灾害的国家，与台风风暴潮相比，温带风暴潮显著的特点是持续时间长，一是强增水持续时间长，1969年4月23—24日发生在莱州湾羊角沟的温带风暴潮，最大风暴增水为3.55 m，1.0 m以上增水持续37 h，1.50 m以上增水持续34 h，3.0 m以上增水持续8 h；二是过程持续时间长，有时会持续3～4 d甚至更长时间，1971年2月26日至3月3日，先后持续6 d，其中5 d出现1.0 m以上风暴增水。因此，从增水强度来看，温带风暴潮虽然弱于台风风暴潮，但增水持续时间长，更容易与天文高潮叠加，酿成灾害。

温带风暴潮另一个显著的特点是影响范围广，一次风暴潮过程有时会影响4～5个沿海省、市。2003年“10·11”特强风暴潮先后影响河北省、天津市、山东省、江苏省、上海市，天津塘沽站最大增水1.71 m，最高潮位5.33 m，超过当地警戒潮位0.43 m；河北黄骅站最大增水2.33 m，最高潮位5.69 m，超过当地警戒潮位0.89 m；山东羊角沟站最大增水2.78 m，最高潮位6.24 m，超过当地警戒潮位0.74 m，为有记录以来的历史第三高潮位；江苏连云港站最大增水1.26 m；上海黄浦公园站最大增水0.66 m，最高潮位4.48 m，接近当地警戒潮位。河北省、天津市、山东省均受灾严重，河北省直接经济损失5.84亿元；山东省直接经济损失6.13亿元；天津市1人失踪，直接经济损失1.13亿元。

温带风暴潮几乎影响我国整个沿海，浙江、福建、海南等省均出现过温带风暴潮。2010年“10·25”温带风暴潮造成浙江镇海、舟山定海和沈家门部分地区受淹，给当地居民生产生活带来较大影响，镇海沿江路上的居民小区由于海水从地下管道倒灌，造成严重内涝；舟山海滨公园原本供市民休憩和远眺的观海平台被一片汪洋包围；镇海渔船码头来不及转移的水产品被潮水淹没。福建省也常常受到温带风暴潮影响，福建省各潮位站的年高潮位由台风引起的比例大部分都在50%以下，历年高潮位多出现在10月，主要是由于天文大潮与冷空气共同影响造成的。福建省宁德核电站计算PMSS时，同时计算了可能最大台风风暴潮与可能最大温带风暴潮，可见温带风暴潮对其的影响是不能忽视的。

2003年“10·27”温带风暴潮造成海南岛北部出现同期较为罕见的高潮位，海南沿海7个乡镇严重受灾，潮水淹没农田100 hm^2、养殖池塘287 hm^2，摧毁堤坝和道路约2 km，损坏渔船2艘，多处房屋进水，直接经济损失2 000多万元。

在探讨温带风暴增水的同时，温带风暴减水也应给予关注，与台风减水不同的是，温带减水持续时间通常较长，而且影响范围较大。剧烈的减水会对港口船只进港、航道航行等产生较大影响。历史上温带减水个例较多，例如2007年3月6日，受强冷空气南下影响，天津塘沽站最大减水2.31 m，居渤海湾减水首位；1962年4月3日，受冷空气东向移动影响，海州湾连云港站最大减水1.67 m。

为了探讨温带风暴潮历史灾害时间分布特征，选取中国沿海温带风暴潮影响严重区域渤海湾与莱州湾，统计了典型代表站最大风暴增水及与生时间，分析了中国沿海温带风暴潮的月际、年际时间分布特征。本书中，温带风暴潮依据风暴增水的大、小分为特强、强、较强和中等四个级别，分别对应Ⅰ、Ⅱ、Ⅲ和Ⅳ级。其中大于等于251 cm为Ⅰ级风暴潮；大于201 cm且小于等于250 cm为Ⅱ级；大于151 cm且小于等于200 cm为Ⅲ级；大于101 cm且小于等于150 cm为Ⅳ级。

我国沿海温带风暴潮灾害严重区域为渤海湾与莱州湾，发生在这两个区域的温带风暴潮具有较为明显的月际分布特征，如图1.13～图1.16所示。

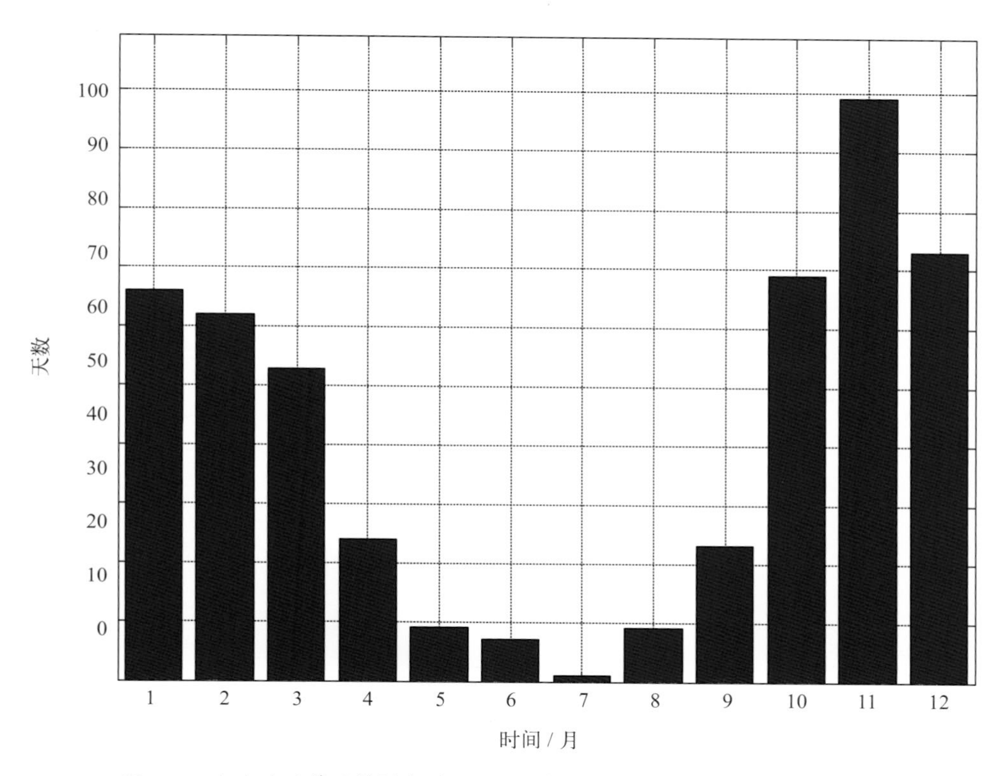

图1.13　渤海湾温带风暴增水（≥100 cm）天数月际变化（1950—2016年）

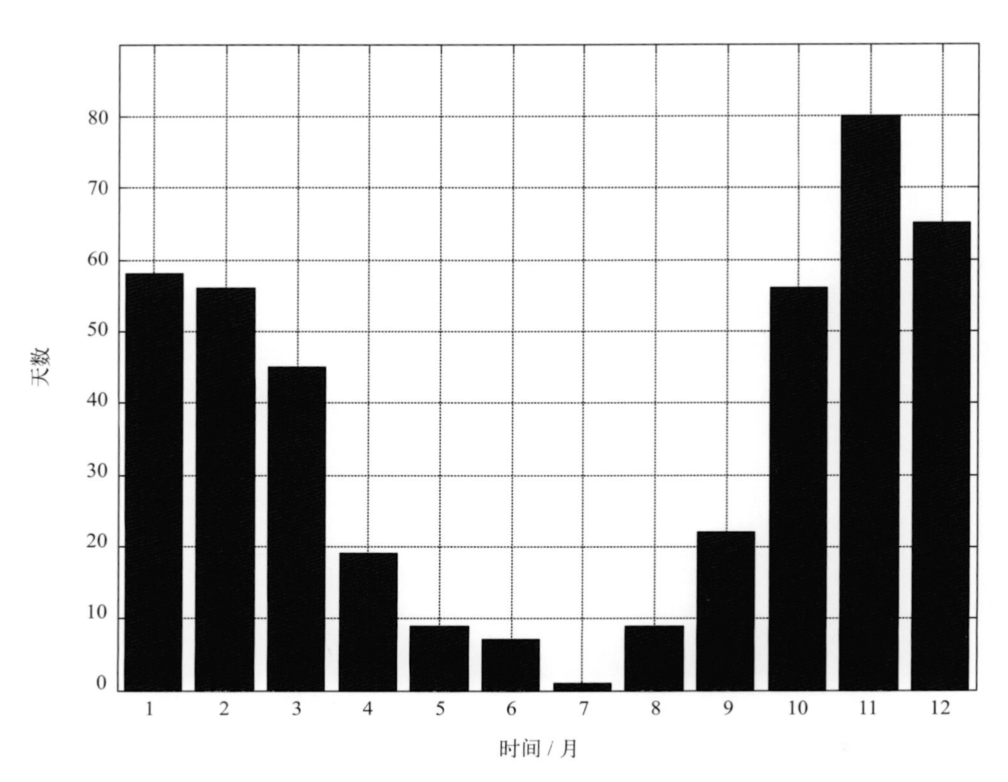

图1.14　渤海湾温带风暴增水Ⅳ级（100～150 cm）天数月际变化（1950—2016年）

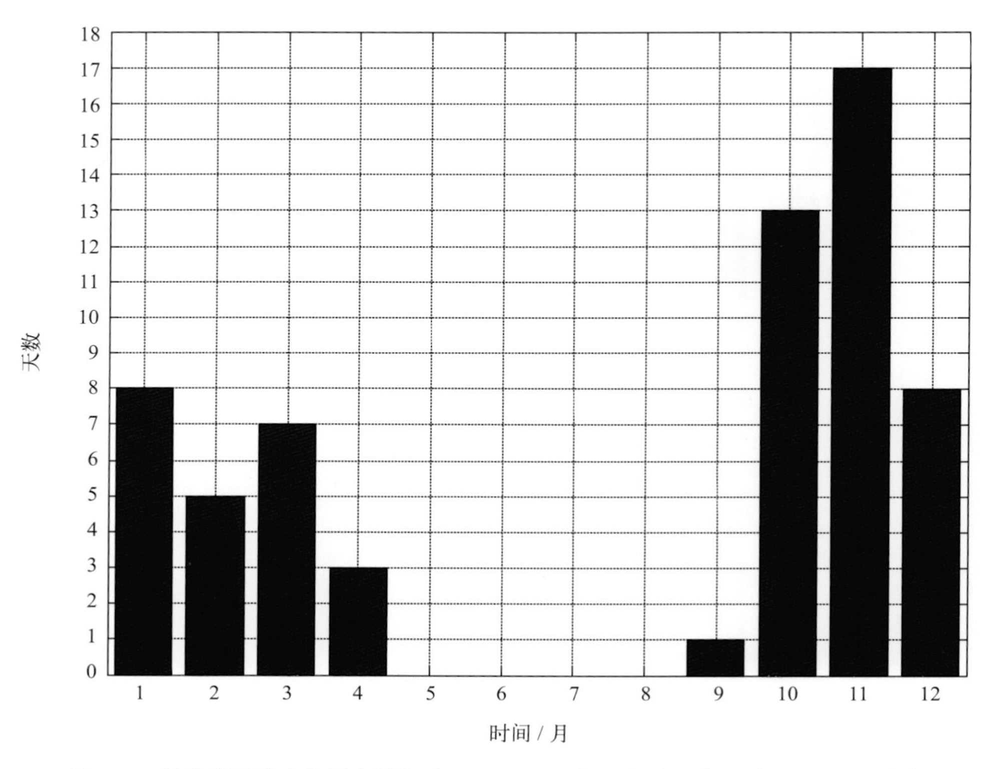

图1.15　渤海湾温带风暴增水Ⅲ级（151～200 cm）天数月际变化（1950—2016年）

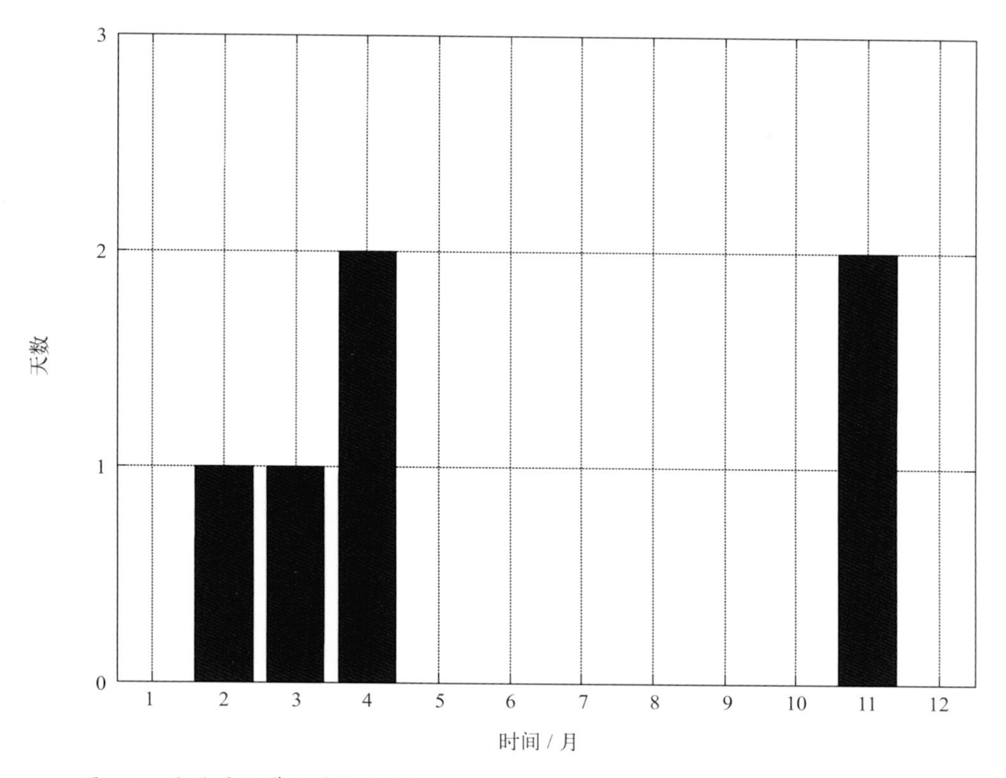

图1.16 渤海湾温带风暴增水Ⅱ级（201～250 cm）天数月际变化（1950—2016年）

从图1.13可以看出，渤海湾67年间，共有495天出现100 cm以上温带风暴潮，平均每年约7.4天。1—12月均会发生增水100 cm以上的温带风暴潮，10月—翌年2月为温带风暴潮多发期，其中又以10—12月居多，每月平均天数均超过1天，11月平均天数接近1.5天，为最多，12月和10月分别为1.1天和1天。

从各级温带风暴增水天数图（图1.14～图1.16）可以看出，Ⅳ级风暴潮发生天数为最多，约占总天数的86%，每年平均天数约为6.4天，其中11月的天数居首位，之后依次为12月、1月、2月、10月、3月、9月、4月、8月、5月、6月和7月。出现Ⅲ级温带风暴潮的天数大幅减少，出现天数最多的依旧为11月，之后依次为10月、12月、1月、3月、2月、4月和9月，5—8月没有出现过Ⅲ级温带风暴潮，其中10月和11月的天数占总天数的48%。Ⅱ级温带风暴潮的天数大幅减少，主要出现在11月、4月、2月和3月，其中以4月和11月偏多。渤海湾历史上没有出现过Ⅰ级温带风暴潮。

总体来看，我国沿海每月均会发生Ⅳ级或以上温带风暴潮，以11月出现的天数为最多，总天数与各级温带风暴潮的天数均为最多，塘沽站的最大温带风暴增水即出现在1960年11月21日，2.46 m，之后依次为12月和10月。7月出现的天数最少，67年间仅有1天出现过Ⅳ级温带风暴潮，其次为6月、5月和8月，分别为6天和5天。值得注意的是，虽然7月出现中等强度及以上温带风暴潮的概率很低，但由于渤海6—8月期间天文潮较高，仍然会出现温带风暴潮灾害，例如2016年7月20日，受温带气旋影响，渤海沿岸出现中等强度的温带风暴潮，辽宁、河北和天津三地因灾直接经济损失合计8.56亿元。

从图1.17可以看出，莱州湾66年间，共有988天出现100 cm以上温带风暴潮，平均每年接近15天；1—12月均会发生增水100 cm以上的温带风暴潮，10月—翌年4月为温带风暴潮多发期，其中又以11月明显偏多，平均每年接近2.5天，之后依次为10月、3月、12月、2月、4月、1月、9月、5月、8月、6月和7月。

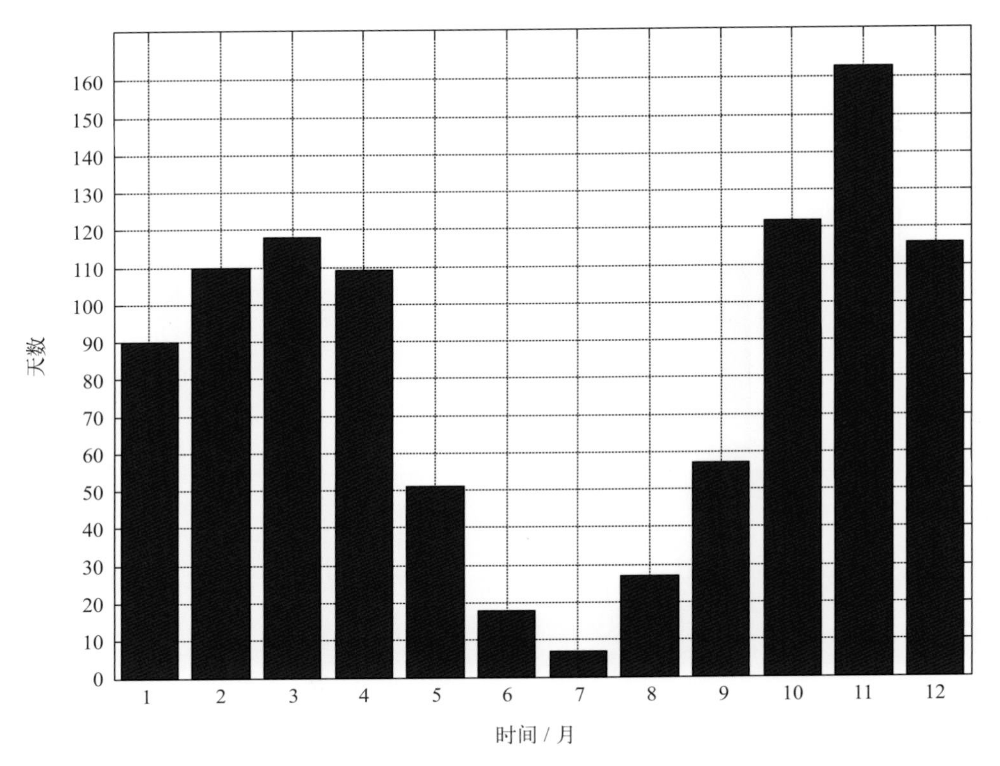

图1.17 莱州湾温带风暴增水（≥100 cm）天数月际变化（1951—2016年）

从各级温带风暴增水天数图（图1.18～图1.21）可以看出，Ⅳ级风暴潮发生天数为最多，约占总天数的65%，每年平均天数约为9.8天；10月—翌年3月的天数相差较小，其中11月偏多，居首位，12月次之；7月出现的天数最少，总计6天，6月次之，总计15天。出现Ⅲ级温带风暴潮的天数明显减少，约占总天数的40%；11月的天数明显多于其他月份，其次为3月、2月、10月、12月和4月，这些月份的天数较为接近；7月没有出现过Ⅲ级温带风暴潮。Ⅱ级温带风暴潮的天数再次明显减少，约占总天数的26%，依旧以11月为最多，其次是10月和4月，总计均超过10天，8月没有出现过Ⅱ级温带风暴潮。66年间共有17天出现Ⅰ级温带风暴潮，天数最多的月份是4月，之后分别为11月、1月、2月、3月和10月，天数相差较小。

总体来看，莱州湾1—12月均会出现温带风暴潮，其中以11月的天数明显居多，除Ⅰ级外，总天数与其他各级温带风暴潮的天数均为最多；Ⅰ级风暴潮出现天数最多的月份是4月，羊角沟站历史最大增水前三位均发生在4月，历史最高潮位6.74 m，出现在1969年4月23—24日的温带风暴潮过程中，本次过程的最大增水也是羊角沟历史最大增水。

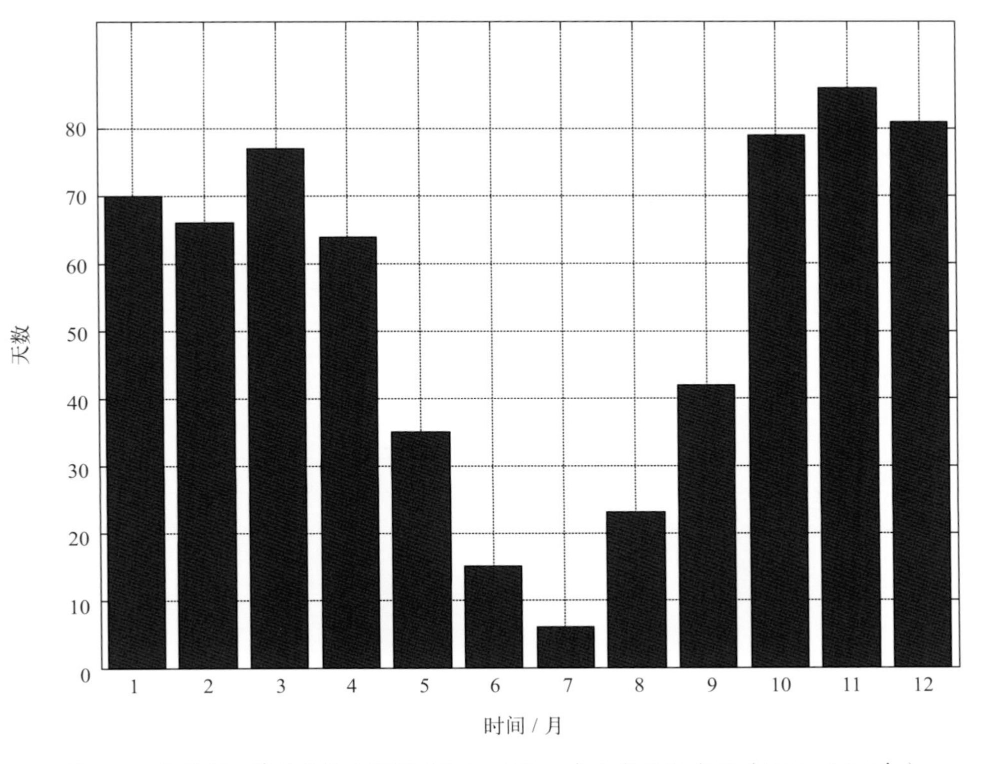

图1.18　莱州湾温带风暴增水Ⅳ级（100～150 cm）天数月际变化（1951—2016年）

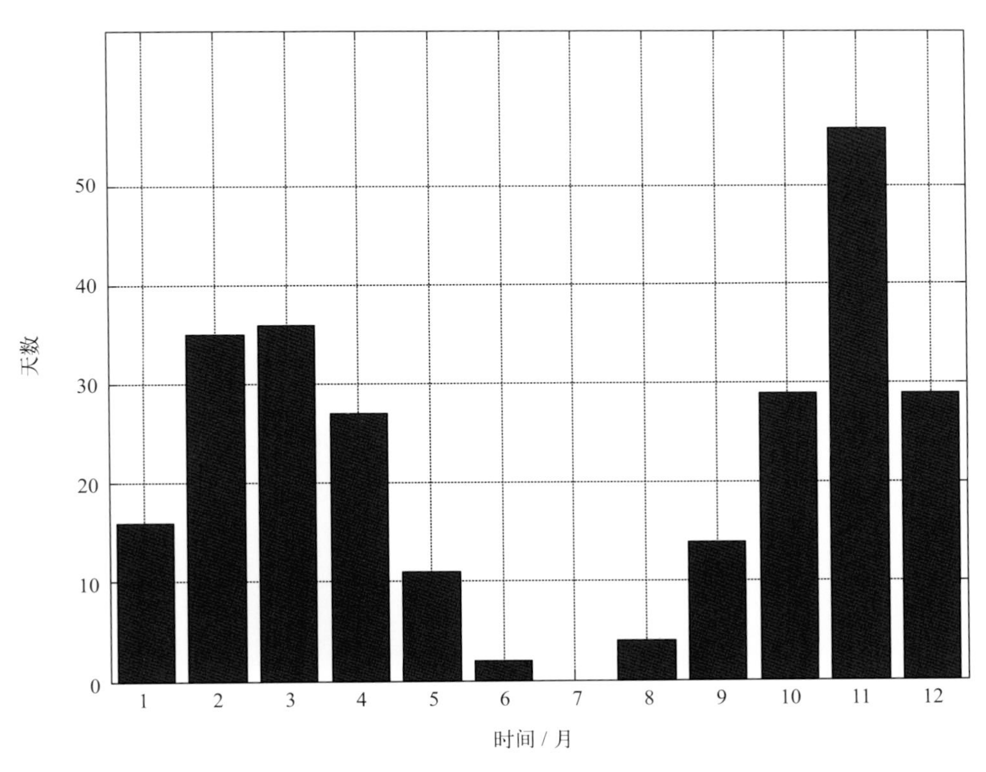

图1.19　莱州湾温带风暴增水Ⅲ级（151～200 cm）天数月际变化（1951—2016年）

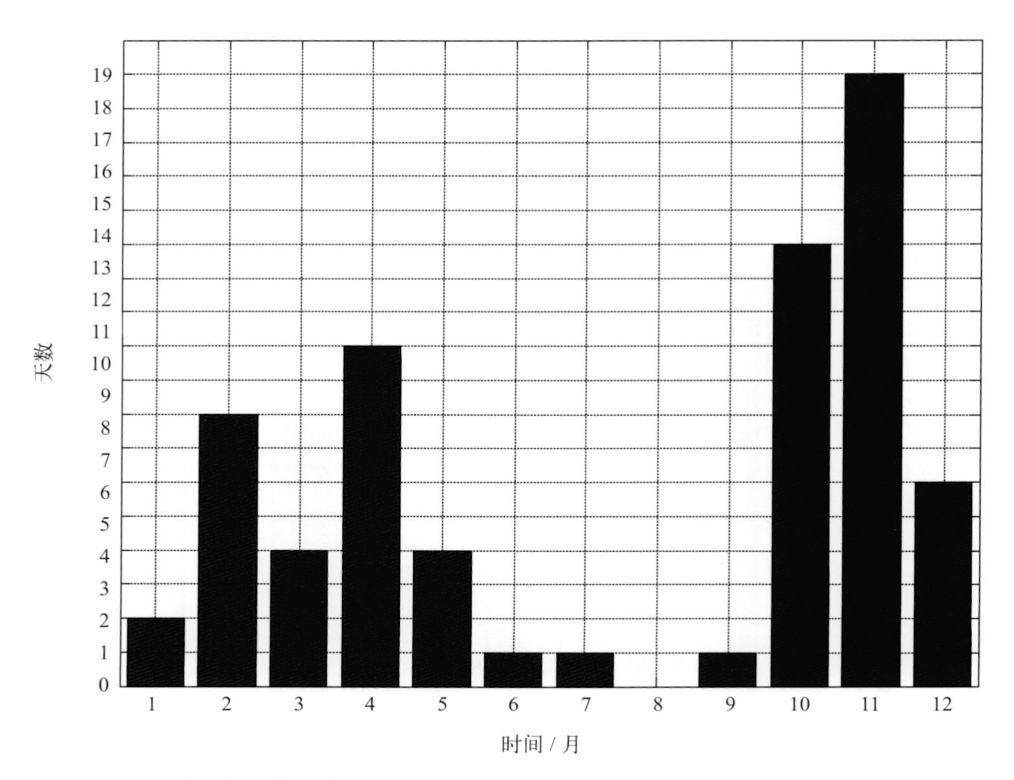

图1.20　莱州湾温带风暴增水Ⅱ级（201～250 cm）天数月际变化（1951—2016年）

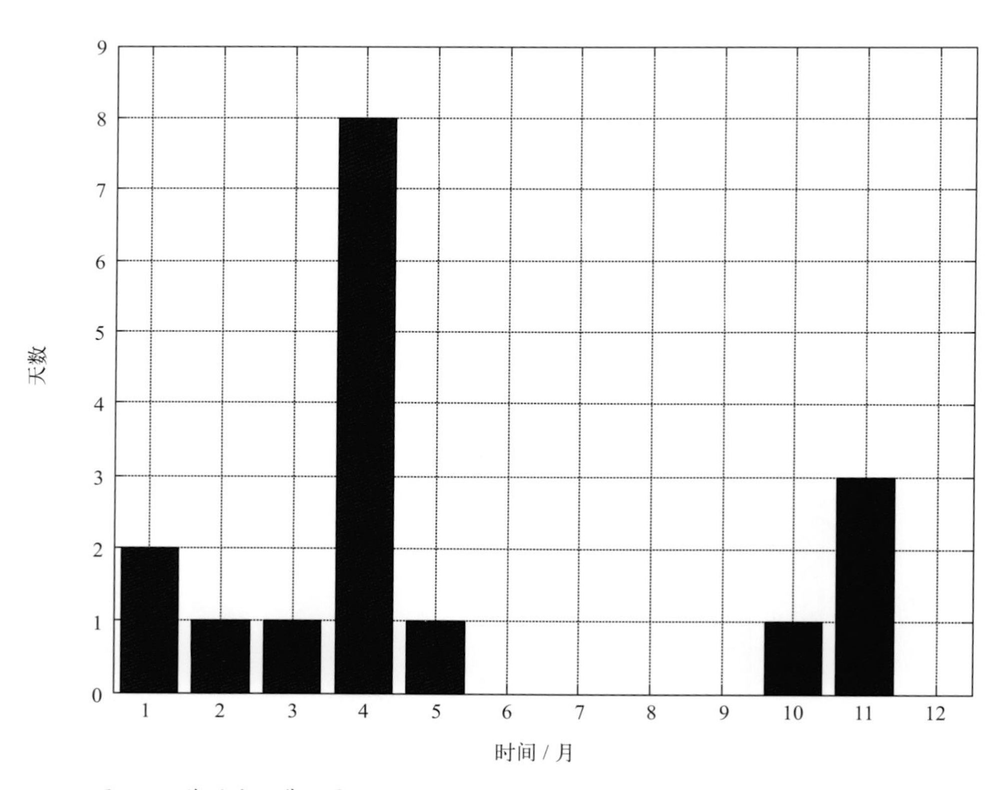

图1.21　莱州湾温带风暴增水Ⅰ级（≥251 cm）天数月际变化（1951—2016年）

1.3 河北省地理、气候概况

1.3.1 河北省地理概况

河北省的地理位置十分重要。它是全国政治、经济、文化中心——北京市的海上门户。京广、京九、京沈、京包、京沪、石太、石德、京通、京承、锦承等铁路线从省内经过，因此，河北是东北地区与内地各省区联系的通道，也是山西、内蒙古和广大西北地区通往北方海上门户——天津港的必经之路。河北省和全国各地间的经济联系与协作非常紧密，又可通过本省的不冻港秦皇岛和海上新开发的曹妃甸深水港，进行国内外的贸易往来。

河北省因位于黄河下游以北而得名，部分地区古属冀州，所以简称“冀”。东部濒临渤海，东南部和南部与山东、河南两省接壤，西部隔太行山与山西省为邻，西北部、北部和东北部同内蒙古自治区、辽宁省相接。地域广阔，地跨36°03′—42°40′N，113°27′—119°50′E之间，总面积为1 877 000 km^2，占全国土地总面积的1.96%，居第14位。

河北省地势西北高、东南低，由西北向东南倾斜。地貌复杂多样，高原、山地、丘陵、盆地、平原类型齐全，有坝上高原、燕山和太行山地、河北平原三大地貌单元。坝上高原属蒙古高原一部分，平均海拔1 200～1 500 m，占全省总面积 的8.5%；燕山和太行山地，其中包括丘陵和盆地，海拔多在2 000 m以下，占全省总面积的48.1%；河北平原是华北大平原的一部分，海拔多在50 m以下，占全省总面积的43.4%。

河北省的陆地面积，主要分布在第三级阶梯上，地貌特征是西北高，东南低，海拔高度差别很大，地貌类型比较齐全。其中：山地面积约901 000 km^2，占全省总面积的48.1%；高原面积约160 000 km^2，占全省总面积的8.5%；平原面积约816 000 km^2，占全省总面积的43.3%。

1.3.2 河北省气候概况

1.3.2.1 气温

河北省地处中国东部沿海，气候属于温带大陆性季风气候，四季分明。全年平均气温介于−0.5～14.2℃之间，年极端最高气温多出现在6月和7月。长城是河北省气温分布的重要界限，长城以北地区年平均气温低于10℃，长城以南高于10℃，中南部地区年平均气温都在12℃以上。

1.3.2.2 日照

河北省热源充沛，年日照时数在2 355～3 062小时之间，坝上及北部山区和渤海沿岸，是河北省稳定的多日照区。年无霜期120～240天，年均降水量300～800 mm，主要集中在7月和8月。

长城以北大部地区和渤海沿岸为两个稳定的多日照区，年日照时数为2 800～3 100小时，燕山、太行山山麓及其附近平原是少日照区，年日照时数多不足2 700小时。就季节来看，春季最多，冬季次之，秋季较少，夏季最少，日照时数的多少直接受天气阴晴的影响。四季日照百分率除夏季为50%～60%外，其他季节为60%～70%。就省内各地日照条件来看，对作物生长十分有利。

1.3.2.3 气候

河北省地处中纬度亚欧大陆东部，虽然面临渤海，但受亚欧大陆的影响很大，气候属于暖温带大陆性季风气候。受地理位置和地貌的影响，河北省气候的突出特点是季风现象显著。受季风环流的控制和其他天气形势的影响，河北省气候的具体表现是：冬日寒冷少雪，春日干燥，风沙盛行，夏日炎热多雨，秋日晴朗，冷暖适中。

冬季时，我国大陆在蒙古高压控制之下，受这一高压的影响，河北省上空盛行西北方向的气流，这就是冬季季风，它表现的特点是风速大而干冷，为时持久。夏季时，印度低压笼罩我国大陆，河北省气压也降至全年最低季节，随着太平洋副热带高压的进一步加强，海上来的夏季风频频入境。春秋为过渡季节，气候也具有过渡性，来去匆忙，为时短暂。

1.3.2.4 降雨与径流

河北省多年平均年降水量536 mm。夏季是一年内降水量较集中的时期，6—9月的降水量约占全年总降水量的80%左右。特别是7月中旬以后全省开始进入雨季盛期，8月中旬以后全省的大雨季节结束。从降水量年际变化来看，自1956—1997年的42年中，以1964年全省平均降水量777.5 mm为最大，1997年降水量365.3 mm为最小。

河北省各地都曾有特大暴雨出现，但由于受地形影响，主要集中在太行山及燕山迎风区，往往强度大、历时长，笼罩范围广，灾害严重。暴雨的年际变化，在地区分布上也有较明显的差异。一般暴雨在6—9月均可能发生，但大暴雨则主要集中在7月和8月，特别是7月下旬和8月上旬为最多，约占大暴雨出现次数的85%。暴雨历时一般持续3天，长的可达7天，短的为1天，有些台风型暴雨量可达800 mm左右。

沿海主要入海河流有47条，可分为四大水系，其中滦河为最大入海河流。滦河以东有17条较大的入海河流，主要有饮马河、戴河、汤河、石河等。上述河流均发源于燕山南坡，水量丰沛，河源短而流水急。滦河以西有陡河、沙河、小青龙河、溯河等15条较大河流，发源于燕山南侧，水量不大，均为平原排沥河道。沧州地段主要河道有14条，其中以子牙新河、捷地减河、漳卫新河、南北排水河为最大，其次有沧浪渠、大浪淀排水渠等，水量很小，都是行洪和排沥河道。

1.4 河北省沿海风暴潮灾害概况

历史上渤海沿岸（含河北省）发生过多次风暴潮灾害，据史料记载，1895年和1900年曾有两次强风暴潮袭击曹妃甸，岛上庙宇、店铺均被冲入大海，岛民迁徙，遂日渐衰凉。1938年和1939年河北省沿海又发生过两次特大台风风暴潮灾害。

新中国成立后至今又有5次灾害严重的风暴潮，分别发生于1965年11月7日（温带风暴潮）、1985年8月19日（台风风暴潮）、1992年9月1日（温带风暴潮）、1997年8月20日

（台风风暴潮）及2003年10月11日（温带风暴潮），近10年来风暴潮灾害发生频率呈增多趋势。

由于河北省沿海位于我国渤海沿岸，这一带沿海春、秋、冬季三季多温带风暴潮发生，温带风暴潮频发区和严重区依次为莱州湾、渤海湾、辽东湾沿岸，据统计渤海湾年均50 cm以上增水的温带风暴潮过程有27.4次。

1965年11月7日（农历十月十五日），受东北大风产生的温带风暴潮影响，唐山市曹妃甸一度被海水淹没，在岛上作业的海洋石油1806钻井队53人被困在航标灯下小木屋里，3天后被救脱险。盐场海挡、堤埝受损严重，海水涌上岸达4小时，经济损失50多万元。

2003年10月11—12日，受北方强冷空气影响，渤海沿岸发生了近10年来最强的一次温带风暴潮。受其影响，河北省沿海3.7万亩虾池被冲毁，扇贝受损590万笼，网具3 000多条；渔船1 450条被损坏；损失原盐15×10^4 t；港口航道淤积，部分在建的海洋工程受损。海水侵入内地淹没农田1.7万多亩，28个村庄进水、500户民房被淹、损坏房屋2 800多间。海水冲毁闸涵775座、泵站69座、海堤4 km；河北省直接经济损失达5.84亿元。

夏季以台风风暴潮影响最为严重，莱州湾沿岸的台风增水值最大，最大台风增水可达2.89 m；渤海湾沿岸次之，最大台风增水超过2.0 m；辽东湾湾顶处居第三，最大台风增水也超过2.0 m。

1992年9月1日，受9216号台风北上后与北方冷空气相互作用的影响，渤海沿岸发生特大风暴潮灾害。河北省沿海唐山、沧州二市受灾严重，海水冲毁虾池5.36万亩（0.36×10^4 hm^2），淹没盐田26.93万亩（1.8×10^4 hm^2），冲走原盐8.1×10^4 t。直接经济损失1.5亿元。

1997年8月20日，9711号台风移经渤海，受其影响渤海沿岸普遍出现特大台风风暴潮灾害，河北省沿海唐山、沧州潮灾严重，潮水共淹没虾池7.98万亩（0.53×10^4 hm^2），冲毁海挡76.5 km，冲毁涵闸116座、冲毁虾池数千座。此次风暴潮造成直接经济损失约4.5亿元，其中秦皇岛2.0亿元、唐山0.8亿元、黄骅1.7亿元。

1.5 海洋灾害预警及应急的意义与必要性

我国是世界上海洋灾害最严重的国家之一，海洋灾害造成的经济损失仅次于内陆的洪涝和风沙等灾害。我国海洋岸线漫长，濒临的太平洋又是产生海洋灾害最严重、最频繁的大洋，加之我国约有70%以上的大城市、一半以上的人口和近60%的国民经济都集中在最易遭受海洋灾害袭击的东部经济带和沿海地区，因此，海洋灾害在我国自然灾害总损失中占有很大比例，且造成的损失呈明显上升趋势。

据不完全统计：20世纪80年代海洋灾害造成的经济损失每年10多亿至数十亿元，90年代每年因海洋灾害造成的直接经济损失高达甚至超过100亿元。1980—2005年的25年中，海洋灾害的经济损失大约增长了30倍，高于沿海经济的增长速度，已成为制约我国海洋经济和沿海经济持续稳定发展的重要因素。

近年来，我国在海洋灾害监测监视和预报预警方面开展了大量卓有成效的工作，但在灾害区划、灾害评估与灾害应急管理上还存在较多问题，主要表现在：对海洋防灾减灾工作重要性认识不足，还未建立海洋应急管理系统；海洋应急管理体系不完善，尚未形成完善的国家和地方相结合的灾害预防和防御工作体制；海洋灾害监测预警基础能力不足，不能满足对特大、重大海洋灾害应急管理的要求；另外，公众宣传教育薄弱，公众防灾避灾意识匮乏；等等。

海洋防灾减灾直接关系到国家的社会安定、经济安全和沿岸人民的生命财产。因此，应研究各类海洋灾害的特征、分布规律、发生机理，开展海洋灾害预警及风险评估工作，积极开展灾害区划，在此基础上制定灾害疏散路线和避难计划，以确保灾害突发时，能够指挥得当，把海洋灾害造成的损失降到最低程度。因此，如何建立海洋灾害预警系统，建立海洋应急管理机制与应急技术，成为各级政府迫切需要解决的问题。

2003年“10・11”特大风暴潮灾害给渤海沿岸造成了灾难性的损失，河北省为主要受灾省份，省政府海洋主管部门为了提高本省预防和处置海洋突发事件能力，加强海洋灾害的应急管理与处置的能力，组织相关专家率先开展了“河北省海洋灾害风险区划及应急技术方案”的工作。

该项工作的主要任务是：在GIS的支持下，将河北省沿海基础地理、社会经济数据、海洋灾害基础数据与海洋灾害风险区划结合起来，制定河北省沿海风暴潮灾害的应急技术预案，实现预测不同等级风暴潮灾害受灾地区风暴潮淹没范围，并可进行淹没地物（如居民地、企业等）的查询；制定不同等级风暴潮灾害的人员及物资疏散方案，为防潮减灾提供决策依据和决策支持。把保障人民群众利益和生命财产安全作为海洋应急管理的首要任务，最大限度地减少海洋突发事件造成的危害。

进入21世纪，随着海洋开发利用的进一步深入开展和海洋经济的发展以及全球气候变暖，海洋灾害的频发程度也将会继续呈上升趋势。因此，开展海洋灾害的风险评价及防灾减灾对策研究是保证我国沿海地区的可持续发展战略的实施，促进海洋经济增长的必要措施。

第2章 风暴潮灾害风险评估基本理论

2.1 基本概念

2.1.1 风险

“风险”是一个日常使用的词语，在日常生活中表示对未来可能发生的伤害或造成损失的一种预估。关于这个词的由来，有多种说法，例如由古汉语逐渐发展形成，或是由英语“risk”翻译而来，但这些说法并没有形成共识。

“风险”同时也是一个专业词汇，广泛用于经济、社会发展的不同领域，其涵义与作为日常用语时类似，仍然是表示对未来可能发生的伤害或造成损失的一种预估。但作为一个专业用语，其涵义更加概念化，更加深化，并在不同的领域被赋予了明确的内容。风险的概念从通常理解的负面影响为主，可以延伸到由“危险”转“机会”，也可以用辩证思维或更加学术的方式来看，风险就成为一种不确定性。针对这三种风险概念的理解，可以分别在不同的领域得到不同的细化概念来诠释，并提供各领域不同风险的计算方法。

风险研究关注的几个方面，包括风险的来源即危险源，受危险影响的承载体以及期望的损失估计或风险结果，对风险结果的应对措施等。通常我们认为，风险一般含有的几个关键因子是：危险推演、承载体、伤害/损失估计、化解或转化、不确定性。这几个因子是根据泛化的风险概念，以及风险的三种学术理解得出的。利用这些泛化的因子，可以在包括自然灾害等各个领域获得各自领域的学术概念分解，进而确定其测算方式。危险推演是根据既往和当前的状态，利用一定的算法得到未来可能发生危险的状态；承载体是在整个过程中受到影响或波及的主要人员或物体，也包括虚拟化的内容，如货币财产等；伤害/损失估计，是结合未来状态、承载体进行的一种影响估计；化解或转化时针对整个发生过程所采取的应对措施；不确定性是对整个过程中各种测算误差的估计，进而确定过程的可信度，不确定性并非全是负面的影响，也有充满希望的一面，为承载体带来光明、获利或者取得成功。

风险按照分类性质的不同，可以有多种分类方式。如上所述，在不同研究领域有不同概念的风险。风险的来源是不同的，如经济学、自然灾害、文化体育、艺术领域等都具有本领域的风险，危险源的性质、原理和发生发展过程各有其特点。根据承载体的性质，风险可以分为个人、组织、社会风险等种类。有以负面影响为主的风险，即纯粹风险（pure risk），也有损失和获利同时可能存在的风险，即投机风险（speculative risk），纯粹风险通常可重复出现，大都符合统计规律，重复发生的概率具有较高的预测准确率。

2.1.2 自然灾害风险

日常使用的“风险”一词，据说是由古代渔民出海捕鱼时，祈祷大海风平浪静，渔民能够满载而归的一种解释，海上大风通常对渔船意味着危险，可能对渔民海上生产作业造成极大的影响，甚至造成船毁人亡的后果。虽然这种说法难以确切考证，但由此可见，自然灾害风险确实是人们认识风险的一种初始来源，在风险的概念中占有重要的基础性位置。

自然灾害风险是以负面影响为主的风险，也是一种纯粹风险。在自然灾害的背景下，风险的关键因子可以进一步具体化。自然灾害的分类通常和学科有关，如和天文有关的太阳风暴和天体撞击等灾害，和地球构造有关的地震和火山喷发等灾害，和气象、地理有关的洪水、干旱、暴雨和地质灾害等，和海洋有关的风暴潮、海啸、巨浪灾害，以及和生物有关的病虫害和外来生物入侵等。某种自然灾害通常对应着某种自然现象，如地震、风暴潮等，既是自然现象，当造成灾害损失的时候，又可以直接称其为灾害，而洪水、干旱等，则通常是由降水等气象或气候因素造成的灾害。

自然现象的发生、发展、消亡一般都是有一个过程的，其对应的自然灾害过程，就是风险的过程。自然灾害背景下的风险，危险推演就是自然现象的过程推演，自然现象在灾害学中通常用频率、强度、影响范围来表征。自然现象的发生频率高，则可以经常碰到，重复的次数多，获得的历史观测资料也多，积累会比较丰富；自然现象的强度大，一般是指其能量、动量大，有时也指其尺度大；影响范围是一个空间概念，是指对多大地域内的承载体造成影响。当自然现象对承载体还没有造成实质性的影响时，严格地说，还没有成灾，只有造成实质性影响，承载体变为承灾体时，才称其为自然灾害。如上所述，在自然灾害风险中，自然现象的过程推演和承灾体是缺一不可的两个关键因子，是构成风险概念中必要的关键因子组成，这二者的相关关系是自然灾害风险的核心。

自然灾害常会造成经济损失，发生人员伤亡，这是自然灾害风险的负面结果。经济损失的数额，人员伤亡的数量，甚至灾害波及和影响的范围，都是衡量自然灾害风险大小的关键指标。在国际上，通行的巨灾衡量标准也是根据这些指标进行定义的。自然灾害中的经济损失目前都是指灾害造成的直接经济损失，人员伤亡的数量统计也日趋精确，自然灾害风险评估就是根据自然现象对承灾体的影响，或者两者的相互作用，估计出可能造成的经济损失，以及可能会造成的人员影响。在自然灾害来临时，实体财富和经济成果的价值相对固定，通常是较难移动的，所以经济损失是相对比较容易估计的，而人员可以受到更多更大的引导，移动性和随机性更大，通常也更难以估计。因此，在估计自然灾害影响时，针对经济损失，更多的是估计其损失数额；针对人员方面，更多的则是转移或躲避灾害，这就是自然灾害风险的化解或转化。任何估计同时也都是根据先验知识得到的一种推理判断，是在灾害发生之前的预判，其不确定性是必然的。最好的结果是根据准确的风险评估和实时预报获得风险的期望值，及时转移风险区的人员和财物，加强风险区的保护和防范，减少自然灾害带来的风险。

2.1.3 全球减灾战略大调整

美国是世界上最早开展风暴潮灾害风险评估的国家，早在20世纪90年代，美国国会拨出专项经费，美国海洋大气管理局（NOAA）联合联邦应急管理署（FEMA）和各州政府，在全国范围内开展风暴潮灾害风险评估工作，将风暴潮防灾减灾的重点转移到了风暴潮灾害评估和区划上。受风暴潮灾害影响严重的各州对历史上的风暴潮重灾区进行了风险评估，制作了本地区大比例尺的风暴潮灾害风险淹没疏散图和风险区划图，为政府防灾减灾部门提供辅助决策支持。

由于受到当时科学技术和科技水平的限制，进行的风暴潮灾害风险评估相对比较粗糙，精细化程度不够，不能满足当前的防灾减灾的新需要。当前美国又开始了第二代风暴潮灾害风险评估，采用了更新的计算技术和更高的空间分辨率（可达到几十米，第一代为1.2 km），可以提供更精细化的风暴潮灾害风险淹没疏散图和风险区划图，更好地为政府防灾减灾服务。

2005年联合国减灾战略做出了重大调整：从减轻灾害损失调整为“减轻灾害风险”；从单纯减灾调整为把“减灾与可持续发展相结合”。这一调整实际上强化了灾害的风险管理，将减轻灾害风险纳入到政府的各项规划中。2005年之前，主要以灾害“响应”和“灾后”重建为主，经过这次战略调整，“灾前”得到加强和重视，因此可以将这次调整总结为八个字，即“预防为主，关口前移”。

近年来，自然灾害等突发事件的风险评估技术研究工作在我国也得到重视。风暴潮灾害的应急管理与风暴潮灾害风险评估、风暴潮监测预警能力、沿海地区防潮能力以及各级政府重视程度和公众教育程度密不可分。在风暴潮预警报的基础上，风暴潮防灾减灾的重点已经转移到风暴潮灾害预警报和评估及区划并行发展上，通过对历史上的风暴潮重灾区进行风险评估，制作大比例尺的风暴潮灾害淹没疏散图和风险区划图。目前，我国已有河北省、浙江省、福建省、广东省和海南省等多个省份开展了风暴潮灾害风险评估的工作，将该项评估技术应用到更多的区域，对各地海洋防灾减灾事业发挥了重要贡献。

2.2 风暴潮危险性辨识

风暴潮作为一种海洋灾害，是巨灾的种类之一。有时又称为“风暴海啸”或“气象海啸”，在我国历史文献中又多称为“海溢”“海侵”“海啸”及“大海潮”等，把风暴潮导致的灾害称为“潮灾”。

风暴潮作为一种自然现象，是指海上大风或气压骤变引起的海面水位异常升高（或下降），风暴潮灾害的危险源就是海水堆积导致海面快速上涨，漫过防护陆地的海堤，进而淹没陆地区域，引发所谓的“漫滩”。风暴潮发生时，海水受强风的作用，伴随着巨浪，冲击力很强，在淹没的区域会造成人员伤亡，毁坏房屋和各种基础设施，造成一定的经济损失。

风暴潮的空间范围一般为几十千米至上千千米，时间尺度或周期约为数小时到数天，介于地震海啸和天文潮波之间。由于风暴潮的影响区域是随大气的扰动因子的移动而移动的，因此有时一次风暴潮过程往往可影响1 000～2 000 km的海岸区域，影响时间可长达数天之久。沿海验潮站或河口水位站所记录的海洋水位变化，通常包含了天文潮、风暴潮、海啸及其他长波所引起海面变化的综合值。一般的验潮装置均滤掉了数秒级的短周期海浪引起的海面波动。

分析和研究风暴潮灾害风险的主要成灾因素，海面水位上涨的幅度非常关键，这又和强风的作用密切相关，也和海岸的地形有很大关系，海岸带上的各种基础设施和财物则是主要的承灾体。在很多国家和地区也称为沿岸洪水灾害，海水对承灾体的破坏比较类似于洪水灾害，同时比陆上洪水更多了腐蚀性和盐碱化等危害后果。风暴潮灾害的破坏性除了和这两个成灾因素密切相关外，与其他巨灾类似，发生在晚间和凌晨，或者在灾害发生频率较低的地域，或者在缺少科普宣传及必要救灾设施的地方，造成的后果会更加严重。

某次风暴潮灾害等级的大小是由本次风暴潮过程影响海域内各验潮站出现的潮位值超过当地“警戒潮位”的高度而确定的。警戒潮位是指沿海发生风暴潮时，受影响沿岸潮位达到某一高度值，人们须警戒并防备潮灾发生的指标性潮位值，它的高低与当地防潮工程紧密相关。警戒潮位的设定是做好风暴潮灾害监测、预报、警报的基础工作，也是各级政府科学、正确、高效地组织和指挥防潮减灾的重要依据。按照国务院颁布的《风暴潮应急预案》中的规定，风暴潮预警级别分为Ⅰ、Ⅱ、Ⅲ、Ⅳ四级，分别表示特别严重、严重、较重、一般，颜色依次为红色、橙色、黄色和蓝色。本书的风暴潮灾害采用这一定义进行研究。

我国大陆的海岸线漫长，根据最新的海洋调查统计显示，海岸线长度达1.8万余千米，沿海岸线分布着不同的大气—海洋—陆地的结合形态，也形成了我国不同种类和特点的风暴潮现象。在西北太平洋沿岸国家中我国的风暴潮灾害最频繁，一年四季均有发生，影响范围最广，几乎遍及整个中国沿海。南方大部分海岸线都会受到热带气旋的影响，尤其是登陆的台风，或者虽未登陆但在近海转向的台风，我国南海、东南沿海都是台风登陆或过境的高发区，相对来说，南海的台风次数更多，而东南沿海的台风强度有时会更强。北方受台风影响的频次较少，但温带气旋、寒潮大风的发生频率较高。这种大气过程在统计上会有一个高发区和高强度区，对应着海岸线的形态，在某些岸段发生次数更多，或者发生风暴潮的强度更大。

一般来说，海湾地形更容易发生风暴潮，因为海上大风吹起的海水更容易在海湾地形内进行堆积，没有防潮闸的河道，也是非常容易发生风暴潮的，这个原因和海湾的情况类似。再就是，到岸边后坡度迅速变缓的水下地形更容易发生风暴潮，这是因为在海上具有一定的水深，海底的摩擦力基本可以忽略，大风更容易将更大量的海水进行堆积，而到了岸边后，大量的海水受到迅速升高的海底的挤压而被迫抬升，海面高度随机会迅速升高，危险性也就越大。再有，天文潮潮差较高的地区，如果风暴潮以一定的概率恰好叠加在天文高潮上，也就是风暴潮引起的海水堆积和天文潮高潮位发生的时间大致吻合，海面的总水位就会非常高，海水破坏力也将随之增加。在我国大江大河的河口三角洲地区（如珠江和长江三角洲地区），海湾地区（如渤海湾和南方的海湾地形区域），潮差较高的地区（如东南沿海等），都是对风暴潮极其敏感和脆弱的地区。

2.3　承灾体脆弱性分析

承灾体是指风暴潮灾害来临时，可能遭受到风暴潮袭击并承受相应损失的各种地物的统称。承灾体的脆弱性分析是指外界致灾因子（暴露风险）——风暴潮对承灾体可能的作用分析，承灾体（具有社会属性的系统）本身的适应能力分析，以及承灾体和外界致灾因子两者相互作用的分析。

风暴潮危险性辨识和承灾体脆弱性分析是一个过程的两种不同角度。两者既有紧密的联系，又各有所侧重。前者聚焦于风暴潮作为自然现象或潜在危害的自然属性，后者则主要侧重于具有人为属性或社会属性的地物，脆弱性分析除了对地物进行分析外，还可以包括对人员伤亡方面的分析，当然，人员是流动的，且组成较为复杂多变，用目前的技术手段来开展人员的脆弱性分析相对地物来说难度更大，定量研究更加困难。危险性辨识更多地分析风暴潮的发生、发展、变化和转化的过程，研究其自然规律，给出最大的潮位、发生的时间、影响的范围；脆弱性分析则针对可能受风暴潮灾害影响的地物，分析其分布（暴露性）、抗灾水平、防护和恢复能力，给出可能遭受的损失，研究躲避撤离、主动防护的可能途径和方法。

脆弱性分析是一个确认危险，并判断它们对一个社区、活动或组织可能产生一定影响的过程。脆弱性侧重于社会脆弱性，包括：风险区的分布、人类和经济生产在风险区的分布情况，以及特定灾害事件的发生而导致的人员伤亡率等。有时将危险性辨识的部分内容也称为自然脆弱性分析，即进行致灾因子发生的强度、频率、持续时间、空间分布的分析。它主要为以下几方面提供信息：

（1）持续发展（因为如果缺少战略和规划来降低脆弱性，发展可能会受到损害）。

（2）应急预防，缓和与准备（如果不知道什么容易导致错误及其可能的影响，就不可能进行有效的准备，也很难防止问题的产生）。

（3）应急反应（许多应急事件严重阻碍交通和通信，得到的信息可能不可靠或者不存在，脆弱性分析将提示哪儿最容易受到损害）。

（4）应急修复（脆弱性分析可以大概描述社区以前的情况，根据这个可以有效地安排修复工作）。

承灾体的脆弱性分析应用范围广泛，适用于各种自然界的致灾因子，本书以风暴潮灾害为致灾因子进行分析；承灾体的设定可大可小，小至社区、街道，大可至海岸线或国家。根据我国沿海海岸带开发的特点，通常以社会属性为一个系统进行承灾体的脆弱性分析，在部分未进行开发或社会管理薄弱的海岸带，也可以其自然属性，如红树林、珊瑚礁自然区域为承灾体进行分析。

承灾体脆弱性研究对区域减灾、减灾投资以及灾害风险管理等有着极为重要的意义。近年来，不少世界灾害管理组织以及政府部门都把减灾的重心转移到风险和脆弱性的分析管理方面。与此相对应的是，开展承灾体的脆弱性分析是当前进行灾害风险评估最薄弱的环节，进行分析所需要的资料积累是一个长期的过程，需要有针对性地进行收集、整理，对各种地物的情况要有相当详尽和客观的掌握，才能做好这项工作。从技术角度来看，采用“3S”技术，即遥感（Remote Sensing，RS）、地理信息系统（Geographic Information System，GIS）、全球导航卫星系统（Global Navigation Satellite System，GNSS）是进行承灾体脆弱性分析以及灾害风险评估的必要手段。

在我国，海岸带大都进行了人工开发利用，因此海岸带对风暴潮的防护主要依靠海堤，海堤的标高和防冲击能力是海堤质量的重要指标，人员和重要财物的安全保障主要依靠疏散或者撤离，可以选择撤离到后方或地势较高的地方。在未被开发的自然海岸，有红树林、珊瑚礁等自然海岸景观或者礁石、沙滩等自然地物可以减轻风暴潮的侵袭，如果风暴潮影响到了人类活动的区域，通常的措施就是向陆地内部撤离或者后退一定的距离。

随着我国沿海经济社会的快速发展，沿海地区的经济总量快速增加，海岸带的国民生产总值与区域面积的比值——经济密度是非常高的，即使在危险源的性质保持不变的情况下，海岸带承灾体所受到的经济损失也会同时快速增加，这种现象在全球范围内也类似，并且至少已经持续了几十年。

国际自然灾害防御和减灾协会主席M.l.El-Sabh（1987）认为：风暴潮灾害在世界自然灾害中居首位，在人员死亡和破坏方面甚至超过地震和海啸。他指出：从1875年以来，全球范围直接和间接的风暴潮经济损失超过1 000亿美元，至少有150万人死于风暴潮灾害，上述的经济损失中还不包括风暴潮对海岸和土地侵蚀的长期影响。世界气象组织前秘书长D.A.Davies（1978）也曾指出：“绝大多数因热带气旋而引起的特大自然灾害是由风暴潮引起的沿岸涨水造成的。”

国际上风暴潮灾害严重的国家主要是孟加拉国、印度、美国、日本、英国、荷兰等，2005年美国“卡特里娜飓风”引发的风暴潮灾害造成新奥尔良经济损失高达1 500亿美元，死伤数千人，重创后的新奥尔良，要使其完全恢复成为受灾前的状况，至少要数十年的时间。2008年“纳尔吉斯飓风” 在海上突然转向东，于5月2日在缅甸伊洛瓦底省海基岛附近登陆，风暴登陆时最大风力超过190 km/h。风暴登陆后扑向缅甸伊洛瓦底三角洲，该区域十分广阔，地势低平，多为养虾场和稻田，缺少林木，以致风暴潮上岸之后势不可挡，造成至少13万余人死亡。1959年日本“伊势湾”台风引发的特大风暴潮灾害，造成4 700人丧生，401人失踪，38 917人受伤，总经济损失5 000亿～6 000亿日元。因风暴潮灾害死亡人数最多的当数孟加拉国，1970年11月印度洋博拉旋风卷着15 m高的海浪袭击了东巴基斯坦（如今的孟加拉国），导致恒河三角洲一带30万～50万人丧生，100多万人无家可归，600万美元的经济损失。1991年4月印度洋旋风再次登陆孟加拉国，旋风造成的风暴潮普遍高6 m，最大8 m，吉大港淹水深达2 m，灾害造成13.8万人死亡，经济损失超过30亿美元。温带风暴潮灾害严重的一次是1953年发生在北海，此次灾害造成北海沿岸的英国、荷兰等国死亡2 300多人，深受灾害之苦的荷兰，从此在风暴潮灾害防御方面投入了巨资。

2.4 风暴潮灾害风险评估的方法

我国通常发布的风暴潮预警报产品，只发布沿海某潮位站某个高潮位发生的时间和值，没有与灾害发生地区的其他地理信息相联系。例如，没有考虑防护海堤的高程和防潮、防浪能力、河流入海口的状况（有无闸门），潮水越过海堤或海堤毁损、决口后将淹没的范围，居民地和厂矿企业有无被淹的可能、人员是否需要疏散等，这使得沿海防潮指挥决策上比较被动。

风暴潮灾害评估和区划，对于沿海地区风暴潮防灾减灾、制定区域发展规划、开发利用土地资源，进行区域环境评价、建设沿海重大工程等具有十分重要的意义。同时也是制定沿海地区减灾规划不可或缺的依据。综合区划成果可指导沿海地区海洋环境要素监测设施的布设、防灾工程建设规划设计、防灾减灾重点区域的划定等。

美国自20世纪90年代开始，由国家、沿海州政府、灾害管理部门、保险公司等有关机构联合，采用业务化运行的风暴潮模式，进行沿海各岸段风暴潮的风险评估。基本方法是：将台风分为5类，计算每一类台风各种不同的气候学统计路径和速度影响该地区的最大可能淹没范围。在大比例尺地图上绘出各种类型下风暴潮的淹没图疏散图，供灾害管理部门、保险公司和当地居民等使用。这些图将有助于政府应急管理部门开展人员疏散等减灾措施，同时可以为区域环境功能区划提供数据，达到科学减灾的目的。

我国在这方面研究起步相对较晚，主要受灾害管理的理念转变、巨灾保险业务的停滞、基础信息数据的共享等因素影响，经过十余年的发展，目前已经在沿海部分省份开展了区域性的研究和应用示范，河北省黄骅市的风暴潮灾害风险评估相对来说开展得较早，是这些区域应用的理论和技术基础。

总的来说，广义的风暴潮灾害评估和区划的研究内容可以分为3个部分：

（1）风暴潮灾害评估方法研究。主要包括风暴潮灾害损失评估的指标体系研究、风暴潮灾害的分级标准（灾级的划分）、风暴潮灾害经济损失评估方法模式和标准研究等。

（2）风暴潮灾害风险评估方法研究。主要包括承灾体风险指标确定、承灾体风险分级标准确定、承灾体风险分析方法、风暴潮灾害风险评估模式研究、海平面上升对风暴潮灾害的影响等。

（3）风暴潮灾害的区划。主要包括海洋灾害综合区划指标体系的建立、海洋灾害综合区划方法的研究等。

风暴潮灾害风险评估的研究，首先是对风暴潮危险性的辨识研究，这更多是从自然过程的角度，来研究风暴潮以及其可能致灾的因素，再就是风暴潮灾害承灾体的风险标准、风险程度评估方法，致灾的经济损失预测模型与评估方法等。过去的研究主要集中在风暴潮灾害因子上，而对风暴潮灾害风险评估的后半部分研究较少。从研究方法上，以河北省黄骅市为例，通常分为以下4部分内容。

（1）基础地理数据搜集和处理

搜集大量的基础地理数据和资料，包括高程资料，海堤等专题数据，航空和卫星遥感影像数据，大比例尺的基础地理数据等；经过标准化处理后，一方面形成很多基础地理图层，供GIS使用；另一方面，形成的基础高程和岸线地形信息，为数值模式提供了基本数据输入。

（2）数值模式研制和调试

收集、掌握大量的实测潮位和气象资料，在详细分析这些资料的基础上，对河北省这一研究区域的潮汐、风暴潮和气象条件的认识会更加深刻。同时，需要研发数值模式，根据上述海洋水文和气象资料，对数值模式进行反复调试，保证了数值模拟的精度。利用数值模式开展了大量情况的数值模拟，得出各种不同情况下的风暴潮淹没风险级别。

（3）GIS处理、分析和制图

利用GIS软件，针对基础图层和不同级别的灾害图层，进行数据的空间分析。其中，利用高分辨率遥感影像的解译结果、经济社会统计数据、承灾体易损性数据、地面沉降和海平面上升的因素等综合、全面的分析，在分析的结果上绘制灾害应急疏散图和灾害损失风险图。

（4）GIS系统研发

将基础图层和灾害图层的结果输出，利用自主版权或商业GIS软件，开发河北省海洋灾害风险评估的信息系统，辅助指导风暴潮灾害的防灾减灾工作。

2.5 风险评估和区划的技术实现

风暴潮风险分析能确定易受风暴潮袭击的地区的承灾能力，其首要目的是用于制定防潮减灾总体规划。当需要时，也可将风暴潮风险分析结果换算为可能破坏的估值（灾害预评估），为防潮减灾提供参考。美国的风暴潮风险分析做法值得参考：把袭击大西洋和墨西哥湾沿岸的台风按强度分为5类，对于一个区域，采用SLOSH 模式按台风强度分类计算（也可以只有3类，最多5类，第5类相当可能最大台风，依据气候统计结果而定），计算时台风移速用历史上袭击这一地区台风移速的平均值，每类台风所有可能路径均进行SLOSH模式计算，依据模式计算结果绘出每类台风最大的风暴潮淹没陆地范围。也可按100年一遇台风计算风暴潮淹没陆地的大小。

我国台风风暴潮灾害风险分析已经有所开展，通过国家“十五”期间项目的支持，国家海洋环境预报中心已经在浙江温州、舟山、广东汕头、三都澳和湛江等地区建立了台风风暴潮漫滩模式和制作了风暴潮漫滩淹没图。

风暴潮给沿岸地带造成极大破坏。资料统计表明：一次风暴潮过程的最大值可以发生在天文潮的任何时段，最大风暴潮发生在天文潮高潮时的频率为1%～5%。为确保安全减少损失，不少国家正在拟订防范对策。在防潮工程和码头高程以及沿海核电站场坪标高设计时，要依据不同风险（重现期）高潮位和风暴潮位的计算结果，并将不同风险风暴潮位计算结果与天文潮进行适当组合，选取合理的设计高度。

对风暴潮漫滩和漫堤入侵内陆进行估计是非常复杂和困难的一个重要科学问题。目前研究漫滩的一个重要方法即为数值模拟。由于地形演化、岸线侵蚀等过程的复杂性，使合理模拟反映漫滩过程尚有许多要解决的理论和实际困难。

本书的作者团队在河北省的黄骅等地开展了风暴潮灾害风险评估和区划工作，制作了我国第一张大比例尺的风暴潮灾害淹没疏散图和风险区划图。利用风暴潮数值预报技术、GIS和遥感应用技术，采用业务化程度高、技术成熟的风暴潮数值预报模型，结合河北省海洋防灾减灾的具体需求，研制河北省海洋灾害减灾预案，构建信息化海洋减灾决策支持信息系统，编制河北省海洋灾害风险区划，为河北省各级政府和部门提供科学的风暴潮灾害辅助决策信息支持，以求最大限度地防范和减少海洋灾害损失。

风暴潮灾害风险评估和区划的总体技术实现如图2.1所示，具体可以分为以下几个步骤。

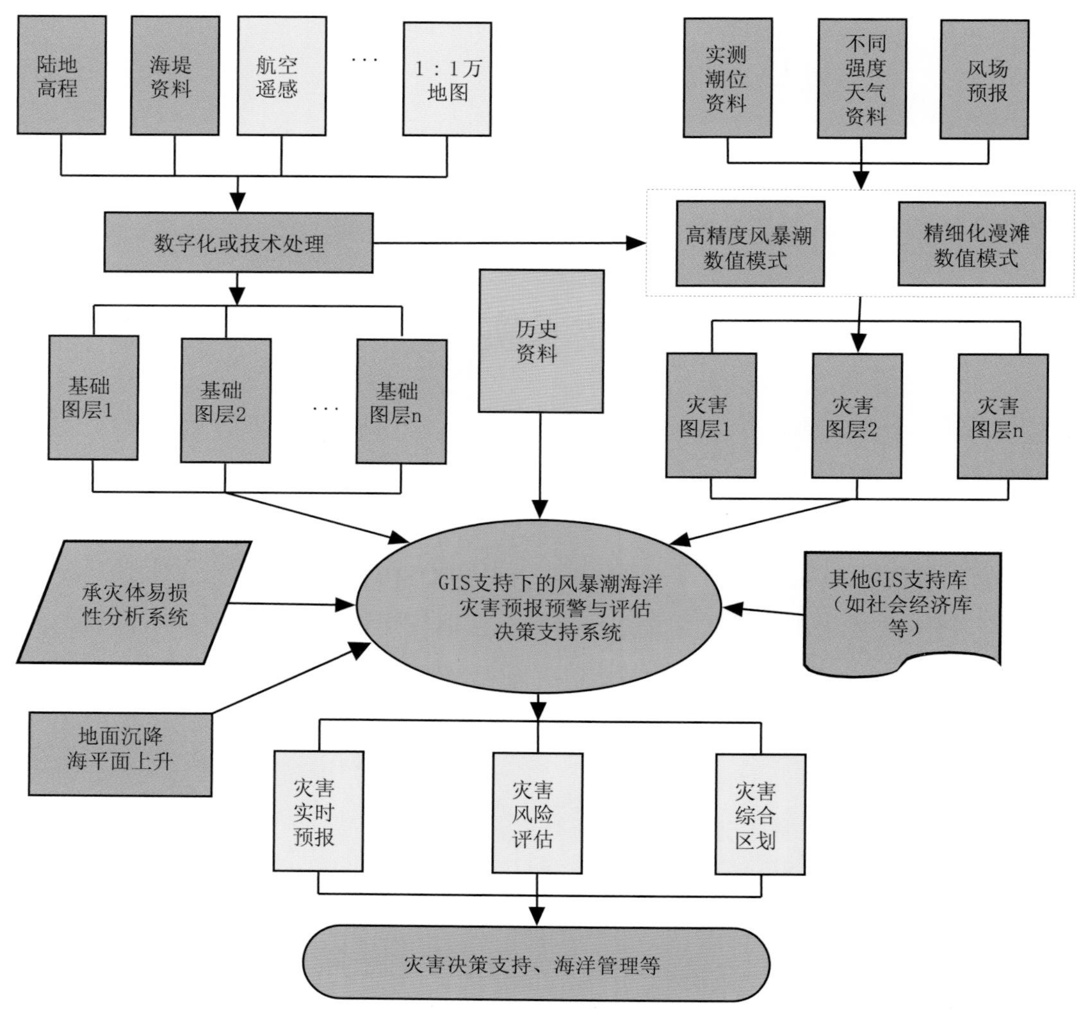

图2.1　河北省风暴潮灾害风险评估技术实现

（1）调查收集河北省沿海基础地理信息数据、社会经济数据，对遥感影像、陆上高程和水深数据等进行处理、拼接；

（2）建立适合河北省沿海的有限区域中尺度天气数值模式，用以模拟河北沿海的风场；

（3）建立重点区高分辨率的风暴潮数值模式，利用GIS技术，结合地理高程数据，进行风暴潮漫滩风险计算；

（4）结合基础地理信息和社会经济数据，建立风暴潮灾害风险评估系统；

（5）根据评估结果，制作不同等级风暴潮灾害风险图，编写应急预案；

（6）将河北省沿海基础地理信息数据、社会经济数据、风暴潮灾害数据、灾害应急预案数据等集成，建立河北省海洋灾害风险评估管理信息系统。

《中国海洋报》曾在2009年初针对项目的研究成果在头版头条进行了报道，随后又用整版进行更加详细的跟踪报道、宣传和推广。项目取得的主要成果如下：

（1）制作河北省风暴潮灾害应急疏散和灾害损失风险评估图集。

研究制作了我国首份风暴潮灾害应急疏散图和风险评估图，涵盖了沧州、唐山和秦皇岛部分沿海岸段，分为台风和温带两种天气系统。以沧州黄骅市为例，风暴潮灾害应急疏散图的作用在于：在不同强度风暴潮灾害发生时，给出了黄骅市沿海可能会遭受海水淹没的范围，不同风暴潮强度时应疏散的范围，并标明了安全撤离地点和疏散路线。黄骅市风暴潮灾害损失风险图的作用在于：在不同强度风暴潮灾害发生时，给出了沿海地区可能遭受人员和经济损失的风险程度。

当地政府和生产部门可以根据这些图幅和现实情况下风暴潮灾害的等级，制定风暴潮灾害来临时的人员及物资疏散预案，为防潮减灾提供决策依据和决策支持，最大限度地减少风暴潮灾害事件造成的危害。

（2）建立河北省海洋减灾综合数据库。

本项目研究过程中，积累了大量的基础地理数据、水文气象观测数据、海洋灾害数据、预警报资料、风险评估和风险区划等各种数据资料，根据应用需求，建立了河北省海洋减灾综合数据库系统。虽然采用的沿海数字高程和海堤高程数据为测绘部门最新测量成果，但是由于几年来沿海围海造地以及其他相关经济活动的大量开展，基础地理数据的变化非常快，原有数据在部分岸段已不能完全真实地反映现在的实际状况，因此风暴潮灾害风险分析和评估的结果需要按期根据新的海岸带变化情况及时更新。

（3）建成GIS支持下的河北省海洋灾害风险评估管理信息系统。

包括软件技术平台、服务器、大型显示设备等软硬件在内的GIS支持下的河北省海洋灾害风险评估管理信息系统，安装于河北省海洋局，为河北省海洋防灾减灾提供决策支持。

（4）形成《风暴潮灾害风险评估技术导则》。

本项目的技术实现成为我国首份《风暴潮灾害风险评估技术导则》的技术参考资料，相应的图集作为技术参考成果。

海洋减灾综合数据库和灾害风险评估管理信息系统已提供给河北省海洋业务部门，项目的重要成果——黄骅、曹妃甸风暴潮灾害应急疏散和风险评估图集已在河北省的海洋防灾减灾工作中得到应用。图集为当地的经济发展规划、各项涉海生产和生活活动起到了积极的防范和预警作用。当地政府根据这些技术成果，合理地制定风暴潮影响区内的土地利用规划，将重点投资项目和海岸工程、海水养殖、居民区放在风险小的地方，避免在风险大的区域出现人口与资产的过度集中，同时可为防潮保险提供依据。根据居民及财产集中区域的风险大小，确定不同的防护标准。对沿海养殖区和渔港码头的风险评估，平时就常向有关部门宣传准确的风险范围和级别，帮助他们提早进行灾害预防，减少可能遭受的人员和经济损失。当灾害发生时，根据灾害预报结果和风险区划成果，就能掌握潮水将淹没到什么范围，根据应急预案和疏散图，就能有的放矢地转移人员和财产，做到科学应急指挥，有效地防灾减灾。

当风暴潮灾害来临时，为当地防汛指挥部门防潮减灾指挥决策提供可靠的、直观的、具有地理信息依据的风暴潮灾害预报，包括风暴潮的强度、可能淹没的范围以及海水淹没的深度等，合理确定需要避难的对象、避难目的地及路线，保证在风暴潮灾发生时将居民和财物安全地疏散。

第3章 河北省黄骅市海洋灾害基础地理信息及处理

3.1 河北省黄骅市海洋灾害基础地理信息

河北省海洋灾害风险评估所使用的地理信息数据有3个来源：河北省有关单位提供的基础地理信息数据；外业调查获得的实地勘测数据以及购买的卫星遥感影像数据。

3.1.1 基础地理信息数据

根据河北省已有的地形图资料、航摄资料和数字线划图（DLG）资料等，通过地形图矢量化、数据重采样、反算、整理等，生成黄骅地区、唐山地区和秦皇岛地区的DLG（数字线划图）数据、DOM（数字正射影像图）数据和ASCII码格式的DEM（地面高程模型）数据。

3.1.2 实地勘测数据

项目组3次派出调查小组，分别赴黄骅、唐山、秦皇岛沿海，调查勘测海堤状况、分布、高程，以及沿海居民生产生活情况。利用高精度GPS卫星测高仪（图3.1）定点测量了3个地区沿海一些重要点的高程，约50多个点；走航测量了3个地区沿海海堤的走向及高程。

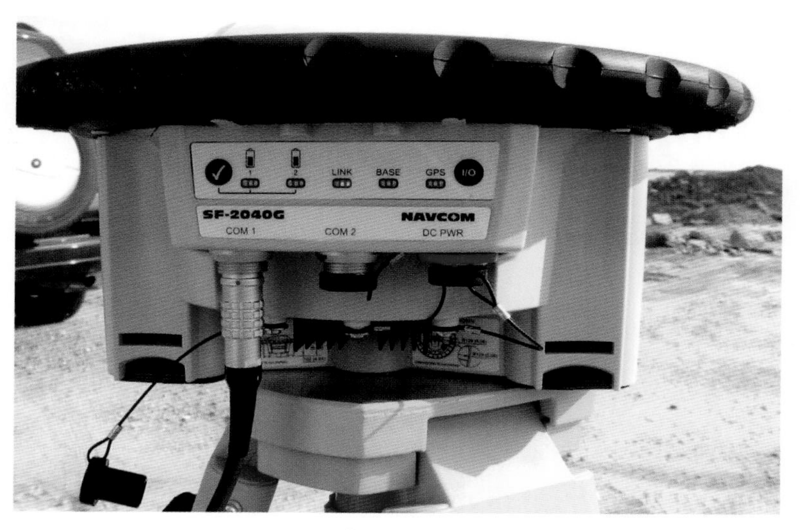

图3.1　高精度卫星测高仪

3.1.3 卫星遥感影像数据

遥感影像地图具有宏观性、综合性、客观性等优点，是区域地理研究的重要信息源。借助清晰的卫星遥感影像，可分辨和定位地貌地物特征。当时国内使用的星载可见光多光谱遥感系统主要有TM、ETM、SPOT、CBERS-1四种。本次灾害风险评估是用了SPOT数据。SPOT数据光谱范围0.5～0.89 μm，分为4个波段，其中3个多光谱波段分辨率为20 m，全色波段分辨率为10 m。SPOT数据空间分辨率高，图像信息丰富，但覆盖范围小，仅为60 km，单位成本较高。

3.2　河北省黄骅市海洋灾害基础地理外业调查

2006年7月11—14日，由4人组成的调查小组携带高精度GPS卫星测高仪赶赴黄骅，主要勘查、测量了从子牙河以南到大口河南岸一带的沿海。共测量了33个定点的高程，包括子牙河入海口、北排河码头、歧口村老海堤、张巨河村海堤、石碑河码头、南排河入海口码头、关家堡海堤、碱河码头、冯家堡海堤、养虾池、海防公路等，以及大口河河口南岸、大口河小煤码头，还特别勘测了黄骅港港区内的码头、电厂、神华集团煤码头等重要设施。

这些测点虽然空间分布比较分散，但还是较为全面地覆盖了黄骅沿海一带的海堤，采样点具有很高的代表性。从勘测情况来看，黄骅沿海从北往南各测点的情况有很大差异。北面堤岸较低较差，大部分就由泥土堆成（图3.2）；南面的海堤较高，大多由水泥和石块加固，之上还有1 m高的挡浪墙（图3.3）。

图3.2　未达标海堤状况

图3.3　达标海堤状况

沿海勘测的同时，调查组还去到黄骅市水务局，向有关人员详细了解黄骅地区沿海海堤的修筑历史，以及近几年的分布、修筑和加固情况。另一方面也向当地居民了解历史风暴潮灾害和当地防潮设施的情况。在歧口村北排河码头，当地居民反映说0509号台风“麦莎”经过时，海水淹到码头上1 m多高，渔船全部漂上岸，居民屋里进水将近0.5 m（图3.4）。在黄骅盐场第一扬水站，当地人说0509号台风“麦莎”期间，海水倒灌，扬水站周围平地全部被淹，海水漫过了当地最高的扬水站的基座（图3.5）。在北排河上游黄骅防潮闸（图3.6）处测量时，村民们都反映说此处的防潮闸已不能有效地承担起防潮的作用，涨潮时海水并不是顺着河床上溯，而是直接沿着河边的小路往上漫。

图3.4　歧口村居民房屋进水情况

图3.5　黄骅盐场第一扬水站

图3.6　北排河上游防潮闸

根据第一次黄骅调查测量情况，以及河北省地形高程资料，项目组认为沧州市沿海地势较低，并考虑到其位于容易遭受风暴潮的渤海西部，灾害风险较大，于是2006年12月27—31日，项目组又派出调查小组，再次详细勘测黄骅沿海海堤状况及高程。本次勘测，项目组将仪器固定在自行车后座上走航式测量，可深入到海边最外围的海堤上勘测（图3.7）。

在北面地势较低的子牙新河、歧口渔码头和歧口船坞场作了定点测量后，从歧口村外围虾池围埝一直往南骑测（图3.8），经过东高头村、碱河、张巨河、后唐村、前唐村、沈家堡、李家堡、南排河、赵家堡、刘家堡、关家堡、大辛堡到前徐堡，中间遇到河口或是地势低洼处，就停下做定点补测（图3.9）。前徐堡与冯家堡之间靠海边没有村庄，只有盐田、虾池，所以外围没有专门的海堤。冯家堡以南至黄骅港区的海防公路在9711号台风和2003年“10・11”温带风暴潮灾害中都被海水淹没过。海防公路东面目前正新修输港公路。最后，在输港公路路口，以及黄骅验潮站又作了定点测量。

图3.7　走航骑测

图3.8　歧口村外围埝道

图3.9　河口低洼处定点补测

3.3 河北省黄骅市海洋灾害基础地理数据处理

我们所得到的原始数据大部分在数据结构、数据组织、数据表达等方面不符合使用要求，因此需要对基础地理数据进行处理，使其能应用于项目的计算分析。数据处理内容为卫星遥感影像处理、陆上高程数据生成与海底水深数据生成。处理方式有数据格式转换、图形数据及文本数据纠错编辑、图幅裁切拼接、属性链接、数据插值等。

3.3.1 卫星遥感影像数据处理

原始可见光遥感图像通常带有少量条带、噪声和云层覆盖，数字图像中的噪声和条带表现为灰度级记录错误或数据丢失，以及来自传感器接收或发射信号时的故障。所以必须对遥感图像进行去噪声和去条带预处理，以提高信息的可识别性。噪声是一种高频信号，是以其灰度级与周围像元明显不同造成。去噪声可以将像元的灰度值用邻近数个像元的灰度值取平均来替代。条带主要表现为图像数据行有若干相邻像元及整行丢失，图像上呈现白色条带；或是图像数据行有若干相邻像元及整行与周围行明显不同。去条带处理可用相邻两行的算术平均值整行替代条带行。

可见光遥感数据的主要误差是点位的平面位移，采用控制点-多项式拟和校正方法校正，实质就是图像与地形图的匹配问题（图3.10）。根据变换后像元的坐标值用匹配方程反算回该像元在原图的位置，然后重采样，确定变换后像元的值。常用的重采样方法有：邻元法，取与输出像元最近的输入像元值作为输出像元值；双线性内插法，用输入图像上待定点附近4个最邻近像元值进行二维线性内插；立方卷积法，用输入图像上待定点邻域4×4像元值进行卷积内插。立方卷积法计算量超大，而邻元法计算速度快但输出图像连续性差，采用双线性内插法，计算量适中，图像连续性也较好。

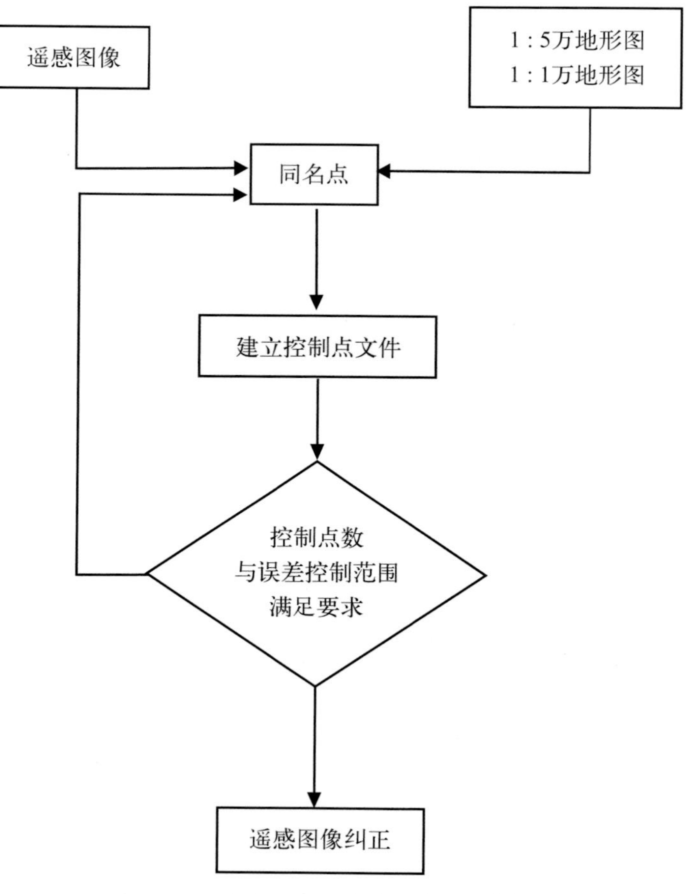

图3.10　可见光遥感图像数据纠正技术框图

3.3.2 陆上高程数据处理

3.3.2.1 数据格式转换

数据格式转换包括3个方面内容：①空间定位信息，即几何坐标信息；②空间关系信息；③属性信息。利用ArcGIS的数据转换工具（Conversion Tools），将ASCII码的陆上高程数据转换为基于像元存储的Raster（栅格）格式数据。Raster数据是GIS数据中最简单最直观的数据结构，它是以规则的阵列来表示空间地物分布的数据格式。

3.3.2.2 纠错编辑

GIS空间数据（几何数据和属性数据）在表达空间位置、属性和时间特征时所达到的准确性、一致性、完整性以及三者统一的程度称为GIS的数据质量，包括：位置、时间、属性表达的相对准确度；位置、时间和属性的精度；逻辑一致性；数据库的完备性；等等。通过初步评价发现，黄骅港以西和曹妃甸地区的DEM数据质量较差，需要修订。于是黄骅港地区主要参照1：25万的DEM图，1：25万的DLG地图和1：100万的DLG地图作修订；曹妃甸地区主要参照实地测量的数据作修订。属性表数据的错误主要通过属性查询检查修正。注记数据主要检查注记的错误、注记文本的字形、风格等，用软件工具改正。

3.3.2.3 Raster数据拼接

为建立区域整块无缝图层，将近千幅的Raster数据地图进行合并，使其在空间上连续（图3.11）。由于数据采集和人工操作的误差，两个相邻图幅的空间图形数据在结合处会出现几何裂缝或逻辑裂缝，需要消除。对结合处不能很好吻合的图形，通过移动结点或结点黏合的方法使之在空间位置上取得一致。一般接边差较小的以其中一幅作为参考，移动另一幅图上的目标。如果差距较大，则各自移动一半取两侧平均位置。完成几何接边后，检查属性赋值是否一致，若不一致需要改正（图3.12）。最后用ArcGIS的数据处理工具实现拼接。

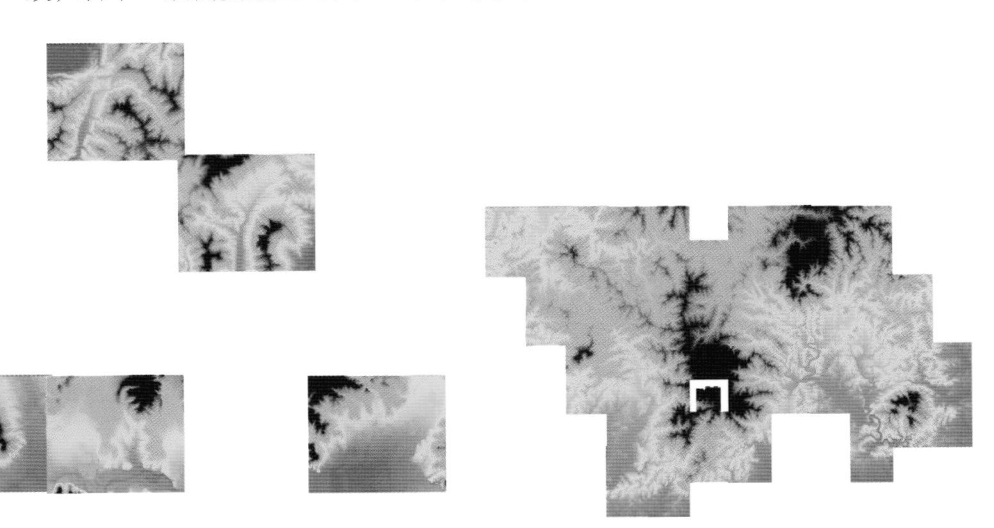

图3.11 Raster数据拼接

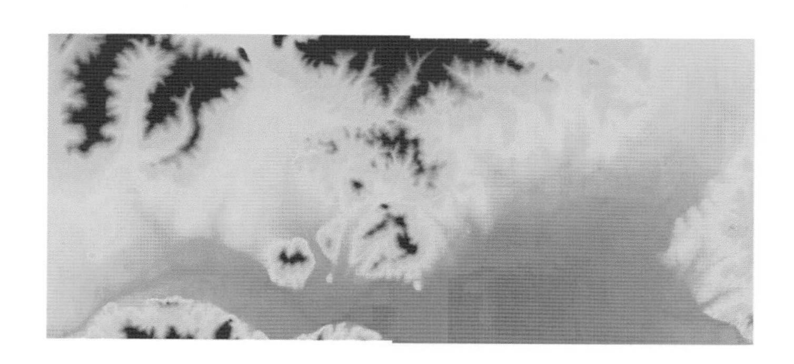

图3.12 Raster数据接边

3.3.2.4 空间内插

修正拼接后，黄骅地区、唐山和秦皇岛地区分别作高程插值计算。插值计算量非常大，耗时长，并且如果某些点数据不合理，插值后的偏差也较大，所以插值后又要经过修订，再插值，如此反复多次。

3.3.3 海底水深数据处理

根据1：25万和1：5万的海底数据以及1：25万的电子海图，参考其他一些地图的数据，分别统一黄骅地区、唐山和秦皇岛地区的所有水深点数据。水深经过修订以后链接属性数据，生成SHAPE文件，然后作水深的插值。之后反复修订、插值。

3.3.4 海陆接边

黄骅、唐山和秦皇岛地区分别作陆上高程数据与海底水深数据的合并。在海陆交界处接边修订。海边数据失真较大，根据卫星遥感影像抠除陆上数据后，得到海岸线数据，海陆接边的几何数据采用内插平滑。之后再为整个计算区域的整体数据纠错平滑。

第4章 河北省沿海高精度海面风场模拟

4.1 高分辨率的有限区域中尺度数值模式

高分辨率渤海大风过程的风场数值模拟是在国家海洋环境预报中心高分辨率的有限区域中尺度数值模式的基础上进行的。它的主要工作内容是以MM5模式为基础，研制一个适用于渤海大风过程的有限区域海面风场数值分析模式。MM5是由美国滨洲大学（PSU）和美国国家大气研究中心（NCAR）联合研制的一个适合于有限区域的中尺度模式，这个模式已被国内外许多单位广泛用于研究和预报，我们现将它的3.7版本用于海面风场数值模拟，利用其中的四维同化，提供2003年10月9—13日，27°—44°N、114°—133°E区域，1/30º × 1/30º的每15分钟一次的海面风场数值模拟分析产品。

模拟的硬件运行环境是国家海洋环境预报中心的IBM高性能计算机，该计算机是拥有80个CPU的IBM RS6000高性能计算集群，单CPU主频为1.7 GHz，操作系统为AIX5.2系统，编译环境为xlf编译器。在该计算机上，模式采用MPI＋OMP混合并行方式（MIX）进行运算。我们在IBM高性能计算机上建立和试验了MM5中尺度预报模式，并实现了实时业务的预报。在此基础上，建立了适用于渤海大风过程的有限区域海面风场数值分析模式。

该模式由前置处理、模式运行和后置处理三大部分组成，具体流程图如图4.1所示，现分述如下。

4.1.1 前置处理

前置处理包括原始资料的接收、处理、客观分析、资料插值，形成侧边界条件。

（1）原始资料的接收、处理和客观分析。把GTS（全球电信系统）资料（表4.1）、海洋站资料和浮标资料等处理成模式所需格式（见表4.2和表4.3）。输入地形资料、海陆分布等；对输入的实时资料通过逐步订正（Cressman）方法进行客观分析，得到等压面上的气象要素值。

（2）把等压面上的气象要素场内插到模式 σ 层上。

（3）侧边界的形成。由于模式是有限区域的，因此，要进行业务预报则必须提供侧边界条件，我们选取的是美国NCEP逐6小时的再分析数据，该数据的水平分辨率是1º × 1º，垂直分层为27层。

4.1.2 模式的运行

我们选用MM5作为主体模式，该模式已经在预报中心大型计算机上实现了数值预报业务化运行，下面将较详细地介绍该模式的结构、物理过程参数化、双向嵌套、四维同化等。

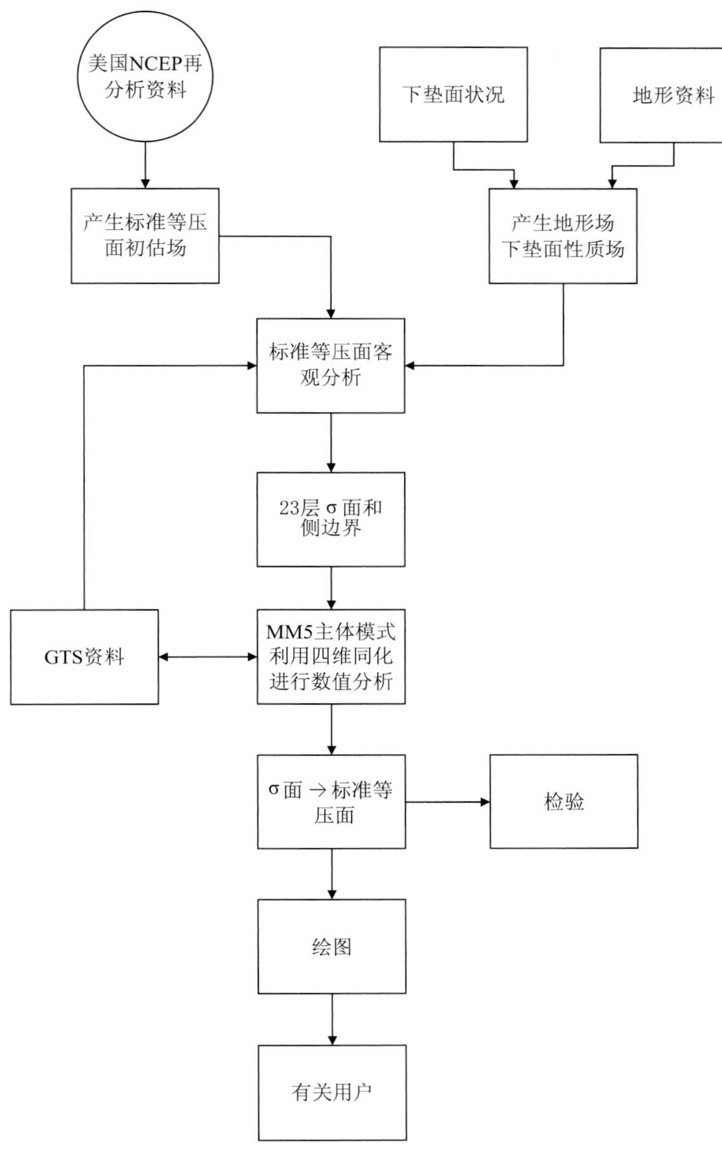

图4.1　风场模拟分析流程图

表4.1　报告的头记录

变量	Fortran的I/O格式	描述
latitude	F20.5	测站纬度（北纬为正）
longitude	F20.5	测站经度（东经为正）
id	A40	测站的ID
name	A40	测站的名称
platform	A40	对观测设备的描述
source	A40	GTS，NCAR/ADP，BOGUS等

续表

变量	Fortran的I/O格式	描述
elevation	F20.5	测站高度（m）
num_vld_fid	I10	报告中的有效变量数
num_error	I10	在解测站数据中碰到的错误数
num_warning	I10	在解测站数据中碰到的警告数
seq_num	I10	测站的序号
num_dups	I10	该测站的副本数
Is_found	L10	T/F多层还是单层
bogus	L10	T/F bogus报告还是普通的报告
discard	L10	T/F被丢弃的（合并的）副本报告
sut	I10	从1970年1月1日以来的秒数
julian	I10	该年中的某天
date_char	A20	YYYYMMDDHHmmss
slp，qc	F13.5，I7	海平面气压（Pa）和一个质量控制标识
ref_pres，qc	F13.5，I7	标准参考气压层和一个质量控制标识
ground_t，qc	F13.5，I7	地面温度（T）和质量控制标识
sst，qc	F13.5，I7	海平面温度（K）和质量控制标识
psfc，qc	F13.5, I7	地面气压（Pa）和质量控制标识
precip，qc	F13.5，I7	累积降水量和质量控制标识
t_max，qc	F13.5，I7	日最高温度（K）和质量控制标识
t_min，qc	F13.5，I7	日最低温度（K）和质量控制标识
t_min_night，qc	F13.5，I7	夜间最低温度（K）和质量控制标识
p_tend03，qc	F13.5，I7	3小时变压（Pa）和质量控制标识
p_tend24，qc	F13.5，I7	24小时变压（Pa）和质量控制标识
cloud_cvr,qc	F13.5，I7	总云量（oktas）和质量控制标识
ceiling，qc	F13.5，I7	低云高度（m）和质量粹制标识

表4.2　数据记录的格式

变量	Fortran的I/O格式	描述
pressure，qc	F13.5，I7	测站气压（Pa）和质量控制标识
height，qc	F13.5，I7	测站高度（m）和质量控制标识
temperature，qc	F13.5，I7	温度（K）和质量控制标识

续表

变量	Fortran的I/O格式	描述
dew_point，qc	F13.5，I7	露点温度（K）和质量控制标识
speed，qc	F13.5，I7	风速（m/s）和质量控制标识
direction，qc	F13.5，I7	风向（°）和质量控制标识
U，qc	F13.5，I7	风的u分量（m/s）和质量控制标识
V，qc	F13.5，I7	风的v分量（m/s）和质量控制标识
rh，qc	F13.5，I7	相对湿度（%）利质量控制标识
thickness，qc	F13.5，I7	厚度（m）和质量控制标识

表4.3　报告末记录的格式

变量	Fortran的I/O格式	描述
num_vld_fld	I7	报告中的有效变量数
num_error	I10	在解测站数据中碰到的错误数
num_warning	I10	在解测站数据中碰到的警告数

4.1.2.1　MM5模式的结构

1）控制方程

（1）静力模式方程组

垂直σ坐标定义为：

$$\sigma = \frac{p - p_t}{p_s - p_t}$$

其中，p_s、p_t分别为模式地面气压和顶层气压，且p_t是常数。

模式方程组如下，其中$p^* = p_s - p_t$：

水平动量方程

$$\frac{\partial p^* u}{\partial t} = -m^2\left[\frac{\partial p^* uu/m}{\partial x} + \frac{\partial p^* vu/m}{\partial y}\right] - \frac{\partial p^* u\dot{\sigma}}{\partial \sigma} - mp^*\left[\frac{\sigma}{\rho}\frac{\partial p^*}{\partial x} + \frac{\partial \phi}{\partial x}\right] + p^* fv + D_u \tag{4.1}$$

$$\frac{\partial p^* v}{\partial t} = -m^2\left[\frac{\partial p^* uv/m}{\partial x} + \frac{\partial p^* vv/m}{\partial y}\right] - \frac{\partial p^* v\dot{\sigma}}{\partial \sigma} - mp^*\left[\frac{\sigma}{\rho}\frac{\partial p^*}{\partial y} + \frac{\partial \phi}{\partial y}\right] - p^* fu + D_v \tag{4.2}$$

热量方程

$$\frac{\partial p^* T}{\partial t} = -m^2\left[\frac{\partial p^* uT/m}{\partial x} + \frac{\partial p^* vT/m}{\partial y}\right] - \frac{\partial p^* T\dot{\sigma}}{\partial \sigma} + p^*\frac{\omega}{\rho c_p} + p^*\frac{\dot{Q}}{c_p} + D_T \tag{4.3}$$

其中，D项代表垂直和水平扩散项以及由边界层湍流或干对流调整引起的垂直混合项。常压下湿空气热容为：$c_p = c_{pd}(1+0.8q_v)$，其中q_v是水汽的混合比，c_{pd}是干空气的热容。

连续方程

$$\frac{\partial p^*}{\partial t} = -m^2\left[\frac{\partial p^* u/m}{\partial x} + \frac{\partial p^* v/m}{\partial y}\right] - \frac{\partial p^* \dot{\sigma}}{\partial \sigma} \tag{4.4}$$

$$\frac{\partial p^*}{\partial t} = -m^2\int_0^1\left[\frac{\partial p^* u/m}{\partial x} + \frac{\partial p^* v/m}{\partial y}\right] - \mathrm{d}\sigma \tag{4.5}$$

垂直速度方程

$$\dot{\sigma} = -\frac{1}{p^*}\int_0^{\sigma}\left[\frac{\partial p^*}{\partial t} + m^2\left(\frac{\partial p^* u/m}{\partial x} + \frac{\partial p^* v/m}{\partial y}\right)\right]\mathrm{d}\sigma' \tag{4.6}$$

在热力方程（4.3）中，$\omega = \frac{\mathrm{d}p}{\mathrm{d}t}$，具体计算如下：

$$\omega = p^*\dot{\sigma} + \sigma\frac{\mathrm{d}p^*}{\mathrm{d}t} \tag{4.7}$$

$$\frac{\mathrm{d}p^*}{\mathrm{d}t} = \frac{\partial p^*}{\partial t} + m\left[u\frac{\partial p^*}{\partial x} + v\frac{\partial p^*}{\partial y}\right] \tag{4.8}$$

利用静力方程通过虚温T_v求位势高度

$$\frac{\partial \phi}{\partial \ln(\sigma + pt/p^*)} = -RT_v\left[1 + \frac{q_c + q_r}{1 + q_v}\right]^{-1} \tag{4.9}$$

其中，$T_v = T(1+0.608q_v)$，q_c、q_r分别表示云水混合比和雨水混合比。

（2）非静力模式方程组

在非静力模式中，将气压、温度和空气密度分解成定常的参考项和扰动项两部分：

$$p(x, y, z, t) = p_0(z) + p'(x, y, z, t)$$
$$T(x, y, z, t) = T_0(z) + T'(x, y, z, t)$$
$$\rho(x, y, z, t) = \rho_0(z) + \rho'(x, y, z, t)$$

垂直σ坐标由气压参考项定义：

$$\sigma = \frac{p_0 - p_t}{p_s - p_t}$$

其中，p_s、p_t分别代表气压参考项的地面气压和顶层气压，并且与时间不相关。因此网格点上气压为：

$$p = p^*\sigma + p_t + p'$$

其中，$p^*(x, y) = p_s(x, y) - p_t$。三维气压扰动量$p'$是一个预报量。

模式方程组（Dudhia，1993）如下：

水平动量方程

$$\begin{aligned}\frac{\partial p^* u}{\partial t} = & -m^2\left[\frac{\partial p^* uu/m}{\partial x} + \frac{\partial p^* vu/m}{\partial y}\right] - \frac{\partial p^* u\dot{\sigma}}{\partial \sigma} + uDIV \\ & -\frac{mp^*}{\rho}\left[\frac{\partial p'}{\partial x} - \frac{\sigma}{p^*}\frac{\partial p^*}{\partial x}\frac{\partial p'}{\partial \sigma}\right] + p^* fv + D_u\end{aligned} \tag{4.10}$$

$$\begin{aligned}\frac{\partial p^* v}{\partial t} = & -m^2\left[\frac{\partial p^* uv/m}{\partial x} + \frac{\partial p^* vv/m}{\partial y}\right] - \frac{\partial p^* v\dot{\sigma}}{\partial \sigma} + vDIV \\ & -\frac{mp^*}{\rho}\left[\frac{\partial p'}{\partial y} - \frac{\sigma}{p^*}\frac{\partial p^*}{\partial y}\frac{\partial p'}{\partial \sigma}\right] - p^* fu + D_v\end{aligned} \tag{4.11}$$

垂直动量方程

$$\begin{aligned}\frac{\partial p^* \omega}{\partial t} = & -m^2\left[\frac{\partial p^* u\omega/m}{\partial x} + \frac{\partial p^* v\omega/m}{\partial y}\right] - \frac{\partial p^* \omega\dot{\sigma}}{\partial \sigma} + \omega DIV \\ & +p^* g\frac{\rho_0}{\rho}\left[\frac{1}{p^*}\frac{\partial p'}{\partial \sigma} + \frac{T_v'}{T} - \frac{T_0 p'}{T p_0}\right] - p^* g\left[(q_c + q_r)\right] + D_\omega\end{aligned} \tag{4.12}$$

连续方程

$$\begin{aligned}\frac{\partial p^* p'}{\partial t} = & -m^2\left[\frac{\partial p^* up'/m}{\partial x} + \frac{\partial p^* vp'/m}{\partial y}\right] - \frac{\partial p^* p'\dot{\sigma}}{\partial \sigma} + p'DIV \\ & -m^2 p^* \gamma p\left[\frac{\partial u/m}{\partial x} - \frac{\sigma}{mp^*}\frac{\partial p^*}{\partial x}\frac{\partial u}{\partial \sigma} + \frac{\partial v/m}{\partial y} - \frac{\sigma}{mp^*}\frac{\partial p^*}{\partial y}\frac{\partial v}{\partial \sigma}\right] \\ & +\rho_0 g\gamma p\frac{\partial \omega}{\partial \sigma} + p^*\rho_0 g\omega\end{aligned} \tag{4.13}$$

热量方程

$$\begin{aligned}\frac{\partial p^* T}{\partial t} = & -m^2\left[\frac{\partial p^* uT/m}{\partial x} + \frac{\partial p^* vT/m}{\partial y}\right] - \frac{\partial p^* T\dot{\sigma}}{\partial \sigma} + TDIV \\ & -\frac{1}{\rho c_p}\left[p^*\frac{Dp'}{Dt} - \rho_0 g p^*\omega - D_{p'}\right] + p^*\frac{\dot{Q}}{c_p} + D_T\end{aligned} \tag{4.14}$$

其中，

$$DIV = m^2\left[\frac{\partial p^* u/m}{\partial x} + \frac{\partial p^* v/m}{\partial y}\right] + \frac{\partial p^* \dot{\sigma}}{\partial \sigma} \tag{4.15}$$

$$\dot{\sigma}=-\frac{\rho_{0g}}{p^*}\omega-\frac{m\sigma}{p^*}\frac{\partial p^*}{\partial x}u-\frac{m\sigma}{p^*}\frac{\partial p^*}{\partial y}v \tag{4.16}$$

在静力方程中p^*为常量，没有DIV项。因此，如果没有方程（4.16）中右边的三项，静力连续方程就不再适用。方程也就处于平流状态。

方程（4.13）可以从连续方程和理想气体定律中得出。在方程（4.10）~方程（4.14）中唯一可以忽略的方程（4.13）中与气压扰动倾向有关的绝热项。考虑到热辐射过程中水平气压的不同，方程（4.14）中加入D_p对D_T进行纠正。

2）差分方案

（1）水平网格结构

该模式的水平网格采用“Arakawa B”网格，这种网格将动量（p^*u）及（p^*v）定义在“圆点”上，而其他变量定义在“叉点”上，如图4.2所示。各种试验表明，这种网格系统对气压梯度力及水平散度的计算比较精确。

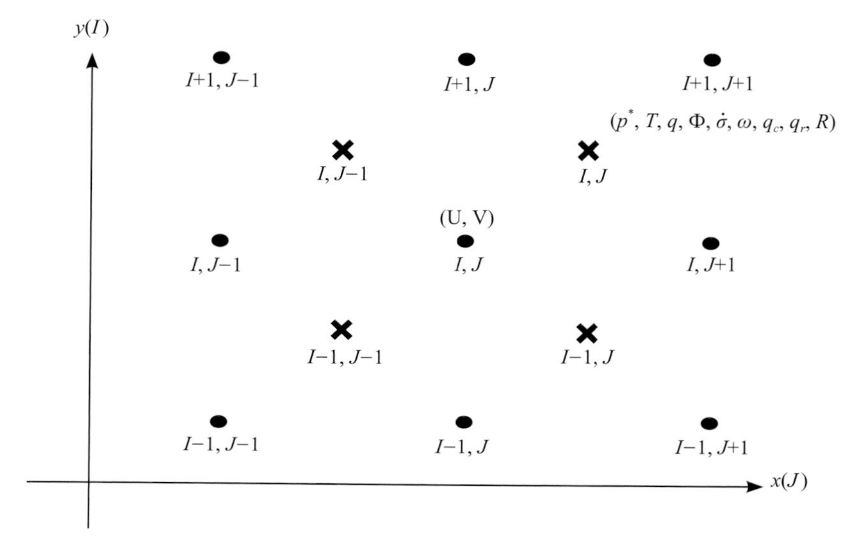

图4.2　模式水平网格结构

需要指出的是，MM5网格系统与通常的表示方法有一些不同。在模式区域中，坐标原点x=0，y=0定义在左下角，横坐标x指向东，纵坐标y指向北。x方向的格点数用J表示，y方向用I表示，每一数组$f(I,J)$表示$f(y,x)$。一般来说，有如下公式：

$$a_x=(a_{i,j}-a_{i,j-\frac{1}{2}})/\Delta x \tag{4.17}$$

$$\overline{a}^x=\frac{1}{2}(a_{i,j+\frac{1}{2}}+a_{i,j-\frac{1}{2}}), \tag{4.18}$$

对于层间变量，整层平均用下式计算：

$$\overline{a}^\sigma=\frac{a_{k+\frac{1}{2}}(\sigma_k-\sigma_{k-\frac{1}{2}})+a_{k-\frac{1}{2}}(\sigma_{k+\frac{1}{2}}-\sigma_k)}{(\sigma_{k+\frac{1}{2}}-\sigma_{k-\frac{1}{2}})} \tag{4.19}$$

水平动量方程里的空间差分项是：

$$\frac{\partial p_d^* u}{\partial t} = -m^2\left[\left(\overline{u}^x \overline{\frac{p_d^* u}{m}}^{xyy}\right)_x + \left(\overline{u}^y \overline{\frac{p_d^* v}{m}}^{xyx}\right)_y\right] - \left(\overline{\overline{p_d^* u}^\sigma \overline{\dot{\sigma}}^{xy}}\right)_\sigma$$

$$+ \overline{uDIV}^{xy} - \frac{mp_d^*}{\overline{\rho}^{xy}}\left[\overline{p'_x}^y - \overline{(\sigma p^*)_x}^y \overline{\frac{p'_\sigma}{p^*}}^{xy\sigma}\right] \tag{4.20}$$

$$+ p_d^* fv + D(p_d^* u)$$

$$\frac{\partial p_d^* v}{\partial t} = -m^2\left[\left(\overline{v}^x \overline{\frac{p_d^* u}{m}}^{xyy}\right)_x + \left(\overline{v}^y \overline{\frac{p_d^* v}{m}}^{xyx}\right)_y\right] - \left(\overline{\overline{p_d^* v}^\sigma \overline{\dot{\sigma}}^{xy}}\right)_\sigma$$

$$+ \overline{vDIV}^{xy} - \frac{mp_d^*}{\overline{\rho}^{xy}}\left[\overline{p'_y}^x - \overline{(\sigma p^*)_y}^x \overline{\frac{p'_\sigma}{p^*}}^{xy\sigma}\right] \tag{4.21}$$

$$+ p_d^* fu + D(p_d^* v)$$

其中质量散度项：

$$DIV = m^2\left[\left(\overline{\frac{p_d^* u}{m}}^y\right)_x + \left(\overline{\frac{p_d^* v}{m}}^x\right)_y\right] + p^*\dot{\sigma}_\sigma \tag{4.22}$$

垂直速度$\dot{\sigma}$：

$$\dot{\sigma} = -\frac{\overline{\rho_0}^\sigma g}{p^*}\omega - \frac{m\sigma}{p^*}\overline{p^*_x}^x\overline{u}^{xy\sigma} - \frac{m\sigma}{p^*}\overline{p^*_y}^y\overline{v}^{xy\sigma} \tag{4.23}$$

垂直动量方程：

$$\frac{\partial p_d^* w}{\partial t} = -m^2\left[\left(\overline{w}^x \overline{\frac{p^* u}{m}}^{y\sigma}\right)_x + \left(\overline{w}^y \overline{\frac{p^* v}{m}}^{x\sigma}\right)_y\right] - \left(\overline{\overline{p^* w}^\sigma \overline{\dot{\sigma}}^\sigma}\right)_\sigma$$

$$+ w\overline{DIV}^\sigma + p^* g\frac{\overline{\rho_0}^\sigma}{\rho}\left[\frac{1}{p^*}p'_\sigma - \frac{1}{\gamma}\overline{\frac{p'_0 T}{p_0 T}}^\sigma\right] \tag{4.24}$$

$$+ p^* g\frac{\overline{\rho_0}^\sigma}{\rho}\left[\overline{\frac{T'_v}{T}}^\sigma - \frac{R}{c_p}\overline{\frac{p'_0 T}{p_0 T}}^\sigma\right] - p^* g\,\overline{(q_c + q_r)}^\sigma + D(p^* w)$$

压力倾向方程，忽略斜压项：

$$\frac{\partial p^* p'}{\partial t} = -m^2\left[\left(\overline{p'}^x \overline{\frac{p^* u}{m}}^y\right)_x + \left(\overline{p'}^y \overline{\frac{p^* v}{m}}^x\right)_y\right] - \left(\overline{\overline{p^* p'}^\sigma \dot{\sigma}}\right)_\sigma$$

$$+ p'DIV + p^*\rho_0 g\overline{\omega}^\sigma - m^2 p^*\gamma p\left[\left(\frac{\overline{u}^y}{m}\right)_x - \left(\sigma\overline{p^*}^x\right)_x \frac{1}{mp^*}\overline{u_\sigma}^{xy\sigma}\right. \tag{4.25}$$

$$\left. + \left(\frac{\overline{v}^x}{m}\right)_y - \left(\sigma\overline{p^*}^y\right)_y \frac{1}{mp^*}\overline{v_\sigma}^{xy\sigma} - \frac{\rho_0 g}{m^2 p^*}\omega^\sigma\right]$$

温度倾向方程：

$$\frac{\partial p^* T}{\partial t} = -m^2\left[\left(\overline{T}^x \frac{\overline{p^* u}^y}{m}\right)_x + \left(\overline{T}^y \frac{\overline{p^* v}^x}{m}\right)_y\right] - \left(\overline{p^* T}^\sigma \dot{\sigma}\right)_\sigma$$
$$+ T\,DIV + \frac{1}{\rho c_p}\left[p^* \frac{Dp'}{Dt} - \rho_0 g \overline{p^* w}^\sigma - D(p^* p')\right] \tag{4.26}$$
$$+ p^* \frac{\dot{Q}}{c_p} + D(p^* T)$$

（2）垂直网格结构

模式采用σ坐标，各变量在垂直方向是交替分布的，其中“垂直速度”放在整σ层上，而其他所有变量放在半σ层上，这些变量表示了该层的平均。我们模式垂直分为23层，顶层气压取为100 hPa，图4.3为15层模式的垂直结构，23层的分层如表4.4所示。

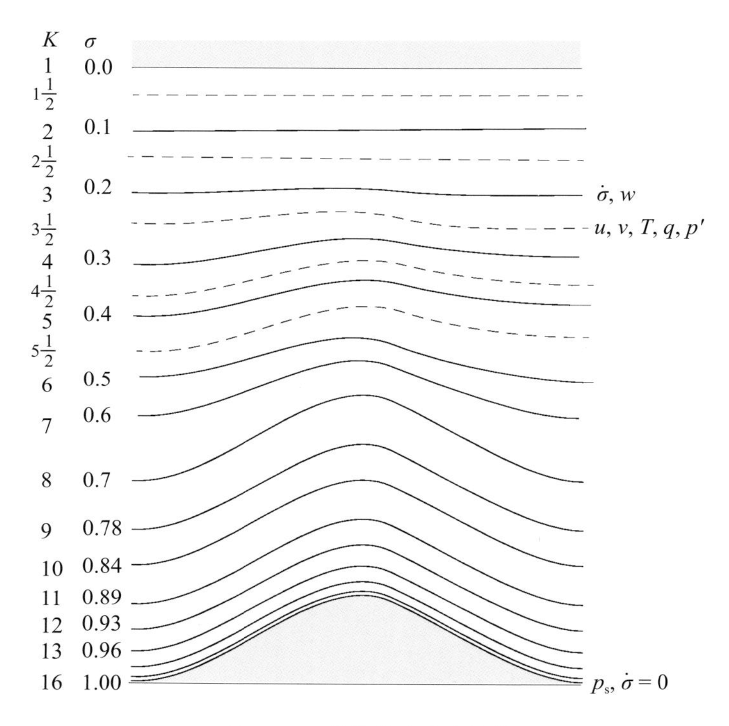

图4.3　15层模式的垂直结构

表4.4　23层的垂直分层

垂直分层指数K	整σ层 $Q(k)$	标准气压（hPa）	半σ层 $A(k)$	标准气压（hPa）
1	0.0	100	0.025	122.5
2	0.05	145	0.075	167.5
3	0.10	190	0.125	212.5
4	0.15	235	0.175	257.5

续表

垂直分层指数K	整σ层 $Q(k)$	标准气压（hPa）	半σ层 $A(k)$	标准气压（hPa）
5	0.20	280	0.225	302.5
6	0.25	325	0.275	347.5
7	0.30	370	0.325	392.5
8	0.35	415	0.375	437.5
9	0.40	460	0.425	482.5
10	0.45	505	0.475	527.5
11	0.50	550	0.525	572.5
12	0.55	595	0.575	617.5
13	0.60	640	0.625	662.5
14	0.65	685	0.675	707.5
15	0.70	730	0.725	752.5
16	0.75	775	0.775	797.5
17	0.80	820	0.825	842.5
18	0.85	865	0.870	883.0
19	0.89	901	0.910	919.0
20	0.93	937	0.945	950.5
21	0.96	964	0.970	973.0
22	0.98	982	0.985	986.5
23	0.99	991	0.995	995.5
24	1.0	1 000		

（3）时间积分方案

该模式采用的时间积分方案是由Shuman以及Brown和Campana提出的。这种显式方案比经典的蛙跳方案的时间步长容许大1.6～2倍，而实际计算的结果是相同的。

该方案稳定性的关键是在计算时步$\tau+1$上动量之前先计算在时步$\tau+1$的p^*和中值，然后，在方程（4.10）和方程（4.11）中的气压梯度力项用时步$\tau-1$，τ和$\tau+1$上的p^*的值进行加权平均，即在这些方程中的p^*为

$$p^* = \beta\left(p^{*\tau-1} + p^{*\tau+1}\right) + (1-2\beta)\, p^{*\tau} \tag{4.27}$$

该方案对$\beta \leqslant 0.25$是稳定的，且对β 0.25为容许最大时间步长。

为了要克服蛙跳方案中出现解的分裂性，对所有预报变量每一时步采用时间滤波，即减低高频波的能量，该模式采用Asselin的方案：

$$\hat{\alpha}^{\tau}=(1-v)\,\alpha^{\tau}+\frac{1}{2}\,v\,(\alpha^{\tau+1}+\hat{\alpha}^{\tau-1})$$

其中，$\hat{\alpha}$为过滤后的变量，在该模式中对变量u、v、T、q_v、T_g及p^*系数v取为0.1，而对q_c及q_r系数取为0.2。

4.1.2.2 物理过程参数化

1）水平扩散

为了克服非线性不稳定及混淆误差，在模式中需要水平扩散，该模式采用两种扩散类型，在贴近侧边界处的网格上用二次形式，而区域内部用四次形式：

$$F_{H2\alpha}=p^{*}K_{H}\nabla_{\sigma}^{2}\alpha \tag{4.28}$$

$$F_{H4\alpha}=p^{*}K'_{H}\nabla_{\sigma}^{4}\alpha \tag{4.29}$$

其中，α为预报变量，$K'_H=\Delta s^2K_H$，Δs为网格距，水平扩散系数K_H由一项基本值K_{H0}和一项正比于水平变形D组成：

$$K_{H}=A(K_{H0}+\frac{1}{2}k^{2}\Delta s^{2}D) \tag{4.30}$$

其中，k是冯·卡门常数，A为振幅因子，D由下列式子给出：

$$D=\left[\left(\frac{\partial u}{\partial x}-\frac{\partial v}{\partial y}\right)^{2}+\left(\frac{\partial v}{\partial x}+\frac{\partial u}{\partial y}\right)^{2}\right]^{\frac{1}{2}} \tag{4.31}$$

基本值K_{H0}是格距和时间步长的函数

$$K_{H0}=1.5\times10^{-3}\frac{\Delta s^{2}}{\Delta t} \tag{4.32}$$

振幅因子A定义为

$$A=\begin{cases}1 & r<r_0\\ 1+(r-r_0)/\Delta s & r\geqslant r_0\end{cases} \tag{4.33}$$

式中，r为到模式区域中心的距离，r_0为椭圆或圆的半径；r_0、r是区域中心位置的函数。

2）地表热平衡

模式中的地表温度T_g可以是固定的，也可以是变化的。如果T_g是可变的，那么也可以简单地假定它是遵循正弦曲线的，也可以从Blackadar提出的“强迫函数”法进行计算。其热平衡方程为：

$$C_{g}\frac{\partial T_{g}}{\partial t}=R_{n}-H_{m}-H_{s}-L_{v}E_{s} \tag{4.34}$$

其中，C_g为土壤薄层热容量（$\mathrm{Jm^{-2}k^{-1}}$），R_n为净辐射，H_m为流进土壤深层的热量，H_s为进入大气的热通量，L_v为汽化潜热，E_s为地表水汽通量。Blackadar指出通过下列公式使薄层温度的振幅及位相与实际均匀的热传导率λ及单位体积的热容量C_s的土壤层的地表温度一致。C_s与这些参数及地转角速度Ω的关系为：

$$C_g = 0.95\left(\frac{\lambda C_s}{2\Omega}\right)^{1/2} \tag{4.35}$$

同时热惯性参数χ为：

$$\chi = (\lambda C_s)^{1/2} \tag{4.36}$$

所以：

$$C_g = 3.293 \times 10^6 \chi \tag{4.37}$$

其中，χ的单位为$cm^{-2}k^{-1}s^{-1/2}$，且在模式中定义为地表特性的函数，Deardorff发现这种薄层模式优于其他5种计算土壤温度及热通量的方案。下面对方程（4.34）右端的感热通量H_s及地表水汽通量E_s进行描述。

H_s和E_s的计算有两种方法，这取决于采用整体边界层模式，还是显式的高分辨边界层模式。

（1）整体边界层

对这种较简单的整体边界层模式，地表热通量为：

$$H_s = \rho_a c_{pm} C_\theta C_u (\theta_g - \theta_a) V \tag{4.38}$$

其中，ρ_a和θ_a为模式最低层的密度及位温，C_θ和C_u为交换系数，V由式（4.39）给出：

$$V = (V_a^2 + V_c^2)^{1/2} \tag{4.39}$$

式（4.39）中V_a为模式最低层上的风速，V_c为“对流速度”，它对低层平均风速及不稳定条件下是重要的。

$$V_c \begin{cases} c(\theta_g - \theta_a)^{1/2} & \theta_g \geqslant \theta_a \\ 0 & \theta_g < \theta_a \end{cases} \tag{4.40}$$

这里c等于2.0 $ms^{-1}k^{-1/2}$，地表湿度通量为：

$$E_s = \rho_a C_\theta C_u M \left[q_{vs}(T_g) - q_{va}\right] V \tag{4.41}$$

其中，M为“湿有效率”参数，它在湿地面1.0到没有水汽的干地面0.0之间变化。这种湿有效率是地面表面特性的函数。

（2）高分辨边界层

在这种情况下，地表热量及水汽通量要从相似理论计算而得，首先计算摩擦速度u_*：

$$u_* = MAX\left(\frac{kV}{\ln\frac{z_a}{z_0} - \psi_m}, u_{*0}\right) \tag{4.42}$$

其中，u_{*0}是基本值，在陆地上为0.1 m/s，在水面上为零，V由方程（4.39）给出，那么地表热通量为：

$$H_s = -C_{pm}\rho_a k\, u_* T_* \tag{4.43}$$

式中，T_*由式（4.44）给出：

$$T_* = \frac{\theta_a - \theta_g}{\ln\dfrac{z_a}{z_0} - \psi_h} \tag{4.44}$$

在式（4.42）和式（4.44）中，z_0为粗糙度，z_a为最低σ层高度，ψ_m和ψ_h为无量纲稳定度参数，它是总体Richardson数R_{iB}的函数，而R_{iB}为：

$$R_{iB} = \frac{gz_a}{\theta_a}\frac{\theta_{va}-\theta_{vg}}{V^2} \sim 1.45\frac{\theta_{va}-\theta_{vg}}{V^2} \tag{4.45}$$

式中，下标v表示虚位温，有4种可能情形：稳定、机械驱动湍流、强迫对流不稳定和自由对流不稳定。

在高分辨率边界模式的情况下，地表水汽通量可表示为：

$$E_s = M\rho_a I^{-1}\left[q_{vs}(T_g) - q_{va}\right] \tag{4.46}$$

$$I^{-1} = ku_*\left[\ln\left(\frac{ku_* z_a}{K_a} + \frac{z_a}{z_l}\right) - \psi_h\right]^{-1} \tag{4.47}$$

其中，z_l是分子层的深度，在陆地上为0.01 m，在水面上为z_0，K_a是分子扩散率的基本值，等于$2.4\times10^{-5}\,\mathrm{m^2/s}$。

在陆地上，粗糙度z_0为地表物的函数，在水面上，z_0是摩擦速度的函数：

$$z_0 = 0.032\, u_*^2/g + z_\infty \tag{4.48}$$

式中，z_∞是一个基本值，为10^{-4} m。

3）行星边界层的物理过程

前面已谈到行星边界层有两种参数化方法，下面仅描述我们选用的高分辨边界层模式。

这种模式可以预报水平风速（u, v）、位温（θ）、水汽混合比（q_v）及云水（q_c）的垂直混合。前面已介绍了这种Blackadar的边界层模式，根据总体Richardson数将大气层结划分为4种类型，而这4类又可归纳为两个体系，即夜间体系和自由对流体系。

（1）夜间体系

前面3种类型，即稳定、机械驱动湍流和强迫对流不稳定可归纳为夜间体系。该体系通常是稳定的，或者至多是边缘不稳定的，可用一阶近似的方法预报模式变量。

地面切变由下式计算：

$$\tau_s = \rho_a u_*^2 \tag{4.49}$$

其中，u_*由方程（4.42）计算而得。在x方向及y方向的τ_s分量为

$$\tau_{sx}=\frac{u}{V_a}\tau_s\text{，}\tau_{sy}=\frac{v}{V_a}\tau_s \tag{4.50}$$

式中，V_a为模式最低层上的风速。对地表层变量，预报方程为

$$\frac{\partial\theta_a}{\partial t}=\frac{-(H_1-H_s)}{\rho_a c_{pm} z_1} \tag{4.51}$$

$$\frac{\partial q_{va}}{\partial t}=\frac{-(E_1-E_s)}{(\rho_a z_1)} \tag{4.52}$$

$$\frac{\partial u_a}{\partial t}=\frac{(\tau_{1x}-\tau_{sx})}{(\rho_a z_1)} \tag{4.53}$$

$$\frac{\partial v_a}{\partial t}=\frac{(\tau_{1y}-\tau_{sy})}{(\rho_a z_1)} \tag{4.54}$$

$$\frac{\partial q_{ca}}{\partial t}=\frac{-F_1}{(\rho_a z_1)} \tag{4.55}$$

其中，H_s是由方程（4.43）计算而得的地表热通量；E_s是由方程（4.46）而得的地表水汽通量；下标a表示地表层变量；下标1表示地表层顶的通量；z_1为最低模式层的高度。在整层上的通量由K理论计算而得，地表层以上的预报变量由K理论及隐式扩散方案计算而得（Zhang 和 Anthes，1982）。

（2）自由对流体系

在下层强烈加热期间，大的地表热通量以及超绝热层会出现在对流层低部。在这种不稳定条件下，热空气浮升，在每一层上发生热量、动量和水汽的混合。垂直混合不是由局地梯度确定，而是由整个混合层的热力结构确定。在Blackadar边界层模式中，垂直混合可看作发生在最低层与混合层中的每一层之间，而不是像K理论那样的两个相邻层之间。

在地表层内，预报量可由解析解得到：

$$\alpha_a^{\tau+1}=\alpha_a^{\tau-1}+\left(\frac{F_s z_1}{\overline{m}h^2}-\frac{F_s}{\overline{m}h}+\frac{F_1}{\overline{m}h}\right)\times\left[\exp\left(-\frac{\overline{m}h\Delta t}{z_1}\right)-1\right]+\frac{F_s\Delta t}{h} \tag{4.56}$$

其中，α表示任何一个预报量；F_s为地表通量；F_1为地表层顶的通量；h为边界层高度；Δt为时间步长；混合系数为

$$\overline{m}=H_1\left[\rho_a c_{pm}(1-\varepsilon)\int_{z_1}^{h}\left[\theta_{va}-\theta_v(z')\right]\mathrm{d}z'\right]^{-1} \tag{4.57}$$

式中，ε为夹卷系数（0.2）；H_1是在地表层顶处的热量通量，可用下式给出：

$$H_1=\rho_a c_{pm} z_1\left(\theta_{va}-\theta_{v1\frac{1}{2}}\right)^{\frac{3}{2}}\left(\frac{2g}{27\theta_{va}}\right)^{\frac{1}{2}}\frac{1}{z_1}\left[z_1^{-\frac{1}{3}}-\left(2z_{1\frac{1}{2}}\right)^{-\frac{1}{3}}\right]^{-\frac{3}{2}} \tag{4.58}$$

其中，z_1为地表层的厚度；下标$1\frac{1}{2}$表示在地表面上面的第二个预报层。

在地表层上面的变量，预报方程为：

$$\frac{\partial \alpha_i}{\partial t} = \bar{m}\,(\alpha_a - \alpha_i),\quad \alpha = \theta,\ q_v\text{或}q_c \tag{4.59}$$

$$\frac{\partial \alpha_i}{\partial t} = w\bar{m}\,(\alpha_a - \alpha_i),\quad \alpha = u,\ v \tag{4.60}$$

其中，w是紧靠混合层顶的混合权重系数：

$$w = 1 - \frac{z}{h} \tag{4.61}$$

必须注意处在混合层顶的那个层，因为混合层的顶不需要与模式层一致。

4）垂直扩散

在混合层以上，采用K理论预测预报量的垂直扩散：

$$F_{v\alpha} = p^* \frac{\partial}{\partial z} K_z \frac{\partial \alpha}{\partial z} \tag{4.62}$$

其中，垂直涡动扩散率K_z是局地Richardson数R_i的函数。

$$K_z = \begin{cases} K_{z0} + l^2 S^{\frac{1}{2}} \dfrac{R_{ic} - R_i}{R_{ic}} & \text{当}R_i < R_{ic} \\ K_{z0} & \text{当}R_i \geqslant R_{ic} \end{cases} \tag{4.63}$$

式中，$K_{z0} = 1.0\ \mathrm{m^2/s}$，$l = 400\ \mathrm{m}$，$R_{ic}$为临界Richardson数，它是该层厚度的函数：

$$R_{ic} = 0.257\,\Delta z^{0.175} \tag{4.64}$$

根据上式，R_{ic}可从$\Delta z = 100\ \mathrm{m}$的0.58到$\Delta z = 1\,000\ \mathrm{m}$的0.86之间变化。

Richadson数定义为：

$$R_i = \frac{g}{\theta S}\frac{\partial \theta}{\partial z} \tag{4.65}$$

而S为：

$$S = \left(\frac{\partial u}{\partial z}\right)^2 + \left(\frac{\partial v}{\partial z}\right)^2 + 10^{-9} \tag{4.66}$$

5）积云对流参数化

在MM5中积云对流参数化方案有下列几种，现简略作介绍。

（1）Anthes-Kuo方案

基于水汽辐合，主要应用于较大的格点尺度>30 km。倾向于产生较多的对流阵雨，较少的可分辨尺度降水，指定的加热廓线以及依赖于相对湿度的增温廓线。

（2）Grell方案

基于不稳定化或准平衡的速率，具有上升和下沉气流以及补偿运动的简单单云方案，决定加热/水汽廓线。对较小的格点尺度10～30 km有用。平衡可分辨尺度降水和对流降水。考虑了对降水效率的切变效应。

（3）Arakawa-Schabert方案

与Grell方案相近的多云方案。基于云群，考虑上升气流的卷夹作用和下沉气流。适用于较大的格点尺度大于30 km。与其他方案相比使用该方案的计算代价比较大。考虑了对降水效率的切变效应。

（4）Fritsch-Chappell方案

对流质量通量在松弛时间内移除了50%的有效浮力能。该方案有固定的卷夹率。因为作了单云假设和局部的下沉效应，因此该方案适用的尺度为20～30 km。该方案能预报上升气流和下沉气流的属性，也能卷出云和降水。它也考虑了对降水效率的切变作用。

（5）Kain-Fritsch方案

与Fritsch-Chappell方案相似，但是它使用一个更复杂的云混合方案来决定卷入/卷出，并且在松弛时间内移除了所有的有效浮力能。该方案能预报上升气流和下沉气流的属性，它也能卷出云和降水。已经考虑了对降水效率的切变作用。

（6）Betts-Miller方案

基于在给定时段内向对流后的参考热力廓线的松弛调整。该方案适用于大于30 km的尺度，但是没有显式的下沉气流，因而可能不适用于强烈的对流过程。

4.1.2.3 侧边界条件

MM5是一个有限区域模式，侧边界的处理尤为重要。对侧边界条件的较小变化，区域内部的解可能会有较大差别。一般认为，如果侧边界取在远离核心研究区域，在预报期间内，边界引入的误差可维持在一个可接受的范围内。

该模式有6种边界条件可供选择，现作简略介绍。

1）固定边界条件

该边界条件是最简单的一种。所有边界上的预报量在整个预报期间维持不变，这种边界条件对某些理论研究是有用的，但实际预报时较少使用。

2）时间变化边条件

在边界上的预报量给定为平滑变化的时间函数，并且由观测资料或者大尺度模式模拟结果或者线性解所得。如果给定的值与由模式物理过程产生的紧靠边界的值不一致，那么在边界附近会引起预报量的噪声。

3）时间变化及流入流出边条件

这种开边界条件允许重力波通过模式区域，并通常产生光滑的解。

对该边界条件，在流入和流出边界上的气压和温度给定为时间的函数。这种规定避免了任何通过区域的假的气压差，因为这种差值会导致一个净的虚假的流体加速度。

对于速度分量，在流入点的值给定类似温度和气压的值；而在流体边界上的值通过区域内的点外插而得到。这些边界值仅在计算非线性水平动量通量散度项中需要，而在计算水平散度时不需要。

水汽变量的边界值（水汽、云水及雨水的混合比）与速度分量相同的方法来得到边界附近的光滑解。在模式区域外部假定云水及雨水的混合比为零。

4）海绵边界条件

这种边界条件可表示为

$$\left(\frac{\partial\alpha}{\partial t}\right)_n = w(n)\left(\frac{\partial\alpha}{\partial t}\right)_{\mathrm{MC}} + \left(1-w(n)\right)\left(\frac{\partial\alpha}{\partial t}\right)_{\mathrm{LS}} \tag{4.67}$$

其中，$n = \begin{cases} 1,2,3,4 & \text{对叉点变量} \\ 1,2,3,4.5 & \text{对圆点变量} \end{cases}$，$\alpha$表示任何变量，下标MC表示模式计算的倾向，LS表示大尺度的倾向。n是从最外围边界（$n = 1$）算起的网格点数。对于叉点的变量，权重系数从边界向内是0.0，0.4，0.7，0,9；而对圆点的变量为0.0，0.2，0.55，0.8，0.95；对其他区域内部的点有$w(n) = 1$。

5）松弛边界条件

该边界条件包含了模式的预报变量向大尺度场的“松弛”或“逼近”。该方法包括了一个Newtonian项和一个扩散项：

$$\left(\frac{\partial\alpha}{\partial t}\right)_n = F(n)\,F_1\,(\alpha_{\mathrm{LS}}-\alpha_{\mathrm{MC}}) - F(n)\,F_2\,\Delta_2\,(\alpha_{\mathrm{LS}}-\alpha_{\mathrm{MC}}) \quad n = 2, 3, 4 \tag{4.68}$$

其中，$F(n)$从侧边界起线性递减

$$\begin{cases} F(n) = \left(\dfrac{5-n}{3}\right) & n = 2, 3, 4 \\ F(n) = 0 & n > 4 \end{cases} \tag{4.69}$$

而F_1和F_2由式（4.70）和式（4.71）给出

$$F_1 = \frac{1}{10\Delta t} \tag{4.70}$$

$$F_2 = \frac{\Delta s^2}{50\Delta t} \tag{4.71}$$

6）东西周期的南北固定的边界条件

这种侧边界条件就是所有南北边界上的预报量在整个预报期间维持不变，而东西边界上取周期变化。

4.1.2.4　双向嵌套网格技术

为了要提高模式的水平分辨率以便很好地描述尺度较小的气象现象或者气象要素场强的水平梯度，同时为了减少计算量而不需要在整个模式区域中用细网格，那么可以用嵌套网格方法来实现。但是采用嵌套网格会遇到一些问题。例如，当扰动从粗网格加入到细网格时会给粗网格产生虚假的反馈，然后再散射到细网格中去；另一方面，从细网格到粗网格的扰动也会产生混淆现象。这些粗细网格连接处产生的问题会导致计算不稳定，从而严重影响整个区域的预报。下面介绍一下MM5嵌套网格方法。

1）网格结构

该模式的水平计算区域的嵌套网格结构如图4.4所示。粗网格（CGM）的网格距及时间步长与细网格（FGM）之比是3：1。粗细网格区域的中心不一定要相同，区域的范围也可以独立地选取。在该模式中，两种网格的垂直分层是一致的。

对该嵌套系统，定义两种动力边界：一种是流入动力边界，在该边界上粗网格对细网格提供时间的边界倾向；另一种是反馈动力边界，在该边界上预报的细网格值用于连续的更新粗网格场。

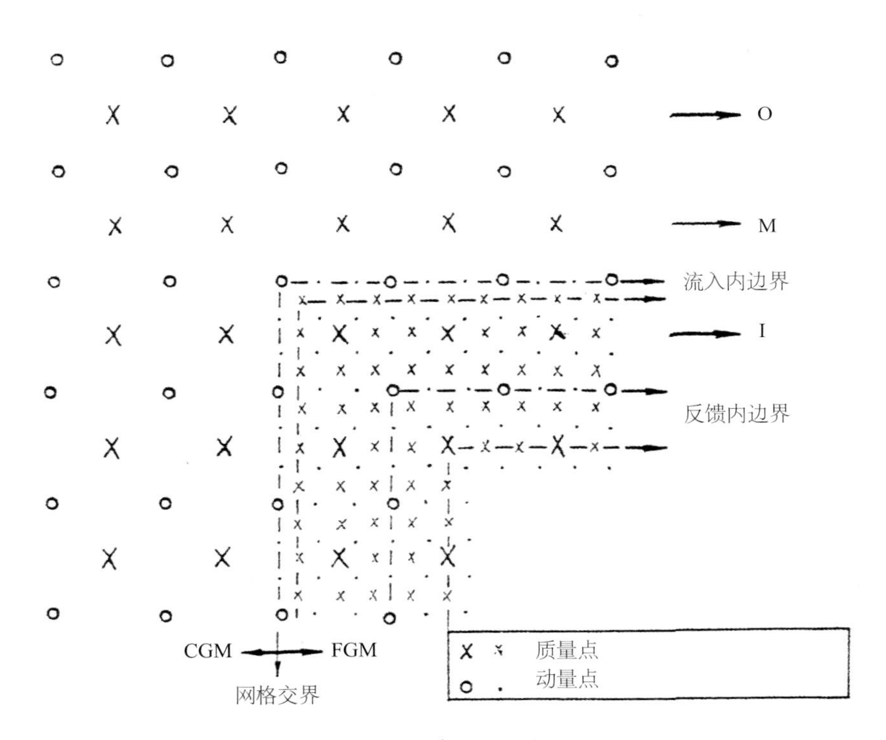

图4.4　嵌套网格结构图

嵌套网格的一部分，其中用大写符号表示粗网格的点，小写符号表示与粗网格不重合的细网格的点。大写字母O、M和I表示用于通过内插得到细网格流入边界倾向的粗网格格点

时间积分顺序是先对粗网格进行，然后再做细网格。粗网格积分一步后，在流入动力边界处，将内插的粗网格倾向储存给细网格，然后细网格场积分3个时间步长，到与粗网格相

同的时间层上。在这同一时间层上，计算的细网格的值，在反馈动力边界中，对于两网格重合的点，粗网格的值由细网格的值替换。

2）内边界条件

设计内边界条件是保证在两网格之间解的连续性和相容性。在粗网格区域内计算倾向之后，储存所有在流入动力边界周围的通量倾向（对动量沿网格交界为1行，对质量为3行，如图4.4中标为O、M和I），然后沿流入边界处内插这些倾向作为细网格的边界值。由于跳点网格的特性，对质量和动量的通量在粗细网格点之间的关系是不同的。对在流入动力边界处质量的点（即p^*、p^*T 和 p^*q），倾向分两部内插得到。第一步在质量流入边界处的点，先作垂直于网格交界的三点之间，例如在图4.4中沿着行O、M和I，粗网格倾向的拉格朗日插值；第二步沿着交界用三次样条函数内插。对于在细网格边界处动量的点，仅需要沿着边界用一步三次样条函数插值。在四个角上，细网格的倾向用双线性插值而得到。

在细网格的每个第三步时，从细网格到粗网格的反馈是通过对反馈动力边界内部的每一粗细网格重合的点，采用九点算子而得到：

$$
\begin{aligned}
F_{I,J} = f_{i,j} &+ \frac{\mu}{2}(1-\mu)\left(f_{i-1,j} + f_{i,j+1} + f_{i+1,j} + f_{i,j-1} - 4f_{i,j}\right) \\
&+ \frac{\mu}{4}\left(f_{i-1,j+1} + f_{i+1,j+1} + f_{i+1,j-1} + f_{i-1,j-1} - 4f_{i,j}\right)
\end{aligned}
\tag{4.72}
$$

其中，F表示在粗网格点上的值，f是表示细网格上的值，下标I, J定义为与细网格中i，j相同的粗网格的位置，μ的值取为0.5。

物理过程的相互作用通过这种内边界条件来达到：通过流入动力边界粗网格系统提供给细网格较大尺度的强迫，然后通过反馈动力边界，细网格影响较大尺度的场。

3）地形处理

由于地形直接联系到质量及通量，在嵌套网格模式中地形合适的处理是很重要的。数值试验表明，不对实际的地形资料进行特殊处理，在模式积分的开始几小时内噪声会很快增大。该模式的地形处理是这样考虑的。①最后调整后的粗细网格地形$H^f_{I,J}$和$h^f_{i,j}$在重叠区域的重合点上必须相等（即$H^f_{I,J} = h^f_{i,j}$）；②在整个重叠区域中粗细网格的地形同时满足算子式（4.72）。即在重叠区的重合点上$H^f_{I,J}$和$h^f_{i,j}$都要等于细网格地形关于i，j的九点平均值$\overline{h}_{i,j}$；而对这点周围的8个点，地形调整为$h^0_{i,j} - \dfrac{\Delta h}{3}$，其中$\Delta h$为平均值$\overline{h}_{i,j}$与原来细网格地形值$h^0_{i,j}$的差值。比较调整前后的地形，在数值上讲一般差别是很小的。经过上述处理后，我们地形高度最高取为5 506 m。

在我们的数值预报系统中，粗细网格的分辨率分别为60 km和20 km，由于机器条件的限制，20 km的小区仅取在渤海和黄海北部海域，经过较多个例的试验，上述嵌套方案是切实可行的，在两个网格的内边界处的解比较光滑，没有虚假的歪曲现象，大网格的大尺度系统能很好地进入小网格，且计算稳定。

4.1.2.5 四维同化（FDDA）

在MM5模式中，有一个四维资料同化（FDDA）的部分，它是在运行模式的同时将观测结合进来的方法。在当测站数据使模式接近实测情形的同时，模式方程必须确保动态的一致性，并弥补初始分析中的错误和差异以及模式物理中的缺陷。FDDA能产生一个空间和时间的四维的气象变量场及边界条件。

1）FDDA的功能和应用

在模式进行预报之前的积分时间段（即同化时间段）内的数据被输入模式的情况下，可以选择打开MM5模式的FDDA，它允许使用外部驱动项来运行模式，此项的作用是使模式的中间结果能够不断地逼近实际的观测或分析。这样做的好处是，经过一段时间的逼近后，模式在一定程度上和此时间段内的数据项相适应，同时仍然保持了动力平衡。这样处理要优于仅在某个时次使用分析数据做初始化处理。因为在某段时间内加入数据能够有效地增加数据的密度，同时测站数据的影响可由模式带往下游，帮助填补其后时间的资料空缺。在同化时间段段内进行数据的同化逼近时，模式保持了流动的真实连续性以及地转风和热成风的平衡。

目前对FDDA的主要应用是模式动态初始化和产生四维同化数据集。动态初始化（见图4.5a）主要用在预报之前的时段内，这段时间里存在可用的额外测站数据或分析数据，当预报开始时逼近（nudging）项就被关闭，这样做的目的是为实时预报优化初始条件。与由初始时刻的分析提供的静态初始化相比较可以发现：①它可以使用预报前期的非天气数据并且通常在预报起始时刻包含了更多的测站信息；②由于初始模式条件具有了更好的平衡性，所以减小了预报起始时刻的不稳定性。

除了模式动态初始化，产生四维同化数据集（见图4.5b）也是FDDA的一种重要应用。它与动态初始化基本相似。不同之处在于其主要目的是将各种观测数据通过模式运算，形成一个四维的具有时空一致性的可信度较高的分析场。这种分析考虑了由模式提供的动态平衡和由松弛逼近（nudging）引入的测站数据，可以被用来初始化更高分辨率的模拟或用于动力学研究。

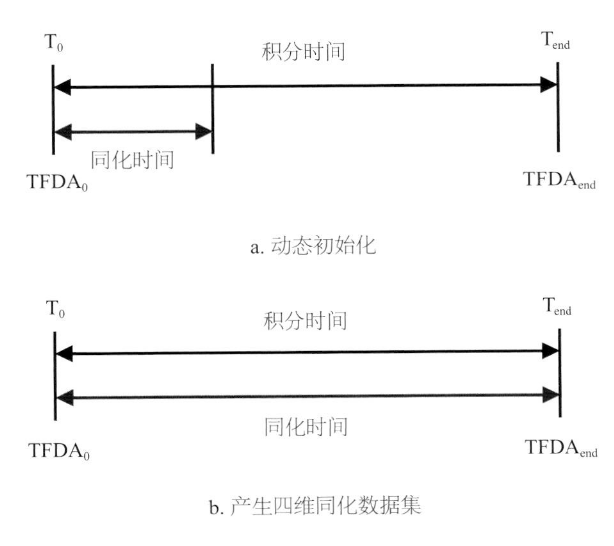

图4.5 FDDA的两种应用

除此之外，FDDA还能给模式的嵌套的细网格提供较好的边界条件，相对于标准的线性分析插值而言，通过在粗网格上使用数据同化并嵌套一个更细的网格，这时细网格的边界条件质量更好，因为更高时间分辨率的特征通过边界而进入了细网格。

2）FDDA的实现方法

MM5模式用的是牛顿逼近或松弛（nudging）方法。它是一种动力松弛法，通过松弛，将重力波的影响减至最低，从而模式结果能向观测值靠近。在MM5模式中，根据数据是格点数据还是单独的测站数据，FDDA分为两种不同的松弛方法，即分析或格点同化和观测测站逼近法。模式能单个地使用它们，也可以放在一起使用。

（1）分析或格点同化

把观测资料，如每隔12小时的常规探空资料或每隔3小时的地面观测资料，客观分析到模式的格点上（水平格点和各垂直层次）构成分析场，作为对比资料。将模式预报的格点值与分析场的格点值作比较，按其差值大小对预报结果作适当修正。修正量的大小由一个权重函数控制，使其既不能太大又不能太小。太大会丧失模式本身的预报能力，太小又不能起到同化作用。

$$\frac{\partial p^{*}\alpha}{\partial t}=F(\alpha,x,t)+G_{\alpha}\cdot W_{\alpha}\cdot \in_{\alpha}(x)\cdot p^{*}(\hat{\alpha}_{0}-\alpha) \tag{4.73}$$

牛顿松弛项被加入到风、温度和水汽的诊断方程中。这些项使模式值缓慢地向一个格点分析逼近。该技术是通过获取同化时段内的格点分析来实现的，这些分析以标准的输入格式反馈给模式。模式通过对分析数据的时间线性插值来决定模式逼近值。用户可以定义用于每个变量的松弛常数的时间尺度。这种同化方法常用在粗分辨率网格上。

（2）测站同化

在某些情形下分析或格点同化可能并不实用，比如在较高的分辨率下或者存在非定时观测数据（如卫星、飞机等非常规观测）的情况下。因而我们可以选择更有效的测站同化。这种方法不需要进行观测资料的网格分析，其基本方法是，将格点附近一定距离范围内的测站资料与预报值在该站点上的插值进行比较，其差值按由站点与格点的距离和时间差作为权重，对预报值进行修正，靠近格点的测站资料对预报修正值有较大贡献。

$$\frac{\partial p^{*}\alpha}{\partial t}=F(\alpha,x,t)+G_{\alpha}\cdot p^{*}\frac{\sum_{i=1}^{N}W_{i}^{2}(x,t)\cdot\gamma_{i}\cdot(\alpha_{0}-\hat{\alpha})_{i}}{\sum_{i=1}^{N}W_{i}(x,t)} \tag{4.74}$$

其中，$W(x,t)=w_{xy}\cdot w_{\sigma}\cdot w_{t}$。

该方法也使用松弛项，但是它更与客观分析技术相似。该松弛项基于测站处的模式误差值，这样做是为了减小该误差。测站在某个格点上的权重取决于此格点与测站的时空分布。每个测站有一个影响半径，一个时间窗和一个松弛时间尺度来决定它影响模式结果的位置、时间和程度。通常模式格点可能在几个测站的影响半径之内，它们对该点的影响被作了距离加权处理。

4.1.3 后置处理

4.1.3.1 模式的垂直坐标是σ坐标系

我们需将σ层上的气象要素值插到实际经常用到的标准等压面上，另外还可以诊断出一些其他物理量，如海面10 m高风场、垂直速度场、涡度场和散度场等。

4.1.3.2 绘图系统

为了便于在实际中使用，我们可以将分析结果绘制成图形，如标准等压面上的等高线分析、海平面图上的等压线分析、等风速线分析，等等。

4.1.3.3 检验系统

分析效果的客观评定既可以定量地反映模式的同化水平，又可以发现现行分析模拟中存在的问题。我们采用的检验方法是计算平均误差、均方根误差和相关系数，对风场要素还要计算相对误差。

4.2 模式适用个例试验

在进行2003年10月11日的渤海大风的模拟分析之前，我们挑选了2004年和2005年的5个渤海大风过程，对模式的适用性进行了验证。通过同QuikSCAT卫星反演的海面风场和海上石油平台站点的观测进行对比，对模拟分析得到的风场进行了检验。通过这5个个例的模拟，结果表明，这套模拟分析系统对模拟分析渤海大风有很好的适用性，天气系统能够真实地模拟出来，风速和风向的误差都比较小。

美国国家航空航天局（NASA）的QuikSCAT（Quick Scatterometer，QuikSCAT）卫星于太平洋夏季时间1999年6月18日发射升空，它搭载了微波散射计，叫做“海风”散射计（SeaWinds散射计），它是一种新型的卫星载主动微波遥感仪，是一台专门设计用于测量海洋近海面的风速和风向（通常人们把其当做以海面10 m高处风来用）的微波雷达。“海风”散射计测量的空间分辨率为50 km。定位精度为15 km（RMS，均方根）。风速的精度当测量范围在3～20 m/s时为2 m/s（RMS），在20～30 m/s时为10%。风向精度当测量范围3～20 m/s时为20°（RMS）。刈幅是1 800 km（包括内扫描±700 km，外扫描±900 km），是ERS卫星散射计刈幅的3倍。“海风”的回归周期为4 d（绕地球旋转57圈），轨道周期为101 min，一天之内能获得大约400 000个测量数据，覆盖地球表面的90%。它能穿透大部分的天气系统和云实时检测到近海平面的风速和风向的变化，尤其对热带气旋的定位及其风场的分布具有较强的检测能力。目前，国际上对QuikSCAT卫星散射计资料的使用已经比较广泛，很多气象和海洋学家都对该资料在各方面的利用进行了尝试。比如，美国国家海洋和大气管理局（National Oceanic and Atmospheric Administration，NOAA）的海洋预报中心（Ocean Prediction Center，OPC）已经在其业务海洋预报中应用了QuikSCAT卫星海面风资料。我们用该卫星散射计反演的海面风资料同我们的模拟分析结果进行对比。

4.2.1 个例1：2004年2月26—28日渤海大风过程

图4.6是2004年2月27日北京时20时的海平面气压分析场，从图中看出，在我国东北、华北有一低压槽发展，渤海位于该系统的靠近中心地带，该系统过境给渤海及周边地区带来大风。图4.7是2004年2月26—28日的站点和模拟的10 m风比较图。图中上图表示风速，下图表示风向，“+”序列表示观测，“O”序列表示模拟，从图中可见，该大风过程模式模拟分析的结果与站点十分接近，在大风时段，模拟的风速比测站观测风速稍稍偏大。图4.7～图4.13是2004年2月26—28日QuikSCAT卫星反演10 m风与模拟比较图。图中左图表示模拟的风场，右图表示卫星反演的风场。从图中可以看出，无论在风速还是风向上，两者都基本一致。

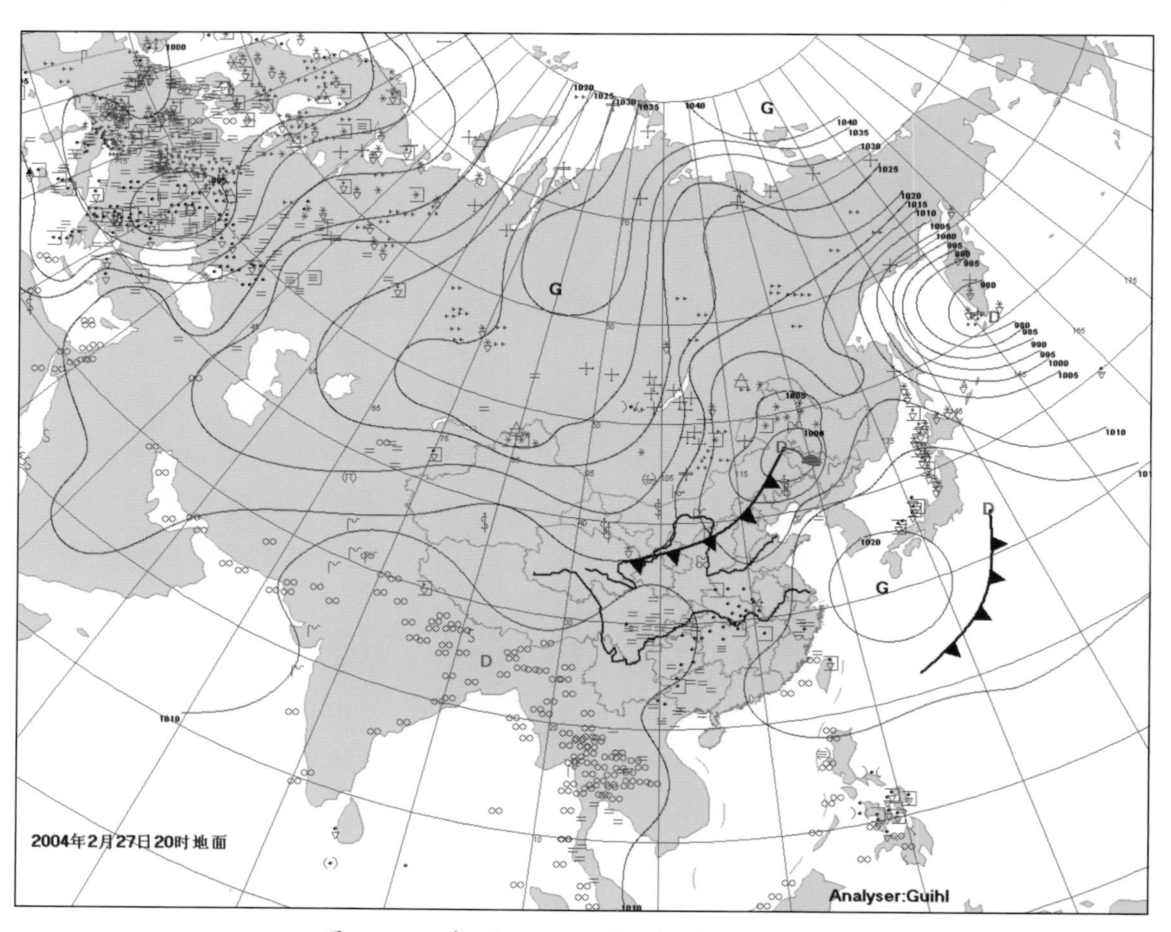

图4.6　2004年2月27日20时（北京时）地面天气图

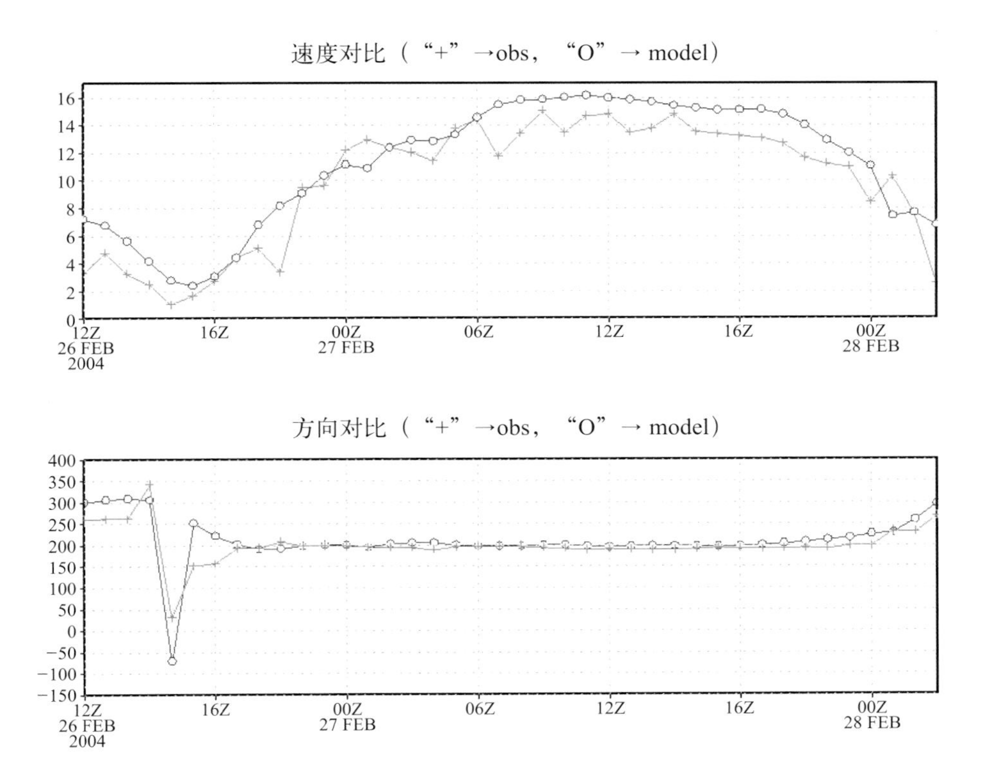

图4.7　2004年2月26—28日的站点和模拟10 m风比较图

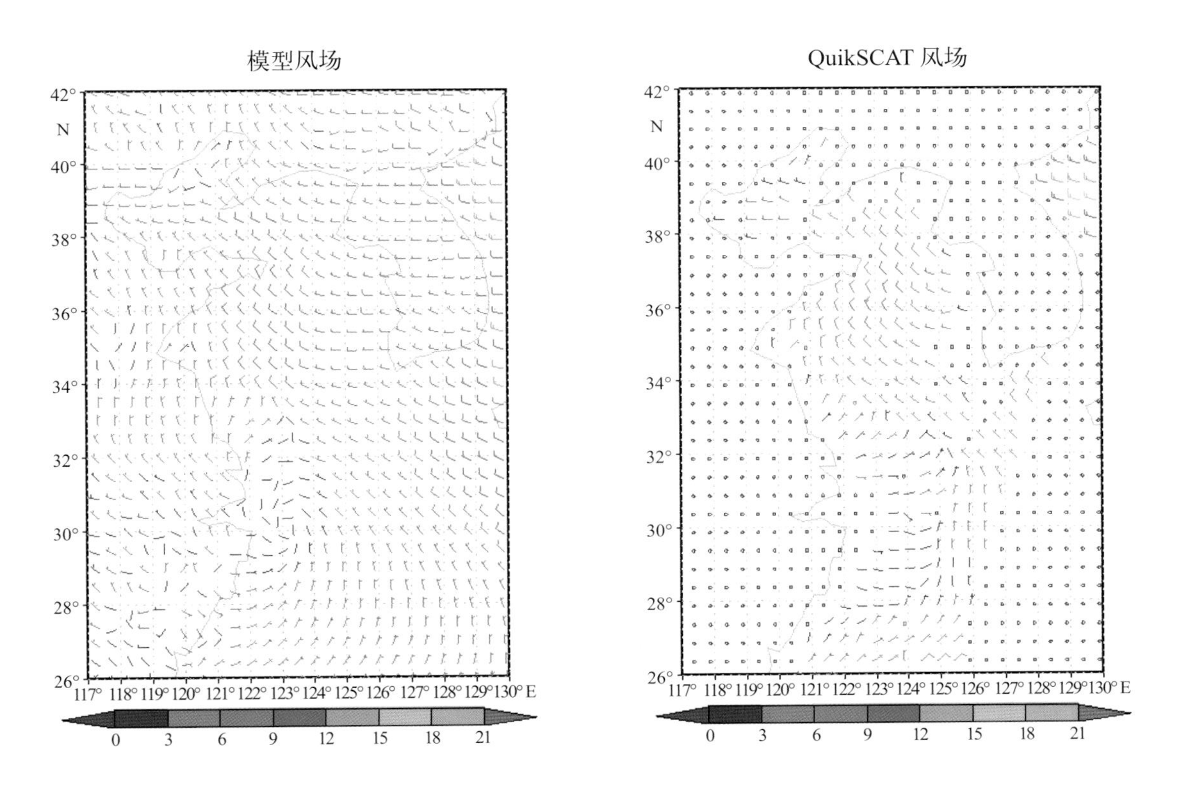

图4.8　2004年2月26日9时（UTC）的QuikSCAT卫星反演10 m风与模拟比较图

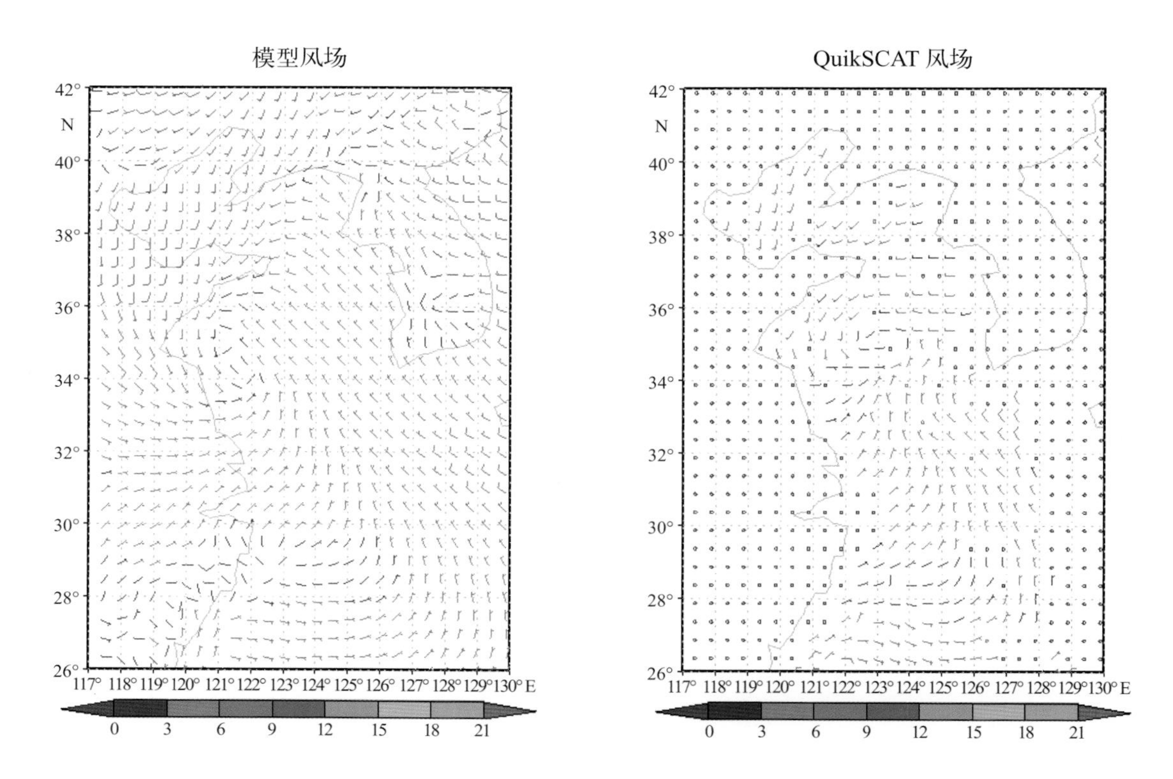

图4.9　2004年2月26日21时（UTC）的QuikSCAT卫星反演10 m风与模拟比较图

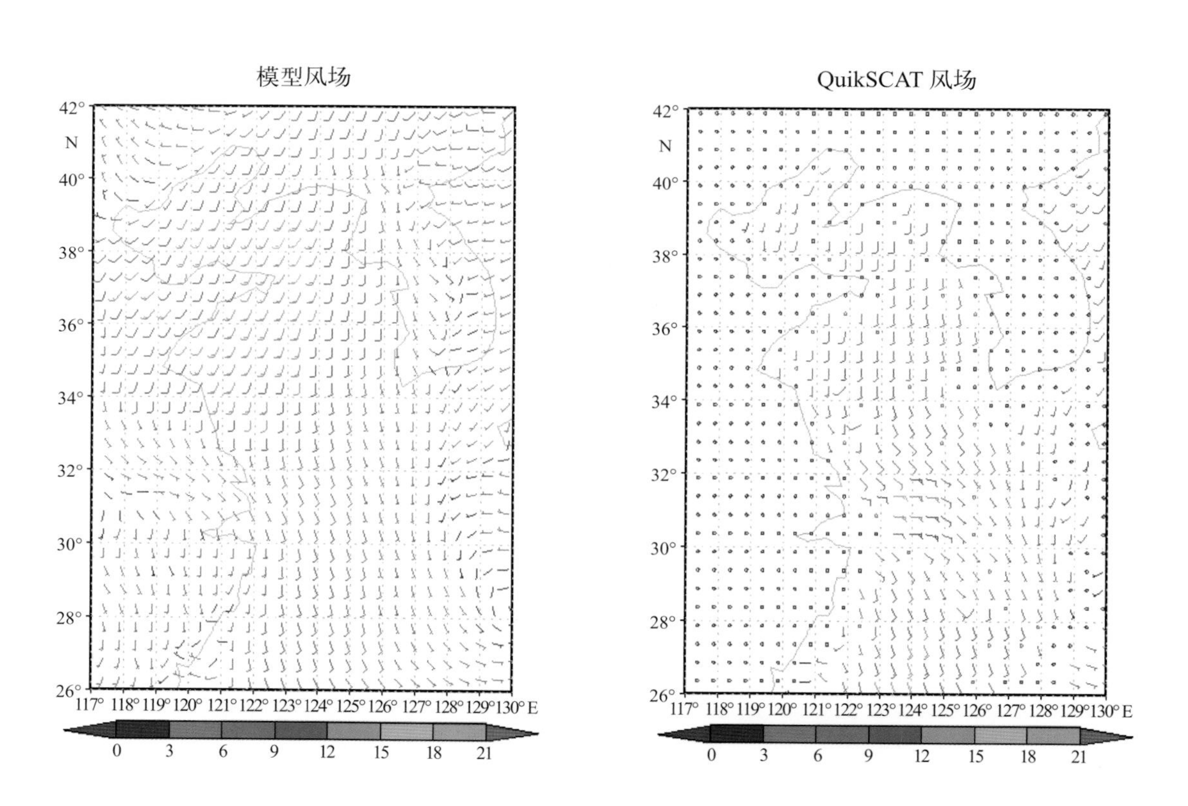

图4.10　2004年2月27日9时（UTC）的QuikSCAT卫星反演10 m风与模拟比较图

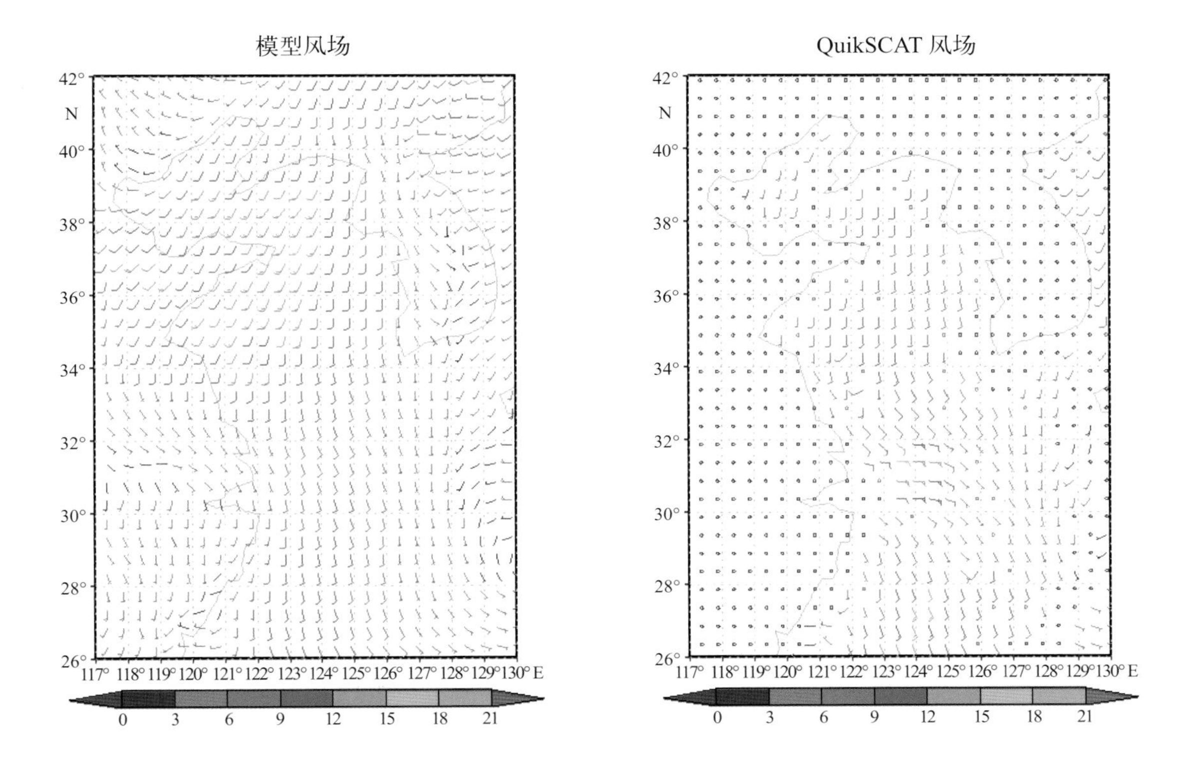

图4.11　2004年2月27日21时（UTC）的QuikSCAT卫星反演10 m风与模拟比较图

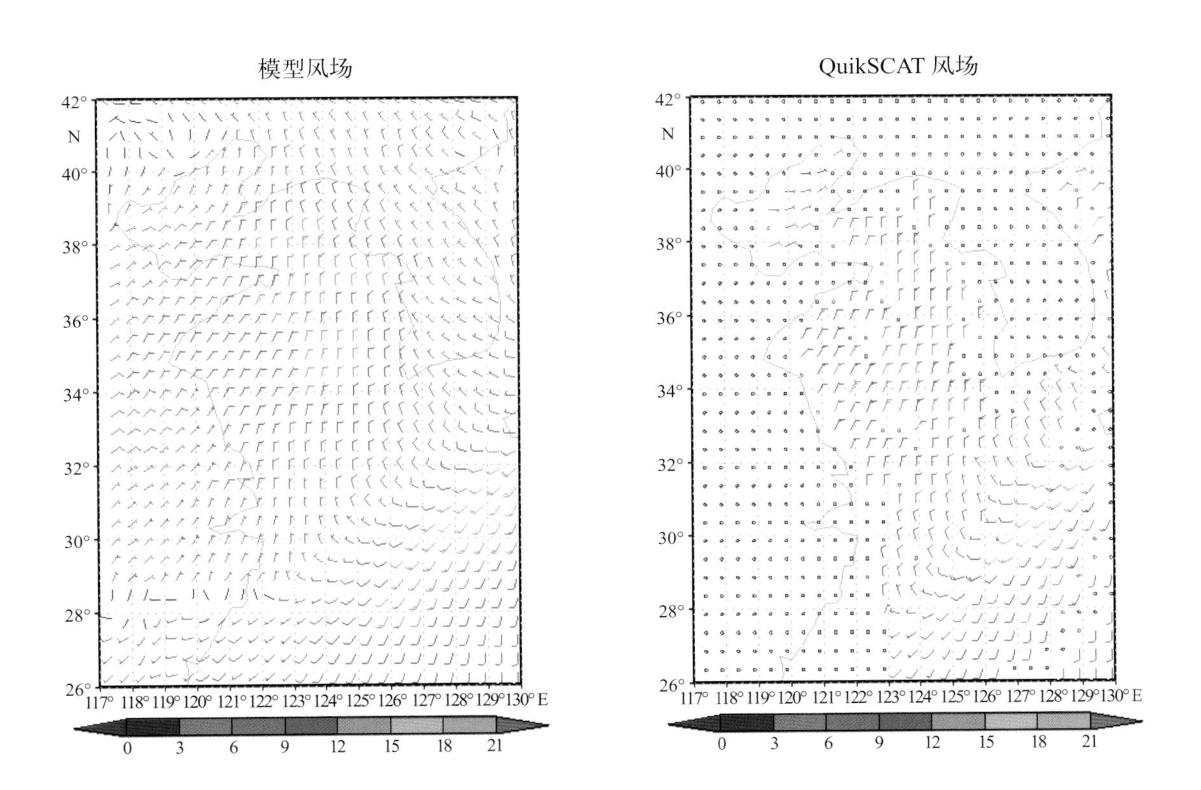

图4.12　2004年2月28日9时（UTC）的QuikSCAT卫星反演10 m风与模拟比较图

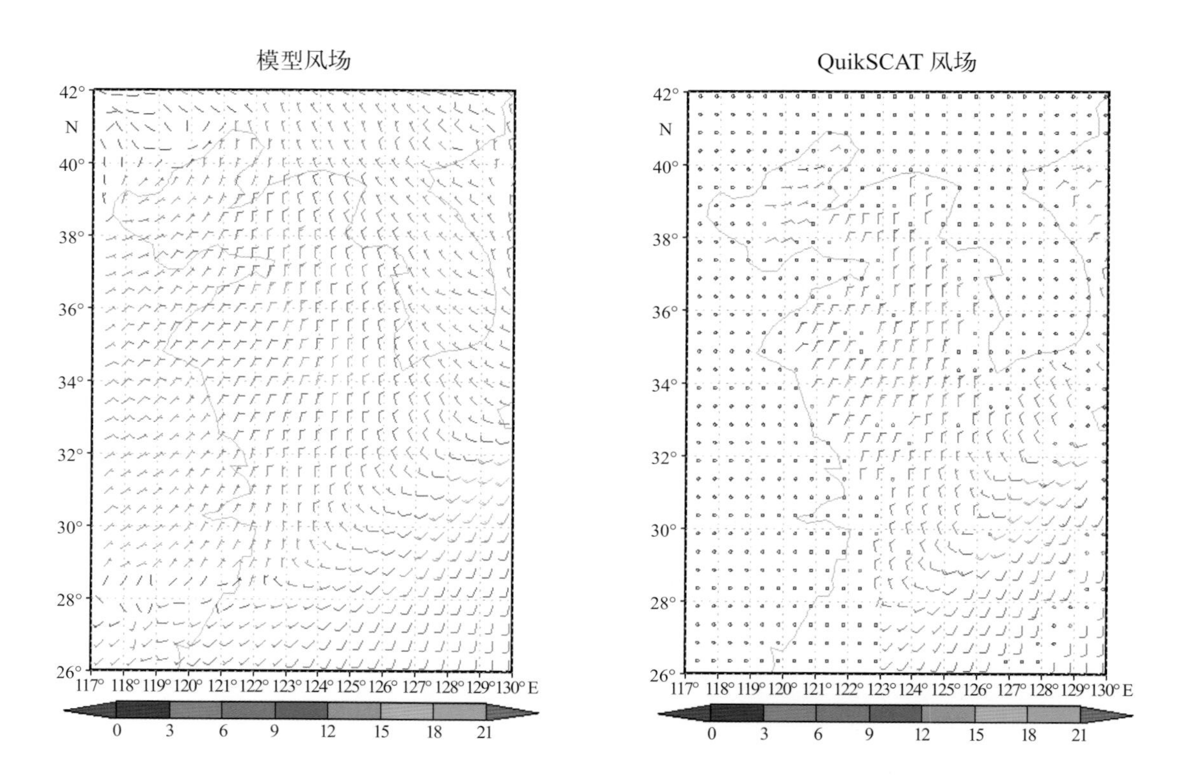

图4.13　2004年2月28日21时（UTC）的QuikSCAT卫星反演10 m风与模拟比较图

4.2.2　个例2：2004年4月27—30日渤海大风过程

图4.14是2004年4月28日北京时20时的海平面气压分析场，从图中看出，在我国东北、河套地区各有一个低压系统，这两个低压系统形成一个大槽，随着系统的东移南下，渤海位于低压中心区域，锋面过境形成大风。图4.15是2004年4月27—30日的站点和模拟的10 m风比较图。图中上图表示风速，下图表示风向，“+”序列表示观测，“O”序列表示模拟，从图中可见，该大风过程模式模拟分析的结果随时间变化的趋势与站点观测相吻合，在大风区域，模拟结果稍稍偏大，在29日6时后，模拟系统比观测略显偏快。图4.16～图4.21是2004年4月27—30日QuikSCAT卫星反演10 m风与模拟比较图。图中左图表示模拟的风场，右图表示卫星反演的风场。从图中可以看出，无论在风速还是风向上，两者都基本一致。

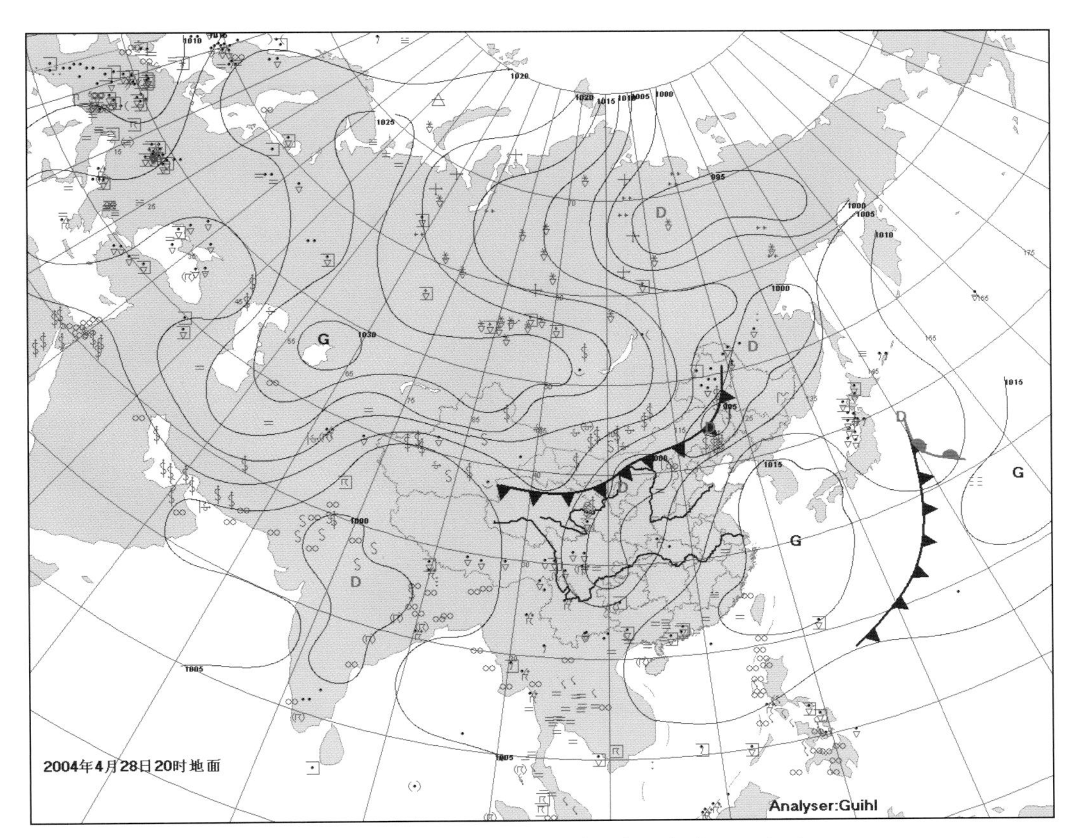

图4.14　2004年4月28日20时（北京时）地面天气图

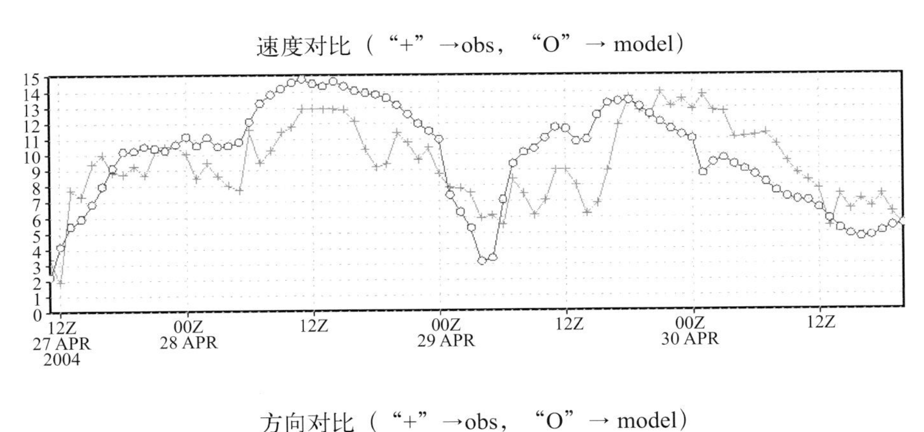

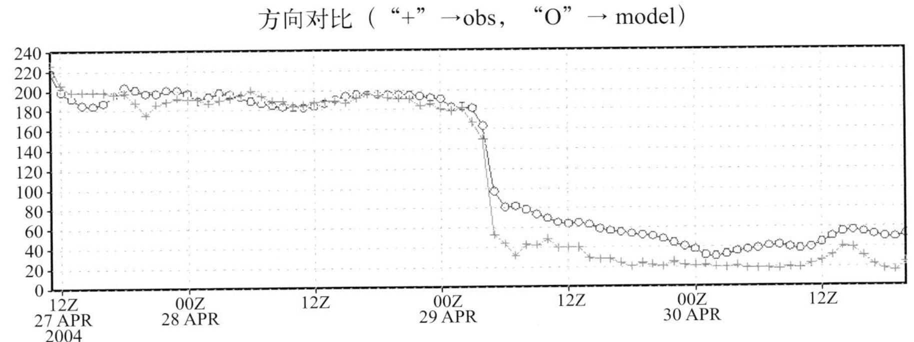

图4.15　2004年4月27—30日的站点和模拟10 m风比较图

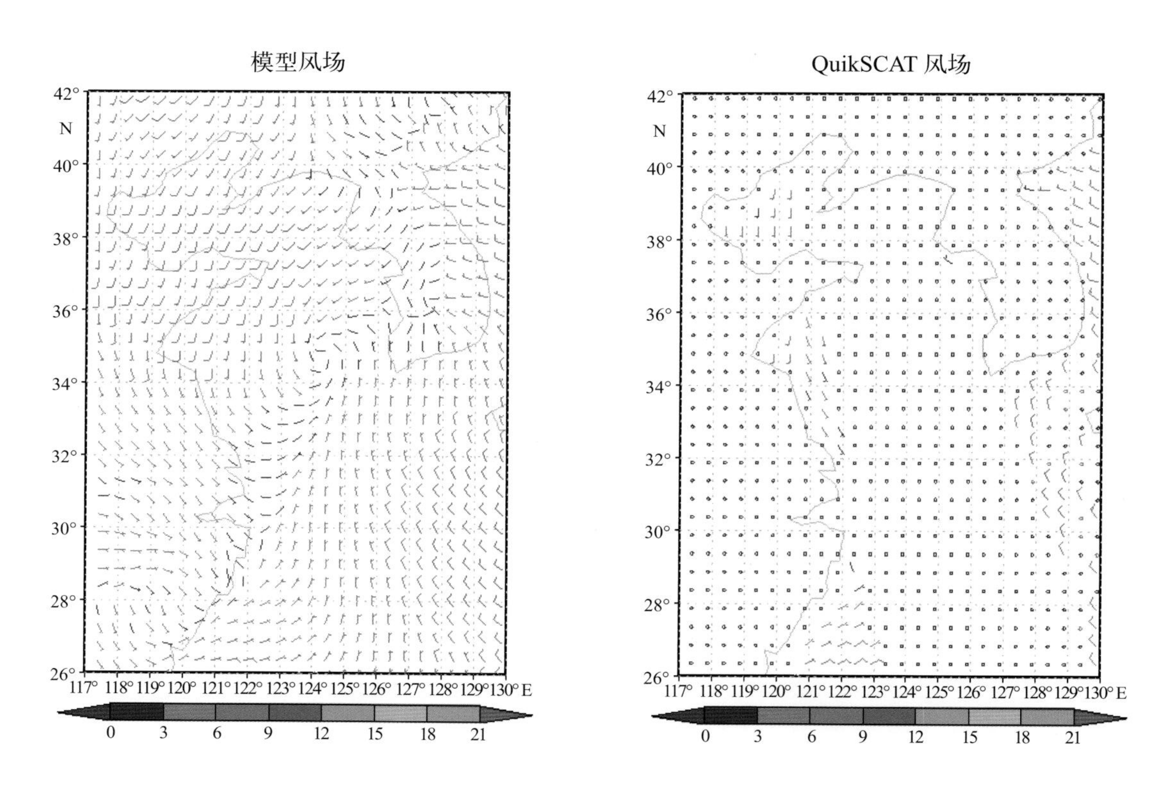

图4.16　2004年4月27日21时（UTC）的QuikSCAT卫星反演10 m风与模拟比较图

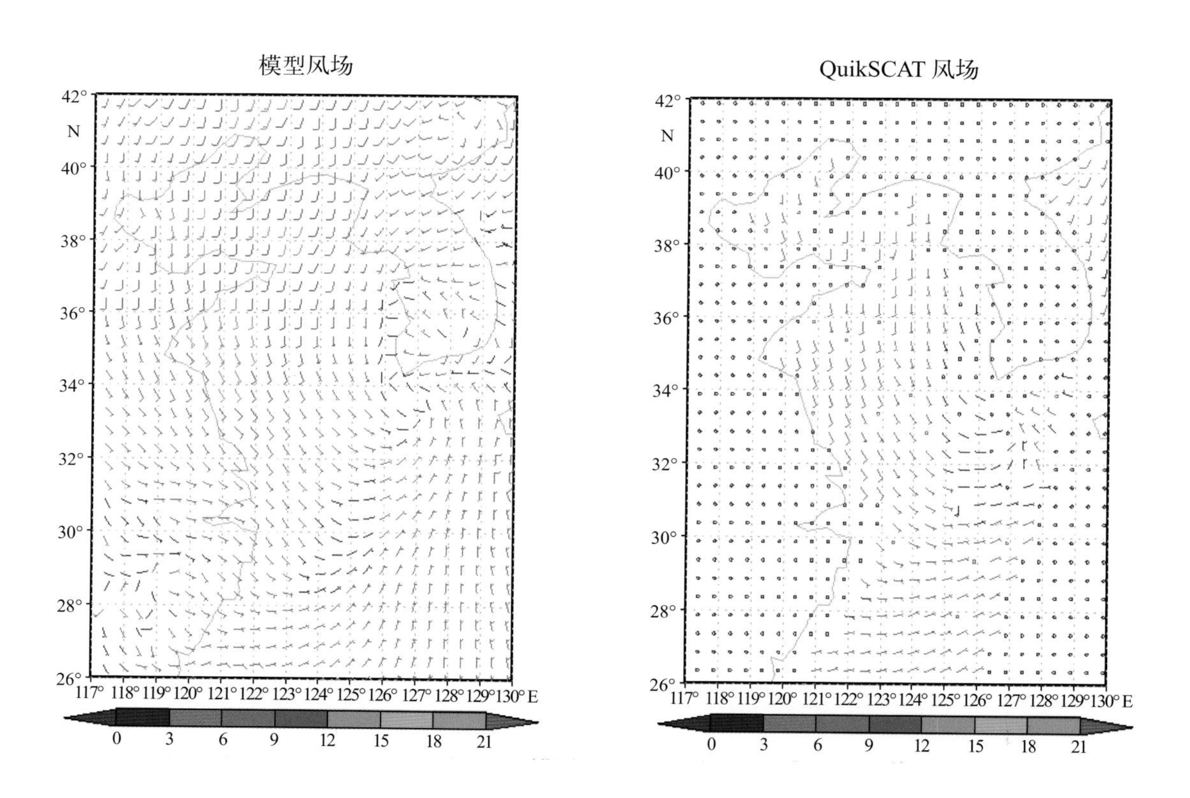

图4.17　2004年4月28日9时（UTC）的QuikSCAT卫星反演10 m风与模拟比较图

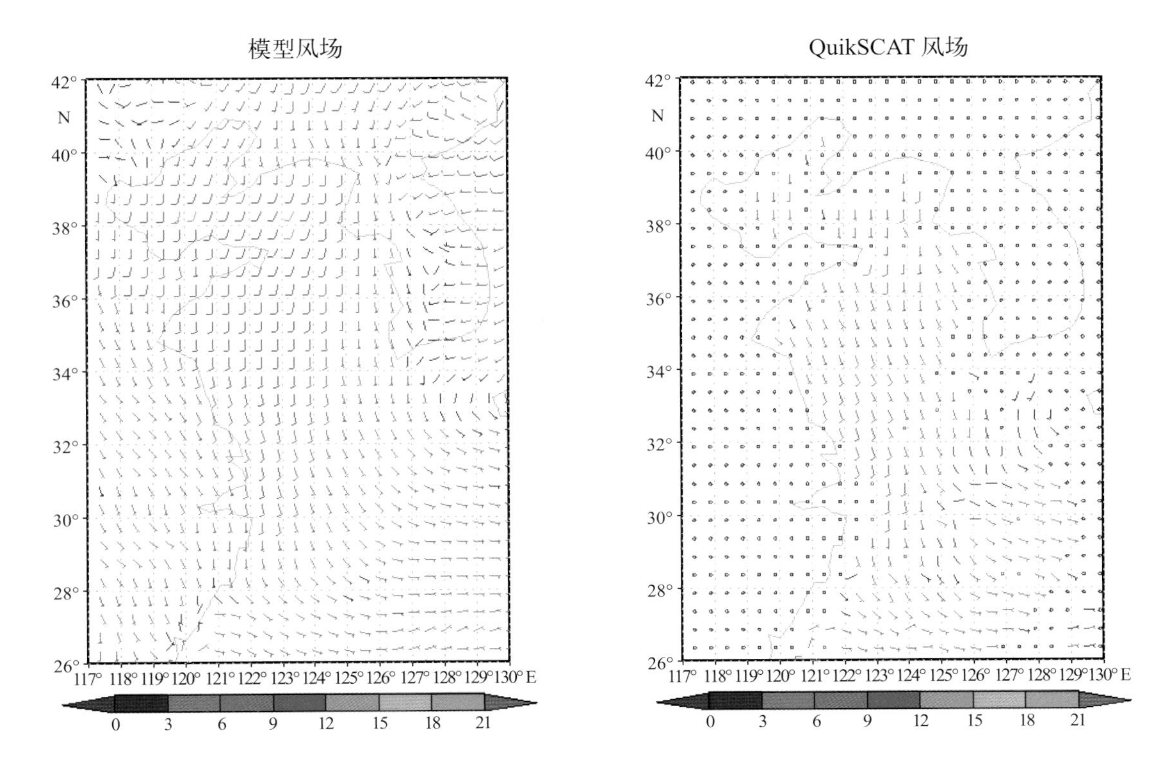

图4.18 2004年4月28日21时（UTC）的QuikSCAT卫星反演10 m风与模拟比较图

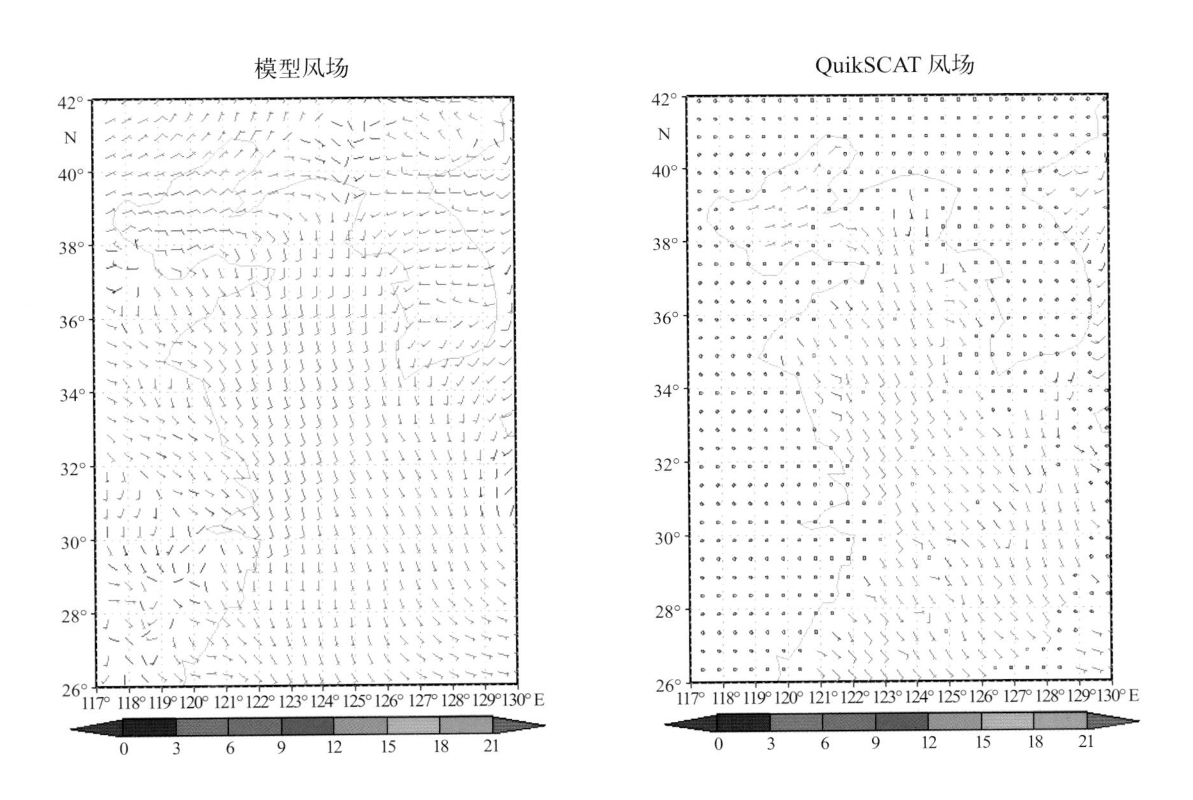

图4.19 2004年4月29日9时（UTC）的QuikSCAT卫星反演10 m风与模拟比较图

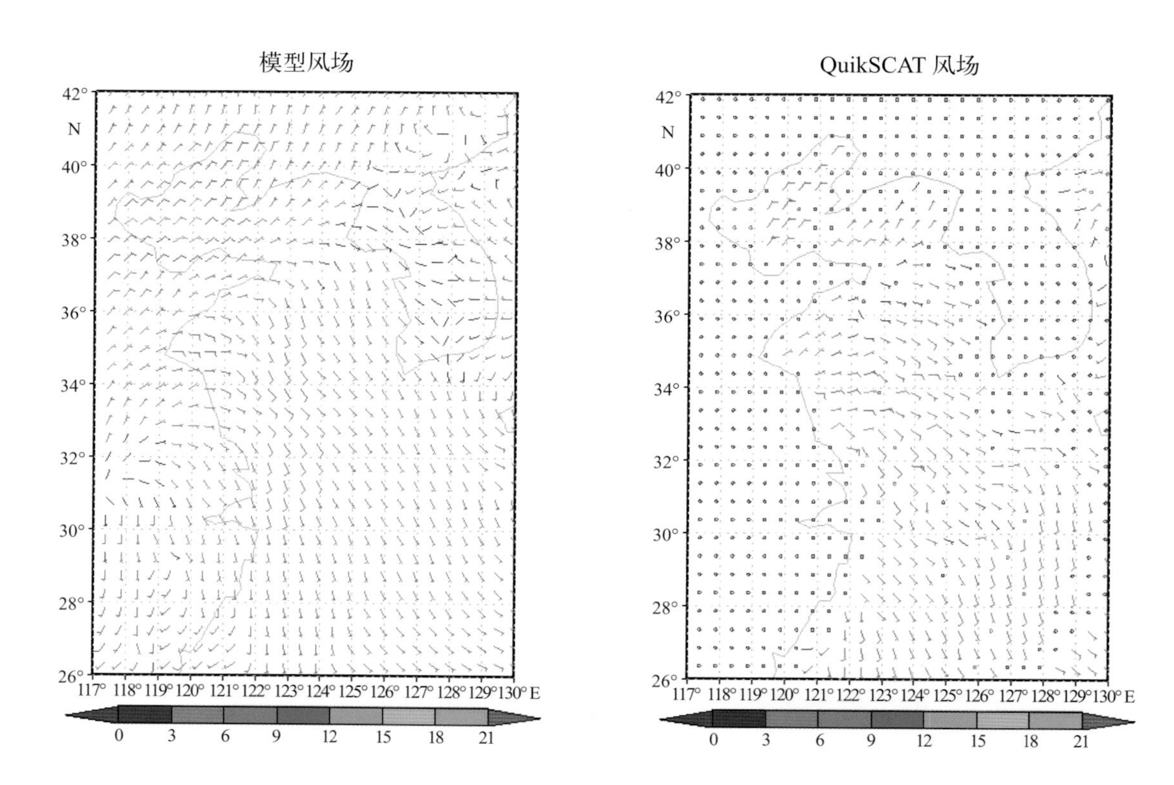

图4.20　2004年4月30日21时（UTC）的QuikSCAT卫星反演10 m风与模拟比较图

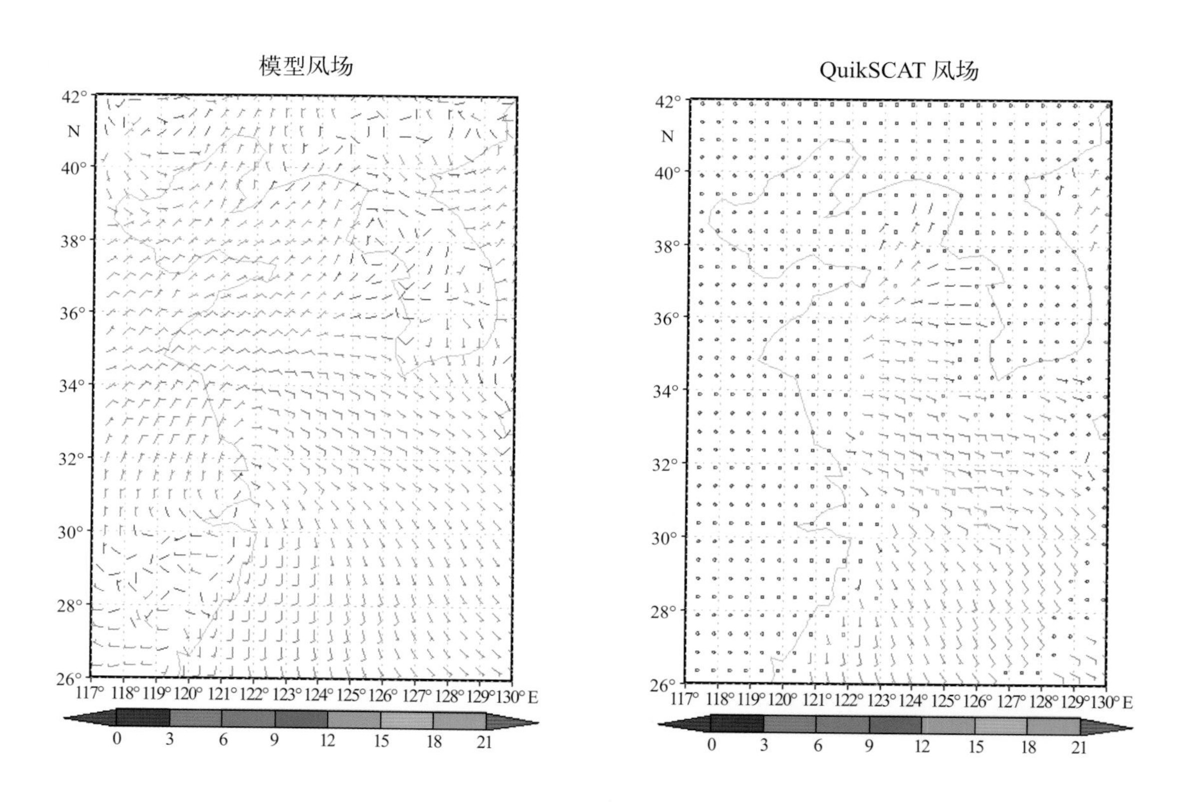

图4.21　2004年4月30日9时（UTC）的QuikSCAT卫星反演10 m风与模拟比较图

4.2.3 个例3：2004年5月22—27日渤海大风过程

图4.22是2004年5月25日北京时8时的海平面气压分析场，从图中看出，在我国东北、山西地区都被低压系统控制，在北京天津地区仍然有一个闭合的低压环流，这样使得渤海地区形成大风天气。图4.23是2004年5月22—27日的站点和模拟的10 m风比较图。图中上图表示风速，下图表示风向，"＋"序列表示观测，"O"序列表示模拟，从图中可见，该大风过程模式模拟分析的结果与站点比较接近，上下起伏均不大。图4.24～图4.33是2004年5月22—27日QuikSCAT卫星反演10 m风与模拟比较图。图中左图表示模拟的风场，右图表示卫星反演的风场。从图中可以看出，无论在风速还是风向上，两者都基本一致。

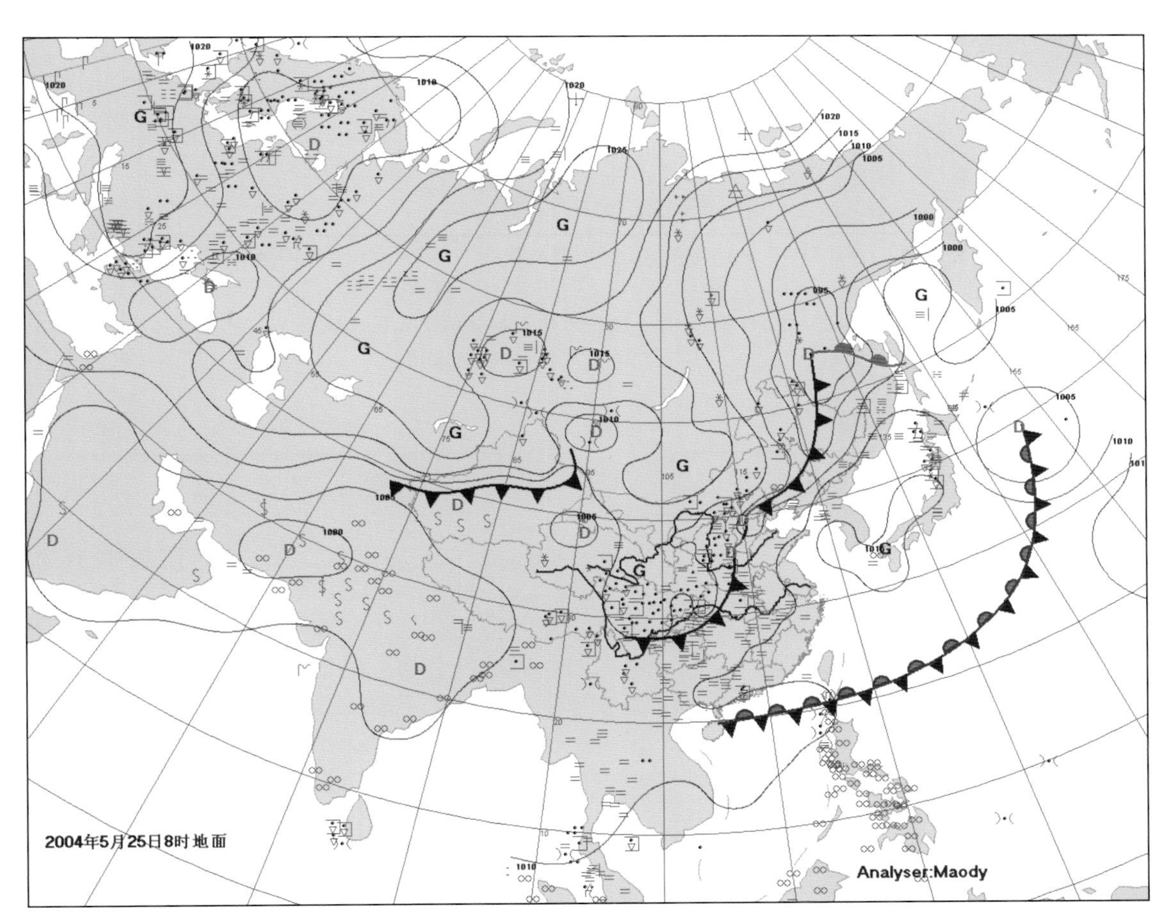

图4.22 2004年5月25日8时（北京时）地面天气图

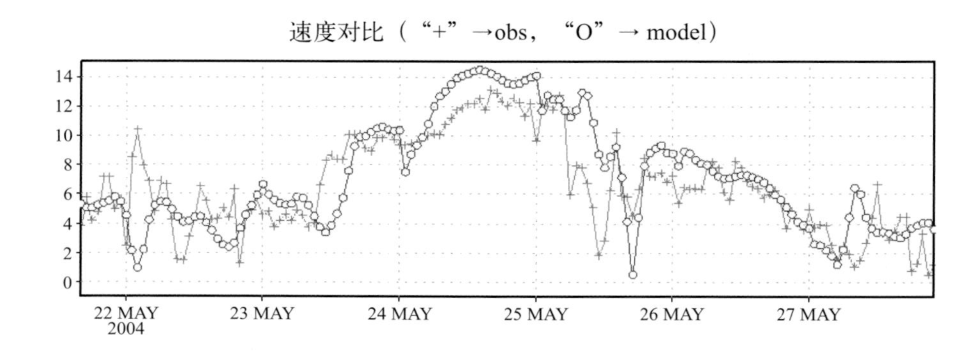

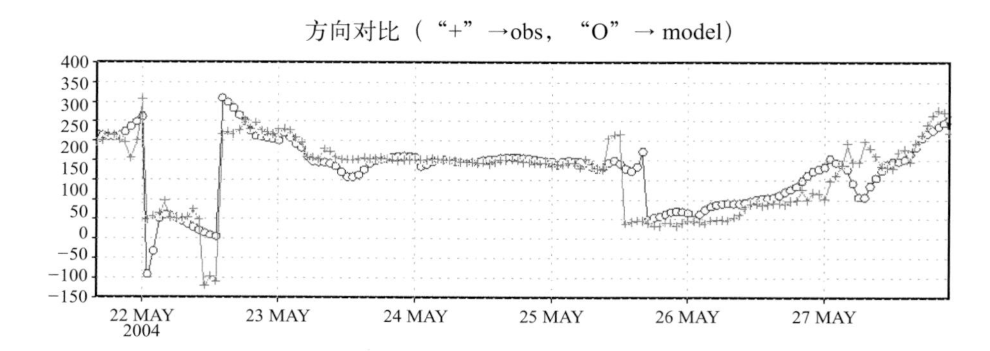

图4.23　2004年5月22—27日的站点和模拟10 m风比较图

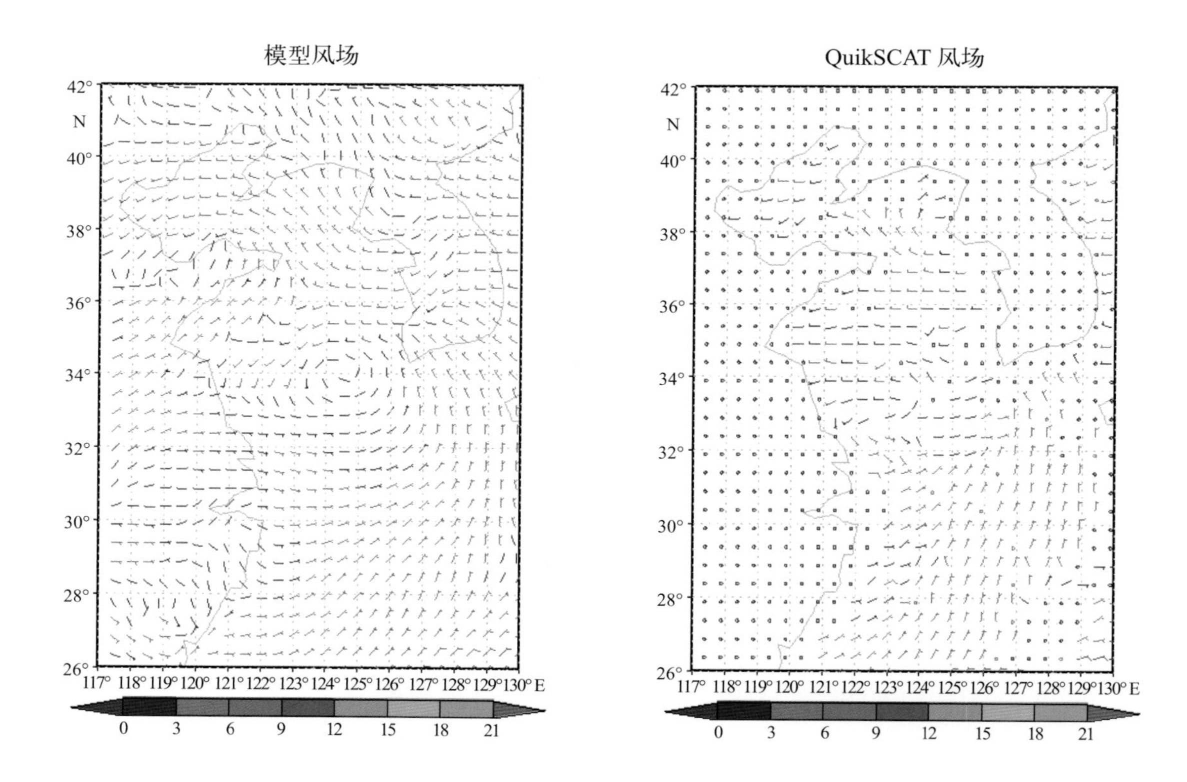

图4.24　2004年5月22日21时（UTC）的QuikSCAT卫星反演10 m风与模拟比较图

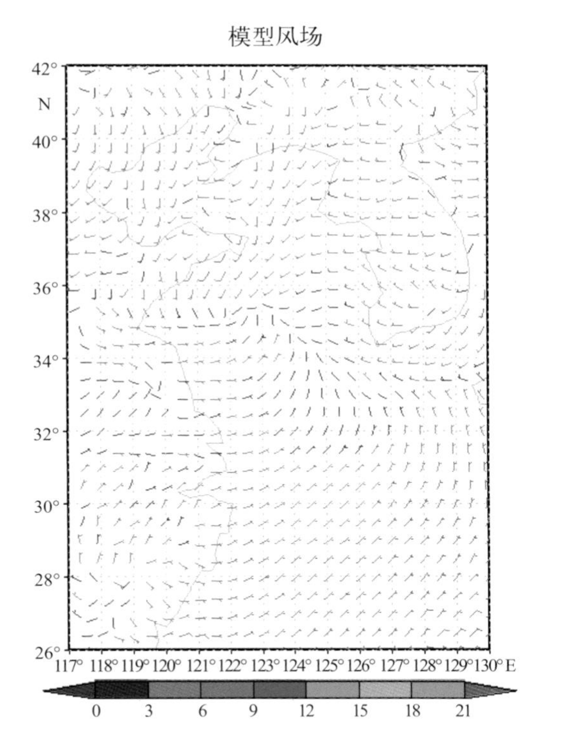

图4.25 2004年5月23日9时（UTC）的QuikSCAT卫星反演10 m风与模拟比较图

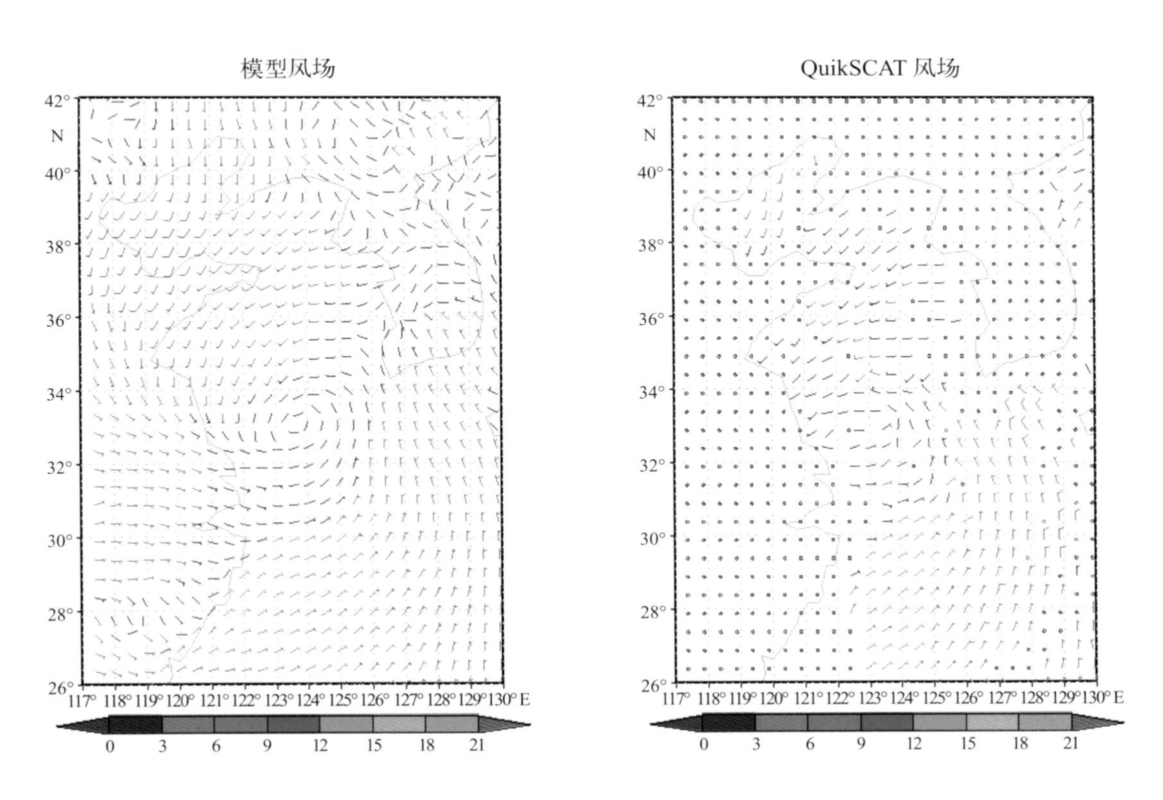

图4.26 2004年5月23日21时（UTC）的QuikSCAT卫星反演10 m风与模拟比较图

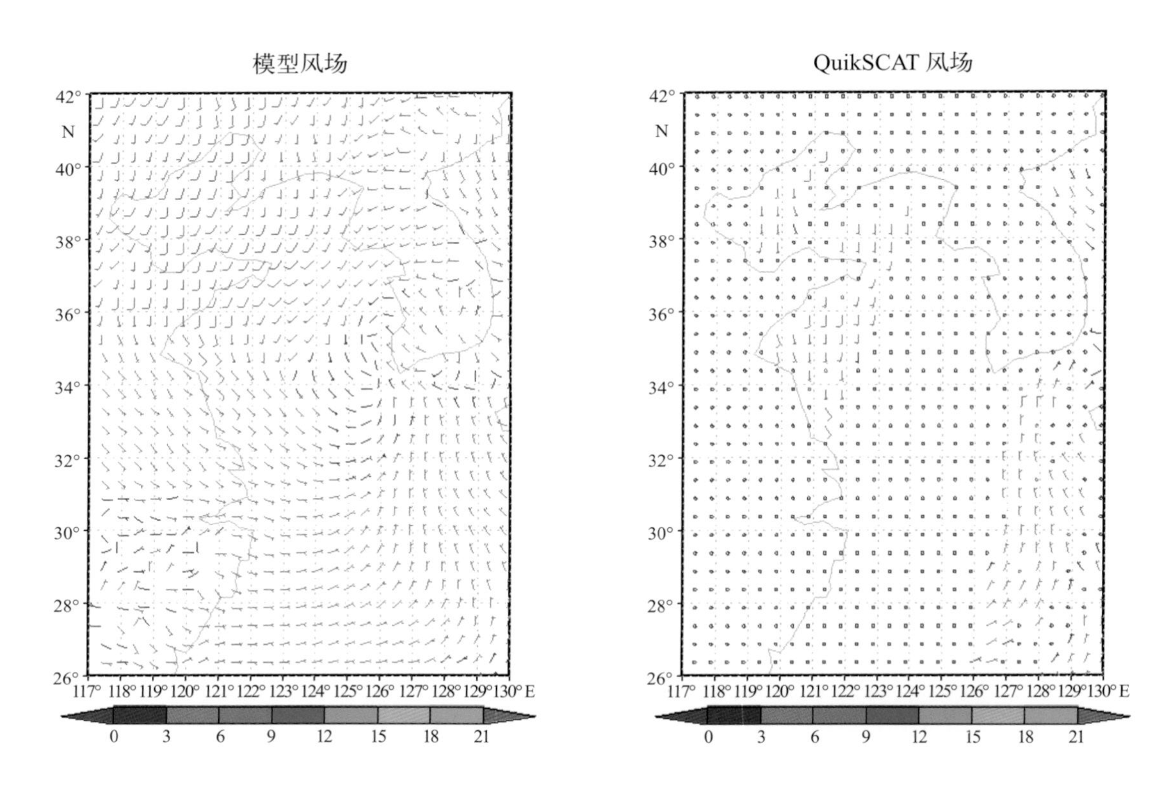

图4.27　2004年5月24日9时（UTC）的QuikSCAT卫星反演10 m风与模拟比较图

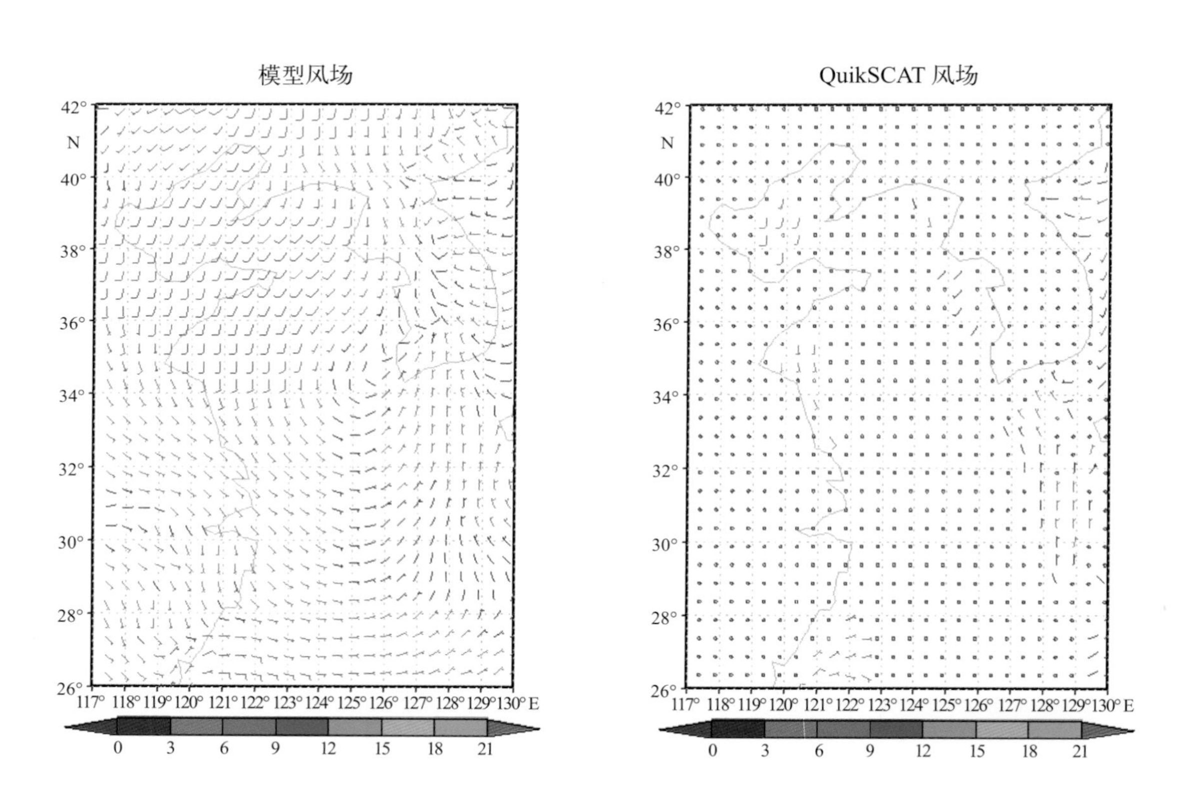

图4.28　2004年5月24日21时（UTC）的QuikSCAT卫星反演10 m风与模拟比较图

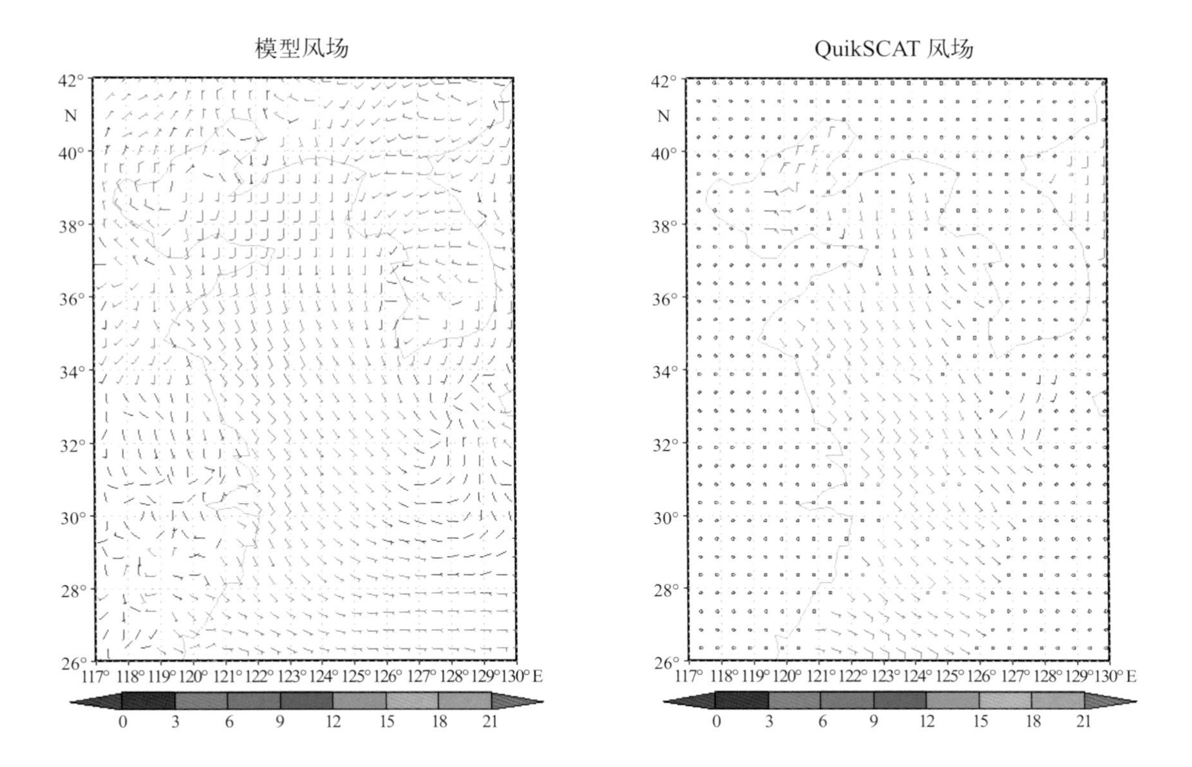

图4.29　2004年5月25日9时（UTC）的QuikSCAT卫星反演10 m风与模拟比较图

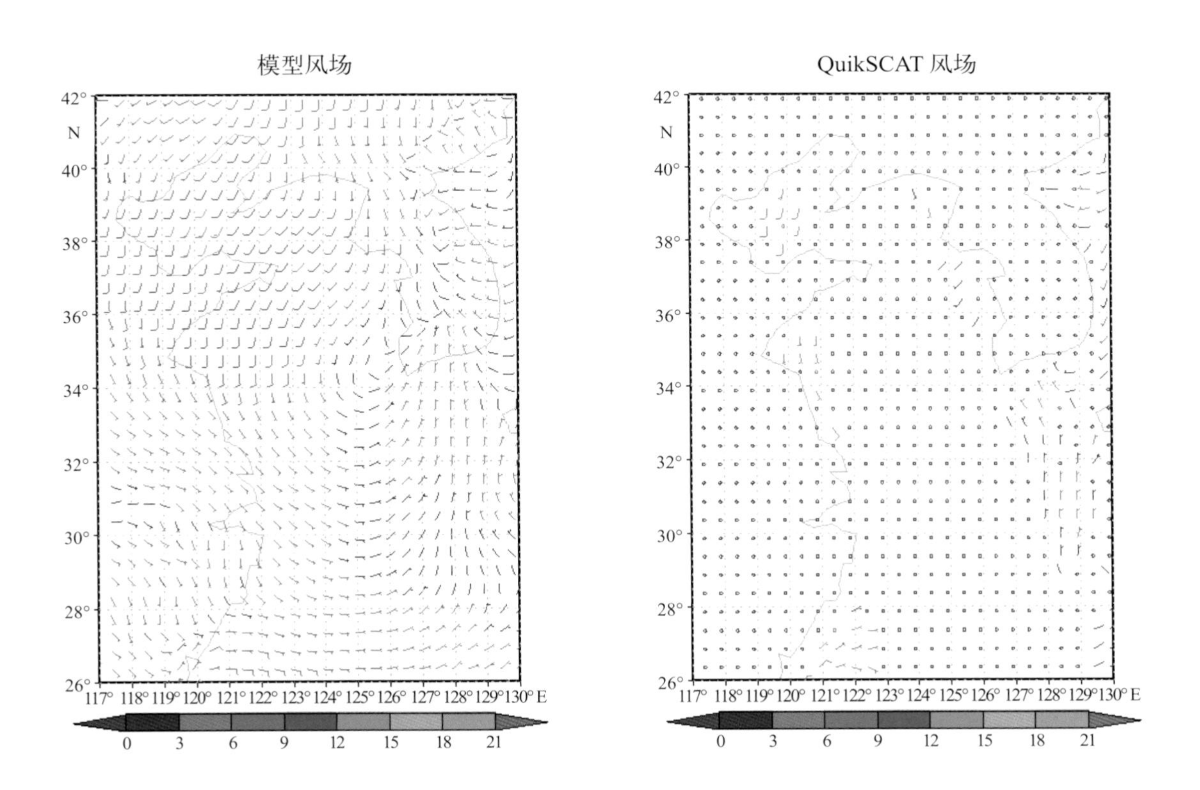

图4.30　2004年5月25日21时（UTC）的QuikSCAT卫星反演10 m风与模拟比较图

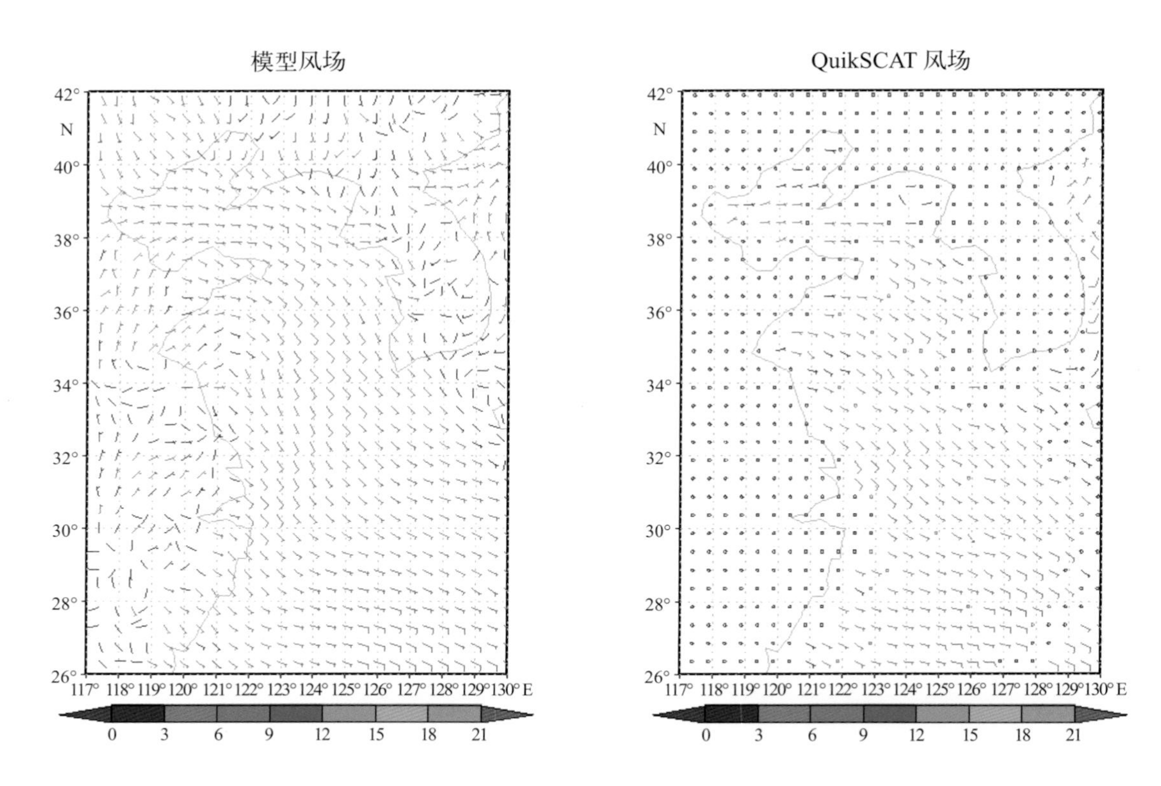

图4.31　2004年5月26日9时（UTC）的QuikSCAT卫星反演10 m风与模拟比较图

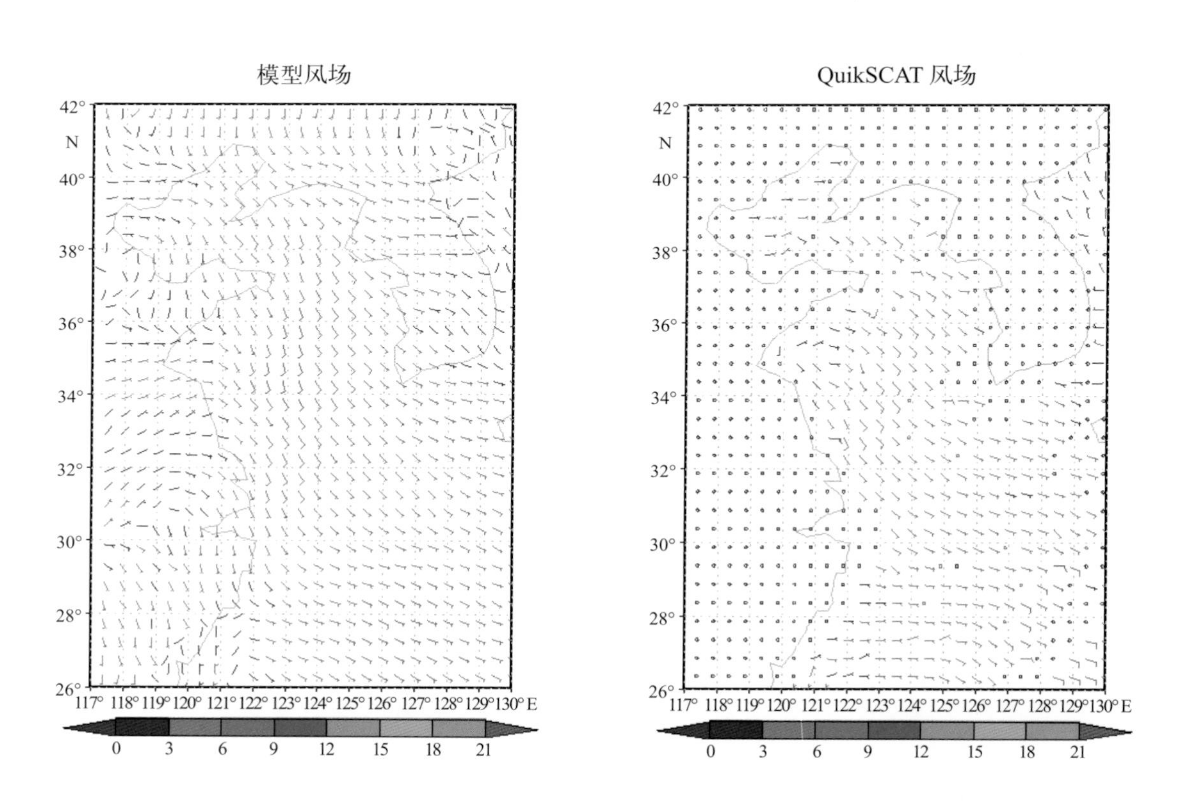

图4.32　2004年5月26日21时（UTC）的QuikSCAT卫星反演10 m风与模拟比较图

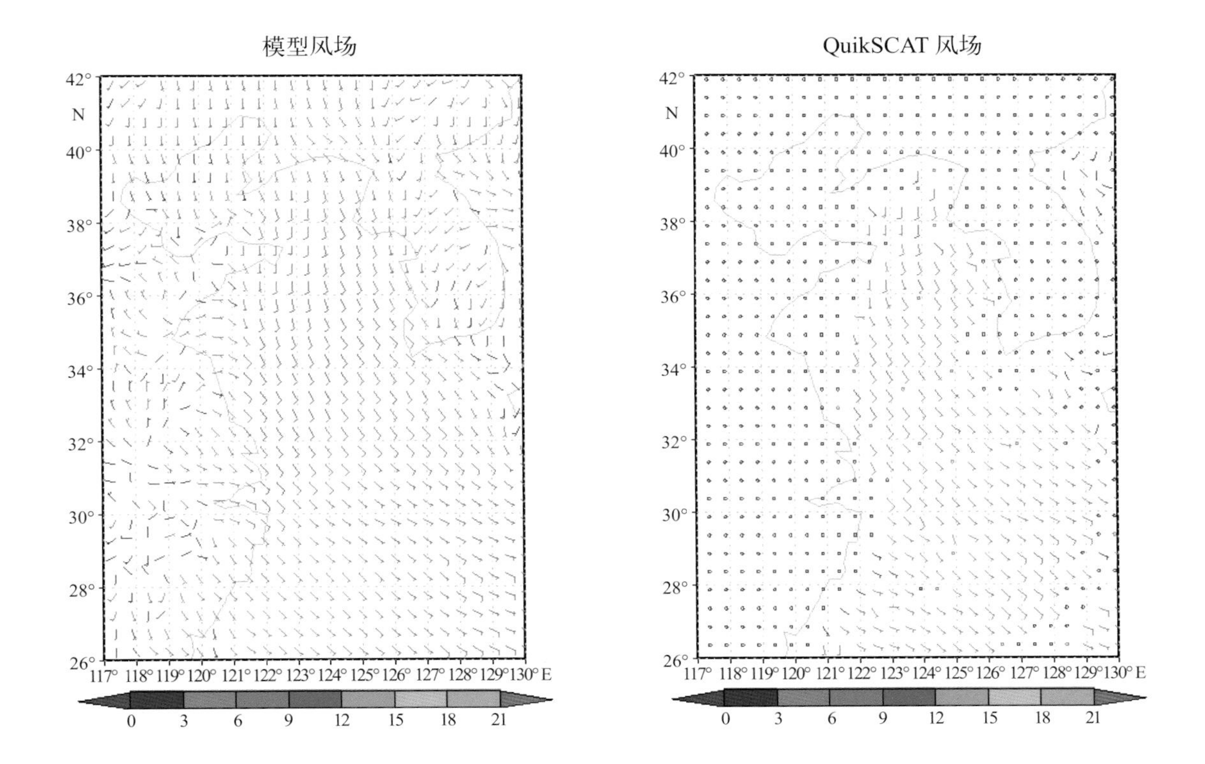

图4.33 2004年5月27日9时（UTC）的QuikSCAT卫星反演10 m风与模拟比较图

4.2.4 个例4：2004年11月25—28日渤海大风过程

图4.34是2004年11月26日北京时2时的海平面气压分析场，从图中看出，大连海域被低压系统控制，河套地图存在一个高压系统，渤海处于高低交界出，等压线比较密集，风速比较大。图4.35是2004年11月25—28日的站点和模拟的10 m风比较图。图中上图表示风速，下图表示风向，“+”序列表示观测，“O”序列表示模拟，从图中可见，该大风过程模式模拟分析的结果整体上和观测非常接近，大风区域模拟得也比较好。图4.36～图4.41是2004年11月25—27日QuikSCAT卫星反演10 m风与模拟比较图。图中左图表示模拟的风场，右图表示卫星反演的风场。从图中可以看出，无论在风速还是风向上，两者都基本一致。

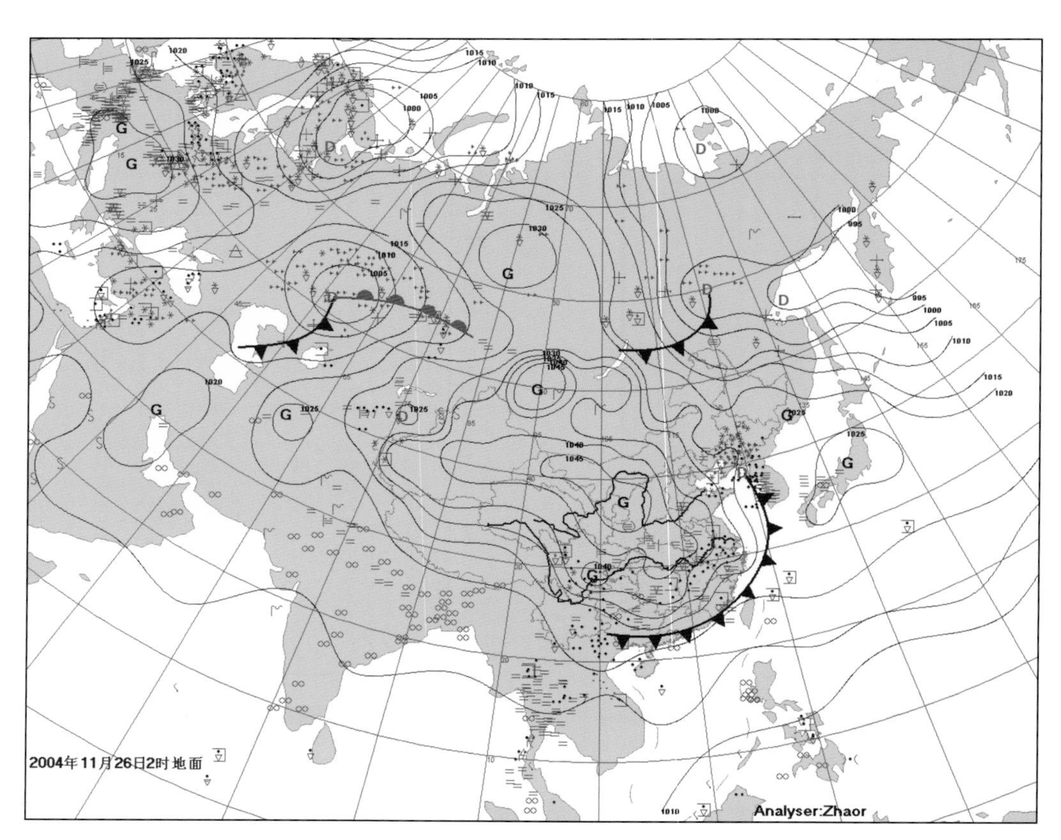

图4.34　2004年11月26日2时（北京时）地面天气图

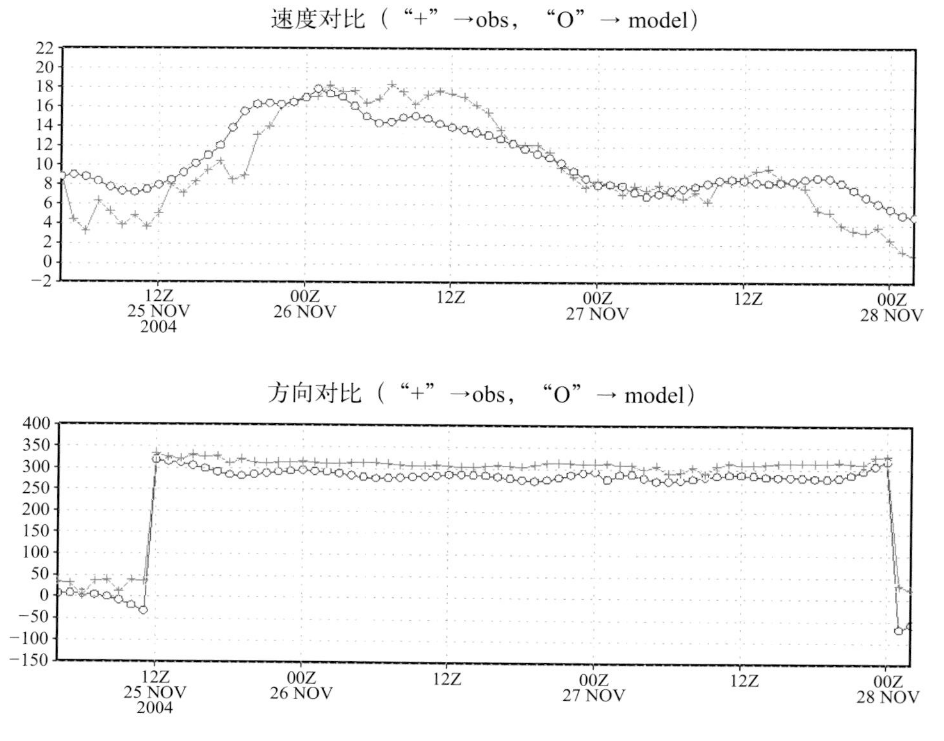

图4.35　2004年11月25—28日的站点和模拟10 m风比较图

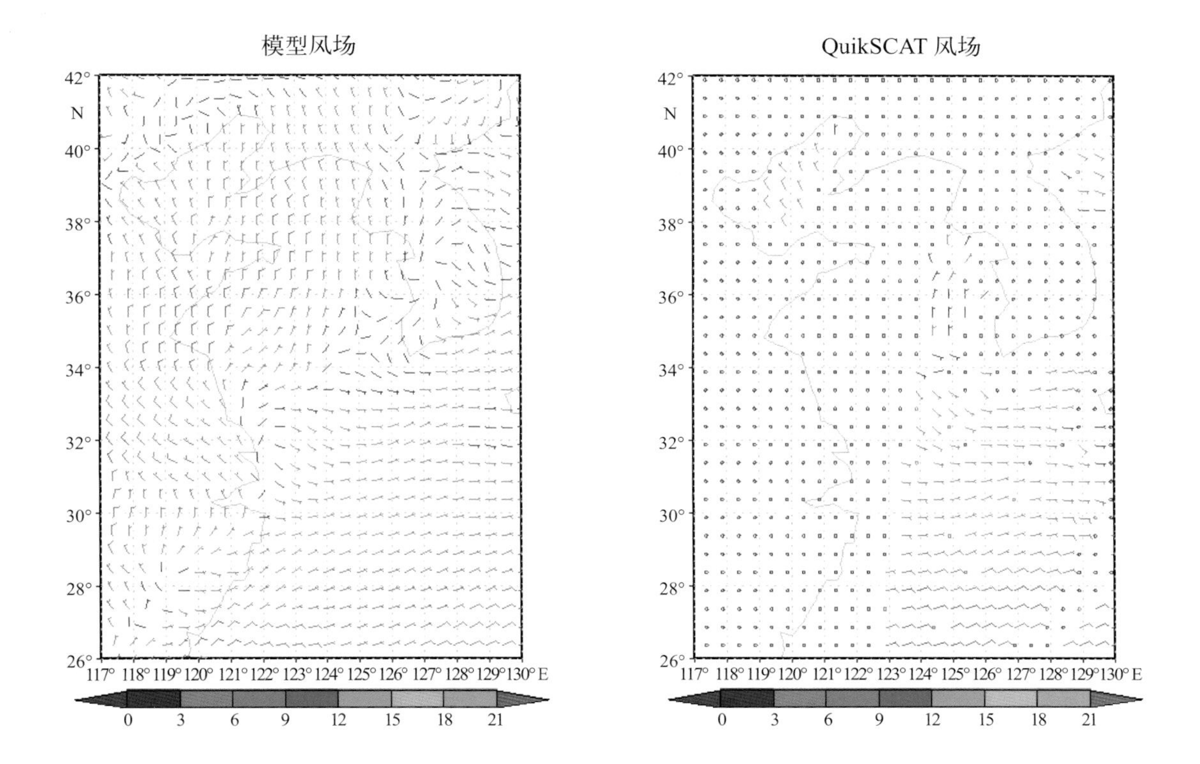

图4.36　2004年11月25日9时（UTC）的QuikSCAT卫星反演10 m风与模拟比较图

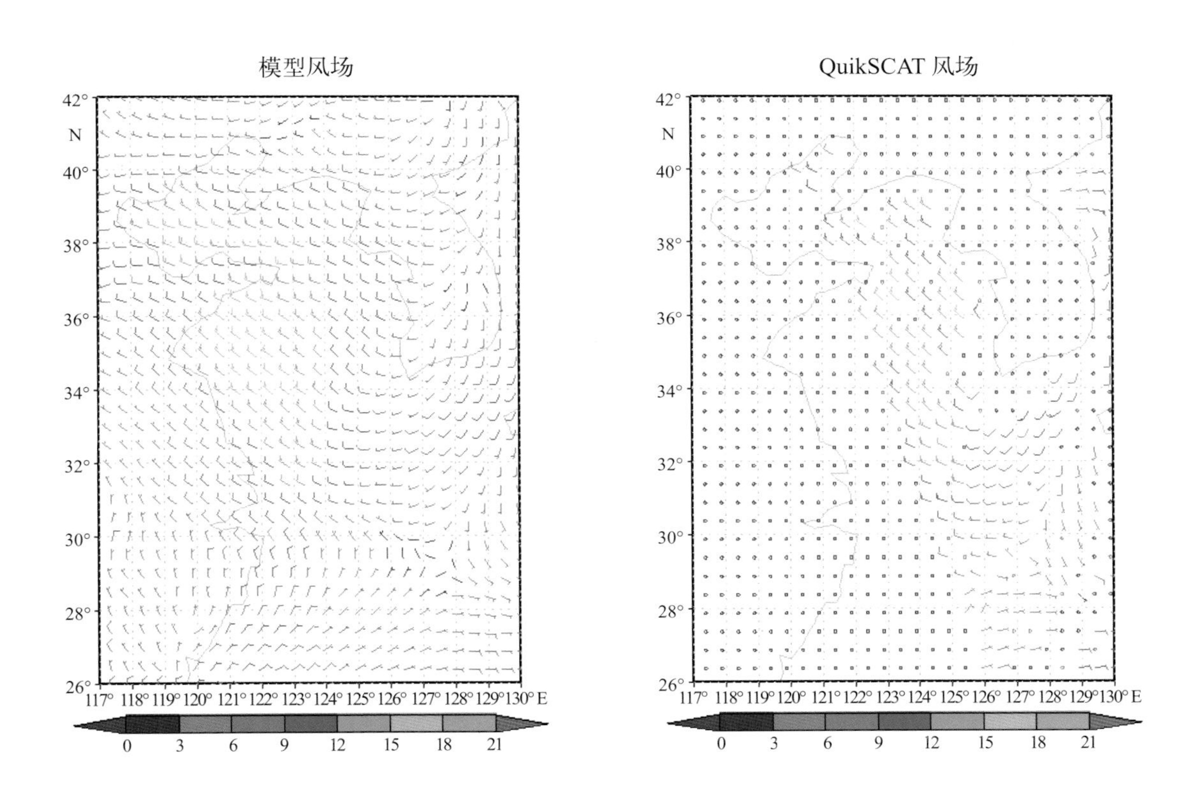

图4.37　2004年11月25日21时（UTC）的QuikSCAT卫星反演10 m风与模拟比较图

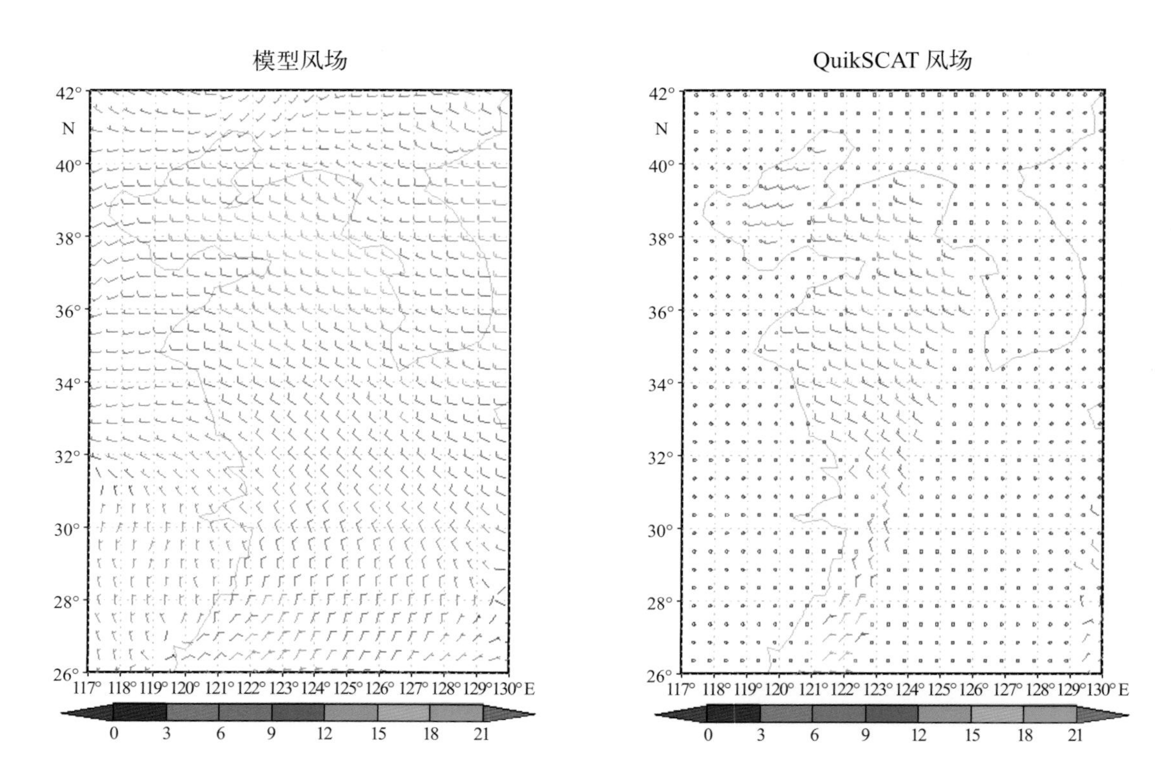

图4.38　2004年11月26日9时（UTC）的QuikSCAT卫星反演10 m风与模拟比较图

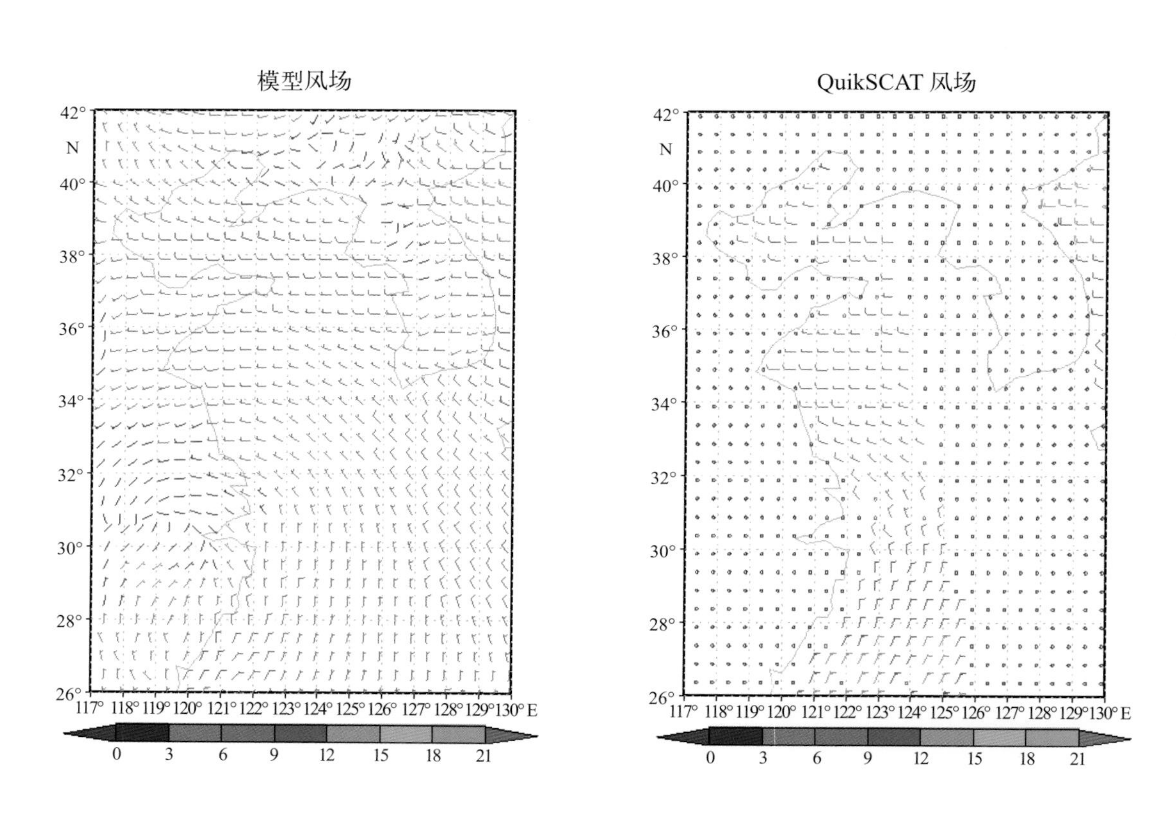

图4.39　2004年11月26日21时（UTC）的QuikSCAT卫星反演10 m风与模拟比较图

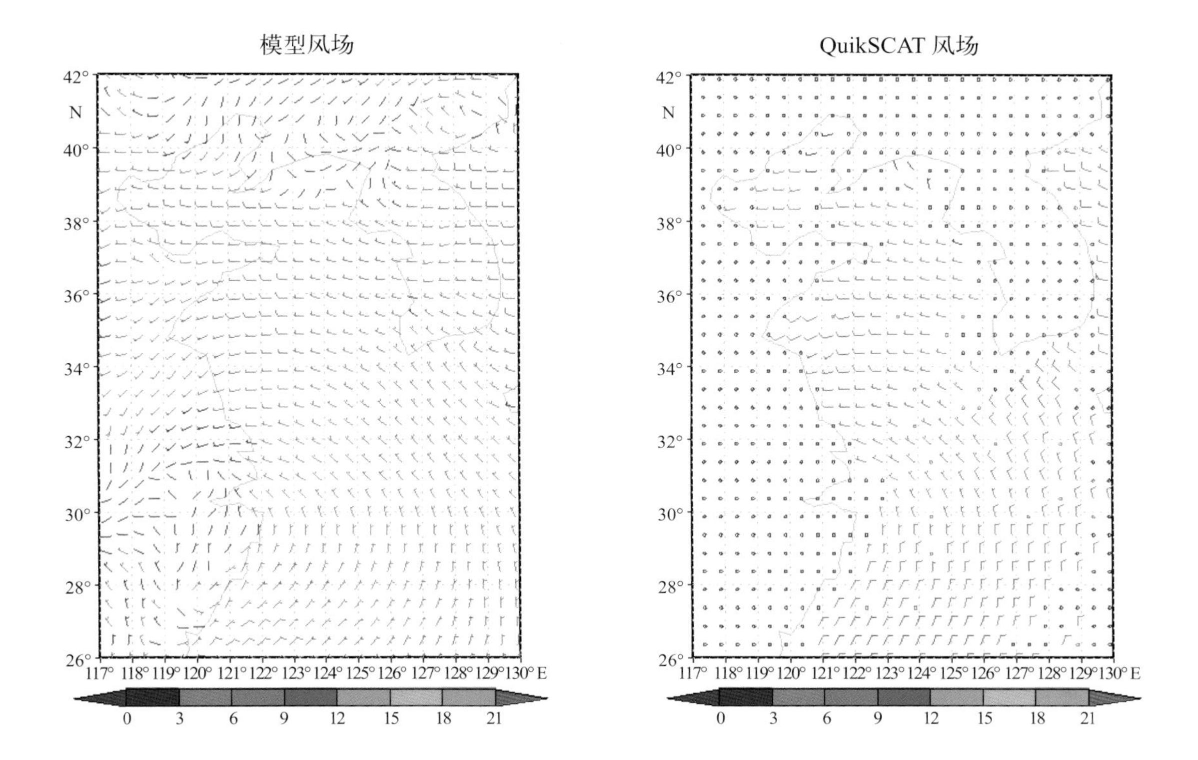

图4.40　2004年11月27日9时（UTC）的QuikSCAT卫星反演10 m风与模拟比较图

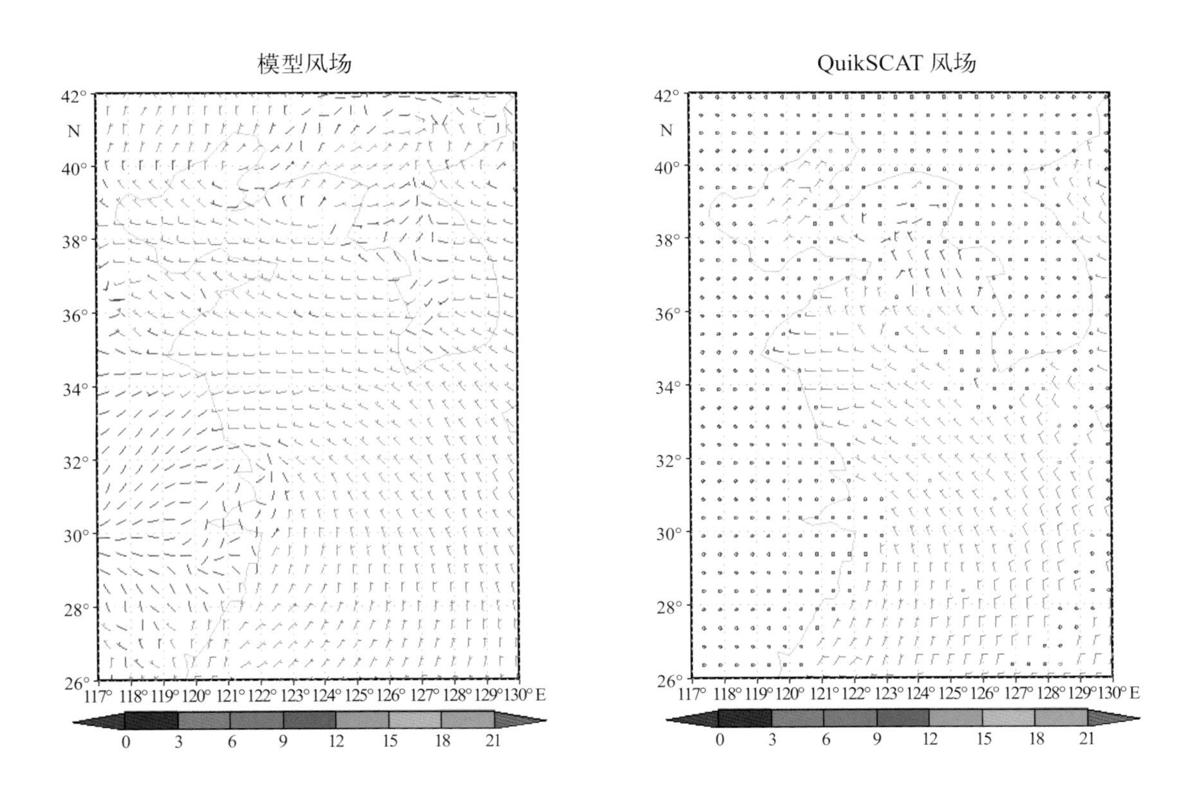

图4.41　2004年11月27日21时（UTC）的QuikSCAT卫星反演10 m风与模拟比较图

4.2.5　个例5：2005年4月3—7日渤海大风过程

图4.42是2005年4月6日北京时8时的海平面气压分析场，从图中看出，我国东三省被低压控制，形成一个很大范围的低压区，渤海上空西南气流，风力较大。图4.43是2005年4月3—7日的站点和模拟的10 m风比较图。图中上图表示风速，下图表示风向，“+”序列表示观测，“O”序列表示模拟，从图中可见，该大风过程模式模拟分析的结果整体上和观测非常接近，大风区域模拟得也比较好。图4.44～图4.51是2004年11月25—27日QuikSCAT卫星反演10 m风与模拟比较图。图中左图表示模拟的风场，右图表示卫星反演的风场。从图中可以看出，无论在风速和风向上，两者都基本一致。

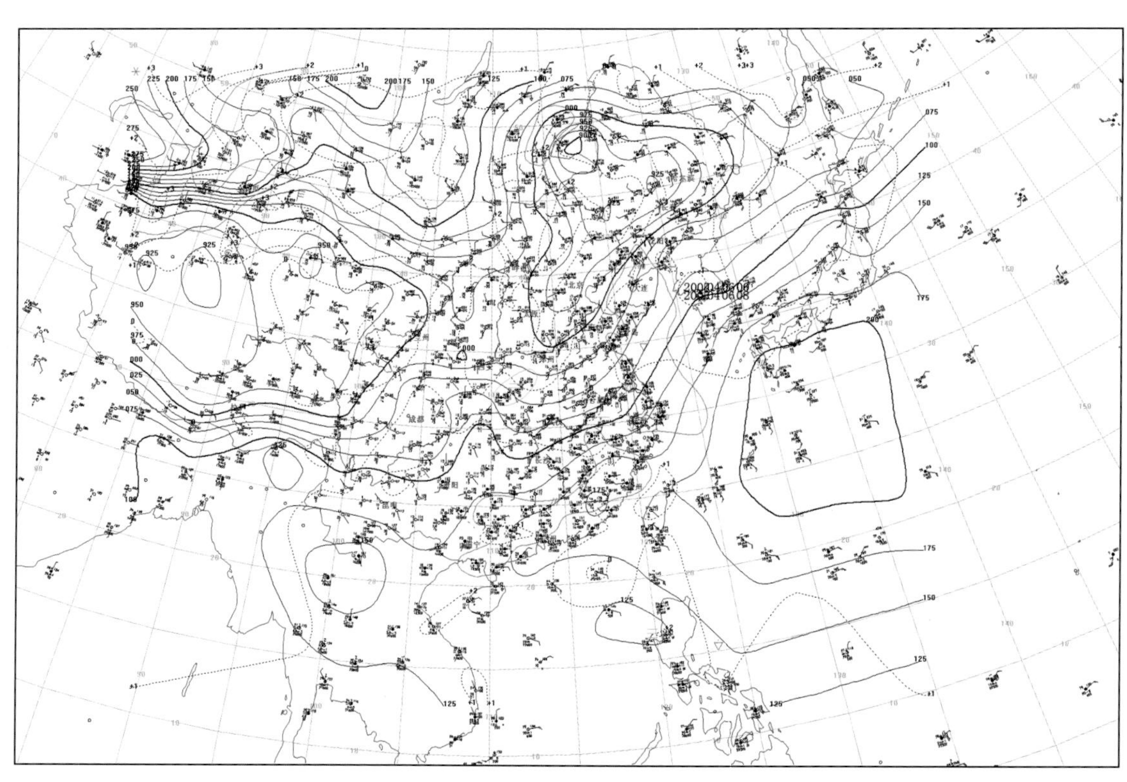

图4.42　2005年4月6日8时（北京时）地面天气图

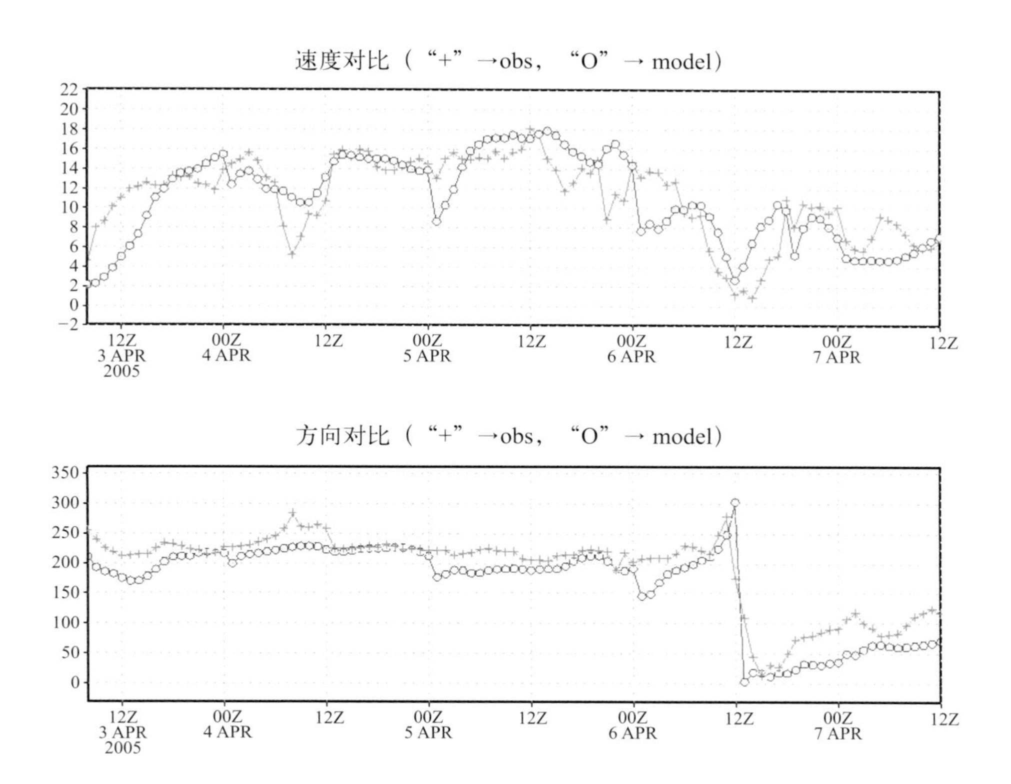

图4.43　2005年4月3—7日的站点和模拟10 m风比较图

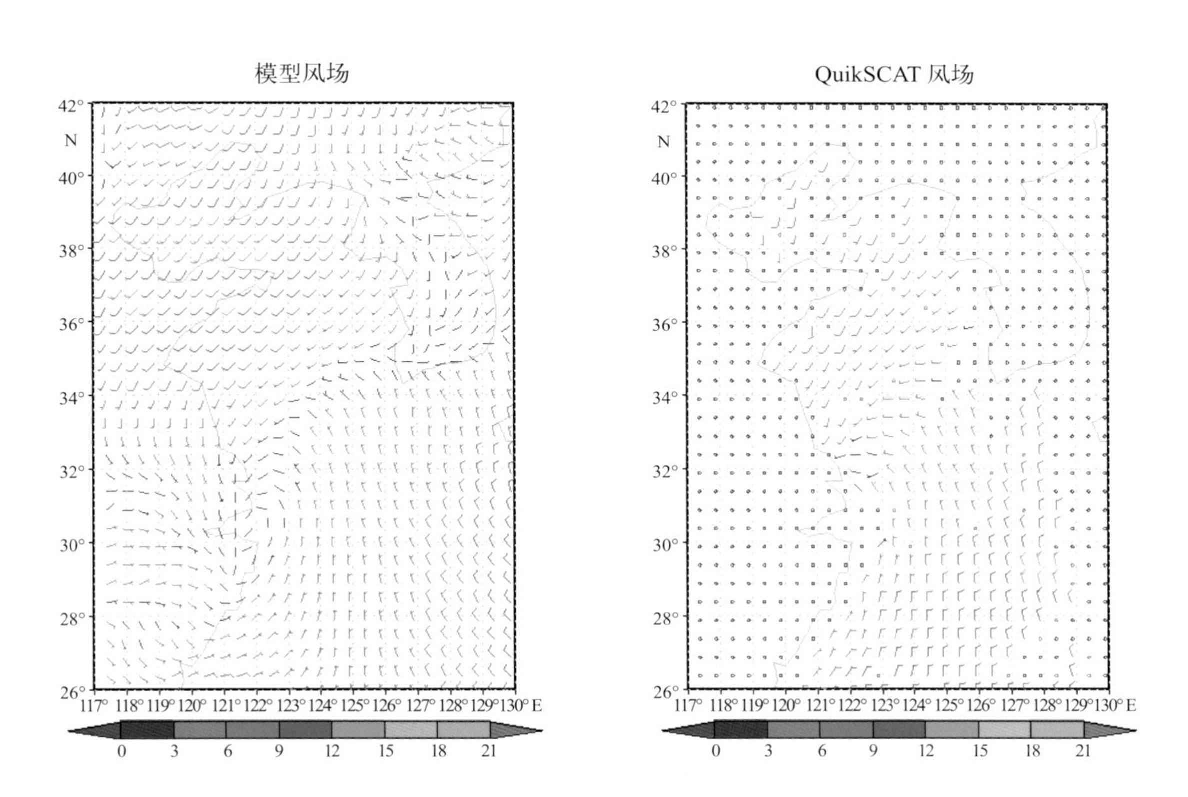

图4.44　2005年4月3日21时（UTC）的QuikSCAT卫星反演10 m风与模拟比较图

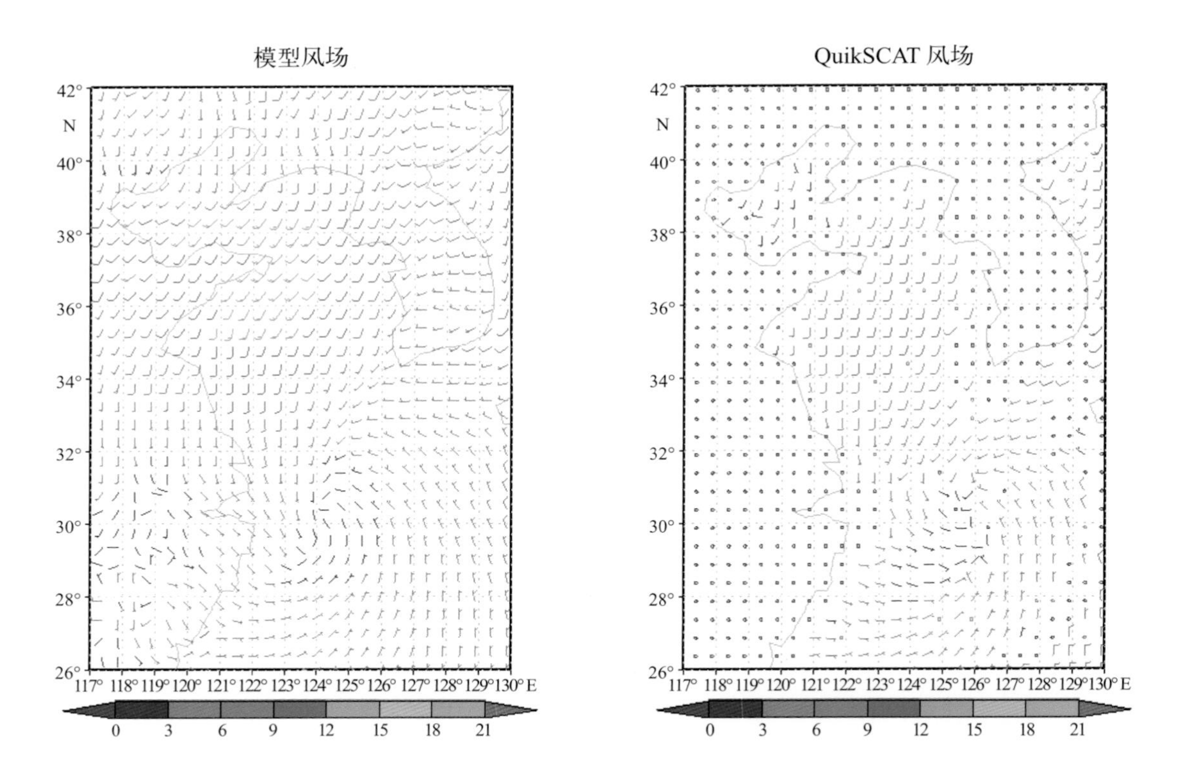

图4.45　2005年4月4日9时（UTC）的QuikSCAT卫星反演10 m风与模拟比较图

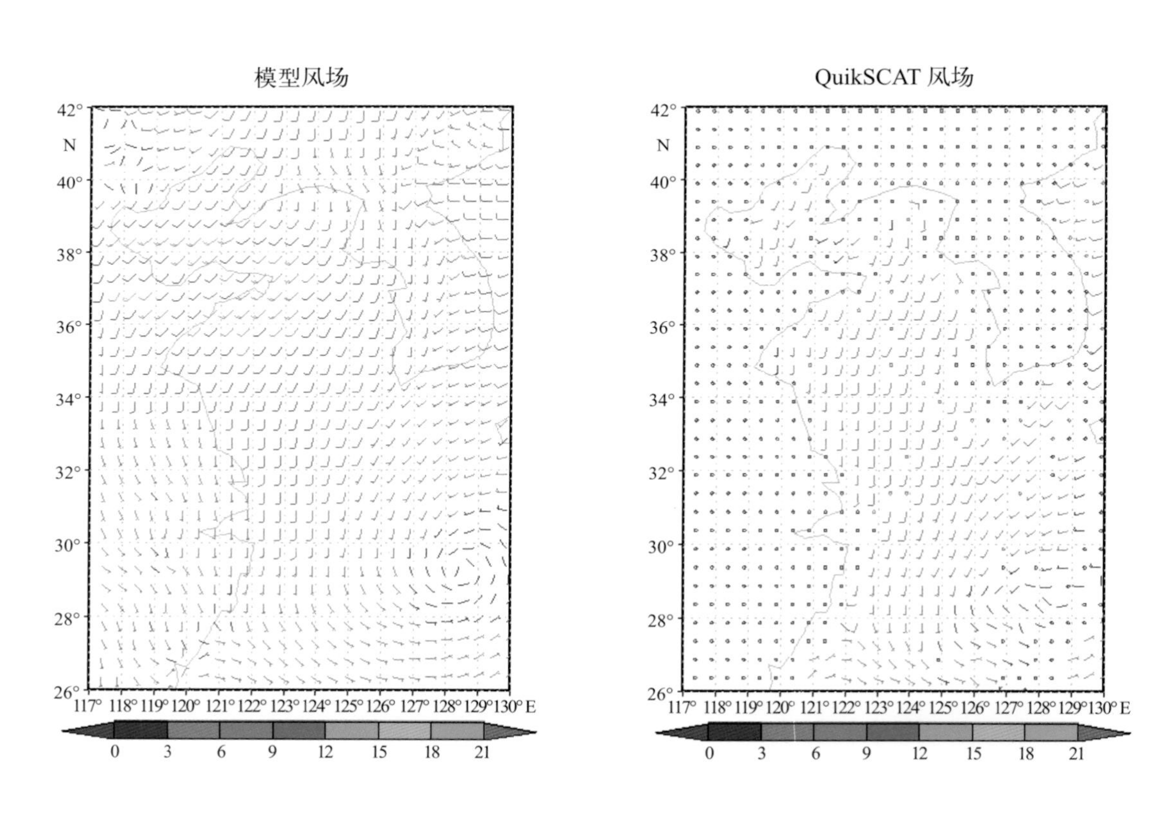

图4.46　2005年4月4日21时（UTC）的QuikSCAT卫星反演10 m风与模拟比较图

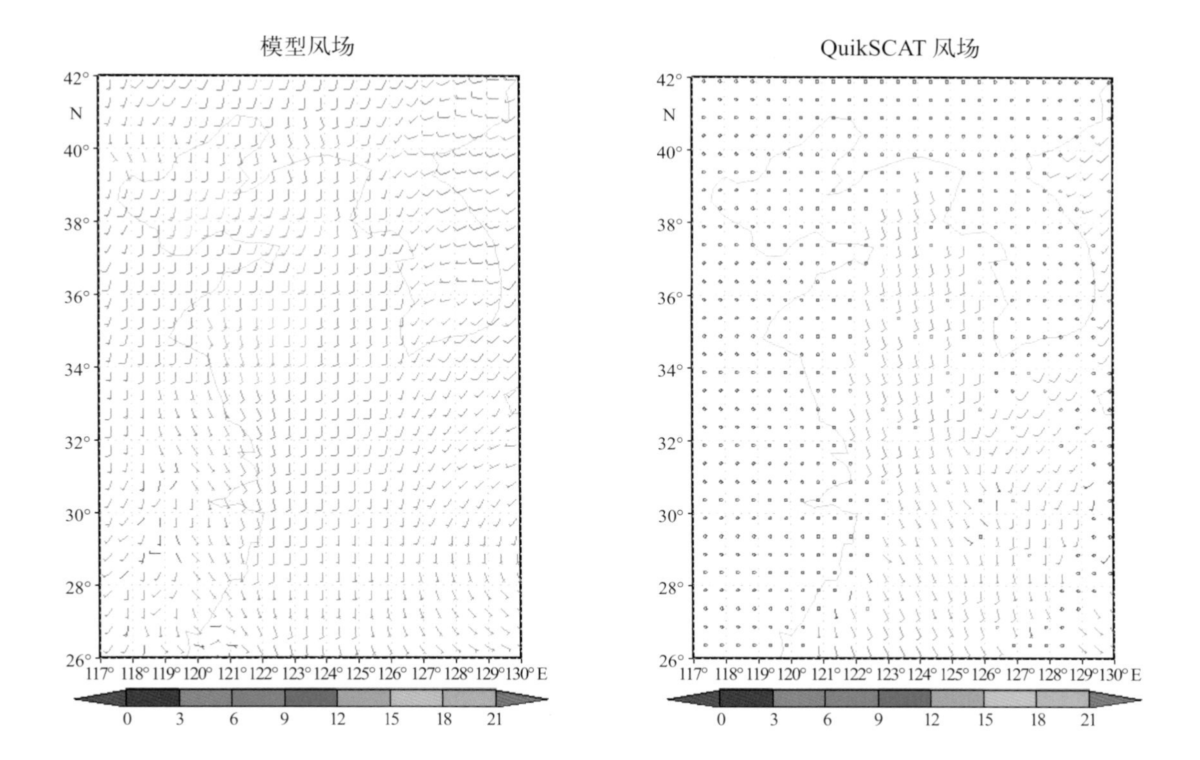

图4.47　2005年4月5日9时（UTC）的QuikSCAT卫星反演10 m风与模拟比较图

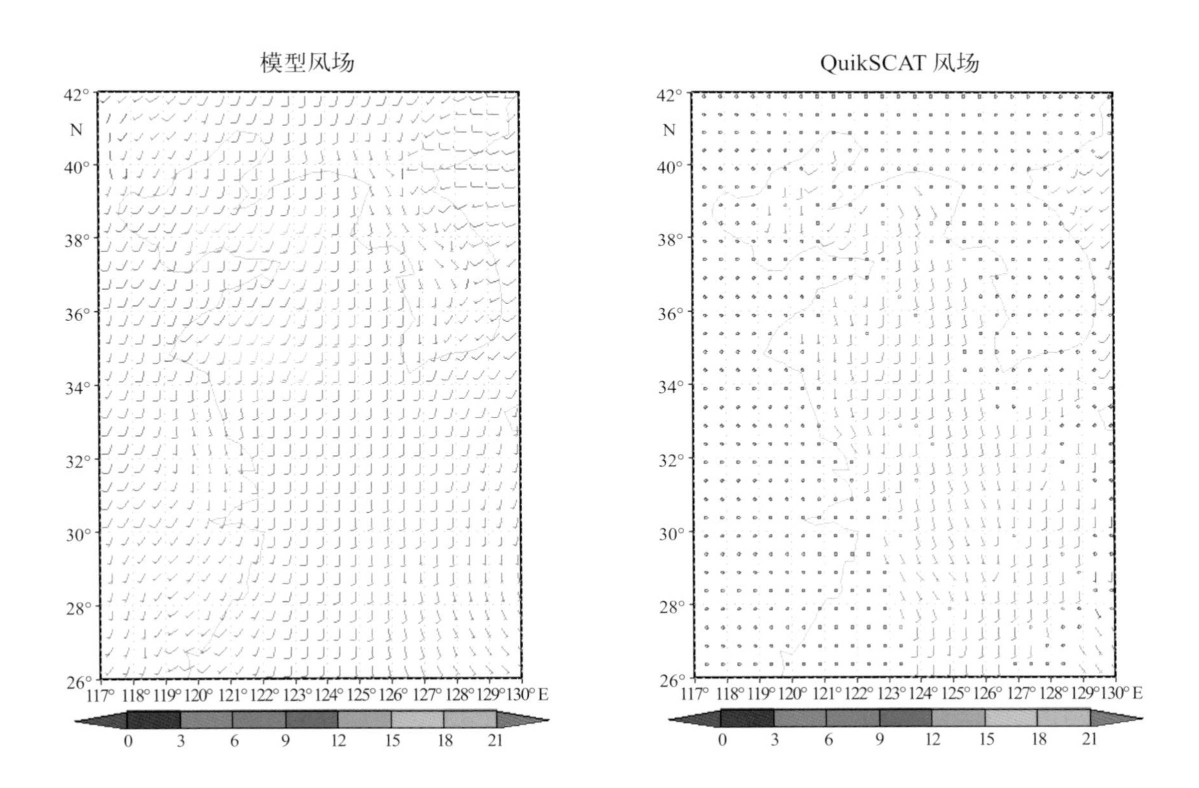

图4.48　2005年4月5日21时（UTC）的QuikSCAT卫星反演10 m风与模拟比较图

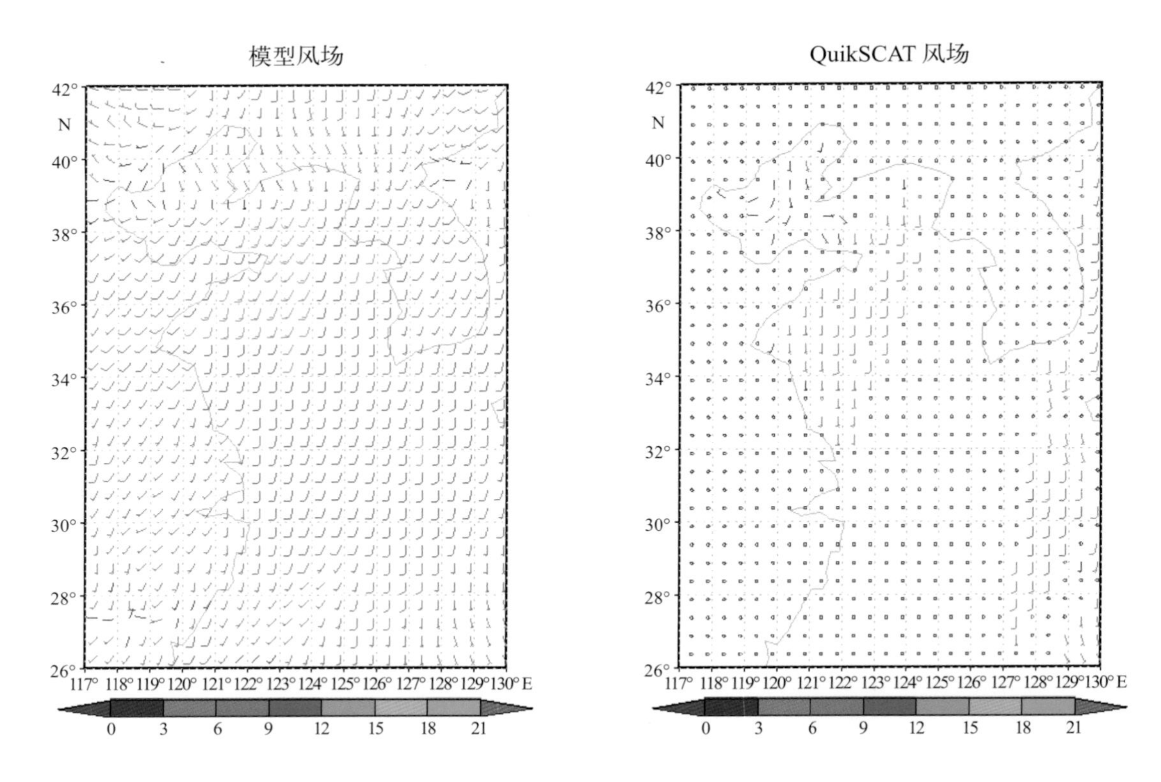

图4.49　2005年4月6日9时（UTC）的QuikSCAT卫星反演10 m风与模拟比较图

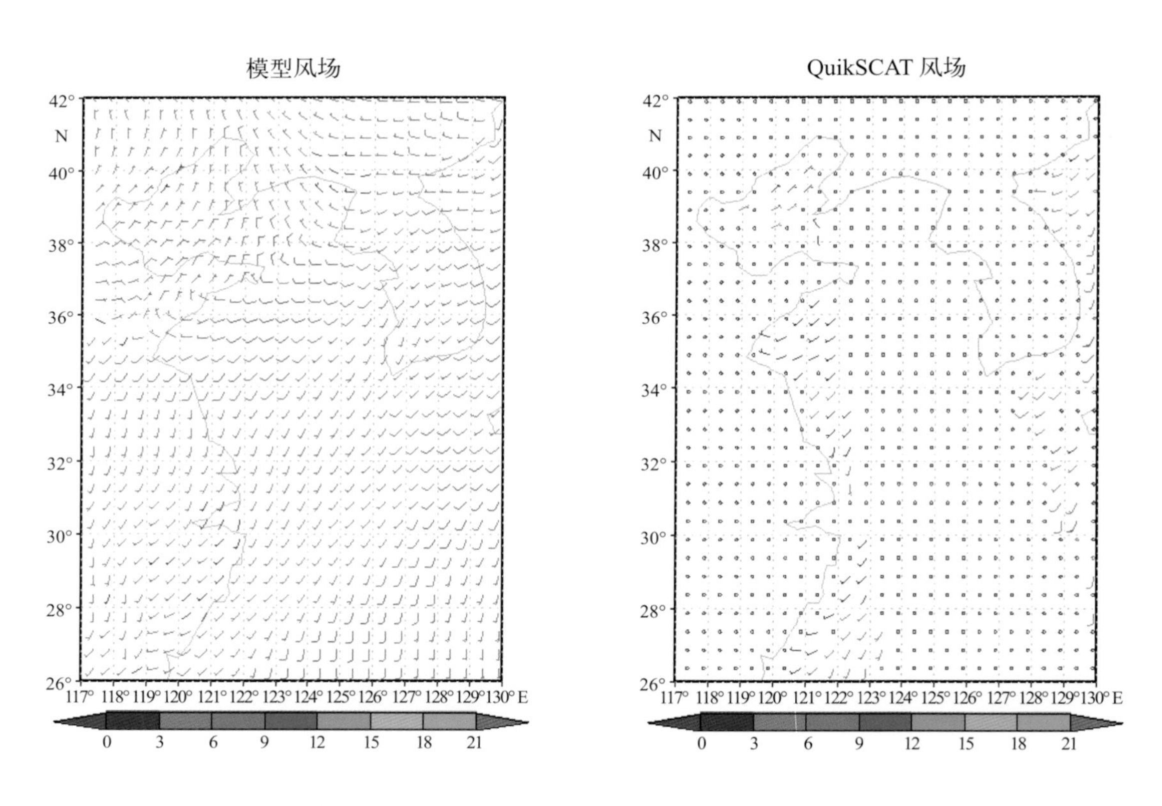

图4.50　2005年4月6日21时（UTC）的QuikSCAT卫星反演10 m风与模拟比较图

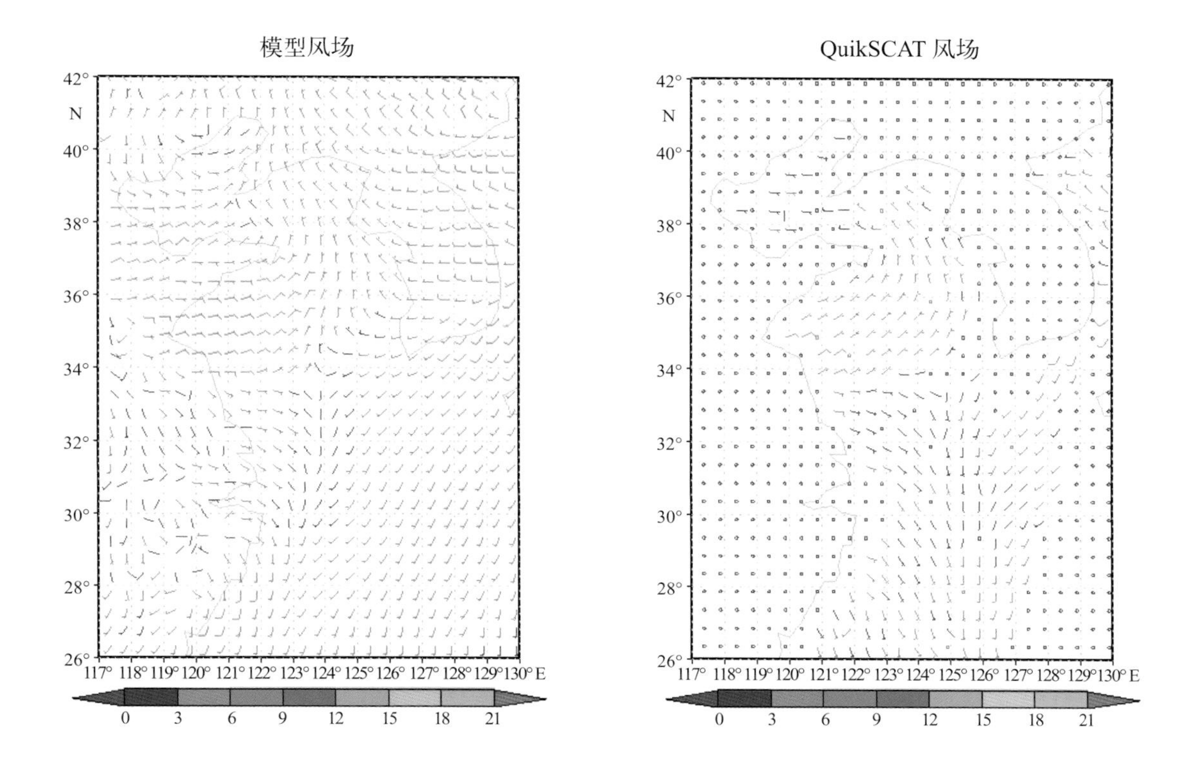

图4.51 2005年4月7日9时（UTC）的QuikSCAT卫星反演10 m风与模拟比较图

4.3 渤海大风过程模拟（2003年10月9—13日）

4.3.1 天气过程概述

2003年10月9日20时（北京时），500 hPa乌拉尔山高压继续发展且向东北方向伸展；在东部的宽广低压也略有加深，且逐步转为东北西南向；在30º—40ºN亚洲地区，由偏西风为主转为西南风为主。地面上中国大陆的低压倒槽从四川盆地一直延伸至我国东北一线，系统不断东移南下，和冷空气配合，造成了渤海海区的大风，根据风场诊断分析渤海，8级风持续了60 h左右，最大稳定风速达10级。另外，在27ºN、135ºE附近有一热带低压活动，以后缓慢向偏北方向移动，由于它的存在，使日本到我国东海的高压及大陆的低压东移缓慢，这也是造成渤海大风持续的原因之一。图4.52和图4.53分别是2003年10月9日20时500 hPa高空形势场和地面天气图。

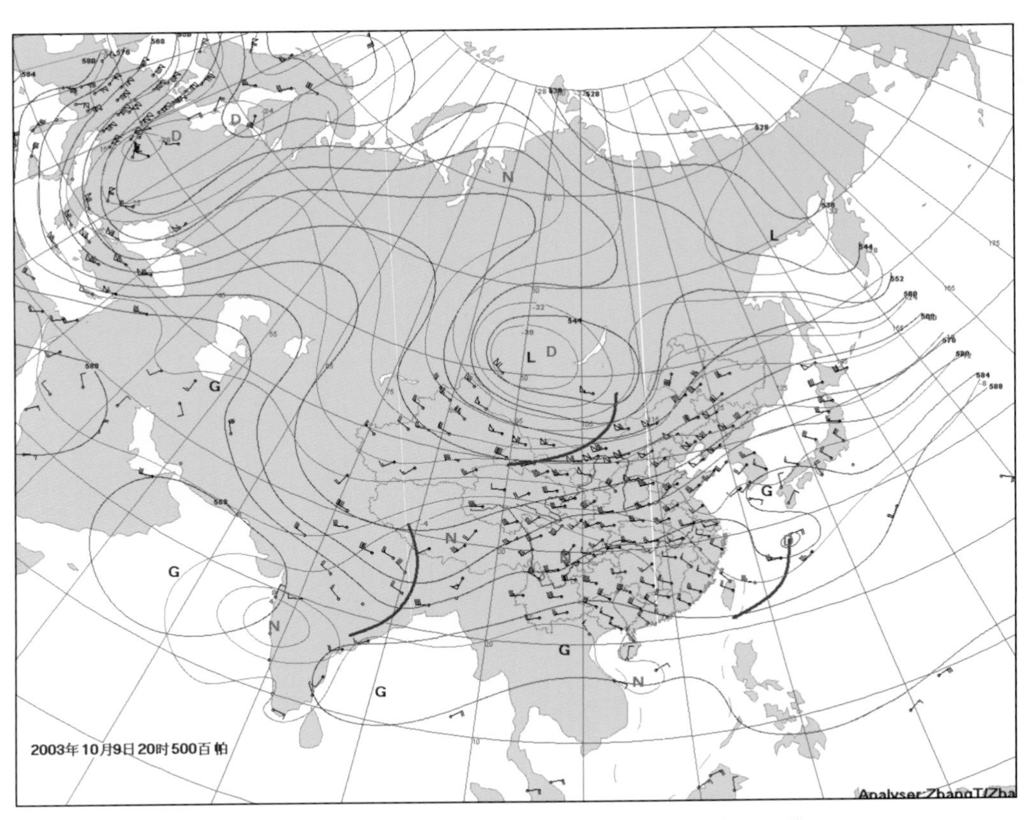

图4.52　2003年10月9日20时（北京时）500 hPa高空形势

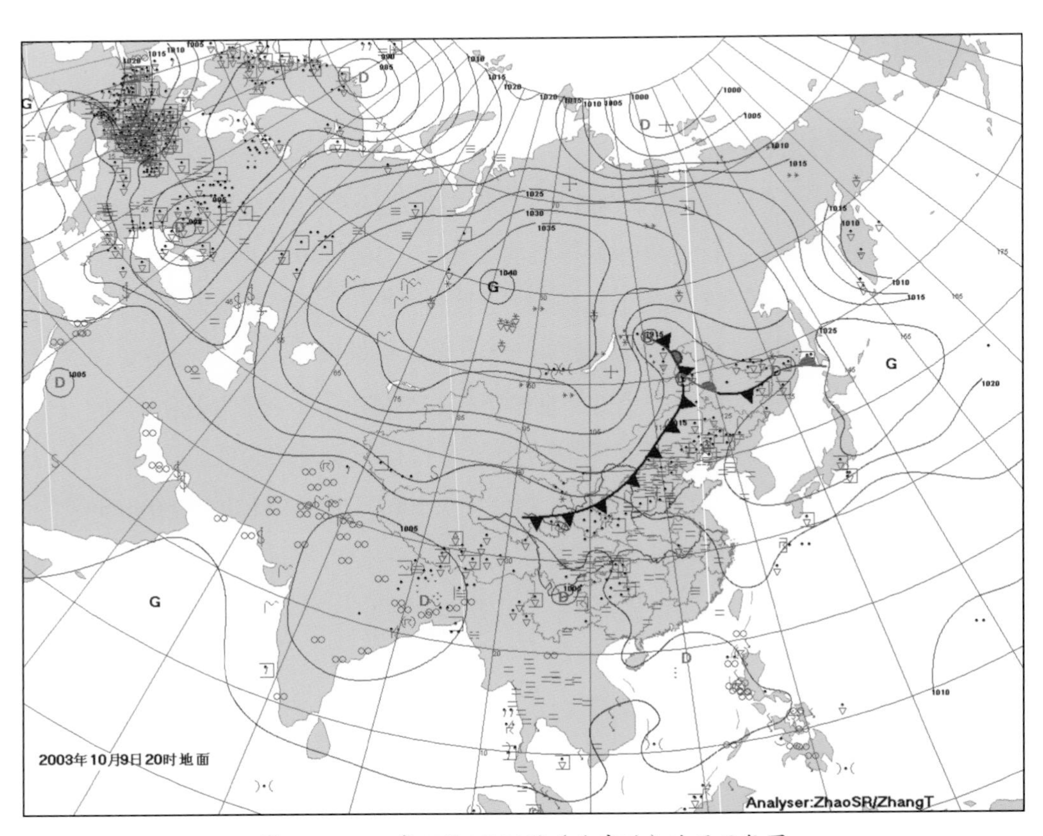

图4.53　2003年10月9日20时（北京时）地面天气图

4.3.2 模拟分析方案

本次高分辨率模拟我们采用了三重双向嵌套的网格设置，如图4.54所示，区域一包括中国东部、日本和附近海域，水平分辨率为54 km，有58 × 70个格点；区域二包括中国东部和渤、黄、东海及日本海部分海域，水平分辨率为18 km，有133 × 151个格点；区域三主要包括渤、黄海及周边地区，水平分辨率为6 km，有331 × 391个格点，垂直分层为不等距23层，顶层气压为100 hPa。三个区域分别使用了Anthes-Kuo、Grell和无的积云对流参数化方案选项，其他物理过程包括高分辨率行星边界层（MRF）方案、简单冰显式水汽方案，以及云辐射方案和5层土壤模式。模式使用FDDA格点松弛同化，连续积分138 h（2003年10月9日0时—2003年10月14日18时）。

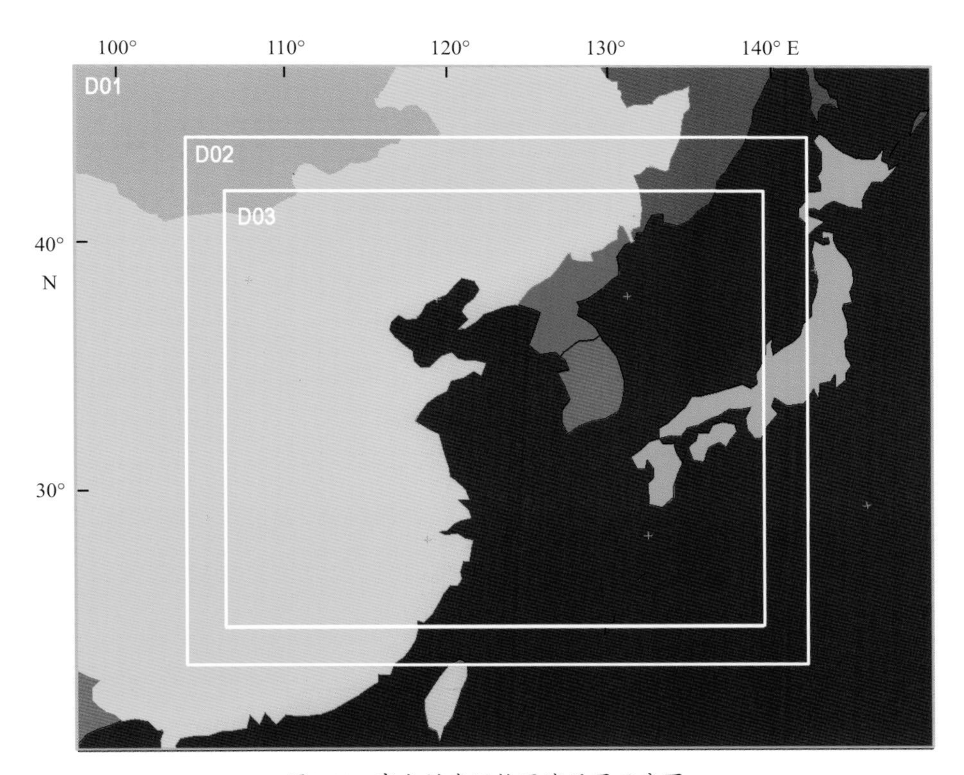

图4.54　高分辨率网格区域设置示意图

4.3.3 模拟结果分析

4.3.3.1 与渤海石油平台观测数据的对比

图4.55 ~ 图4.57是2003年10月9日0时起，模拟结果与石油平台观测数据及沿海气象观测站的对比，一共120 h。在初始的20 h内，模拟风速偏大，风向与观测较为吻合，在大风时段，模拟风速偏小，误差在2 ~ 4 m/s，风向基本与观测一致。从整个大风过程的模拟来看，风场随时间的演变模拟得比较好。

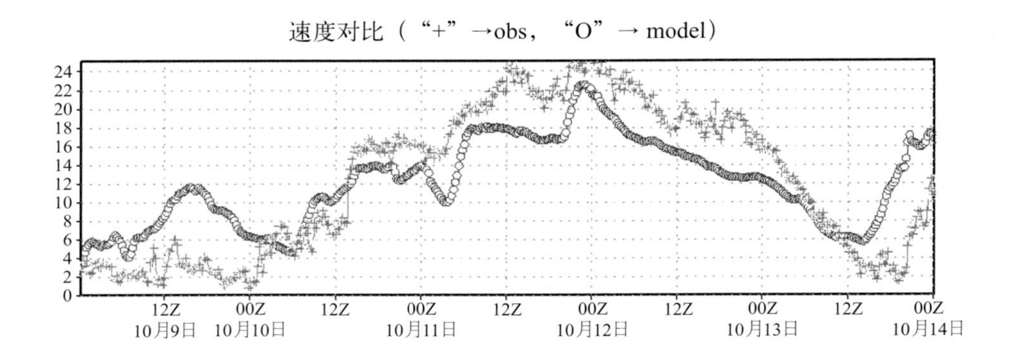

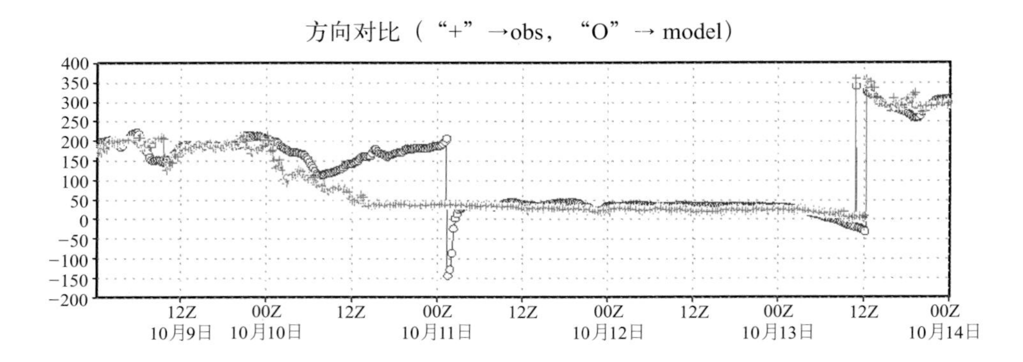

图4.55　2003年10月9日模拟的风场与海上平台观测的对比图

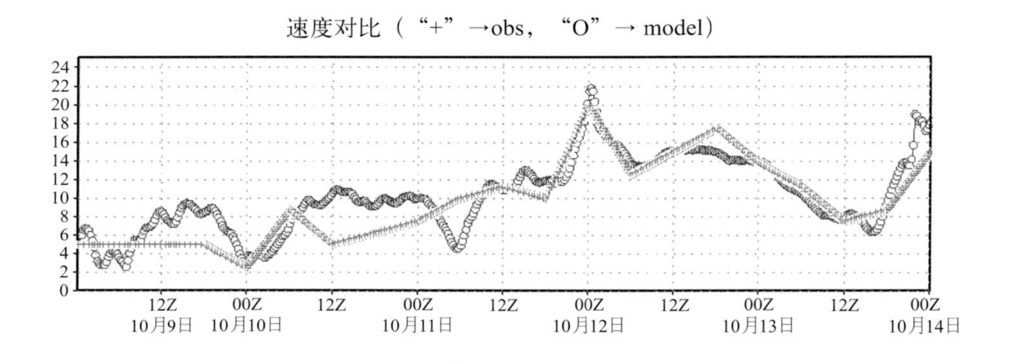

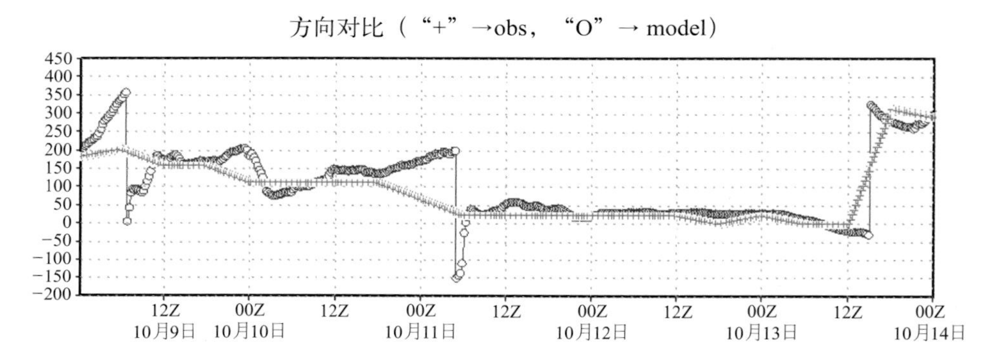

图4.56　2003年10月9日模拟的风场与长岛观测站的对比图

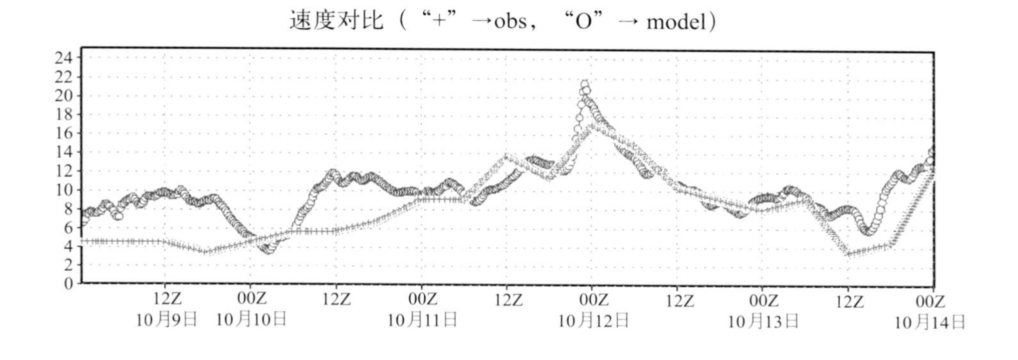

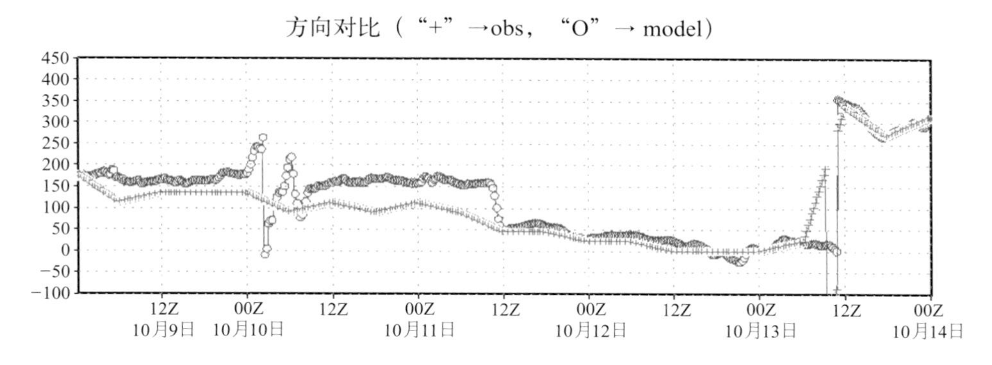

图4.57　2003年10月9日模拟的风场与羊角沟观测站的对比图

4.3.3.2　与QuikScat卫星海面风场的对比

我们将2003年10月9—13日的QuikSCAT卫星得到的海面风场与模拟所得的海面风场进行了对比。

图4.58～图4.67是模式模拟分析出来的海面10 m高处的风场和QuikSCAT卫星反演得到的海面风场的对比图。由于QuikSCAT卫星是极轨卫星，散射计风资料不是全球定点观测，因此，对于某个海洋区域某种天气系统的跟踪在时间上就不是连续的，我们只是在2003年10月9—13日中选取了卫星扫描过模拟区域的几轨资料，进行了对比。图中左图表示模拟的风场，右图表示卫星反演的风场。图示表明，模拟分析的海面风场，在整体形势上和卫星反演的结果基本吻合，局部区域出现风速和风向完全重合的情况；但是，在冷空气到达之前，天气系统交界的锋面，模拟分析的结果与卫星反演的风场不太一致，这与模拟分析的结果和卫星反演得到的天气系统的到达的快慢不同有关。

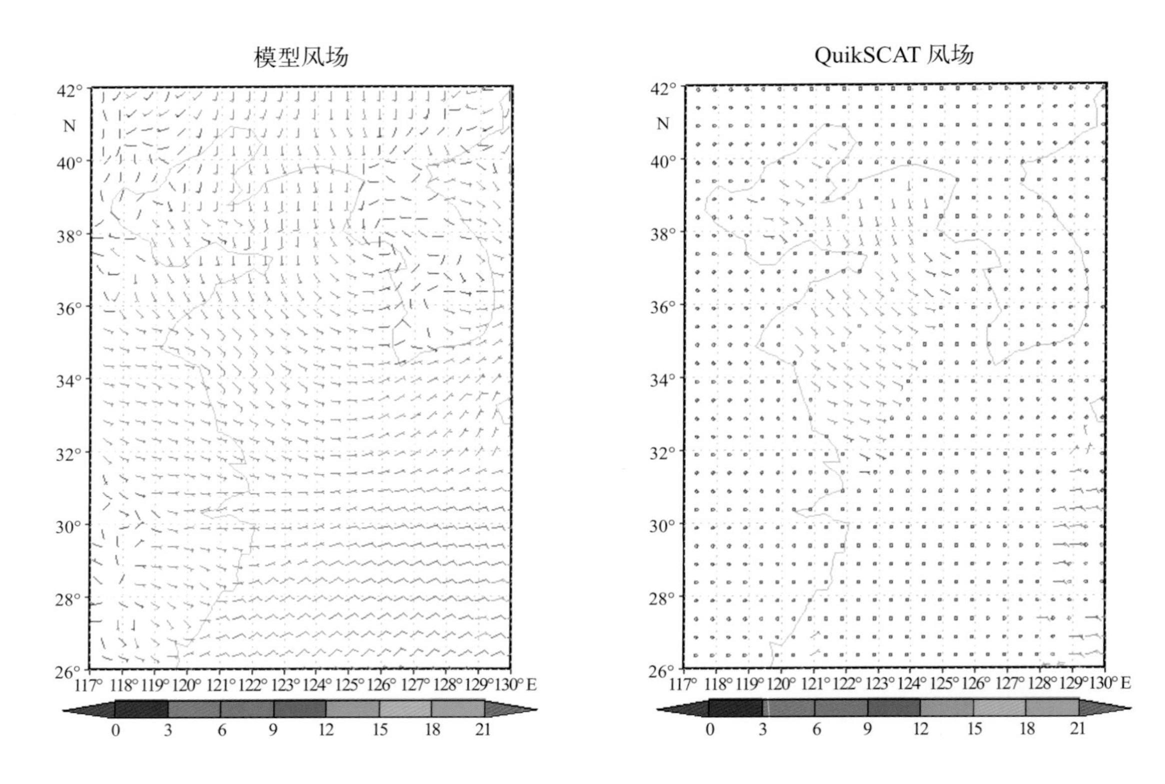

图4.58　2003年10月9日9时（UTC）的QuikSCAT卫星反演10 m风与模拟比较图

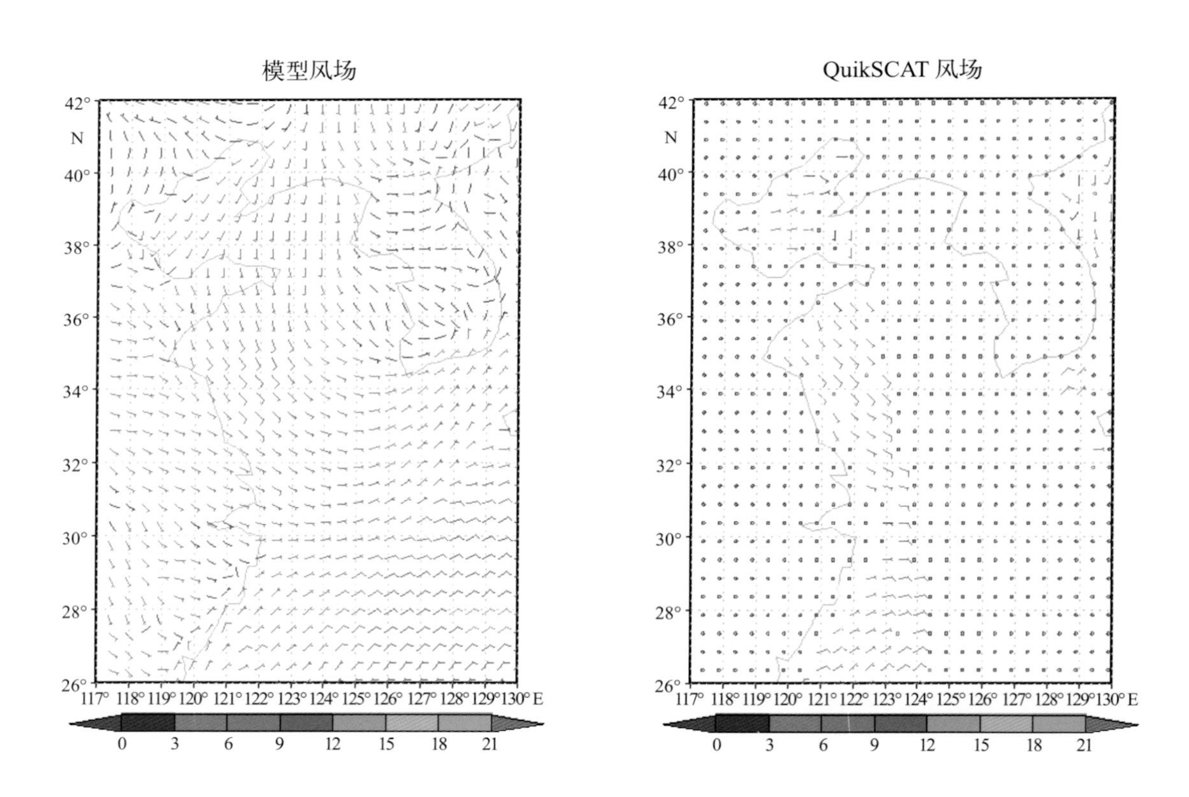

图4.59　2003年10月9日21时（UTC）的QuikSCAT卫星反演10 m风与模拟比较图

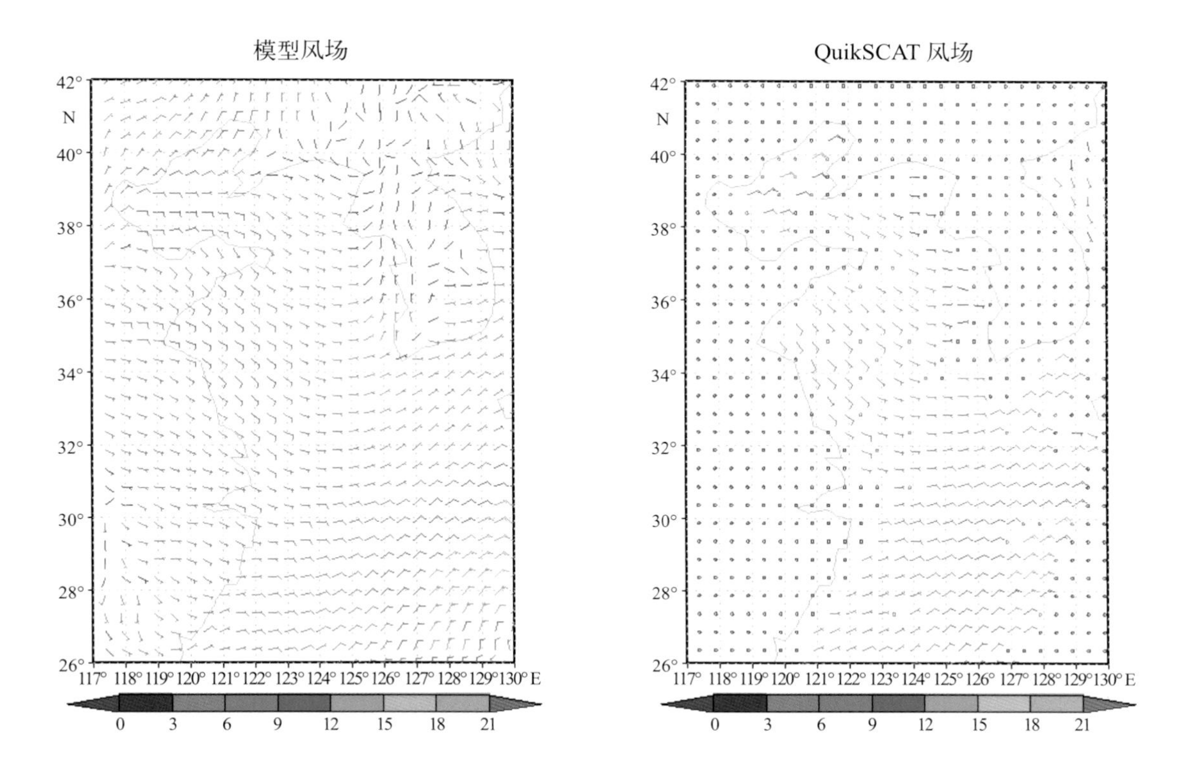

图4.60　2003年10月10日9时（UTC）的QuikSCAT卫星反演10 m风与模拟比较图

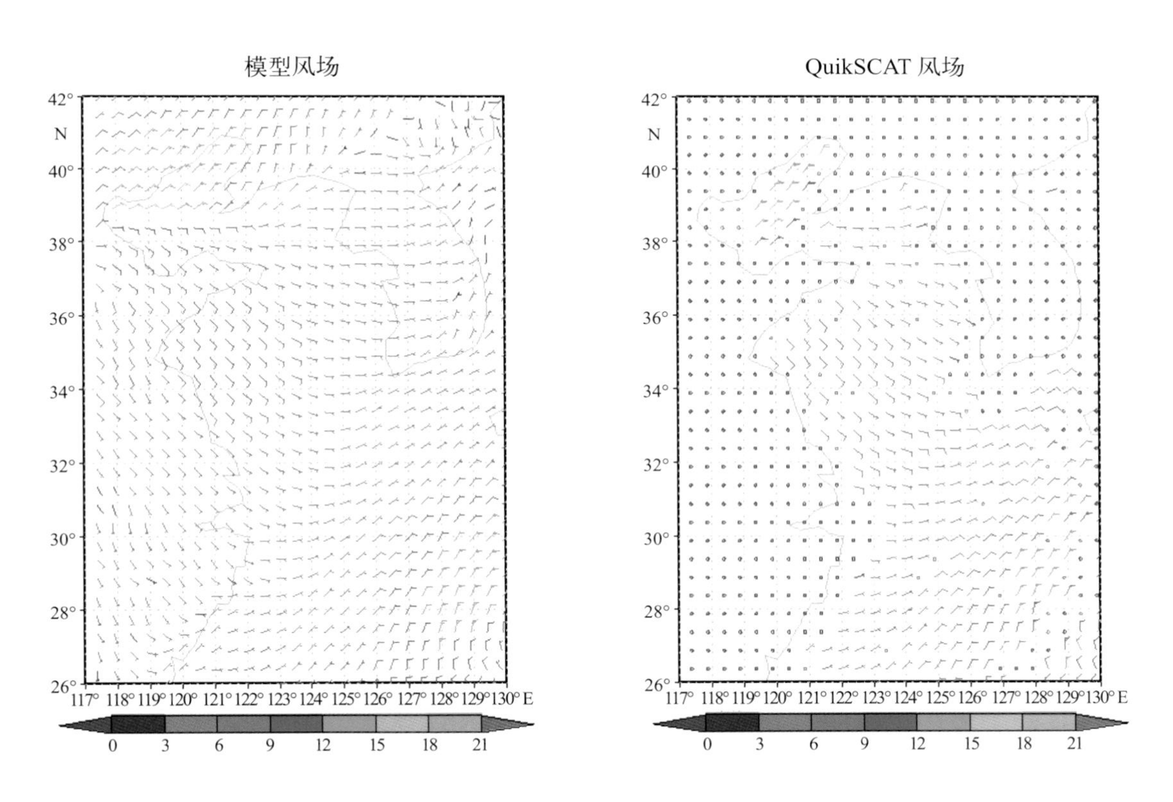

图4.61　2003年10月10日21时（UTC）的QuikSCAT卫星反演10 m风与模拟比较图

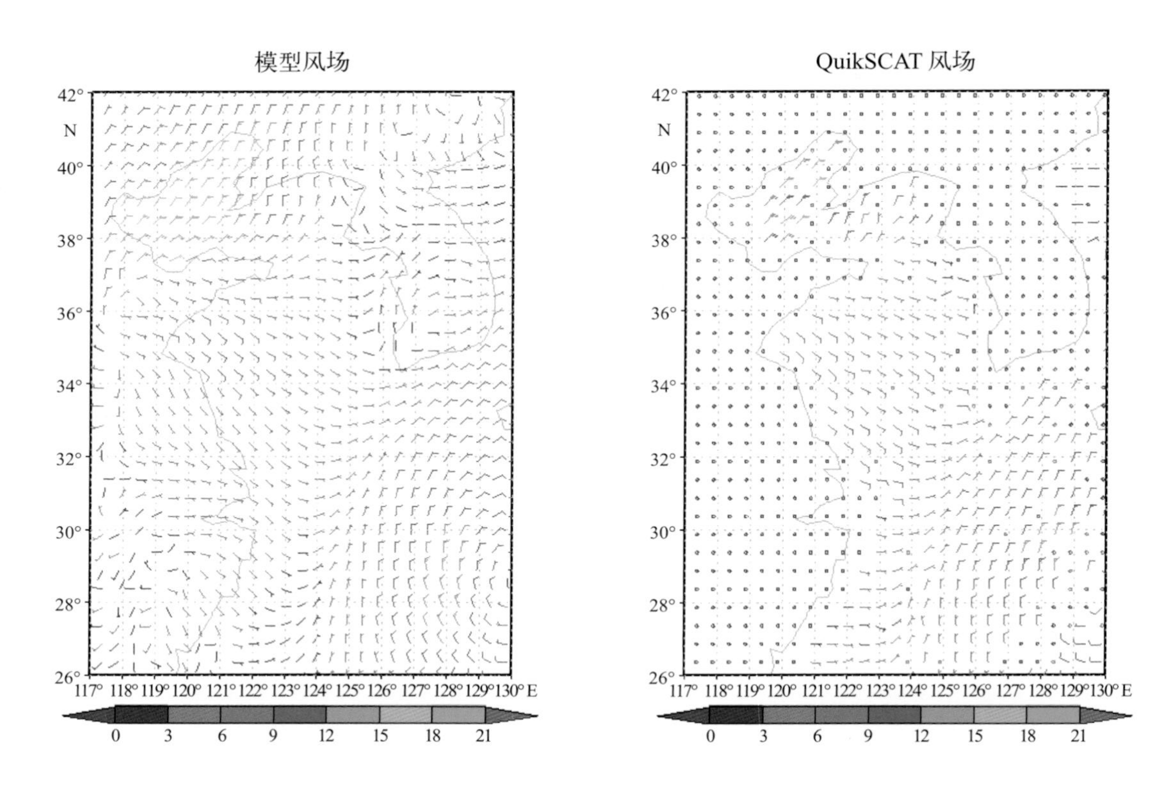

图4.62　2003年10月11日9时（UTC）的QuikSCAT卫星反演10 m风与模拟比较图

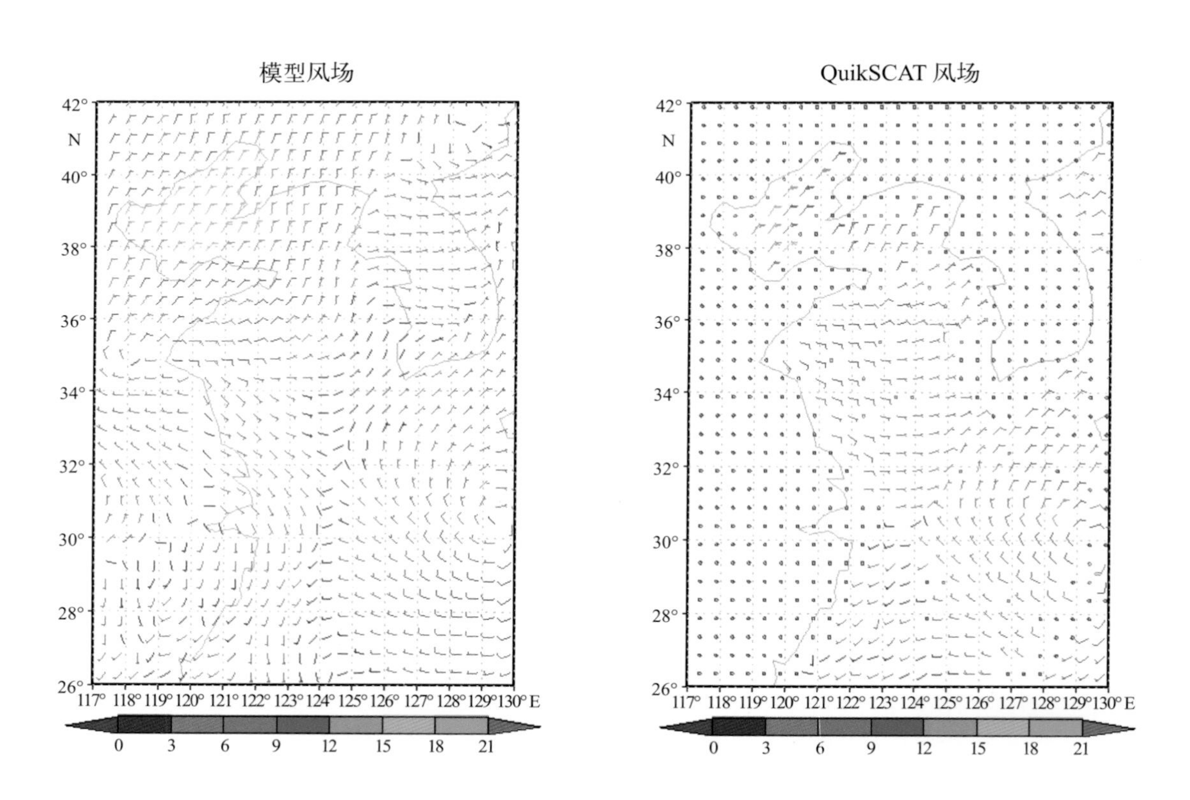

图4.63　2003年10月11日21时（UTC）的QuikSCAT卫星反演10 m风与模拟比较图

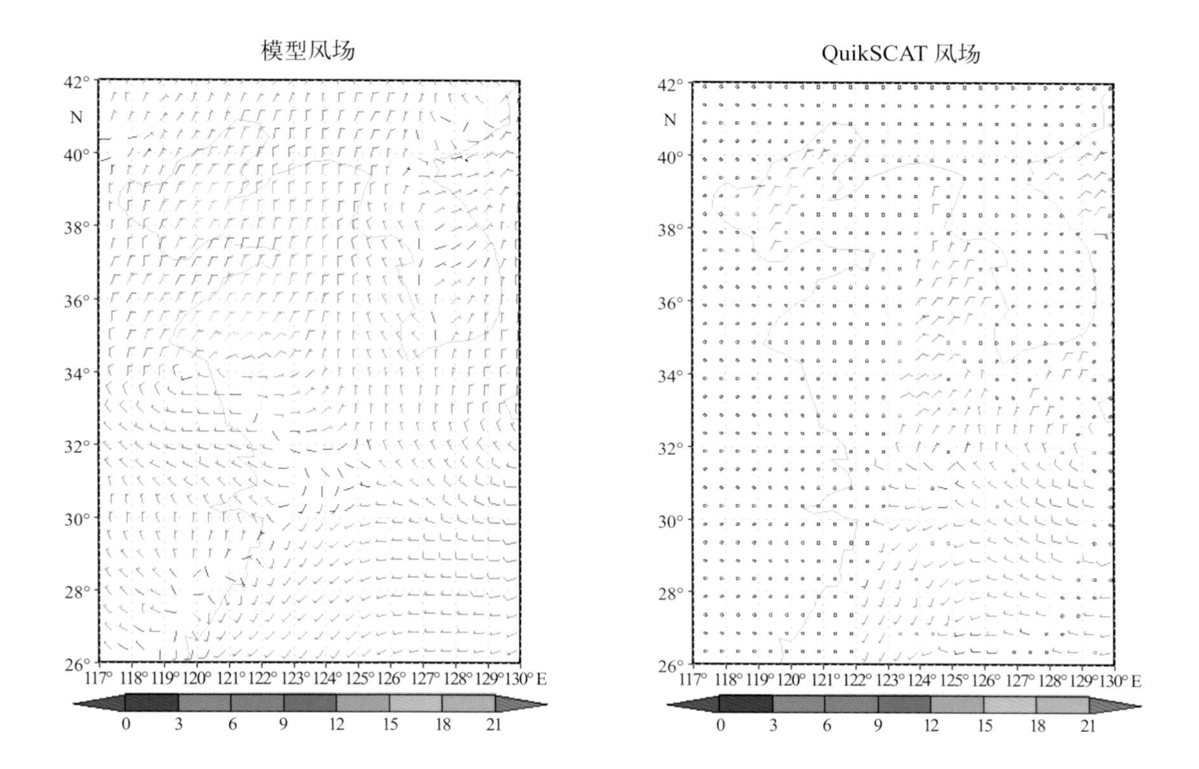

图4.64　2003年10月12日9时（UTC）的QuikSCAT卫星反演10 m风与模拟比较图

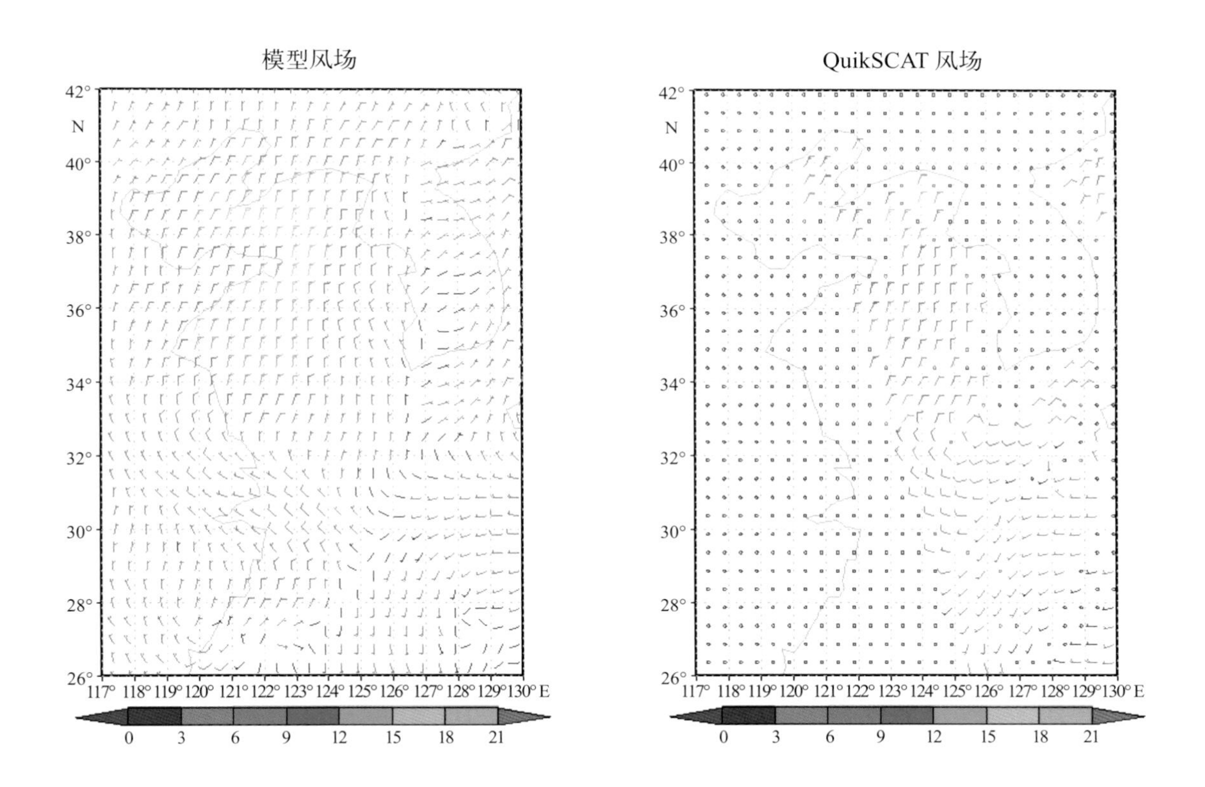

图4.65　2003年10月12日21时（UTC）的QuikSCAT卫星反演10 m风与模拟比较图

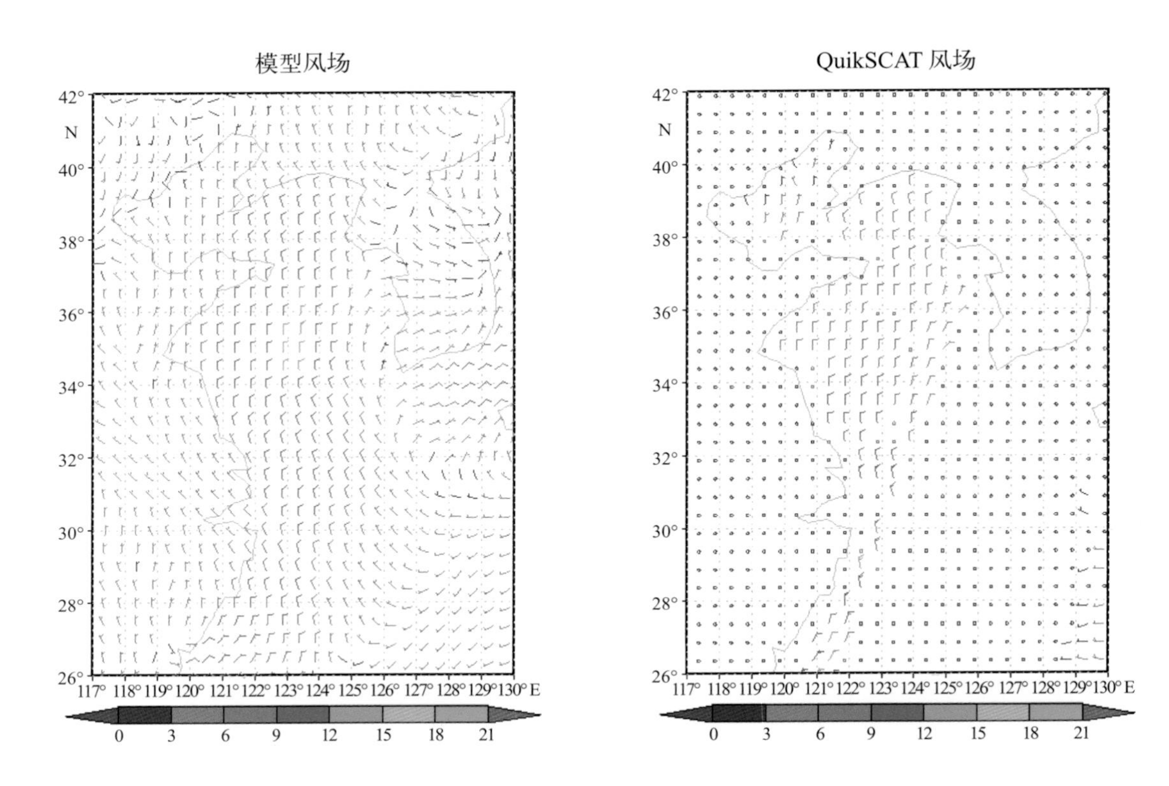

图4.66　2003年10月13日9时（UTC）的QuikSCAT卫星反演10 m风与模拟比较图

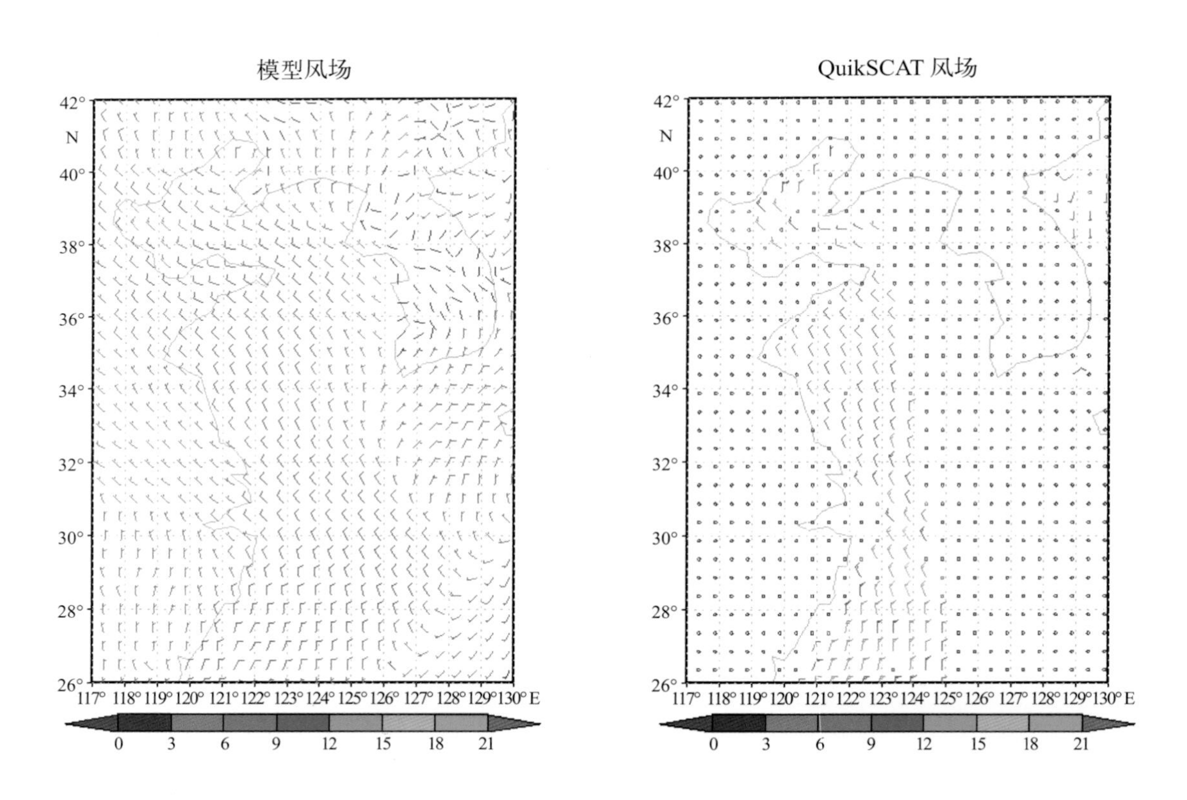

图4.67　2003年10月13日21时（UTC）的QuikSCAT卫星反演10 m风与模拟比较图

4.3.4 小结

本次高分辨率模拟渤海大风的过程为2003年10月9—13日，采用了三重高分辨率网格双向嵌套，最高分辨率为6 km。模式使用了FDDA格点松弛同化，连续积分138 h。通过和海洋平台站点的观测数据和QuikSCAT卫星散射计遥感海面风场资料的对比，说明本次模拟的渤海海面大风风场比较理想，冷空气和低压系统也得到了很好的模拟。

第5章 河北省黄骅市风暴潮灾害风险评估

5.1　河北省风暴潮历史灾害分析

5.1.1　地理、气候、天气背景

5.1.1.1　地理位置

河北省沿海位于38º07′—40º05′N，117º25′—119º53′E之间，被天津市分割为南、北两部分，属于我国温带地区。大陆海岸线长420.3 km，除秦皇岛市东北部岸线比较曲折外，大部分海岸线较平直。

沿海共有岛屿132个，岛屿岸线长178 km。海岸带总面积为11 379.88 km^2，其中浅海和潮间带海域面积7 623.5 km^2。滩涂面积为12.09×10^4 hm^2，其中海滩涂11.67×10^4 hm^2，河滩涂0.42×10^4 hm^2。按地质结构分为泥质海滩涂8.56×10^4 hm^2，沙质海滩涂3.08×10^4 hm^2，石砾质海滩涂235 hm^2。

5.1.1.2　气候特点

沿海地区的气候基本上属于暖温带半湿润大陆性季风气候，其特点是四季分明：春季干旱多风，夏季炎热多雨，秋季天高气爽，冬季寒冷干燥。与本省内陆地区相比有风速大，夏季比较凉爽，光照充足，蒸发量高，多降水，湿度大，春季增温和秋季降温时间均后移的特征。

年平均气温北段海域为10.2 ~ 11.8 ℃，南段海域为12.0 ℃左右，其分布大致由北向南逐渐递增。受地形影响，昌黎成为相对暖中心，乐亭成为相对偏冷中心。最冷月 1 月平均气温北段为−6.5 ~ −5.1 ℃，南段为−4.5 ~ −4.3 ℃。最热月7月平均气温北段为24.2 ~ 25.0 ℃，南段为 25.9 ~ 26.4 ℃。

年日照时数在乐亭一带最小，只有2 565 h，南堡、李家堡等岸边最大达2 900 h以上，其他地区在2 700 ~ 2 900 h之间。无霜期180 ~ 190 d。

年平均降水量大部分在560 ~ 770 mm之间，抚宁、昌黎一带最多达750 mm左右，大清河、南堡、歧口等地为560 ~ 580 mm，其他大部分地区为610 ~ 680 mm，降水年内分配不均，主要集中在7月和8月。

风向上，冬季盛行偏北风，夏季盛行偏南风，春秋为过渡季节。总之，本区阳光充足，温度适宜，积温也较高。

5.1.1.3　天气背景

台风（热带风暴、强热带风暴、台风、强台风、超强台风，为表述方便，以下统称台风）是河北省沿海地区最为严重的灾害性天气，它产生的大风、风暴潮、巨浪均对海上及沿岸的建筑物、船只和人员的安全产生威胁。影响河北省沿岸的台风路径主要有四种：第一种是直接登陆渤海沿岸；第二种是登陆山东半岛后移经渤海；第三种是登陆黄海北部沿岸；第四种是沿黄海北上登陆朝鲜。

另外渤海湾沿岸春、秋、冬季三季多温带天气系统发生（寒潮、冷空气、温带气旋等），据统计影响渤海湾的冷空气过程平均每年58次，中等以上强度冷空气过程（包括寒潮）平均每年25次。冷空气发生最多的为10月—翌年3月，温带气旋发生最多的为3—5月。

5.1.2 历史重大风暴潮灾害

根据史料记载渤海湾历史上曾发生过数十次灾害性风暴潮，如1938年和1939年两次特大风暴潮灾害。中华人民共和国成立后至今又有5次灾害严重的风暴潮，分别发生于1965年11月7日、1985年8月19日、1992年9月1日、1997年8月20日和2003年10月11日，并且近10年来发生频率呈增多趋势。

据统计，河北省沿岸黄骅、京唐港、秦皇岛三站最大台风增水分别为237 cm、111 cm和188 cm，分别是9216、0421和7203号台风造成的。

河北省沿岸黄骅是温带风暴潮频发区和严重区，据1982—2006年最大温带风暴潮统计，有8年超过200 cm，最大值达266 cm。

5.1.2.1 中华人民共和国成立前的风暴潮灾害

1）温带风暴潮灾害

1818年（清嘉庆二十三年）农历四月九日，大海潮，天津大沽炮台人、物有损，两只战船被冲上岸，两只木船搁浅，淹毙船工2人，倒塌房屋15间。山东省无棣、利津、沾化、阳信、广饶受灾（引自《山东省自然灾害史》）。

1845年（清道光二十五年）农历二月二十九日，特大海潮，海水倒灌达百余里，仅山东海丰、沾化、利津三县海水淹没土地六万五千余亩（引自《山东省自然灾害史》）。

1895年（清光绪二十一年）农历四月初五、六日，东南风如吼，入夜风益怒号，雨如瀑布，20英尺高海啸（约6.1 m），沿海浪高7 m。淹没土屋千数百家，塘沽至北塘间铁路冲断。海挡全部冲决口。从天津大沽口到河北省歧口“七十二连营”基地被冲得荡然无存，死者2 000余人。

另据史料记载，1895年、1900年有两次强风暴潮袭击曹妃甸，岛上庙宇、店铺均被冲入大海，岛民迁徙，遂日渐衰凉。

1902年（清光绪二十三八年）农历十月，海啸（风暴潮），塘沽、邓沽滩地淹，存盐漂损5万余包。

1936年（民国二十五年）据《滦县志》记载，“曹妃甸，时被潮水所漫，庙宇倾圮，灯塔亦毁”。自此曹妃甸上的古存殿堂、庙宇荡然无存，迄今未得重建。

2）台风风暴潮灾害

1917年8月21日（农历七月四日）一强台风登陆青岛后出海，天津塘沽沿海飓风潮位高达5.13 m，大沽海军船坞和很多村庄被潮水淹没。

1938年8月12日（农历七月十七日）强台风移经渤海，渤海沿岸风暴潮高达6.5 m（大沽零点），天津大神堂村海水入室没炕，沿海岸百余公里，纵深20～30 km被淹，冲毁新河盐滩39座（引自天津汉沽区水利志）。渤海南岸北风大作，海溢60里，山东省无棣、沾化、利津等县淹没耕地619万亩（1亩=0.066 7 hm^2），倒塌房屋4.5万间，死伤约500人。寿光县羊角沟最高潮位达6.99 m（超警戒潮位1.44 m），海侵30余里，盐田全部被淹，倒塌房屋数百间，漂没船只数百只。潍坊昌邑县海水倒灌60里（引自《山东省自然灾害史》）。

1939年8月31日（农历七月十七日）强台风在青岛登陆后进入渤海，与1938年的台风路径类似。渤海沿岸潮位高达6 m，大潮与洪水激荡，泛滥成灾。天津塘沽四、六、八号码头全部被淹没，货物流失；北炮台码头积水1.5 m；大沽盐场仓库全部倒塌，存盐淌化；邓沽新开10座盐滩被冲毁，塘沽境内积水10日方退。

河北省新河庄内积水齐腰，房屋大部分被冲倒，颗粒无收。京山铁路被冲断。山东省寿光县海水倒灌30里，毁房数百间，毁船数百艘，盐田淹没（引自《山东省自然灾害史》）。

1949年7月30日（农历七月五日），4908号台风14时在连云港以南海面经过，天津大沽盐滩全淹。塘沽低洼处积水1.3 m，冲毁渔港4个，倒塌房屋83间，晚秋作物淹损7成以上。山东省文登海啸，海水冲入农田，大风拔树毁屋，渔船、商船漂荡到五垒岛大街上（引自《山东省自然灾害史》）。

5.1.2.2 中华人民共和国成立后河北省沿岸的风暴潮灾害

1965年11月7日（农历十月十五日），受东北大风产生的温带风暴潮影响唐山市曹妃甸一度被海水淹没，在岛上作业的海洋石油1806钻井队53人被困在航标灯下小木屋里，3天后被救脱险。盐场海挡、堤埝受损严重，海水涌上岸达4小时。经济损失50多万元。歧口最高潮位3.27 m（国家85高程上），经过分析其重现期为70年一遇。

1985年8月19日，受8509号台风影响，黄骅港最大增水2.20 m，最高潮位4.98 m（当地水尺零点）。黄骅市760亩虾池被淹，50亩减产，150亩半减产，渔港码头被淹。

1992年9月1日，受9216号台风北上后与北方冷空气相互作用的影响，渤海沿岸发生特大风暴潮灾害。黄骅港最大增水2.37 m，最高潮位5.74 m（当地水尺零点）；秦皇岛最大增水0.93 m，最高潮位2.09 m（当地水尺零点）。

河北省沿海唐山、沧州二市受灾严重，冲毁虾池5.36万亩（0.36×10^4 hm^2），淹没盐田26.93万亩（1.8×10^4 hm^2），冲走原盐8.1×10^4 t。直接经济损失1.5亿元。

黄骅市：海潮越过55 km长的海挡，向内陆推进了4 km，渔区四镇被海水浸淹，歧口公路以东至海挡的16个渔村及虾池全部被海水吞没，平均积水达1.2 m，最深处达1.6 m，造成8 000多户居民、43家企业进水被淹，倒塌房屋100多间，歧口公路中断3小时。据统计黄骅市被海水吞没的虾池达1.8万亩（0.12×10^4 hm^2）、毁坏盐田损失原盐超过8 000 t。不少通信、电力、广播设施遭到破坏，潮水淹没2 400多亩农作物和300多棵果树、潮水涌上黄骅港3 000吨码头，影响码头作业。这次特大风暴潮灾害，黄骅市直接经济损失近0.984 2万元。

唐山市：沿海发生了有史以来的最高潮位，京唐港最高潮位2.07 m（国家85高程，下同），乐亭北港2.42 m，大清河盐场2.32 m，唐海县一排闸2.62 m，南堡盐场2.78 m，滦南北堡3.2 m，丰南涧河闸3.32 m，本次风暴潮造成部分地段海水越过海挡，淹没了许多养殖区。

1997年8月20日，9711号台风移经渤海，受其影响渤海沿岸普遍出现特大台风风暴潮灾害，黄骅港最大增水2.45 m，最高潮位5.95 m（水尺零点）；秦皇岛最大增水0.95 m，最高潮位2.18 m（水尺零点）；唐山市乐亭北港最高潮位2.42 m，大清河盐场2.12 m，南堡盐场2.57 m，十里海2.77 m，丰南涧河闸3.02 m（国家85高程）。

河北省沿海唐山、沧州潮灾严重，共淹没虾池7.98万亩（0.53×10^4 hm^2），冲毁海挡76.5 km，冲毁涵闸116座、冲毁虾池数千座。此次风暴潮造成直接经济损失约4.5亿元，其中秦皇岛2.0亿元、唐山0.8亿元、黄骅1.7亿元。

黄骅市：潮水冲毁45 km海挡，3万亩（0.2×10^4 hm^2）虾池被淹，损毁船只26艘，盐场13个。

唐山市：乐亭县损失海挡15 km，虾池1.7万亩（0.11×10^4 hm^2），391艘船只受损；滦南县损失40×10^4 m^3盐卤。唐海县33 km虾池被淹，南堡盐场部分岸段海挡护坡被毁，储运码头上水，大清河盐场扬水站进水。

秦皇岛市：沿海的小型旅游码头、海水养殖区的防波堤受到不同程度的破坏；许多渔船被毁；网箱养殖扇贝几乎全部损失；冲走2 150 t文蛤、损失扇贝4 415台；路旁大树被刮倒，电话线和供电线扯断，造成部分地区停电。

2003年10月11—12日受北方强冷空气影响，渤海沿岸发生了近10年以来最强的一次温带风暴潮。黄骅港最大增水2.33 m，最高潮位5.69 m（当地水尺零点），国家85高程上3.33 m。据沧州市水文局事后调查水痕得知：歧口最高潮位3.48 m、南排河3.8 m、冯家堡3.41 m，均高于黄骅港。经计算歧口高潮位的重现期约为百年一遇。京唐港最大增水1.03 m，最高潮位2.53 m（当地水尺零点）。

潮水冲毁虾池3.7万亩（0.25×10^4 hm^2），扇贝受损590万笼，网具3 000多条，多座育苗室和海产品加工厂被毁；损坏渔船1 450条；损失原盐15×10^4 t、盐田塑苫480万片、卤水30×10^4 m^3；港口航道淤积，部分在建的海洋工程受损；海水淹没农田1.7万多亩、冲毁土地8 000多亩，农业损失700万元。28个村庄进水、500户民房被淹、损坏房屋2 800多间，民房损失1 000万元。冲毁闸涵775座、泵站69座、海堤4 km；刮倒电线杆100多根，造成大面积停电，企业停产、学校停课；河北省直接经济损失5.84亿元。

秦皇岛市：沿海出现2.7～3.2 m大浪，在大浪作用下昌黎、抚宁沿海受到不同程度损害，特别是4海里以外养殖区的养殖台筏被挤成堆纠缠在一起，扇贝养殖区27万亩（1.8×10^4 hm^2），约900万笼全部损失；70艘渔船损坏；直接经济损失约2.0亿元。七里海新开口渔港码头因潮水上涨被淹，深达1 m。

唐山市：丰南区5 000亩虾池被冲毁，4 km海挡受损，5个扬水站被淹；乐亭县40万笼扇贝全部被冲走；滦南县渔船受损70艘，网具损失3 000余条；养殖大棚、扬水站机房各损坏一座，海挡大堤损失土方50×10^4 m^3，盐业损失惨重，盐田塑毡损失480万片，原盐15×10^4 t，卤水30×10^4 m^3。11日凌晨，唐山境内的曹妃甸岛通路工程工地出现险情，400多名民工被困，后被全部营救出来。唐山市直接经济损失8 000万元。

沧州市：本次风暴潮过程风大浪高，据目测海面浪高达3～4 m。沧州沿海部分岸段海挡被冲毁或发生波浪越顶现象，黄骅、海兴等地潮水越过海堤缺口和海防路，侵入内地5～10 km，沿河道上溯50 km；28个村庄大面积进水，500户居民房屋进水，受灾人口约15万余人；潮水淹没范围达190.6 km^2；418个闸涵被冲毁；1 310艘渔船损毁；46个盐场被淹，500公亩盐田受灾；黄骅港航道出现淤积，淤泥总量1 000万立方米，后采用挖泥船清淤，耗资2亿元，还不包括近1个月煤炭停运所造成的经济损失。黄骅港所有船只不能进出，港务局停业3天；黄骅港液化码头围堰工程部分被冲毁。直接经济损失3.04亿元。

1997年特大风暴潮灾害后，国家投入大量资金对沧州海堤进行了修复加固，同时提高海堤标准，部分堤段迎水面进行了护砌，并于1999年完工，因此海堤在这次抵御风暴潮的过程中起到了巨大作用，将汹涌的潮水拒之堤外。

本次风暴潮的潮水入侵主要是通过未修建防潮工程的河口、破损的防潮闸及未建成的海堤缺口处等地侵入内地，并沿入海河道向上游漫侵，较正常的潮水沿河道上侵的距离远5～20 km，局部通过河道两侧的排沥沟漫入农田、养殖场等。并使沿海部分村庄进水，其中南排河镇的张巨河村屋内水深达20 cm。

5.1.3 黄骅市风暴潮重现期计算分析

收集黄骅潮位站连续25年（1982—2006年）的逐时潮位资料，采用逐时实测潮位减去对应天文潮预报值（由前一年调和常数推算获得天文潮），获得逐时增、减水值，建立1982—2006年增水年极值系列，见表5.1。采用皮尔逊Ⅲ型方法计算了黄骅站不同重现期的增水值，计算结果见图5.1和表5.2。

表5.1 黄骅站年极值增水系列

年	增水极值（cm）
1982	172
1983	178
1984	202
1985	194
1986	152
1987	184
1988	160
1989	171
1990	157
1991	202

续表

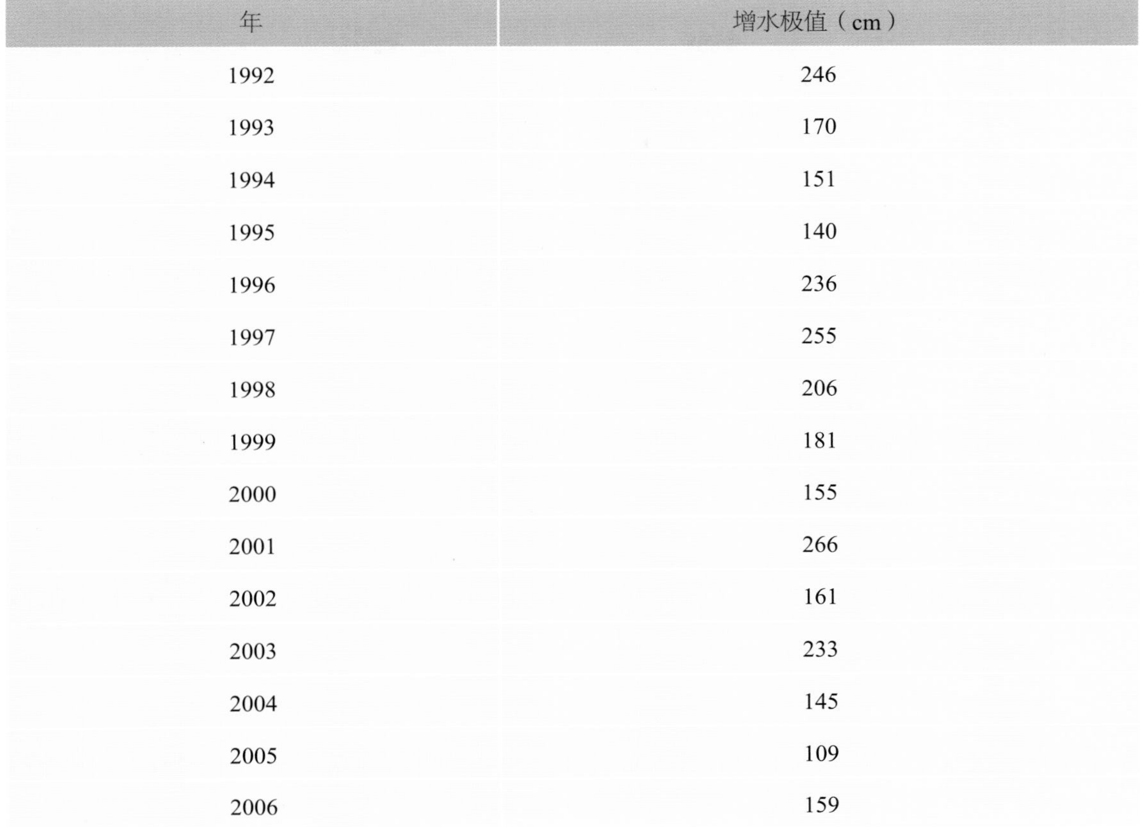

年	增水极值（cm）
1992	246
1993	170
1994	151
1995	140
1996	236
1997	255
1998	206
1999	181
2000	155
2001	266
2002	161
2003	233
2004	145
2005	109
2006	159

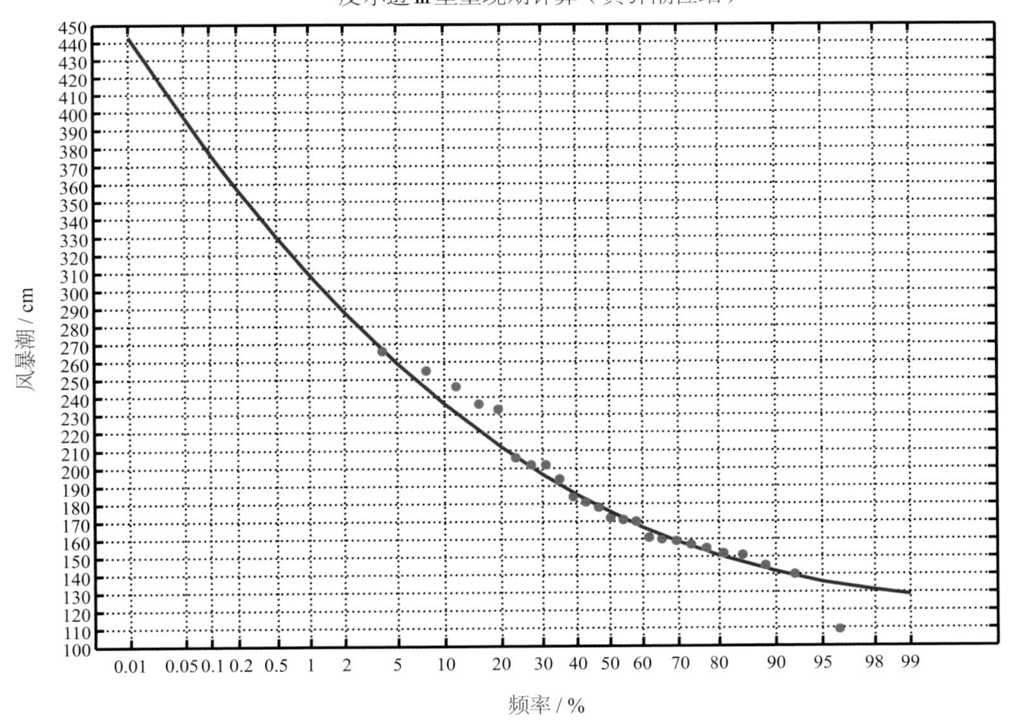

图5.1　黄骅站增水重现期皮尔逊Ⅲ型计算图

表5.2　黄骅站增水重现期皮尔逊Ⅲ型计算结果

重现期（年）	1 000	500	200	100	50	20	10	2	备注（Cv值）
增水值（cm）	377.1	356.9	329.9	309.1	287.8	258.9	236.0	175.2	0.214 0

5.2　风暴潮数值预报模式的建立与检验

当今国际上计算风暴潮漫滩基本上分为两大类方法。一类是较为广泛使用的干-湿网格法，这类方法之所以使用广泛主要因为它比固定边界模式只需要对岸边的计算网格加入干-湿判断，在判断之后，每一时步的计算仍可借用固定边界的计算方法的程序。而且，只要事先考虑到各种需要判断的情况，则对较为复杂的地形，不产生特殊的计算困难。对较陡的岸形，采用尽可能小的时空步长，则获得漫滩的近似计算是可行的。然而这类方法的一个弱点是海岸边界条件不完全符合流体运动学原理，因而对易于漫滩的较为平坦的地形，达到适当精度的模拟和预报有一定的难度。另一大类方法称为网格变换方法（包括网格自适应模型），这类模型是通过对动力学方程组进行坐标变换，并应用流体力学中运动边界原理，使岸边界可连续移动。与干-湿网格模型相比，这类模型的岸边界条件提法更加合理，但由于引入坐标变换或使用自适应网格技术，模式乃至程序的编制有一定的复杂性，同时计算量也成倍增加。此外，这类模型对坐标轴方向的选取也有一定的限制，否则，可能会出现计算不稳定。孙文心等（1994）使用这两类模型模拟了黄河三角洲的风暴潮漫滩，并对计算结果和模式适用性进行了详细比较和讨论。

风暴潮漫滩模式研究开始于20世纪60年代末期，与传统的固定网格模式相比，这类模式允许边界位置随水位升降而改变。Reid和Bodine（1968）首先研制了包括模拟潮间带水位变化的风暴潮模式，采用运动边界技巧允许模式网格边界随水位的增加和降低改变，并应用于Galveston湾的风暴潮研究。Leendertse（1970）、Leendertse和Gtitton（1971）研制了包括模拟潮间带水位变化的交替方向隐式风暴潮模式，并应用于Jamaica湾的风暴潮研究。Flather和Heaps（1975）研制了包括非线性项的风暴潮漫滩模式，漫滩条件的判定取决于水深和水位坡度，后来称之为干-湿网格法。将漫滩模式应用于墨西哥湾，Yeh和Chou（1979）的计算结果表明，考虑了漫滩的风暴潮模式计算水位与传统的固定边界模式计算水位曲线存在明显差异：①前者的最高水位比后者减少30%；②前者的水位变化曲线较后者平坦；③前者的最高水位出现时间比后者晚。Jelesnianski（1977）将包括漫滩的数值模式应用于美国东南沿海风暴潮业务化预报。于福江（1998）建立了面向用户的地理信息系统（GIS）支持下的渤海湾高分辨率嵌套网格风暴潮数值预报模式，可为使用者提供多种预报信息。不仅可以得到风暴潮水位和漫滩范围的数字和图像结果，还可以通过地理信息系统的功能，利用人机对话的方式得到有关灾害的统计结果。

网格变换风暴潮漫滩数值模型出现于20世纪80年代初，Johns（1982）提出了一种运动边界坐标变换模型。通过对动力学方程组进行坐标变换，并应用流体力学中运动边界原理，实现了岸边界的连续移动。我国“八五”和“九五”期间对漫滩模式进行了系统研究和应用试验。史峰岩、孙文心（1993，1995）在Johns变边界模型基础上，提出了极坐标下的连续运动边界模型，数值模拟结果表明该模型用于海湾海域的风暴朝漫滩计算优于Johns变边界模型。史峰岩、孙文心（1995）还引入微分变换方法，建立了模式边界连续运动的变边界自适应网格风暴潮漫滩模型。

5.2.1 变网格台风风暴潮数值模式的建立与检验

5.2.1.1 台风风暴潮模式

利用完整的二维浅水方程来计算台风风暴潮，基本方程包括连续方程和运动方程。在运动方程中，除了考虑平流项、科氏力项、底摩擦力项外，还考虑侧向黏性项。这样在笛卡儿直角坐标系中，连续方程和运动方程可表示为：

$$\frac{\partial \zeta}{\partial t}+\frac{\partial}{\partial x}(Hu)+\frac{\partial}{\partial y}(Hv)=0 \tag{5.1}$$

$$\frac{\partial u}{\partial t}+u\frac{\partial u}{\partial x}+v\frac{\partial u}{\partial y}-fv=-g\frac{\partial \zeta}{\partial x}-\frac{1}{\rho_w}\frac{\partial p_a}{\partial x}+\frac{1}{\rho_w H}(\tau_{sx}-\tau_{bx})+A\left(\frac{\partial^2 u}{\partial x^2}+\frac{\partial^2 u}{\partial y^2}\right) \tag{5.2}$$

$$\frac{\partial v}{\partial t}+u\frac{\partial v}{\partial x}+v\frac{\partial v}{\partial y}-fu=-g\frac{\partial \zeta}{\partial y}-\frac{1}{\rho_w}\frac{\partial p_a}{\partial y}+\frac{1}{\rho_w H}(\tau_{sy}-\tau_{by})+A\left(\frac{\partial^2 v}{\partial x^2}+\frac{\partial^2 v}{\partial y^2}\right) \tag{5.3}$$

式中，t为时间，（x, y）分别表示向东为正和向北为正的坐标系；（u, v）为相应于（x, y）方向的从海底到海面的垂直平均流速分量，ζ为水位，$H=\zeta+h$为总水深，h则为未扰动海洋之水深，即平均海平面至海底的距离，$f=2\omega\sin\varphi$为Coriolis参量，ρ_w为海水密度，p_a为大气压力，τ_{bx}，τ_{by}为x，y方向底应力，τ_{sx}，τ_{sy}为x，y方向海面风应力，A为侧向涡动黏性系数。

对于北向型台风，海底摩擦力和海面风应力取如下形式，海底摩擦力$\vec{\tau}_b$与深度平均流V的关系，采用二次平方律：

$$\vec{\tau}_b=k\rho\vec{V}|\vec{V}| \tag{5.4}$$

这里，k为摩擦力系数。海面风应力$\vec{\tau}_s$与海面风W的关系，也采用二次平方律：

$$\vec{\tau}_s=C_D\rho_a\vec{W}|\vec{W}| \tag{5.5}$$

这里，ρ_a是空气密度，C_D是风曳力系数。

5.2.1.2 台风域中气压场的计算

风暴潮模式计算必须给出格点的气压值和风应力值。风暴潮模式结果的精度，在很大程度上依赖于气压场和风场模式的质量。

（1）Takahashi, 1939

$$\frac{P(r)-P_0}{p_\infty-p_0}=1-\frac{1}{1+r/R}\text{，}0\leqslant r<\infty \tag{5.6}$$

（2）Fujita.T., 1952

$$\frac{P(r)-P_0}{P_\infty-P_0}=1-\frac{1}{\sqrt{1+2\left(r/R\right)^2}}\text{，}0\leqslant r<\infty \tag{5.7}$$

（3）Myers, 1954

$$\frac{P(r)-P_0}{P_\infty-P_0}=e^{-R/r}\text{，}0\leqslant r<\infty \tag{5.8}$$

（4）Jelesnianski,C.P., 1965

$$\frac{P(r)-P_0}{P_\infty-P_0}=\frac{1}{4}\left(r/R\right)^3\text{，}0\leqslant r<R$$

$$\frac{P(r)-P_0}{P_\infty-P_0}=1-\frac{3R}{4r}\text{，}R\leqslant r<\infty \tag{5.9}$$

（5）V.Bjerknes, 1921

$$\frac{p(r)-P_0}{P_\infty-P_0}=1-\left[1+\left(\frac{r}{R}\right)^2\right]^{-1}\text{，}0\leqslant r<\infty \tag{5.10}$$

这里，P_∞为台风外围气压（正常气压），P_0为台风中心气压，R为台风最大风速半径，$P(r)$为距台风中心r距离处的气压。比较结果显示：在$0<r<2R$范围内，式(5.7)能更好地反映台风的气压变化；在$2R\leqslant r<\infty$的范围内，式(5.6)有更好的代表性。因此，选用式(5.6)、式(5.7)嵌套来计算同一台风域中的气压场分布。

5.2.1.3　台风风场的计算

台风域中的风场由两个矢量场叠加而成。其一是相对台风中心对称的风场，其风矢量穿过等压线指向左方，偏角（流入角）为20°，风速与梯度风成比例；其二是基本风场，假定其速度（$\vec{V}_{sm}$）取决于台风移速。有几种常用的基本风场表示方法，这里用Veno Takeo(1981)的公式表示：

$$\vec{V}_{sm}=V_x\exp\left(-\frac{\pi}{4}\cdot\frac{|r-R|}{R}\right)\vec{i}+V_y\exp\left(-\frac{\pi}{4}\cdot\frac{|r-R|}{R}\right)\vec{j} \tag{5.11}$$

式中，V_x，V_y为台风移速在x，y方向的分量。

若将坐标原点取在固定计算域，则台风域中的中心对称风场分布取以下形式：

$$W_x=C_1V_x\exp\left(-\frac{\pi}{4}\cdot\frac{|r-R|}{R}\right)-C_2\left\{-\frac{f}{2}+\sqrt{\frac{f^2}{4}+10^3\frac{2\Delta P}{\rho_a R^2}\left[1+2\left(\frac{r^2}{R^2}\right)\right]^{-\frac{3}{2}}}\right\}\cdot$$
$$\left[(x-x_0)\sin\theta+(y-y_0)\cos\theta\right]\text{，}0\leqslant r\leqslant 2R \tag{5.12}$$

$$W_y = C_1 V_y \exp\left(-\frac{\pi}{4}\cdot\frac{|r-R|}{R}\right) + C_2\left\{-\frac{f}{2}+\sqrt{\frac{f^2}{4}+10^3\frac{2\Delta P}{\rho_a R^2}\left[1+2\left(\frac{r^2}{R^2}\right)\right]^{-\frac{3}{2}}}\right\}\cdot \tag{5.13}$$

$$\left[(x-x_0)\cos\theta-(y-y_0)\sin\theta\right],\ 0\leqslant r\leqslant 2R$$

$$W_x = C_1 V_x \exp\left(-\frac{\pi}{4}\cdot\frac{|r-R|}{R}\right) - C_2\left\{-\frac{f}{2}+\sqrt{\frac{f^2}{4}+10^3\frac{\Delta P}{\rho_a\left(1+r/R\right)^2 Rr}}\right\}\cdot \tag{5.14}$$

$$\left[(x-x_0)\sin\theta+(y-y_0)\cos\theta\right],\ 2R<r<\infty$$

$$W_y = C_1 V_y \exp\left(-\frac{\pi}{4}\cdot\frac{|r-R|}{R}\right) + C_2\left\{-\frac{f}{2}+\sqrt{\frac{f^2}{4}+10^3\frac{\Delta P}{\rho_a\left(1+r/R\right)^2 Rr}}\right\}\cdot \tag{5.15}$$

$$\left[(x-x_0)\cos\theta-(y-y_0)\sin\theta\right],\ 2R<r<\infty$$

这里，W_x，W_y分别代表风速在x，y方向的分量；$\Delta P = P_\infty - P_0$，代表台风中心气压示度；$r$和$R$以cm为单位，

$$r=\sqrt{(x-x_c)^2+(y-y_c)^2} \tag{5.16}$$

式中，x_c，y_c代表台风中心位置；ρ_a为空气密度；θ为流入角；C_1、C_2为常数，C_1=1.0，C_2=0.8，是经过大量对比计算后确定的。

大量的风场比较计算表明，所建立的模型气压场和风场是成功的，并被用于多个地方的海上气压场、风场以及浪、流和风暴潮的计算。

5.2.1.4 变网格的设计与处理

众所周知，要想提高风暴潮数值模式的计算精度，计算区域必须足够大，最好能与台风的尺度同样大，这样水边界的计算就非常准确。但是，当风暴潮传播到浅水区域，例如，陆架区、河口区、小海湾等区域，海岸形状和海水深度对风暴潮的影响是非常重要的，所以需要精细的网格来刻画。基于以上的考虑，我们采用计算区域加大，重点区域加细的思想来设计模式的网格分布。因此，我们设计了变网格系统用于计算河北沿海的台风风暴潮。在黄骅沿岸的空间分辨率为200 m左右，参看图5.2～图5.3。

初始条件为：

$$\zeta = u = v = 0,\ 当t=0时$$

海岸边界条件为：

$$V_n = 0$$

这里，V_n为岸边界的法向深度平均流流速。水边界取为静压边界条件：

$$\zeta = \frac{10}{\rho_w g}(p_\infty - p_a)$$

这里，ζ是以海平面起算的水位高度（m），ρ_w是海水密度，p_∞ = 1 008 hPa 是外围气压。

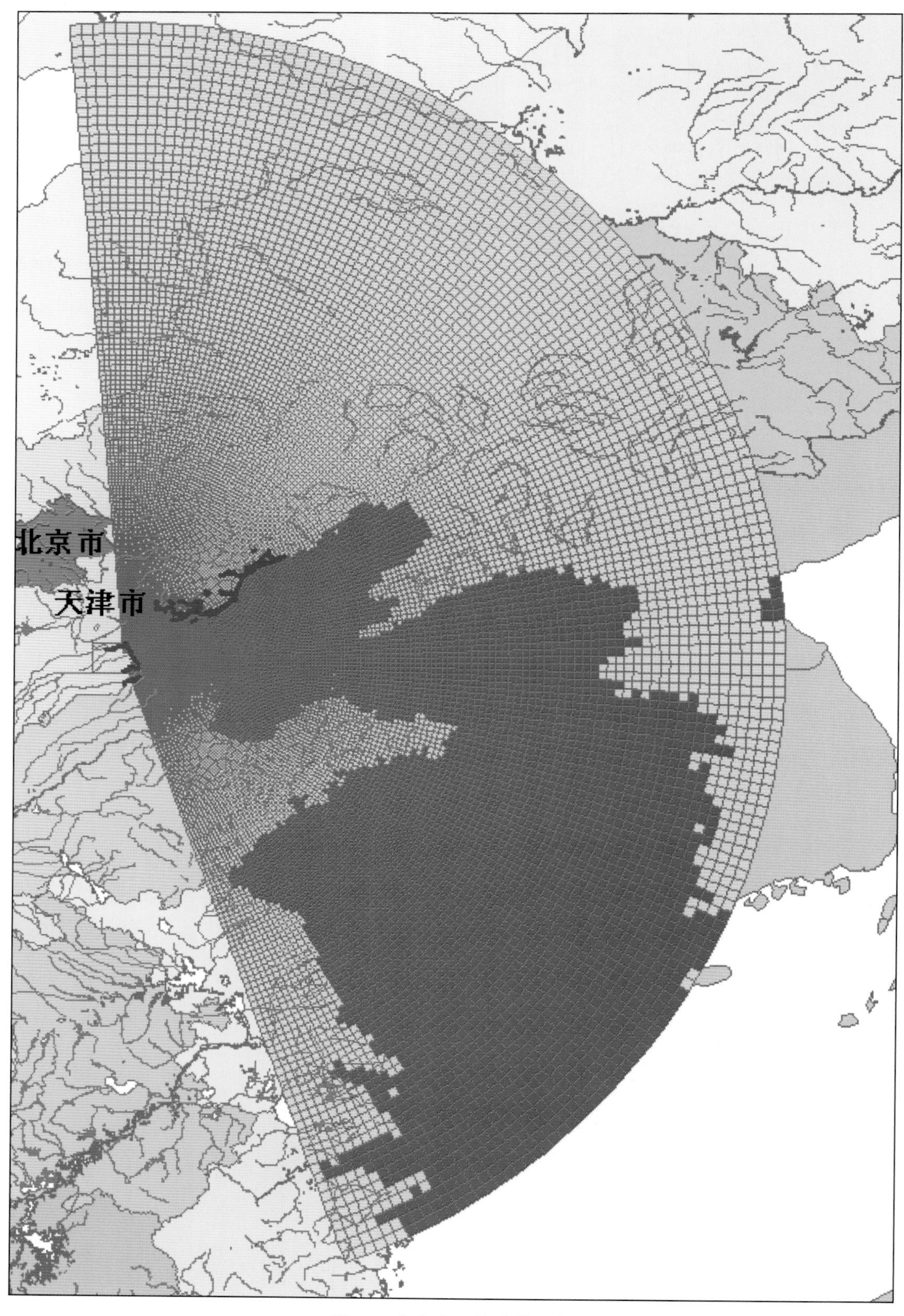

图5.2　黄骅变网格计算区域

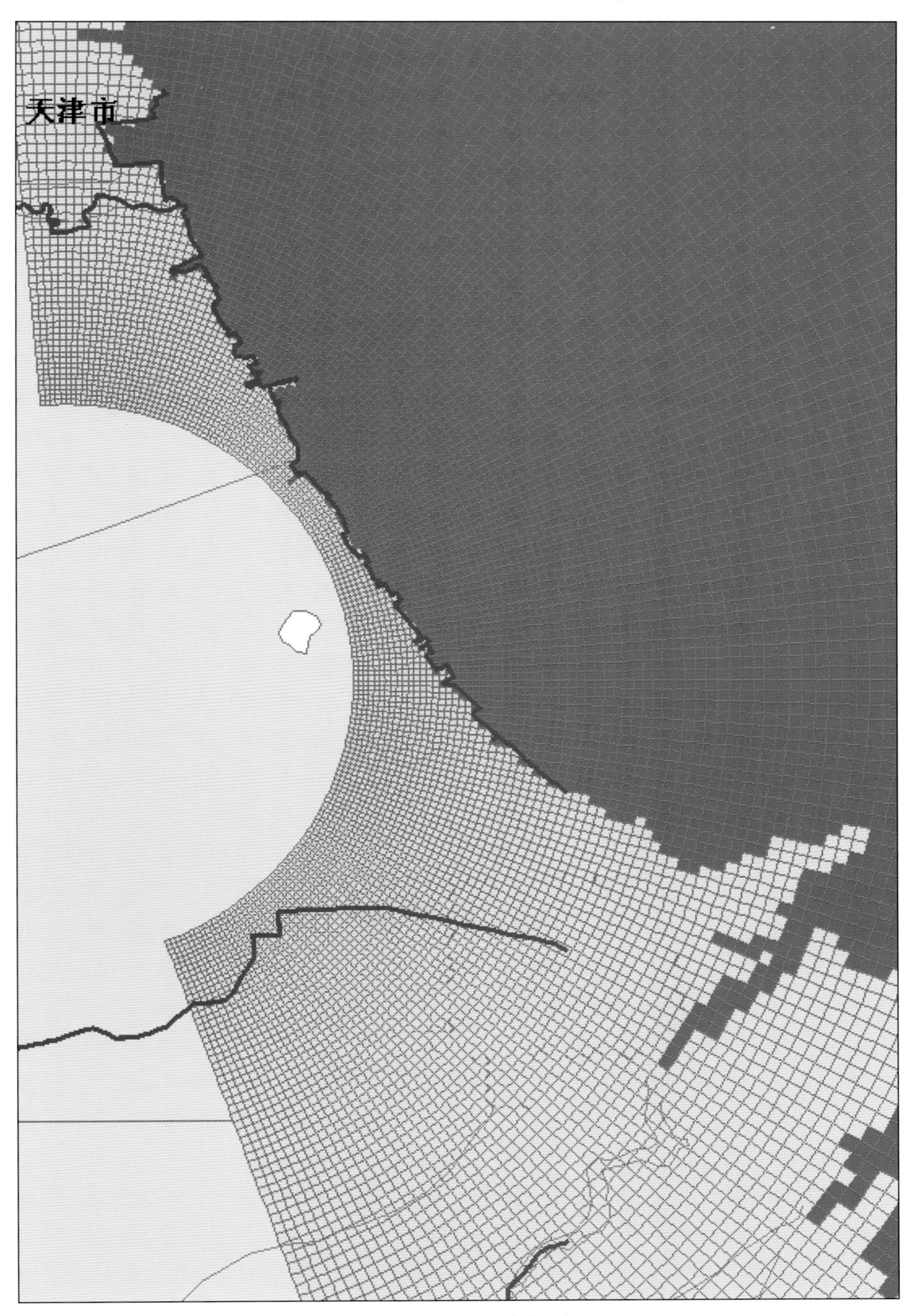

图5.3 黄骅附近的计算网格

5.2.1.5　数值模型模拟与检验

采用已建立的数值模型对影响河北的有代表性的台风风暴潮过程进行了模拟计算。从模拟的结果可以看出，所建立的变网格台风风暴潮模式基本上刻画了每个台风风暴潮过程，所建立的风暴潮模式确信可靠。

1）6005号台风风暴潮过程模拟

6005号台风（Polly）1960年7月17日在菲律宾以东生成，随后台风一直向偏北方向移动，于7月28日18—19时在山东省乳山登陆后穿过渤海，7月29日12—13时在辽宁省锦西再次登陆（图5.4），台风移经渤海时造成渤海湾塘沽站出现1.63 m的最大增水。

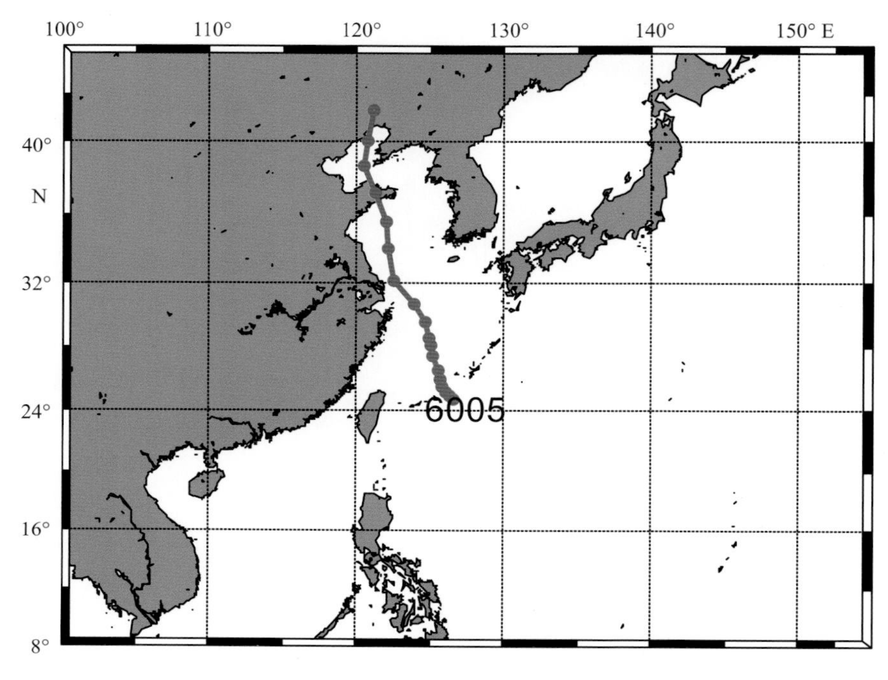

图5.4　6005号台风路径

图5.5~图5.7给出了沿海有实测资料的天津塘沽、辽宁葫芦岛、大连（老虎滩）站的模拟结果。由于京唐港、曹妃甸、黄骅3个站没有实测资料，因此只能给出模式的计算结果，从中可以看出京唐港、曹妃甸最大增水在1.4 m左右，黄骅港最大增水在1.5 m左右。

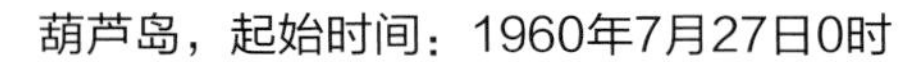

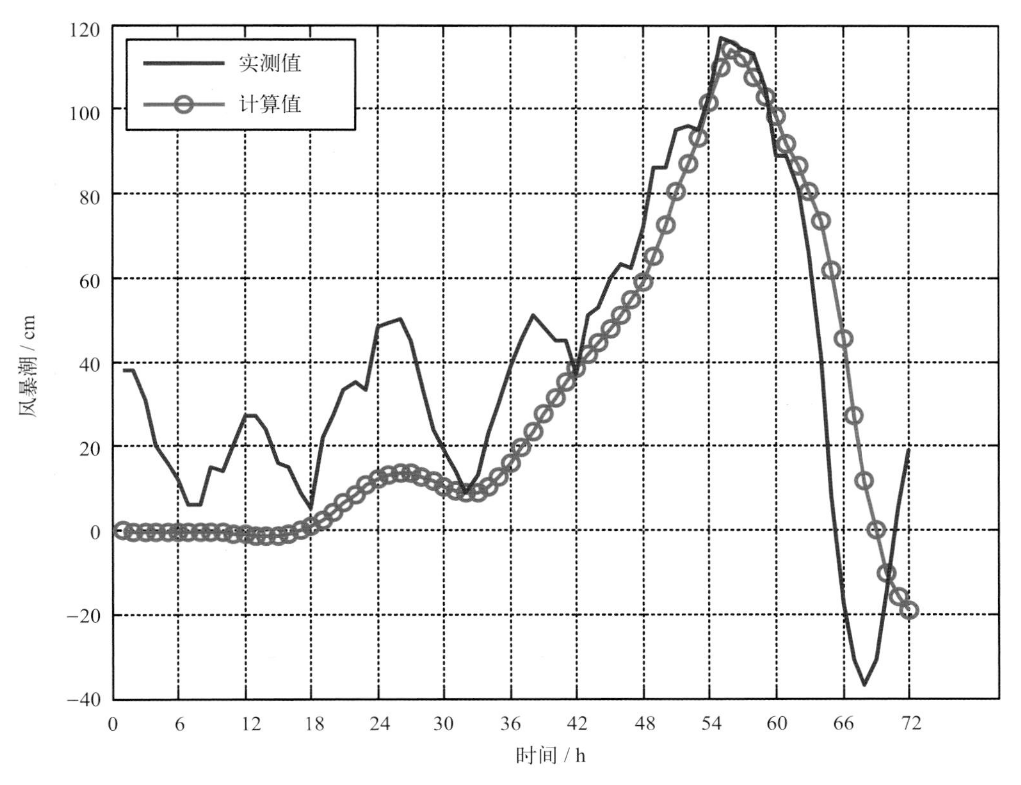

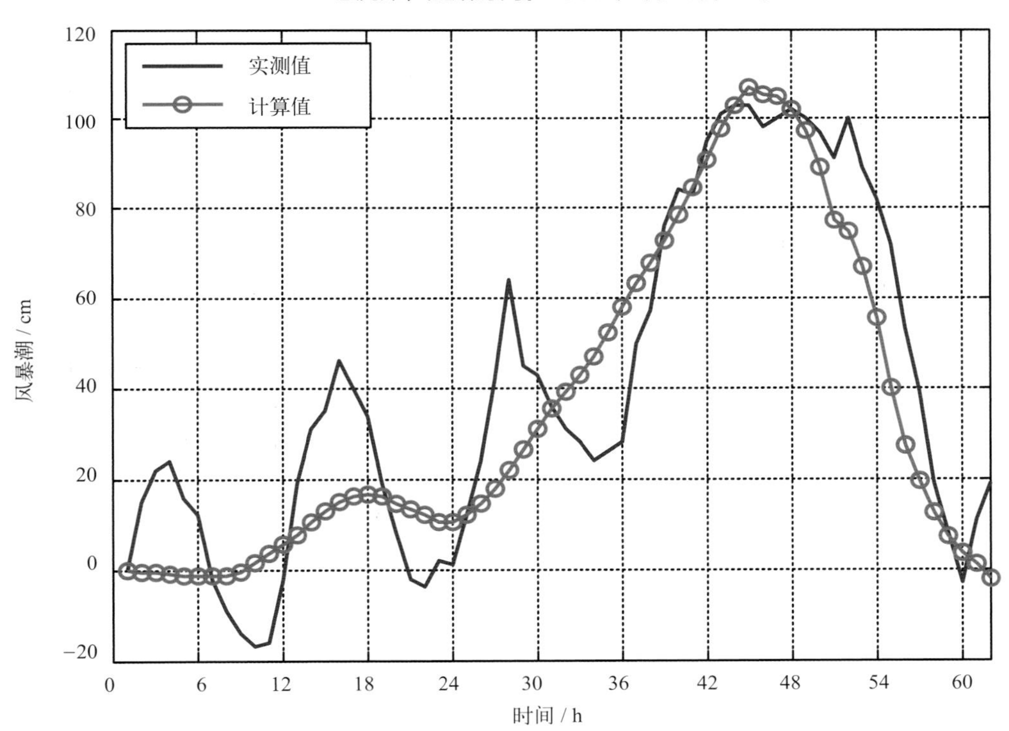

图5.5 6005号台风期间葫芦岛、老虎滩风暴潮实测与计算值对比

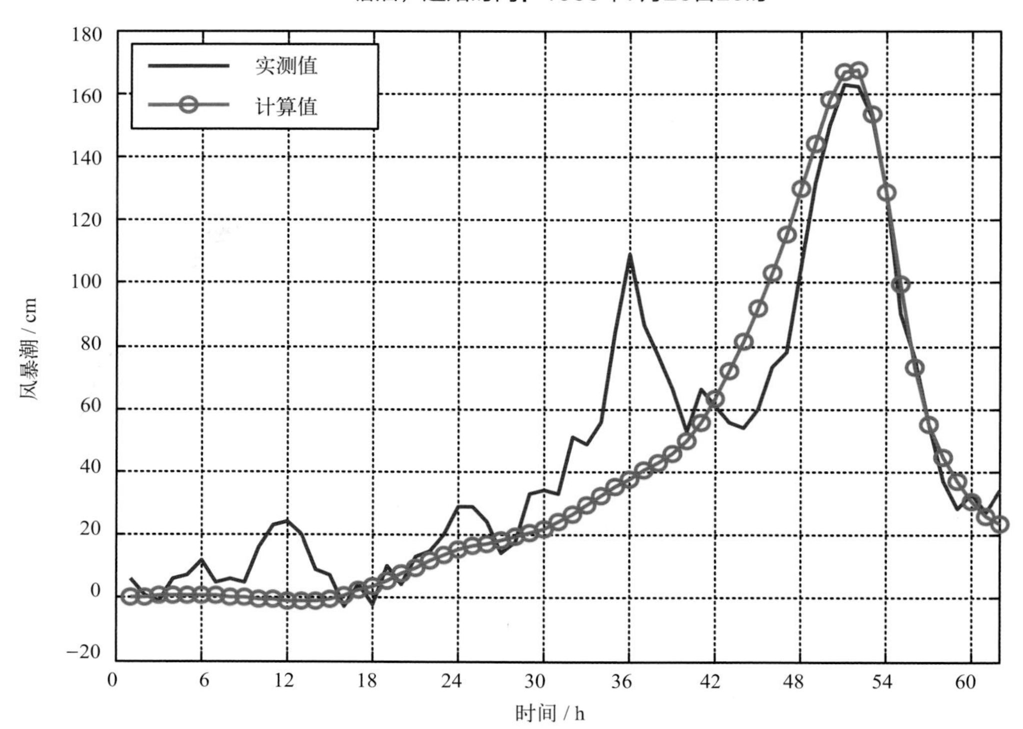

图5.6　6005号台风期间塘沽风暴潮实测与计算值对比

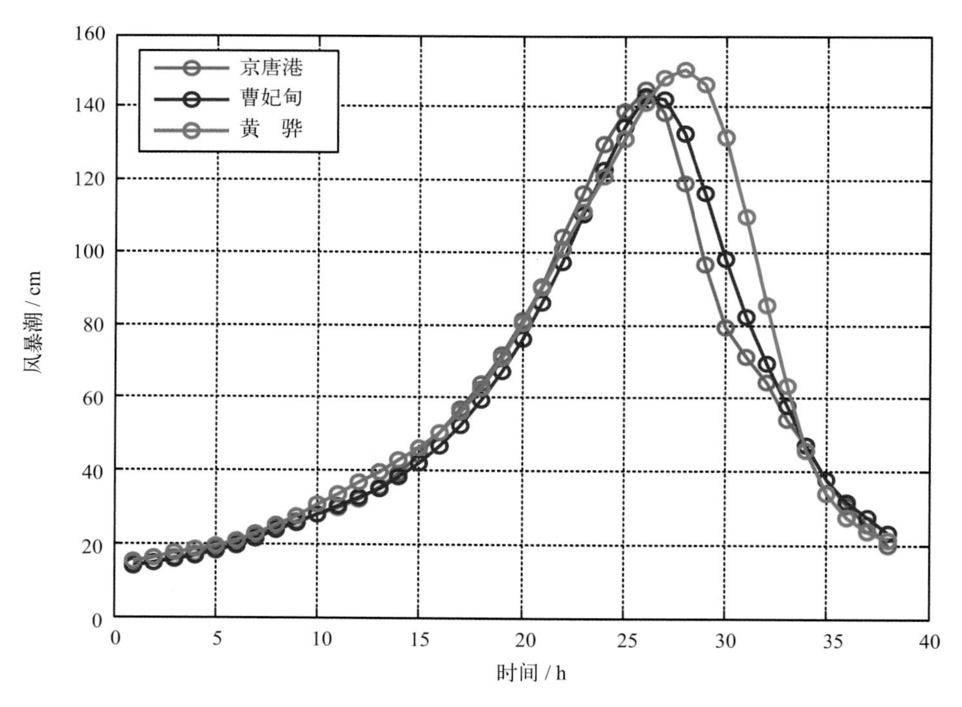

图5.7　6005号台风路径下京唐港、曹妃甸、黄骅3站增水过程计算值

2）7203号台风风暴潮过程模拟

7203号台风（Rita），在菲律宾以东洋面生成后一直向偏北方向移动，1972年8日14时达到台风强度，11日8时台风强度最强（中心气压911 hPa，近中心最大风速65 m/s）。7月26日15时登陆山东荣成，登陆时，台风中心气压971 hPa，近中心最大风力10级。7月27日7—8时登陆天津塘沽，登陆时，中心气压980 hPa，近中心最大风力7级。

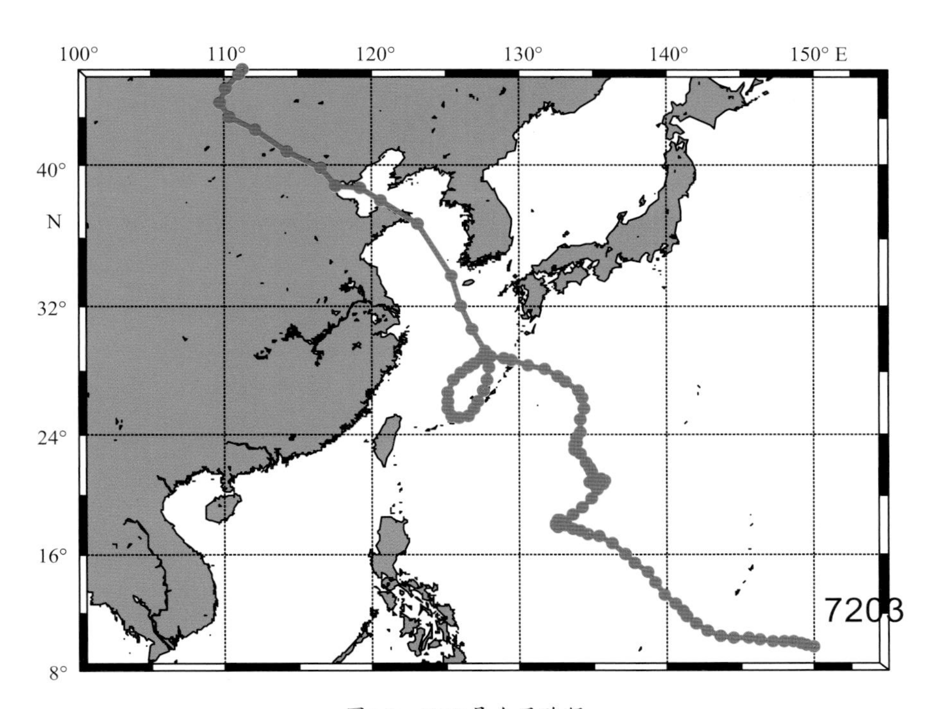

图5.8　7203号台风路径

图5.8～图5.11给出了秦皇岛、塘沽、老虎滩、龙口4个验潮站模式模拟结果与实测值的比较。秦皇岛最大增水高达188 cm，为该站历年之最（1950—2005年）。由于京唐港、曹妃甸、黄骅3个站没有实测资料，因此只能给出模式的计算结果，从中可以看出京唐港最大增水值为1.9 m，曹妃甸最大增水值为1.4 m，黄骅最大增水值为1.7 m左右。

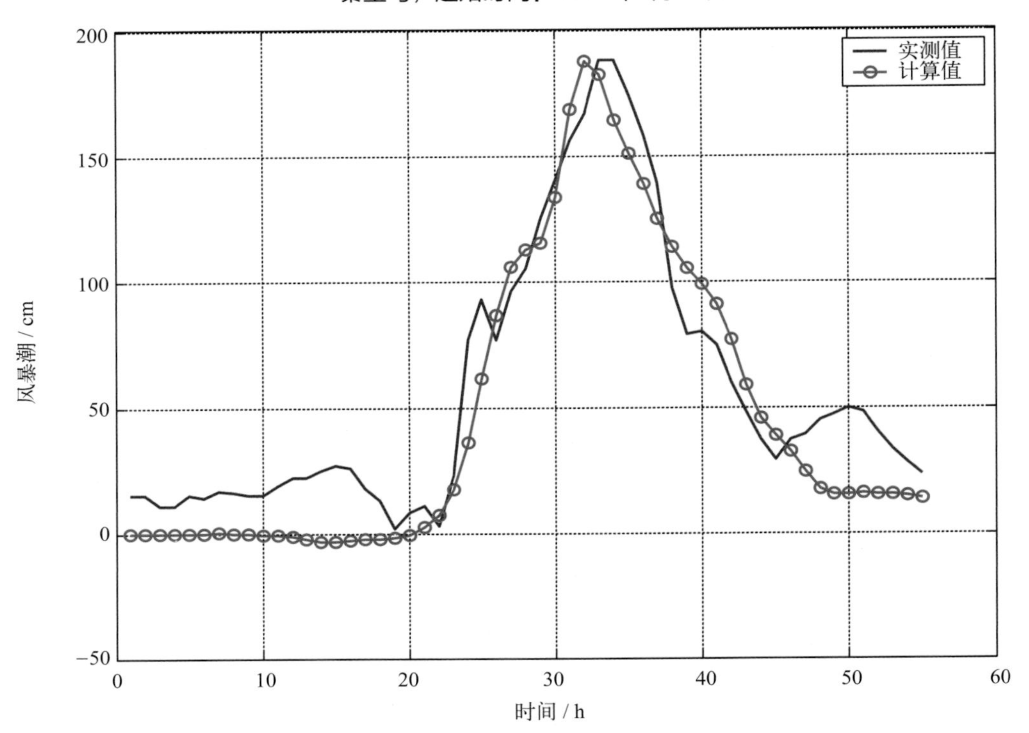

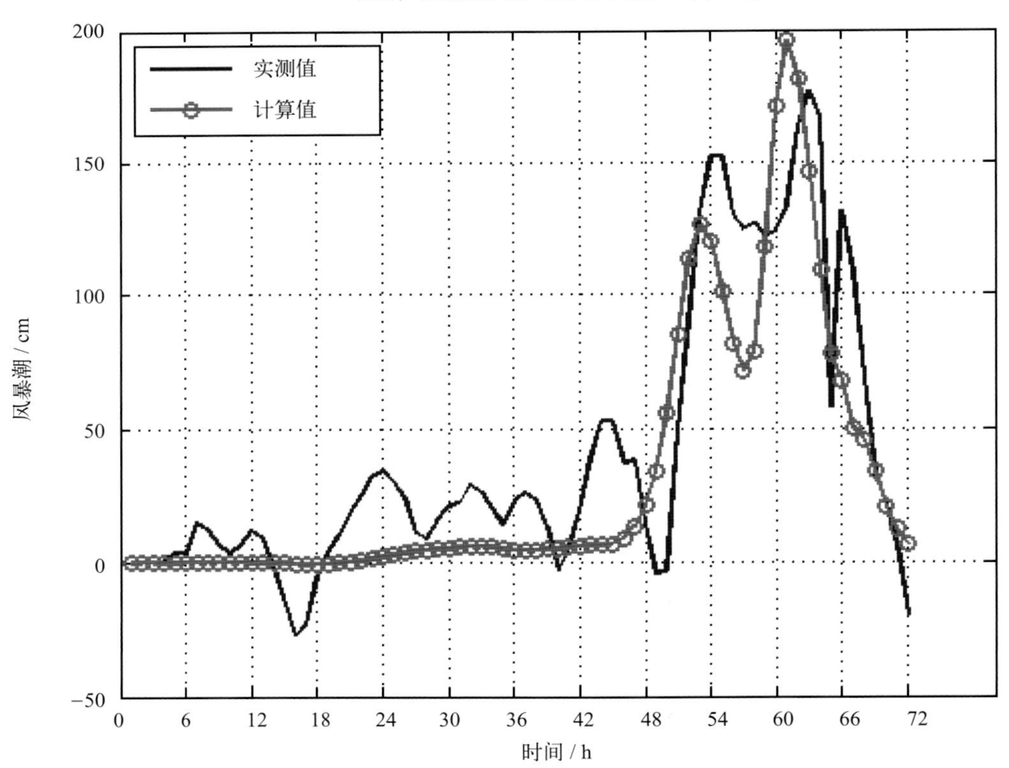

图5.9　7203号台风期间秦皇岛、塘沽风暴潮实测与计算值对比

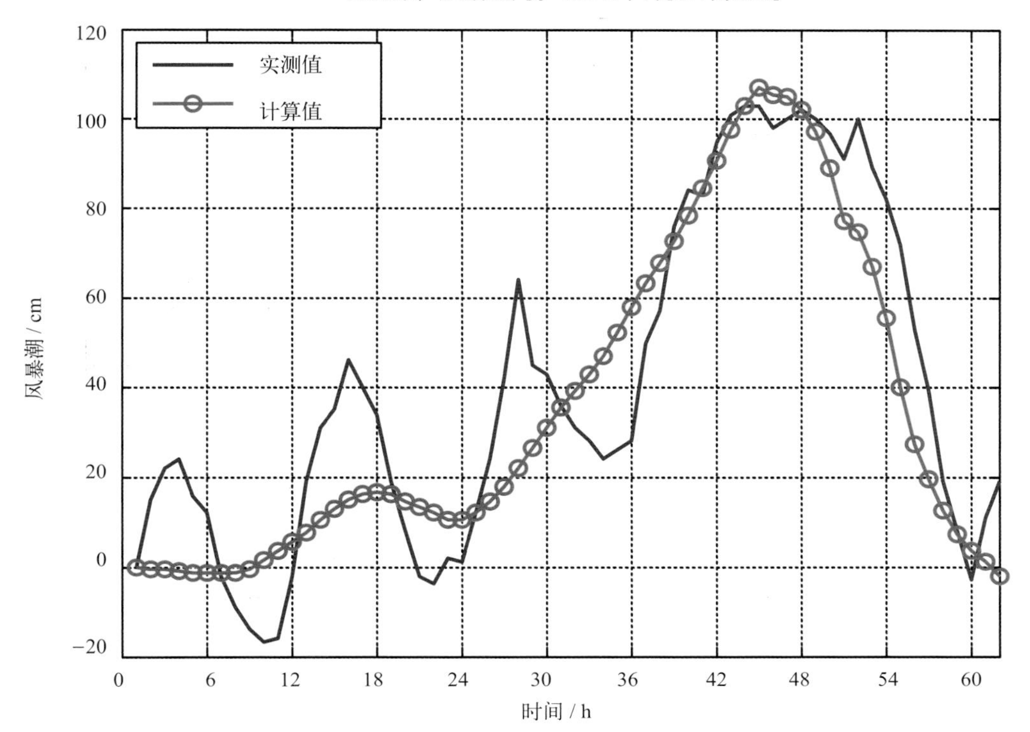

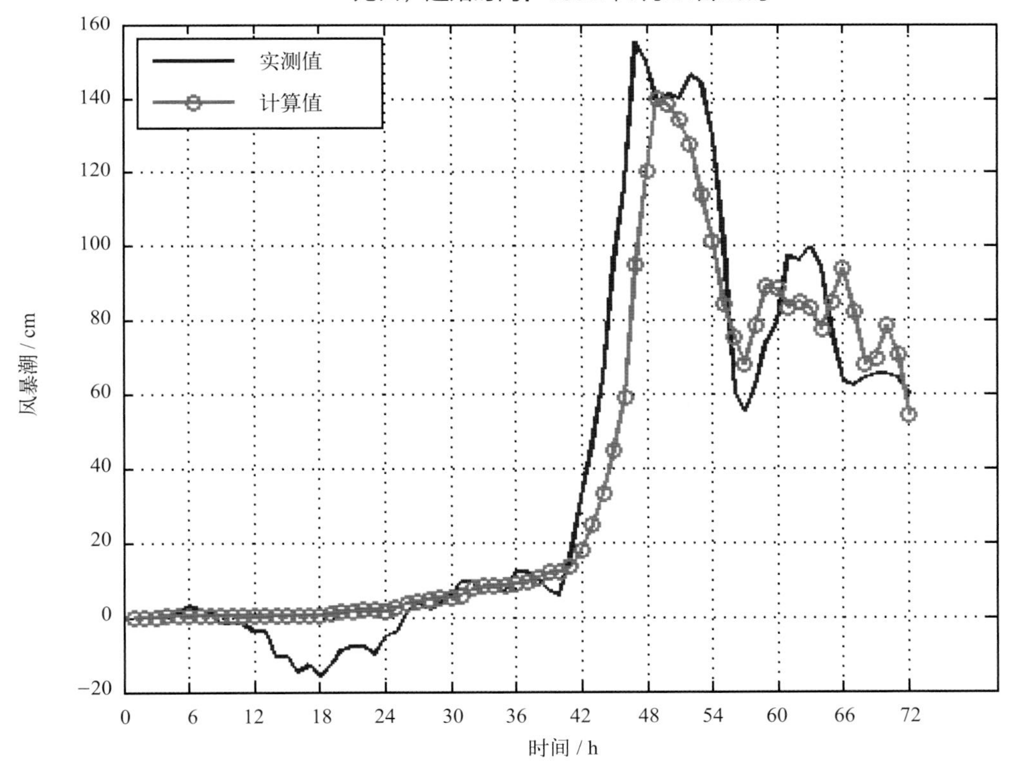

图5.10　7203号台风期间老虎滩、龙口风暴潮实测与计算值对比

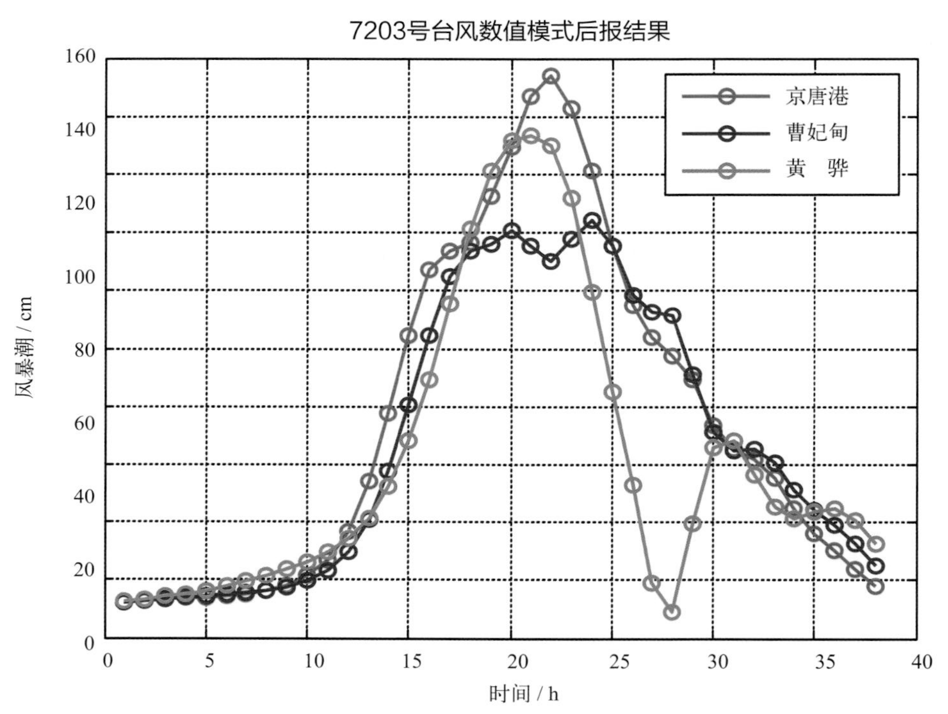

图5.11　7203号台风路径下京唐港、曹妃甸、黄骅3站增水过程计算

3）8509号台风风暴潮过程模拟

8509号台风（Mamie），1985年8月14日14时在台湾以东海面上生成后一直向偏北方向移动，18日12时登陆江苏启东、19日9时登陆山东青岛，后穿过渤海再次登陆辽宁大连（图5.12）。受8509号台风影响，天津塘沽及河北沧州一带沿海出现严重风暴潮灾害。

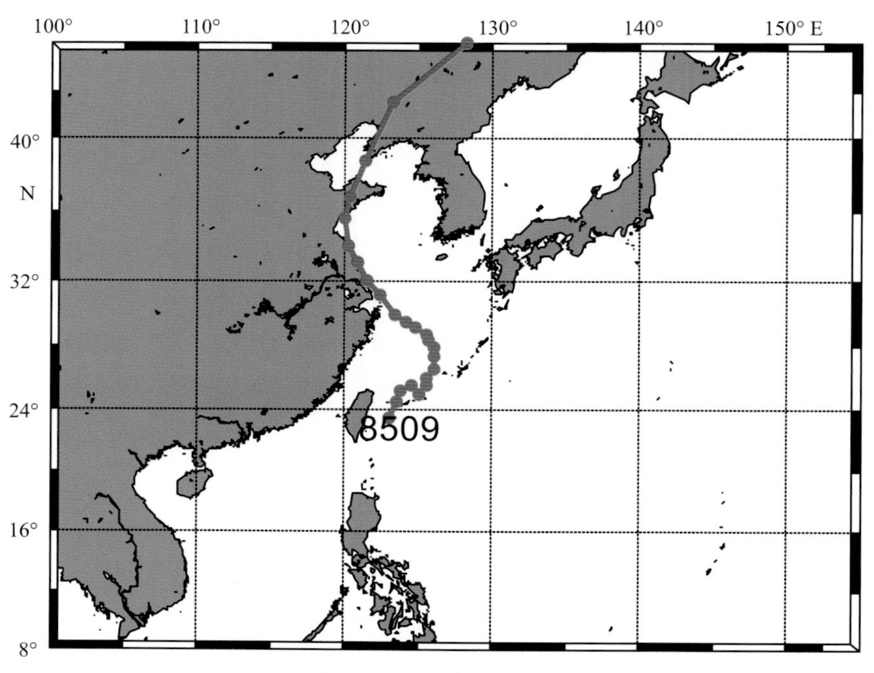

图5.12　8509号台风路径

图5.13～图5.17给出了营口、秦皇岛、塘沽、老虎滩、龙口4个验潮站模式模拟结果与实测值的比较。由于京唐港、曹妃甸两站没有实测资料，因此只能给出模式的计算结果，从中可以看出京唐港、曹妃甸最大增水在1.2 m左右。

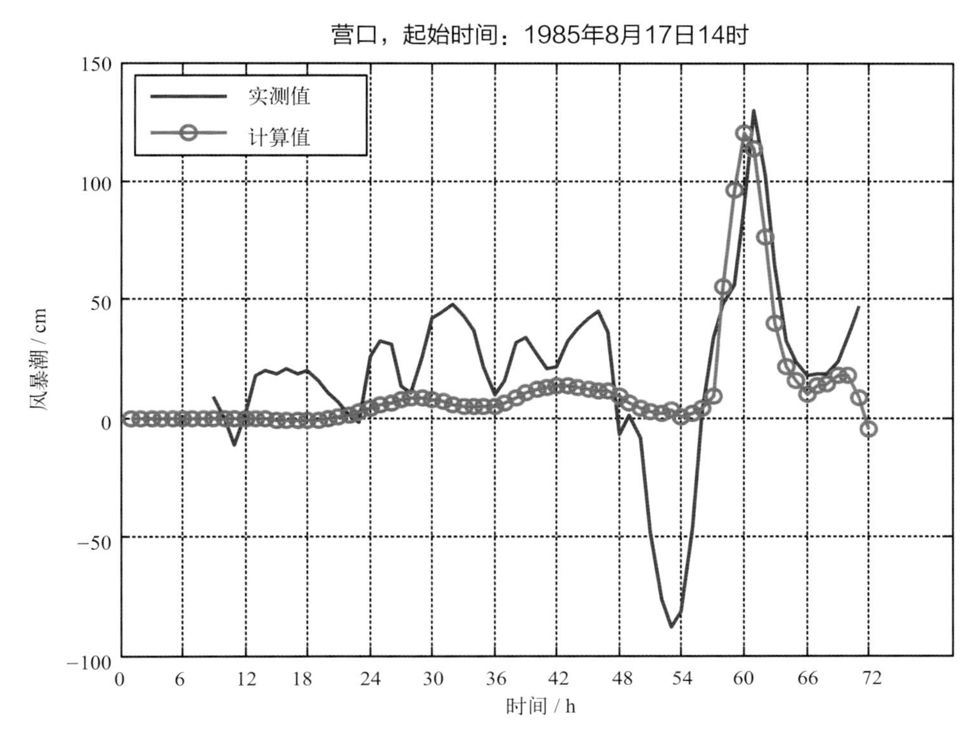

图5.13　8509号台风期间营口风暴潮实测与计算值对比

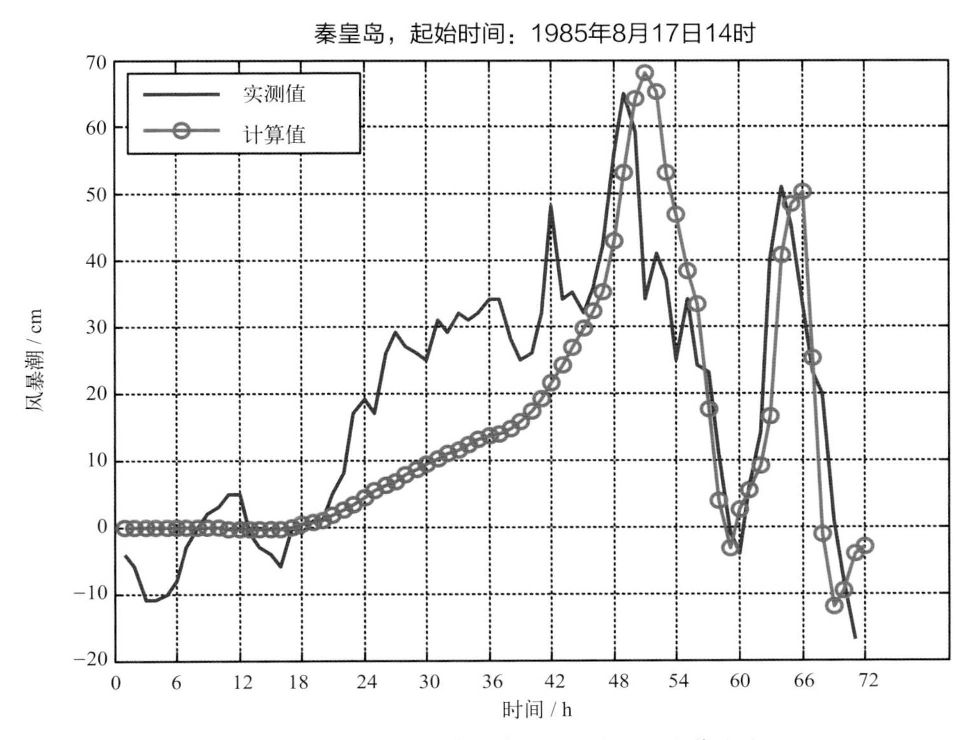

图5.14　8509号台风期间秦皇岛风暴潮实测与计算值对比

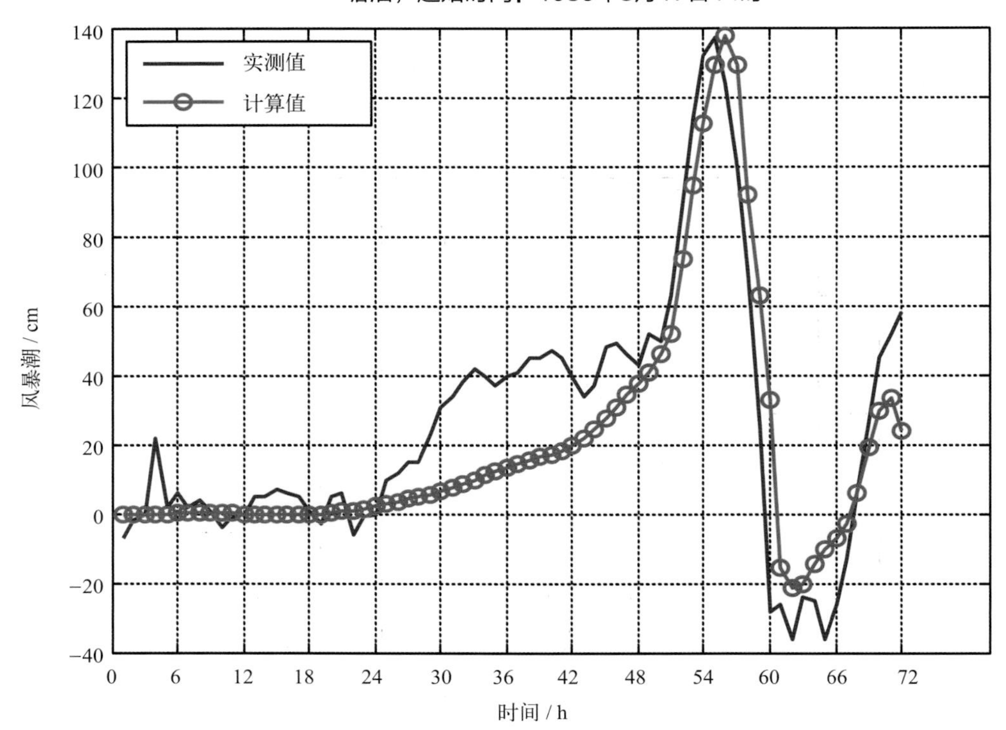

图5.15　8509号台风期间塘沽风暴潮实测与计算值对比

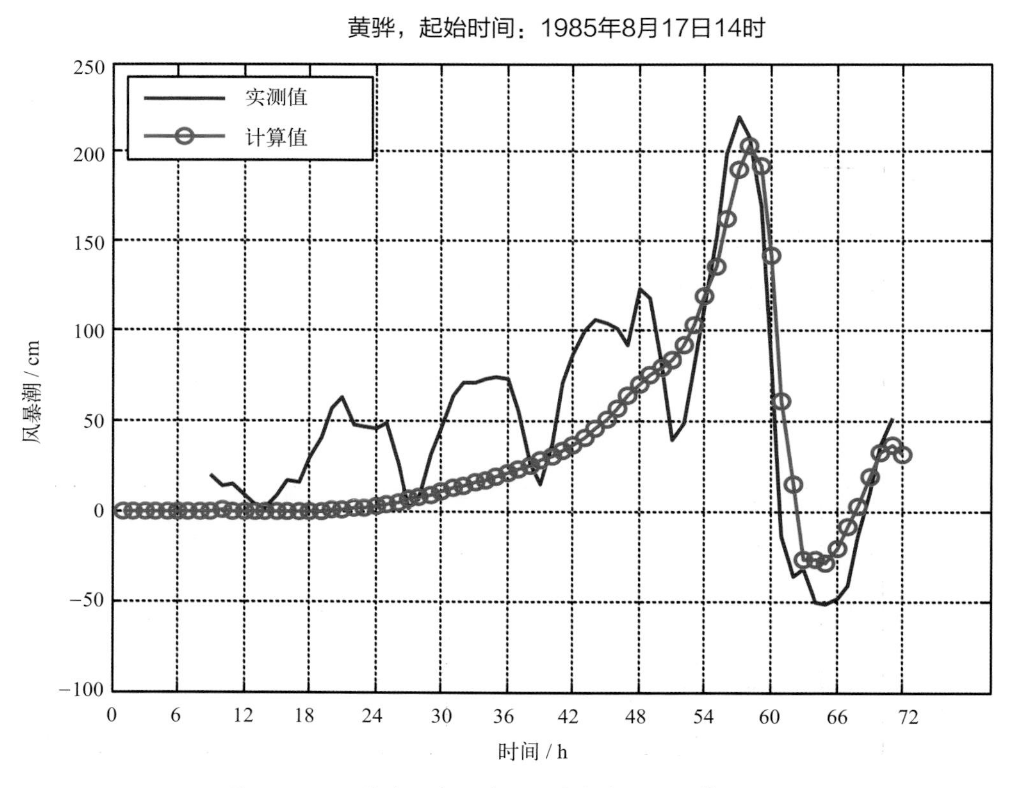

图5.16　8509号台风期间黄骅风暴潮实测与计算值对比

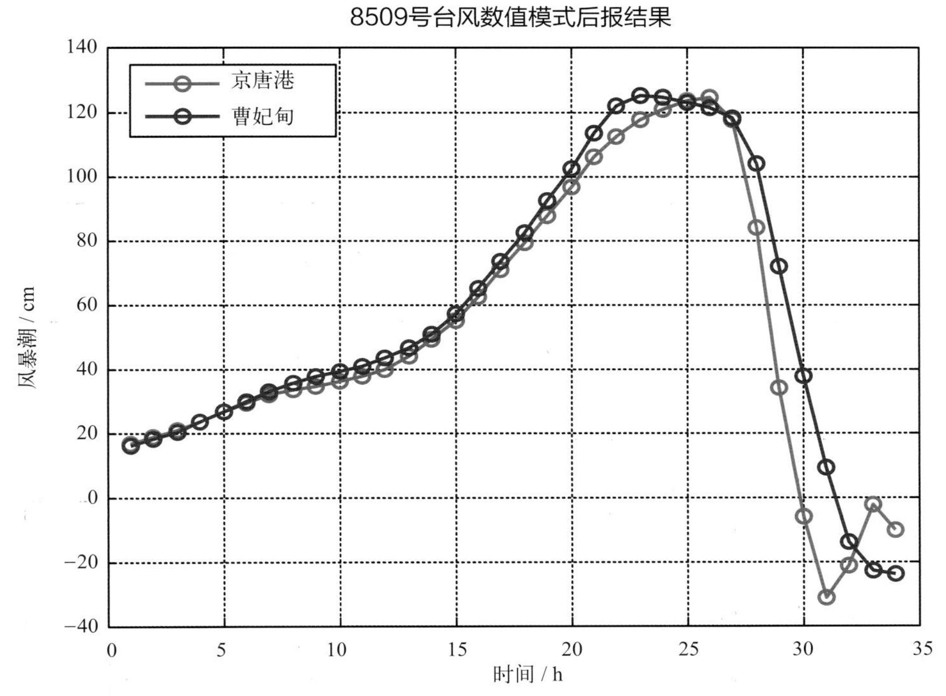

图5.17　8509号台风路径下京唐港、曹妃甸增水过程计算值

4）9711号台风风暴潮过程模拟

9711号台风（Winnie）1997年8月10日8时在关岛以东洋面上生成，尔后向西北偏西方向移动，于18日21时30分在浙江省温岭石塘镇登陆，登陆时台风中心气压960 hPa，近中心最大风速达40 m/s，超过12级。台风登陆后转为偏北行，于20日8时进入江苏，9时入山东，15时进渤海，最后于21日21时在辽宁省境内消失（图3.18）。

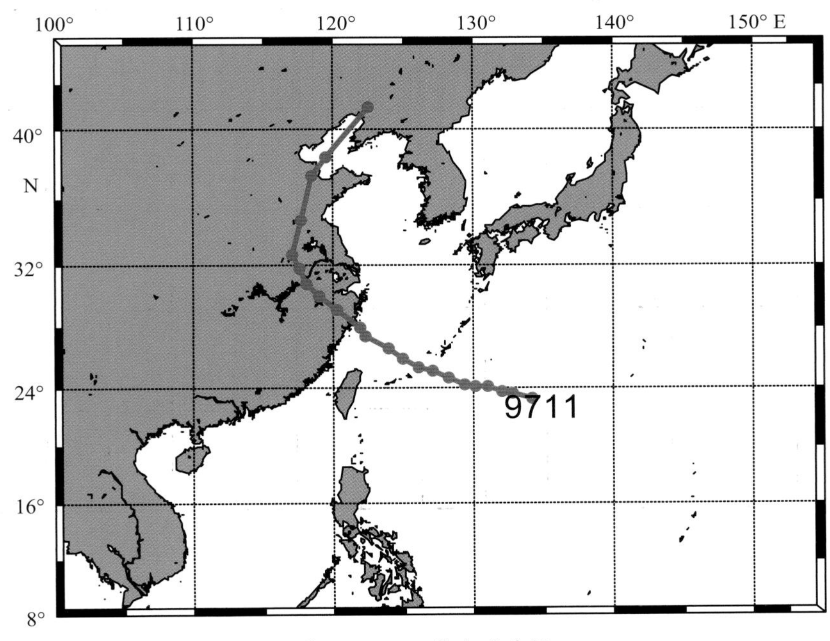

图5.18　9711号台风路径

图5.19～图5.21给出了老虎滩、秦皇岛、塘沽、黄骅4个验潮站模式模拟结果与实测值的比较。由于京唐港、曹妃甸两站没有实测资料，只能给出模式的计算结果，从中可以看出京唐港最大增水在1.4 m、曹妃甸最大增水在1.5 m左右。

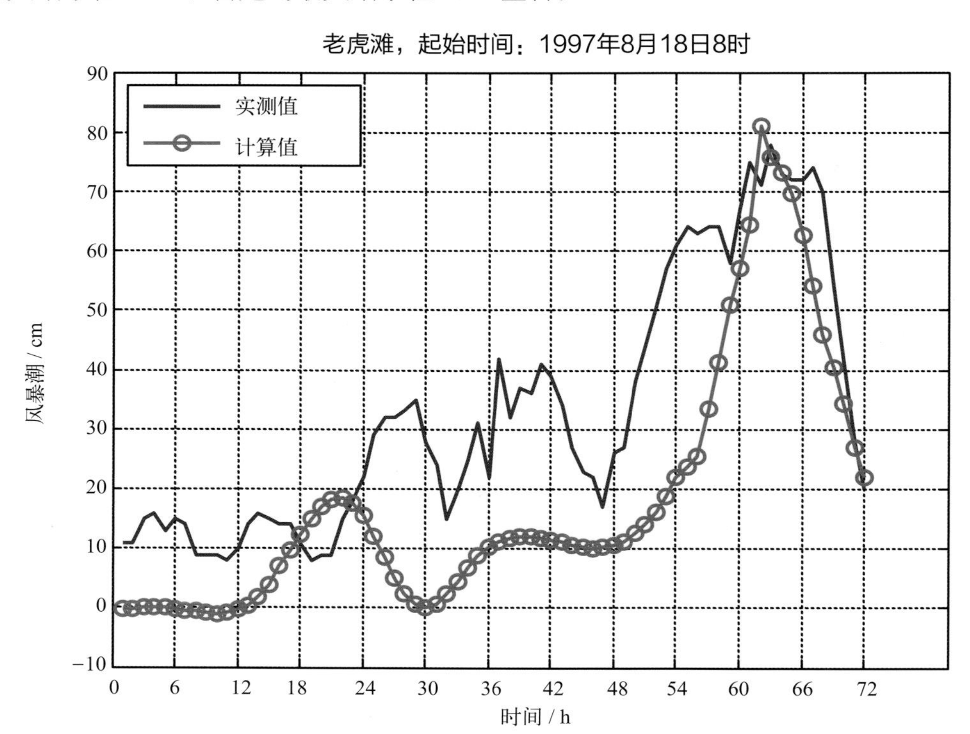

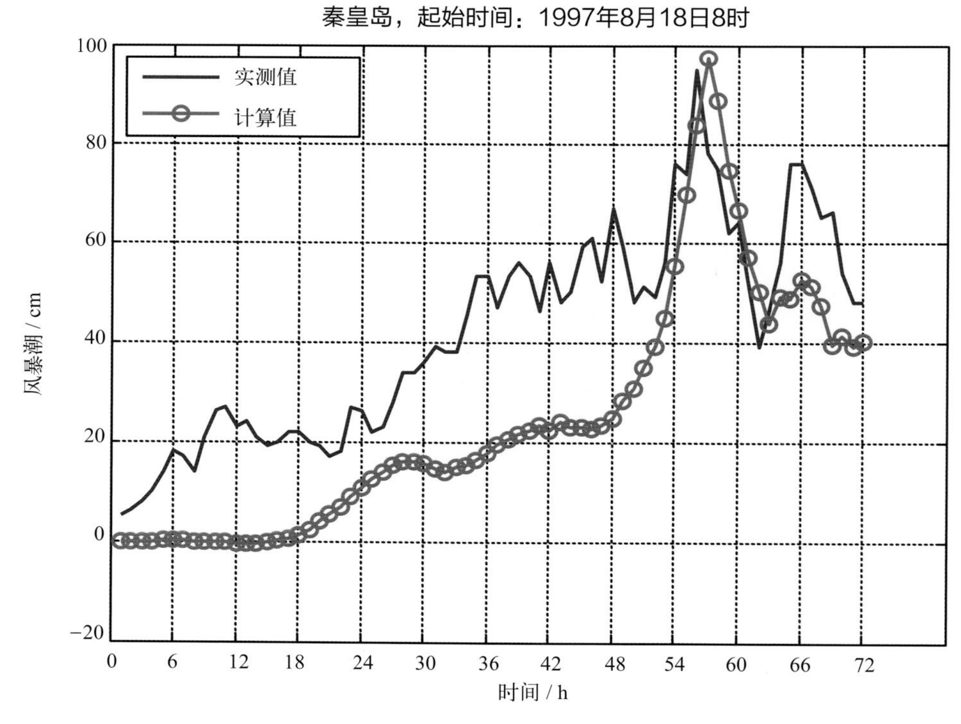

图5.19　9711号台风期间老虎滩、秦皇岛风暴潮实测与计算值对比

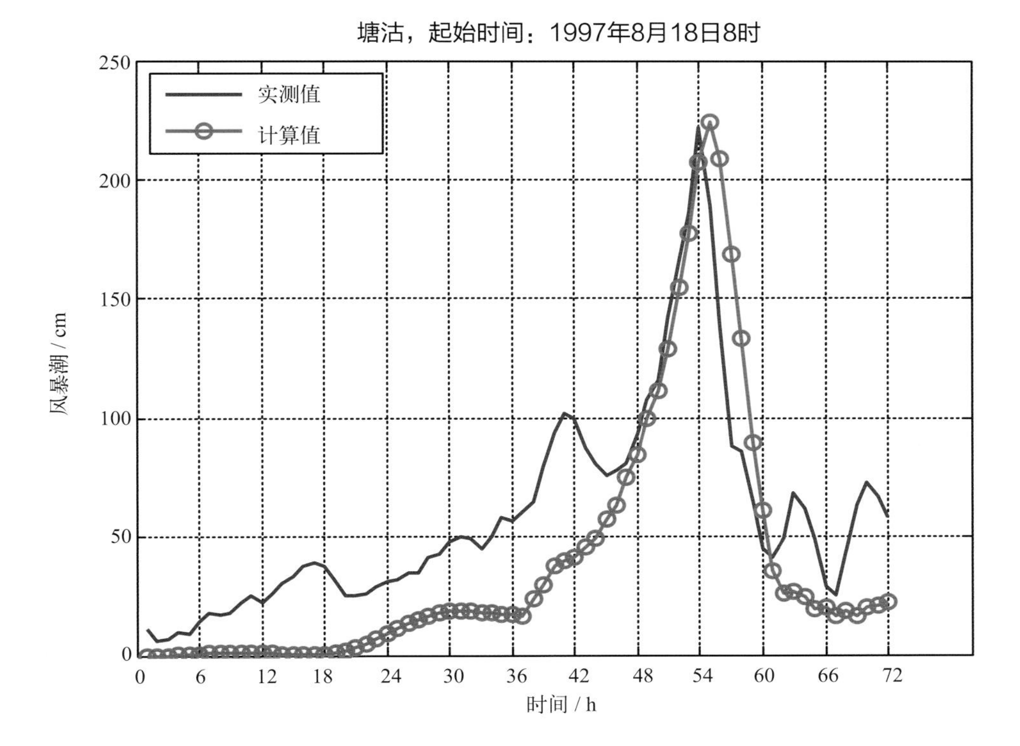

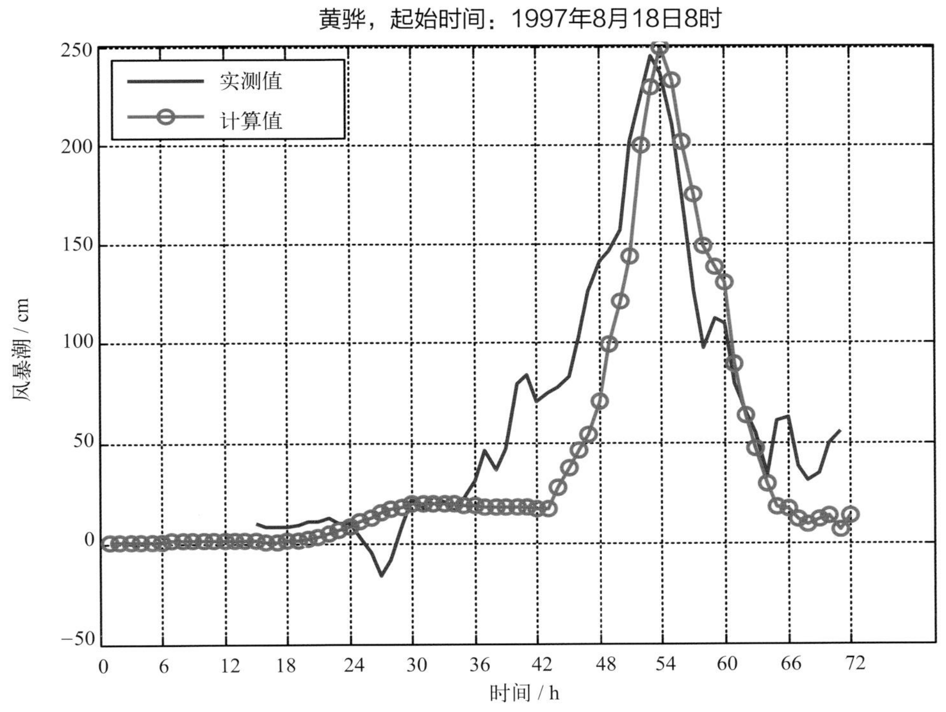

图5.20　9711号台风期间塘沽、黄骅风暴潮实测与计算值对比

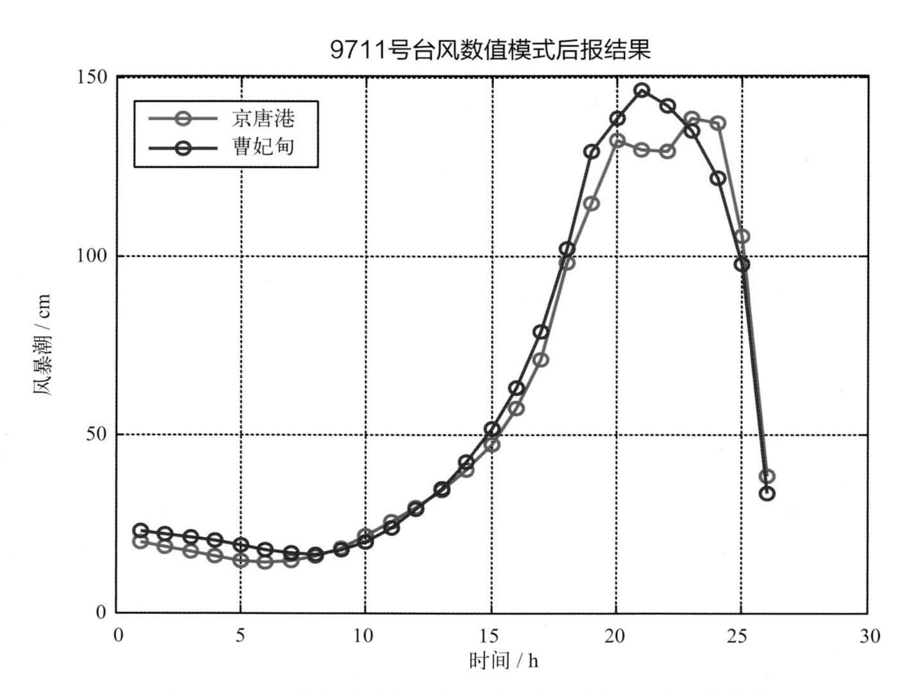

图5.21　9711号台风路径下京唐港、曹妃甸增水过程计算值

5）0509号台风风暴潮过程模拟

0509号热带风暴“麦莎”于2005年7月31日20时在西北太平洋上生成，8月3日2时加强为台风，其中心位于巴士海峡以东洋面（20.0°N，127.2°E），中心气压为975 hPa，近中心最大风速33 m/s。8月6日凌晨3时40分，台风“麦莎”在浙江玉环县干江镇登陆，登陆时中心气压为950 hPa，近中心最大风速45 m/s。台风登陆后穿过安徽、江苏、山东后进入渤海，并于8月9日7时在辽宁省大连市境内减弱为热带低压（图5.22）。

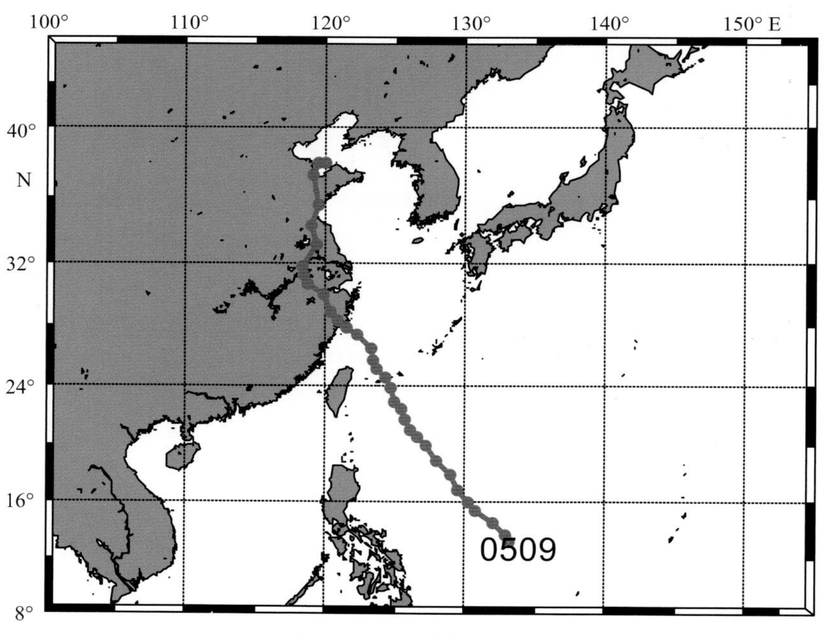

图5.22　0509号台风路径

图5.23～图5.24给出了秦皇岛、京唐港、塘沽、黄骅4个验潮站模式模拟结果与实测值的比较。

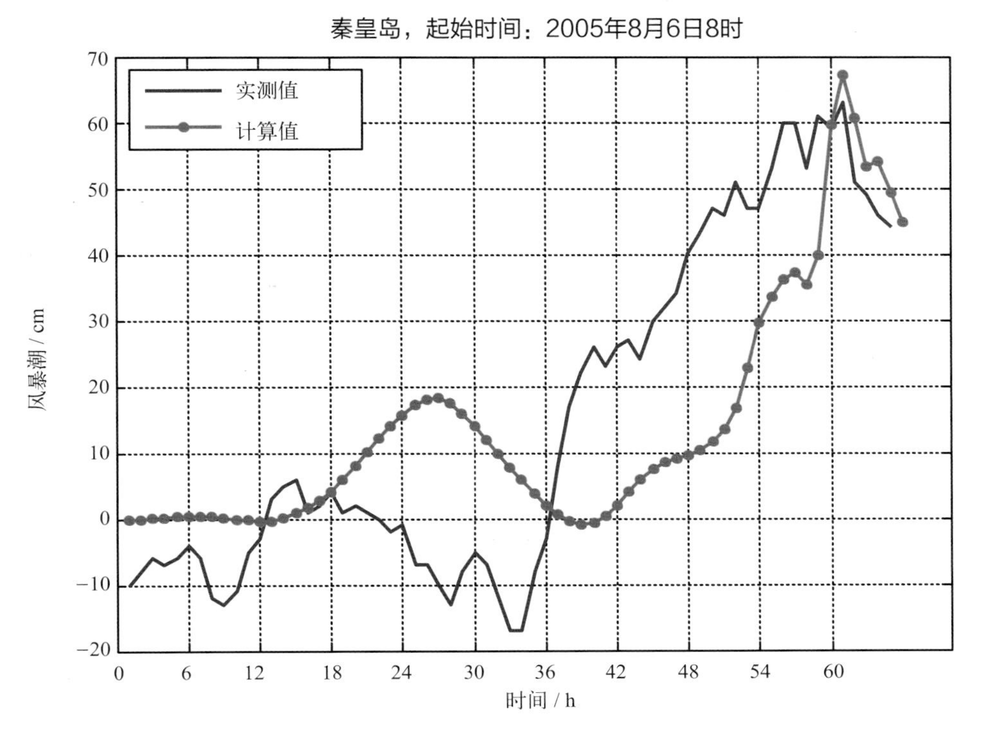

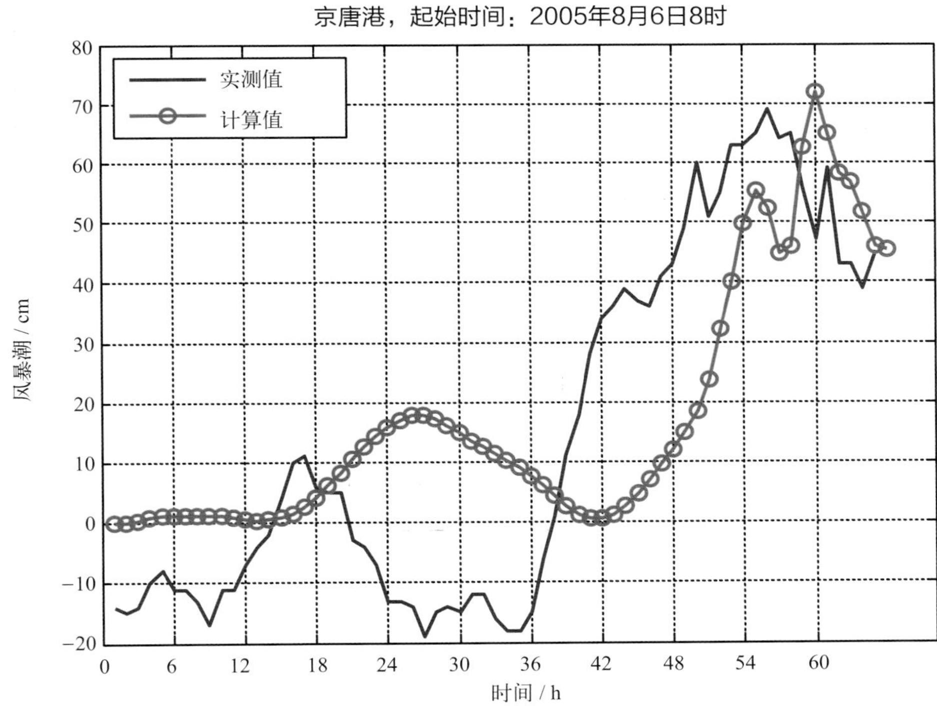

图5.23　0509号台风期间秦皇岛、京唐港风暴潮实测值与计算值对比

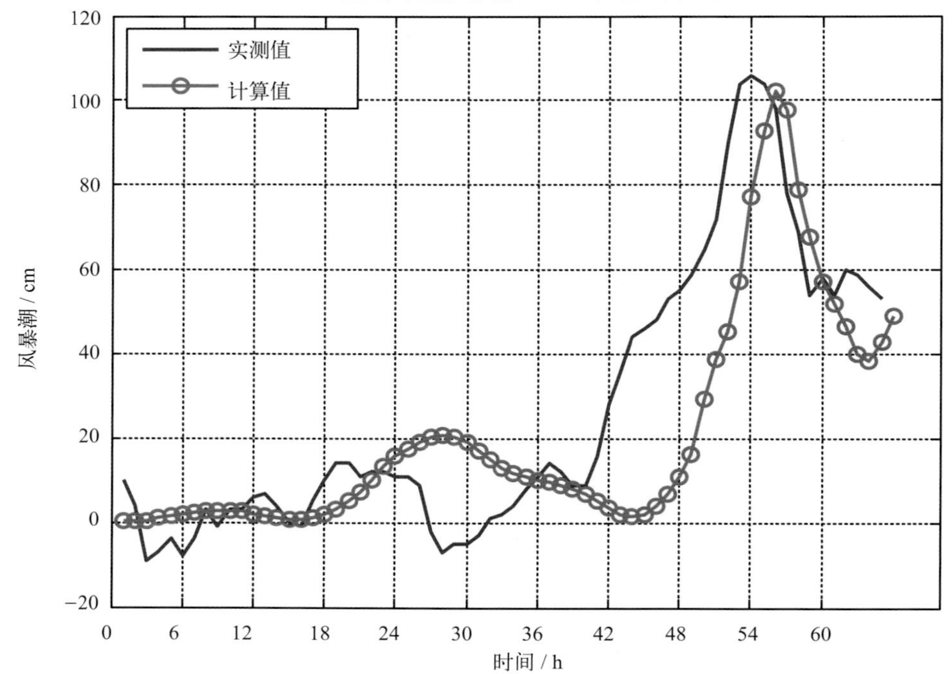

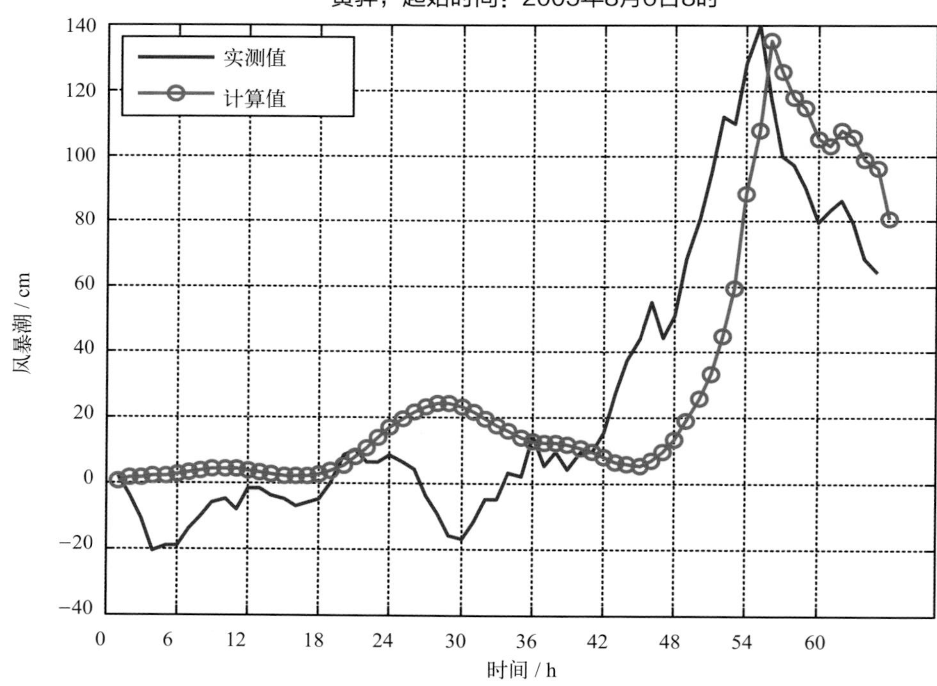

图5.24　0509号台风期间塘沽、黄骅风暴潮实测值与计算值对比

5.2.2　套网格温带风暴潮数值模式的建立与检验

温带风暴潮是指由温带气旋、冷锋的强风作用和气压骤变等强烈的天气系统引起的海面异常升降现象。我国温带风暴潮灾害多发于春秋两季，冬季和夏初也时有发生，风暴增水叠加在天文大潮上往往会造成风暴潮灾害。

我国黄、渤海沿岸春、秋、冬季三季多有温带风暴潮发生，3个温带风暴潮频发区和严重区依次为莱州湾、渤海湾和海州湾沿岸。春秋季节，渤黄海沿岸是冷暖空气频繁交汇的地区，而渤海又属于超浅海，极易于温带风暴潮的发展（图5.25）。

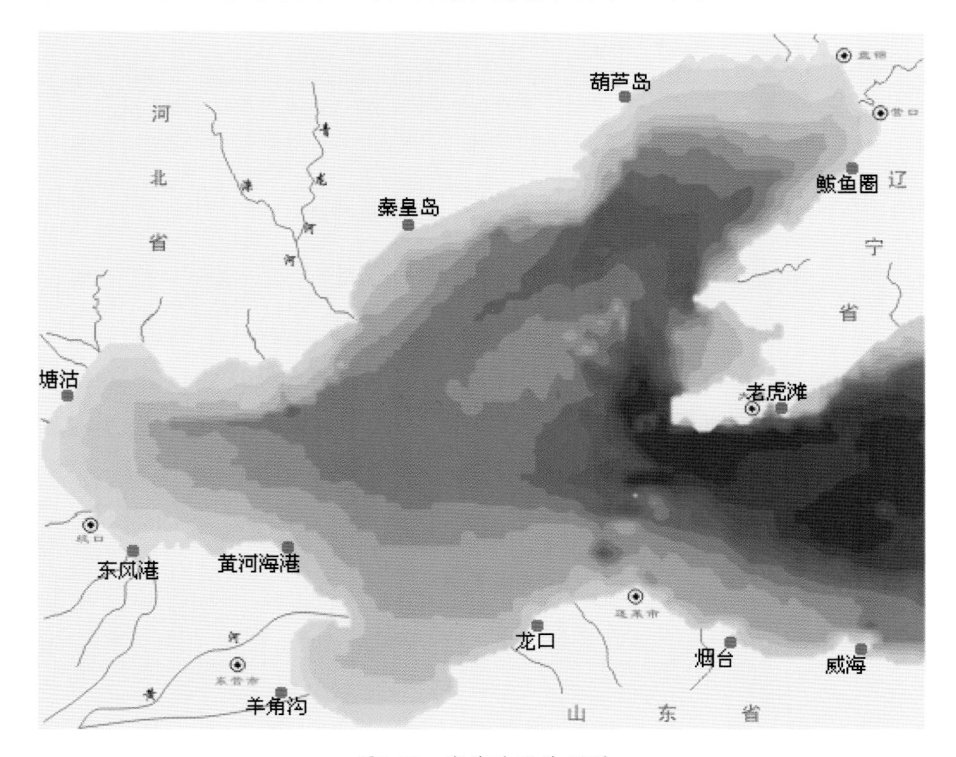

图5.25　渤海地区地形图

温带风暴潮数值模拟，是将数值天气预报和风暴潮数值计算二者结合。它比台风风暴潮数值预报更难，主要是风场预报需要数值化。数值天气预报给出风暴潮数值计算时所需要的海上风场和气压场——即大气强迫力的预报；风暴潮数值预报是在给定的海上风场和气压场强迫力的作用下、在适定的边界条件和初始条件下去数值求解风暴潮的基本方程组，从而给出风暴潮位和风暴潮流的时空分布，其中包括了特别具有实际预报意义的岸边风暴潮位的分布和随时间变化的风暴潮位过程曲线。

2003年10月11—12日受温带强天气系统的影响，渤海湾、莱州湾沿岸发生了近10年来最强的一次温带风暴潮。此次温带风暴潮来势猛、强度大、持续时间长，成灾严重。这是一次发生在我国北方地区的典型温带风暴潮灾过程。

5.2.2.1　温带风暴潮模式

在“十五”期间，国家海洋环境预报中心在国家“十五”科技攻关重点项目“海洋环境预报及减灾技术”的支持下，建立了覆盖中国海的温带风暴潮数值预报模型，该模型已经于2004年1月1日正式在国家海洋环境预报中心业务化运行，每天自动化运行两次，分别进行两次72小时的预报，预报结果可以在国家海洋环境预报中心网站http://www.nmefc.cn上查询到，该模型是我国目前温带风暴潮预警报的基础模型。

温带风暴潮模型在球坐标系下，控制风暴潮运动的深度平均流方程可以写成如下形式：

$$\frac{\partial \zeta}{\partial t}+\frac{1}{R\cos\varphi}\left(\frac{\partial(Du)}{\partial\theta}+\frac{\partial(Dv\cos\varphi)}{\partial\varphi}\right)=0 \tag{5.17}$$

$$\frac{\partial u}{\partial t}+\frac{u}{R\cos\varphi}\frac{\partial u}{\partial\theta}+\frac{v}{R}\frac{\partial u}{\partial\varphi}-\frac{uv\tan\varphi}{R}-fv=-\frac{g}{R\cos\varphi}\frac{\partial\zeta}{\partial\theta}-\frac{1}{\rho R\cos\varphi}\frac{\partial p_a}{\partial\theta}+\frac{1}{\rho D}(F_s-F_b) \tag{5.18}$$

$$\frac{\partial v}{\partial t}+\frac{u}{R\cos\varphi}\frac{\partial v}{\partial\theta}+\frac{v}{R}\frac{\partial v}{\partial\varphi}+\frac{u^2\tan\varphi}{R}+fu=-\frac{g}{R}\frac{\partial\zeta}{\partial\varphi}-\frac{1}{\rho R}\frac{\partial p_a}{\partial\varphi}+\frac{1}{\rho D}(G_s-G_b) \tag{5.19}$$

式中，t 代表时间；θ, φ 分别代表经度和纬度；ζ 代表从平均海平面起算的水位高度；u, v 代表深度平均流的经向和纬向分量；F_s, G_s 代表海表面风应力的经向和纬向分量；F_b, G_b 代表海底摩擦应力的经向纬向分量；P_a 代表海表面的大气压力；D 代表总水深；ρ 代表海水密度，假定为均匀的；R 代表地球半径；g 代表重力加速度；f 代表Coriolis参数（$f=2\omega\sin\varphi$）。

海底摩擦力 $\vec{\tau}_b$ 和海面风应力 $\vec{\tau}_s$ 取如下形式，海底摩擦力 $\vec{\tau}_b$ 与深度平均流的关系, 采用二次平方律：

$$\vec{\tau}_b=k\rho\vec{V}|\vec{V}|$$

式中，k为摩擦力系数，计算时取$k=2.6\times10^{-3}$。海面风应力 $\vec{\tau}_s$ 与海面风V的关系, 也采用二次平方律：

$$\vec{\tau}_s=C_D\rho_a\vec{W}|\vec{W}|$$

式中，ρ_a是空气密度，C_D是风曳力系数。

$$C_D=(0.80+0.065\times|\vec{W}|)\times10^{-3}$$

5.2.2.2 差分方法

模式采用有限差分方法求解方程，网格为Arakawa C 型网格（如图5.26所示），采用前差–后差半隐式差分格式求解方程 (5.17)、方程(5.18)、方程(5.19)，为了使模式的稳定性增强，摩擦项采用隐式。差分方程如下。

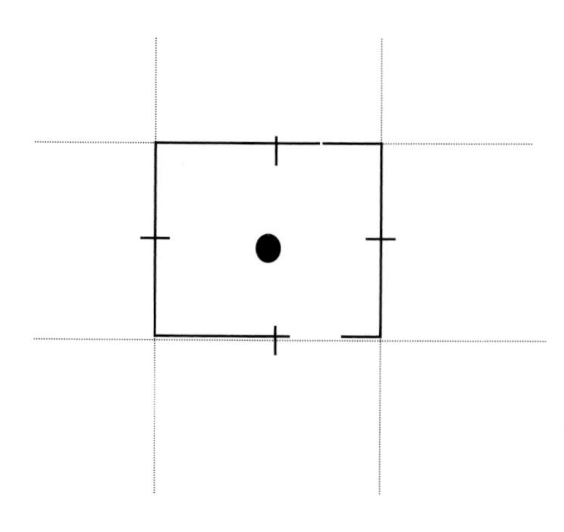

图5.26 Arakawa C型网格

连续方程：

$$\frac{\zeta_{i,j}^{t+\Delta t}-\zeta_{i,j}^{t}}{\Delta t}=\frac{1}{R\cos\varphi\Delta\lambda}(Du_{i,j}^{t}u_{i,j}^{t}-Du_{i-1,j}^{t}u_{i-1,j}^{t})-\frac{1}{R\cos\varphi\Delta\varphi}(Dv_{i,j-1}^{t}\cos\varphi v_{i,j-1}^{t}-Dv_{i,j}^{t}\cos\varphi v_{i,j}^{t}) \tag{5.20}$$

式中，$Du_{i,j}^{t}=0.5(D_{i,j}^{t}+D_{i+1,j}^{t})$是 t 时刻$u_{i,j}$点的总水深；$Dv_{i,j}^{t}=0.5(D_{i,j}^{t}+D_{i,j-1}^{t})$是 t 时刻$v_{i,j}$点的总水深。

运动方程：

$$\begin{aligned}&\frac{u_{i,j}^{t+\Delta t}-u_{i,j}^{t}}{\Delta t}+2\omega\sin\varphi v_{i,j}^{t}+\frac{1}{4R\cos\varphi\Delta\lambda}[(u_{i+1,j}^{t})-(u_{i-1,j}^{t})]+\\&\frac{1}{4R\Delta\varphi}[(v_{i,j-1}^{t}+v_{i+1,j-t+1}^{t})(u_{i,j-1}^{t}-u_{i,j}^{t})+(v_{i,j}^{t}+v_{i+1,j}^{t})(u_{i,j}^{t}-u_{i,j-1}^{t})]\\&=\frac{g}{R\cos\varphi\Delta\lambda}(\zeta_{i+1,j}^{t+\Delta t}-\zeta_{i,j}^{t+\Delta t})-\frac{R}{Du_{i,j}^{t}}u_{i,j}^{t+\Delta t}\sqrt{(u_{i,j}^{t})^{2}+(v_{i,j}^{t})^{2}}+\\&\frac{1}{\rho}\left(-P_{i,j}^{t}+\frac{F_{i,j}^{t}}{Du_{i,j}^{t}}\right)\end{aligned} \tag{5.21}$$

$$\begin{aligned}&\frac{v_{i,j}^{t+\Delta t}-v_{i,j}^{t}}{\Delta t}+2\omega\sin\varphi u_{i,j}^{t}+\frac{1}{4R\Delta\varphi}[(v_{i,j-1}^{t})^{2}-(v_{i,j+1}^{t})^{2}]+\\&\frac{g}{4R\cos\varphi\Delta\lambda}[(u_{i,j}^{t}+u_{i,j+1}^{t})(v_{i+1,j}^{t}-v_{i,j}^{t})+(u_{i-1,j}^{t}+u_{i-1,j+1}^{t})(v_{i,j}^{t}-v_{i-1,j}^{t})]\\&=\frac{1}{R\Delta\varphi}(\zeta_{i,j}^{t+\Delta t}-\zeta_{i,j}^{t})-\frac{k}{Dv_{i,j}^{t}}v_{i,j}^{t+\Delta t}\sqrt{(\bar{u}_{i,j}^{t})^{2}+(v_{i,j}^{t})^{2}}+\frac{1}{\rho}\left(-Q_{i,j}^{t}+\frac{G_{i,j}^{t}}{Dv_{i,j}^{t}}\right)\end{aligned} \tag{5.22}$$

式中，$\bar{u}_{i,j}^{t}=0.25\,(u_{i-1,j}^{t}+u_{i,j}^{t}+u_{i-1,j+1}^{t}+u_{i,j+1}^{t})$]是 t 时刻$v_{i,j}$点处 u 的平均值；

$\tilde{v}_{i,j}^{t}=0.25\,(v_{i,j-1}^{t}+v_{i,j}^{t}+v_{i+1,j-1}^{t}+v_{i+1,j}^{t})$]是 t 时刻$u_{i,j}$点处 v 的平均值；

$P_{i,j}^{t}=\dfrac{1}{R\cos\varphi}\dfrac{\partial P_a}{\partial\lambda}$是 t 时刻$u_{i,j}$处的大气气压梯度力项；

$Q_{i,j}^{t}=\dfrac{1}{R}\dfrac{\partial P_a}{\partial\varphi}$是 t 时刻$v_{i,j}$处的大气气压梯度力项；

$F_{i,j}^{t}=F_s$是 t 时刻$u_{i,j}$处的风应力项；

$G_{i,j}^{t}=G_s$是 t 时刻$v_{i,j}$处的风应力项。

5.2.2.3 嵌套网格的设计与处理

要提高风暴潮数值模式的计算精度，计算区域必须足够大，最好能与风场的尺度同样大，这样水边界的计算就非常准确。但是，当风暴潮传播到浅水区域，例如，陆架区、河口区、小海湾等区域，海岸形状和海水深度对风暴潮的影响是非常重要的，所以需要精细的网格来刻画。基于以上的考虑，我们采用计算区域加大，重点区域加细的思想来设计模式的网格分布。因此，我们设计了两重网格系统用于计算河北省附近沿海的温带风暴潮。如表5.3所示，整个计算区域分为两个子区域，每个区域采用不同的时间步长和空间步长。图5.27表示的是此次计算所选用的嵌套计算区域，图中大的子区域为唐山地区的风暴潮漫滩计算小区，小的子区域为黄骅地区的风暴潮漫滩计算小区，整个图示为大的温带风暴潮计算区域。鉴于唐山地区的风暴潮危害程度较低，本文只针对黄骅地区进行讨论。

表5.3　黄骅地区风暴潮数值模式的格点系统配置

区域	第一套网格	第二套网格
时间步长	60 s	6 s
空间步长	1/30°，约3.67 km	0.001°，约0.1 km
格点数	360 × 420，16 000	886 × 404，357 944
经度范围	117°—129°E	117.028 2°—118.090 8°E
纬度范围	27°—41°N	38.184 1°—38.668 3°N
陆边界	刚壁边界	刚壁边界
水边界	静压边界	从第一套网格内插

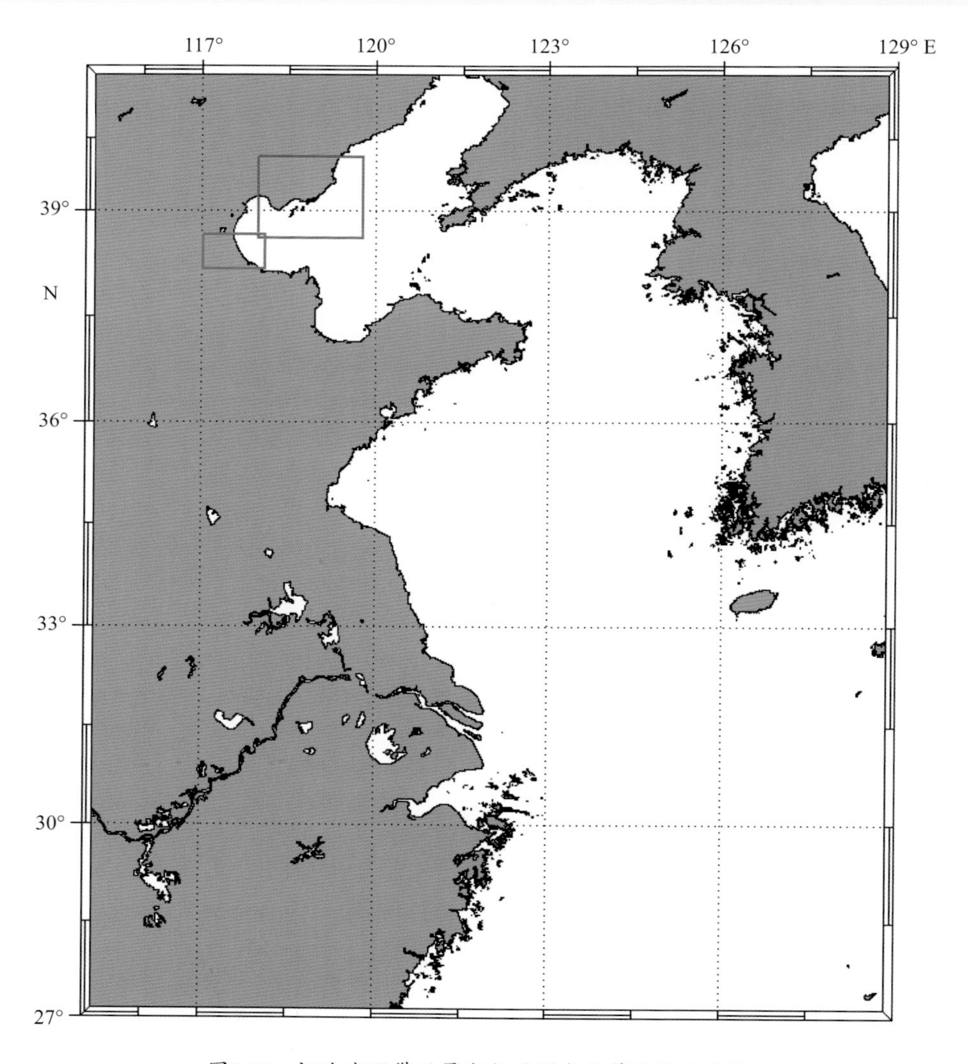

图5.27　河北省温带风暴潮数值模式计算区域示意图

第一套网格（粗网格）的初始条件为：

$$\zeta = u = v = 0 \text{ 当} t = 0\text{时}$$

海岸边界条件为：

$$V_n = 0$$

式中，V_n为岸边界的法向深度平均流流速。水边界取为静压边界条件：

$$\zeta = \frac{10}{\rho_w g}(p_\infty - p_a)$$

式中，ζ是以海平面起算的水位高度（m），ρ_w是海水密度，$p_\infty = 1\ 008$ hPa 是外围气压。

5.2.2.4 温带天气系统气压场和风场的选取与计算

温带风暴潮模式计算必须给出格点的气压值和风应力值，模式计算结果的精度，在很大程度上要依赖于气压场和风场模式的好坏。项目组在对温带风暴潮模式进行验证时，为其匹配了不同处理方法得到的温带天气系统气压场和风场，主要是分为3类：

（1）用数字化仪将地面天气图数字化后，得到不规则分布的地面气压值，用气象上常用的客观分析方法（多项式法和逐步订正法），将数字化后的不规则分布的地面气压值差分计算到格点上。标准时次格点化的气压场，在时间方向插值，得到逐个计算时的气压场。由上述客观分析后的地面气压值，采用地转风公式计算各个格点上的地转风。然后再采用国家海洋环境预报中心的业务模式“海上风边界层模式”，由上两式算出的地转风来计算海上10 m处的风向、风速。

（2）风场取自欧洲预报中心（ECMWF）的20年再分析风场。再分析风场是把世界上所有能够收集到的资料输入到数值模式中，结合同化技术，通过模式计算得出一个最接近历史大气层运动真实状态的最优风场。

（3）风场来自国家海洋环境中心业务化高分辨率的有限区域中尺度数值模式的预报结果，利用其中的四维同化，提供的海面风场数值模拟分析产品。

文中给出的3个模式验证例子是温带风暴潮模式根据以上3类温带天气系统驱动计算所得结果与已有的实测资料的对比，对比结果显示，所建立的温带风暴潮数值预报模型可以满足温带风暴潮的计算，计算结果与实测对比良好。

5.2.2.5 数值模型模拟与检验

1）2007“03.04”特大温带风暴潮模拟

2007年3月3—5日凌晨，受北方强冷空气和黄河气旋的共同影响，渤海湾、莱州湾发生了一次强温带风暴潮过程。图5.28（a）~（j）给出了这次温带风暴潮增水过程的地面气压场的分布、风场分布。从图中可以看出，这次温带增水过程是由冷空气和出海气旋配合引起的。温带天气系统风场的计算采用国家海洋环境预报中心的MM5中尺度数值预报模式的0.1°×0.1°再分析风场资料。图5.29（a）~（f）给出了本次温带风暴潮过程的增水对比情况。

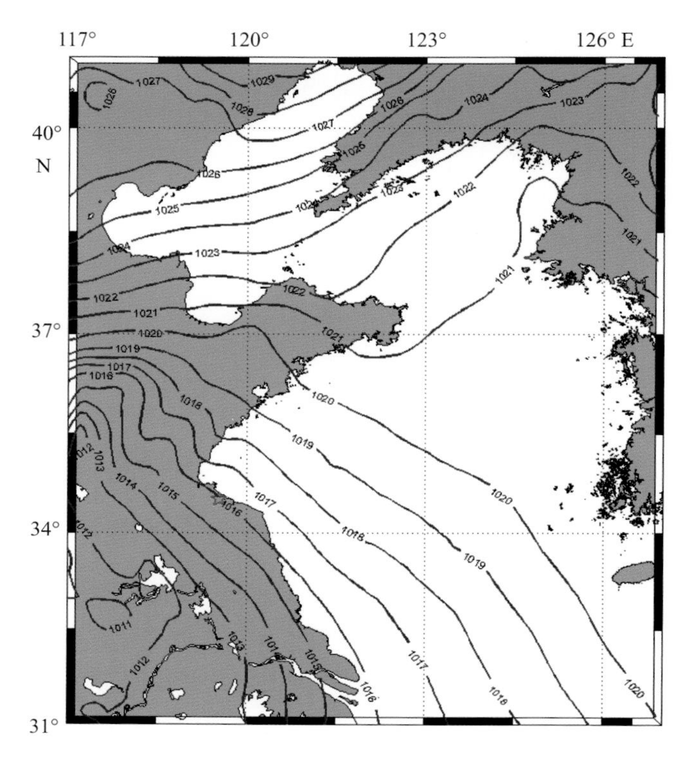

（a）2007年3月3日20时地面气压场分布

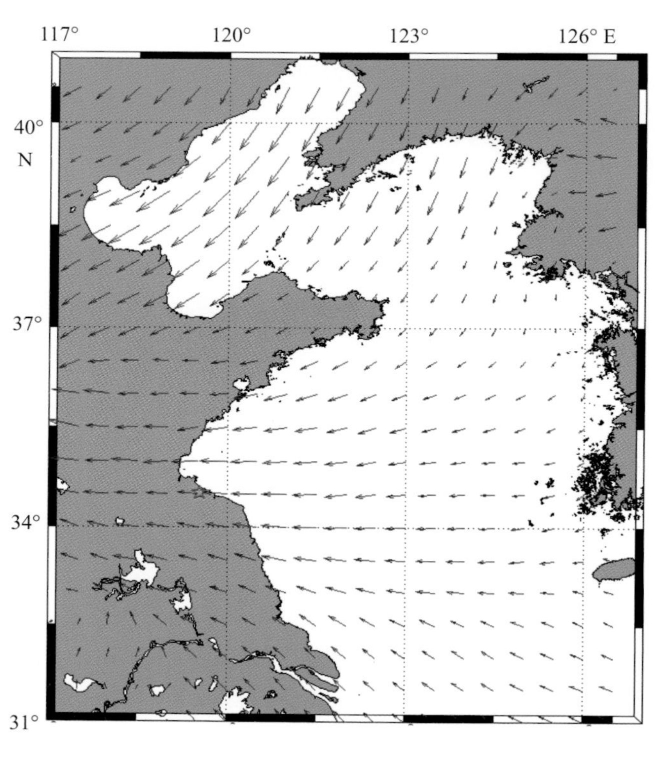

（b）2007年3月3日20时地面风场分布

图5.28　2007“03.04”特大温带风暴潮地面气压场、风场分布（一）

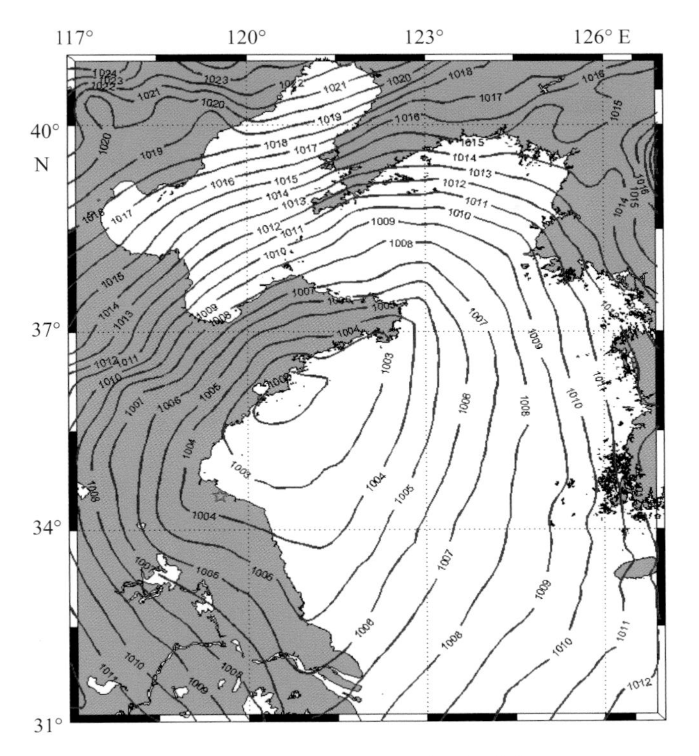

（c）2007年3月4日8时地面气压场分布

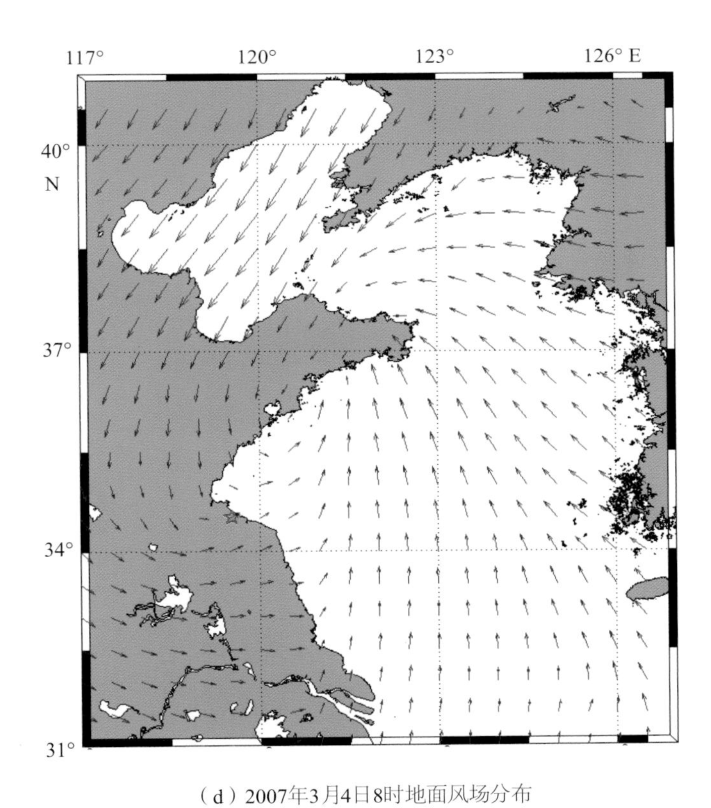

（d）2007年3月4日8时地面风场分布

图5.28　2007“03.04”特大温带风暴潮地面气压场、风场分布（二）

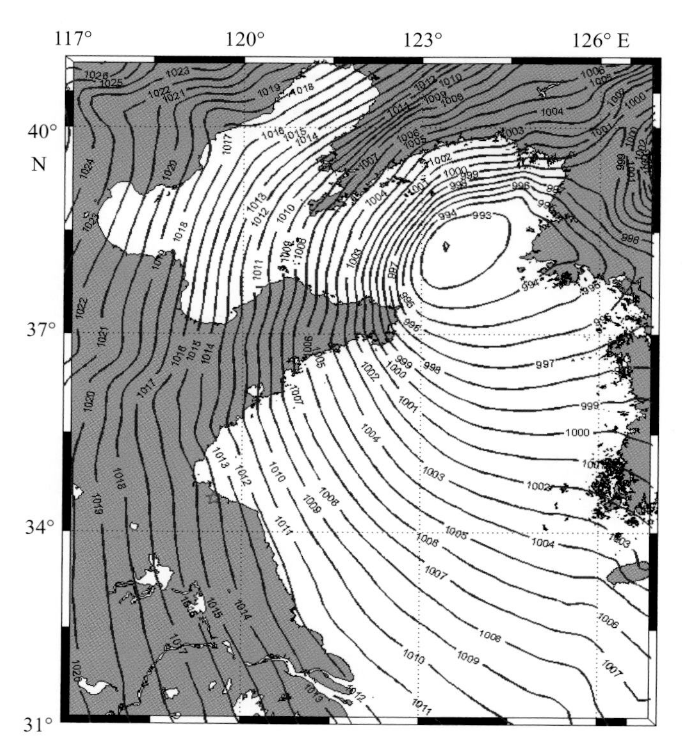

（e）2007年3月4日20时地面气压场分布

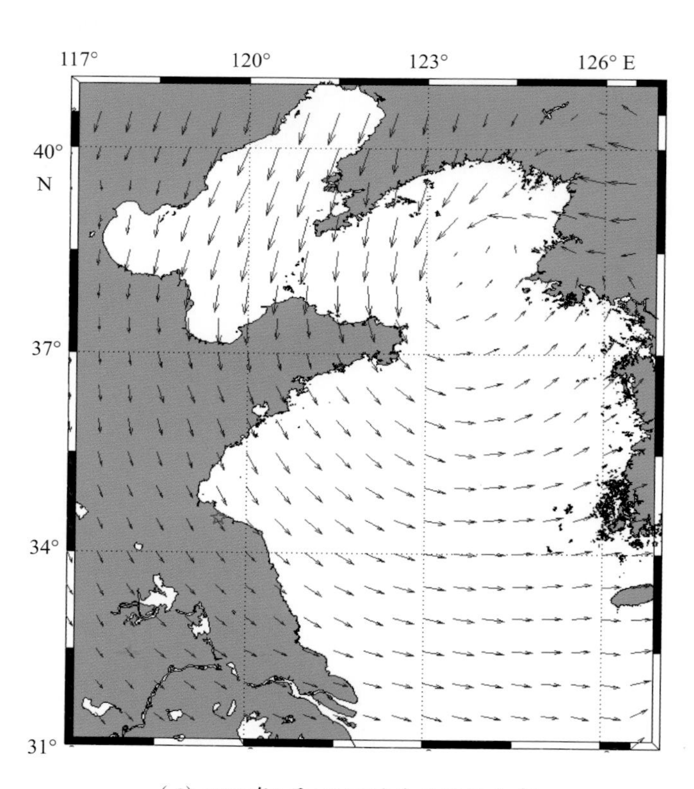

（f）2007年3月4日20时地面风场分布

图5.28　2007“03.04”特大温带风暴潮地面气压场、风场分布（三）

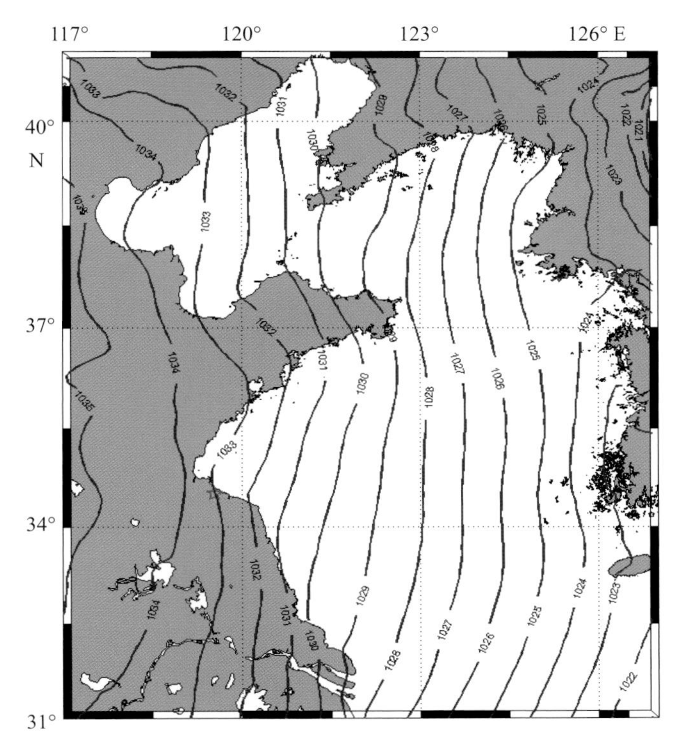

（g）2007年3月5日8时地面气压场分布

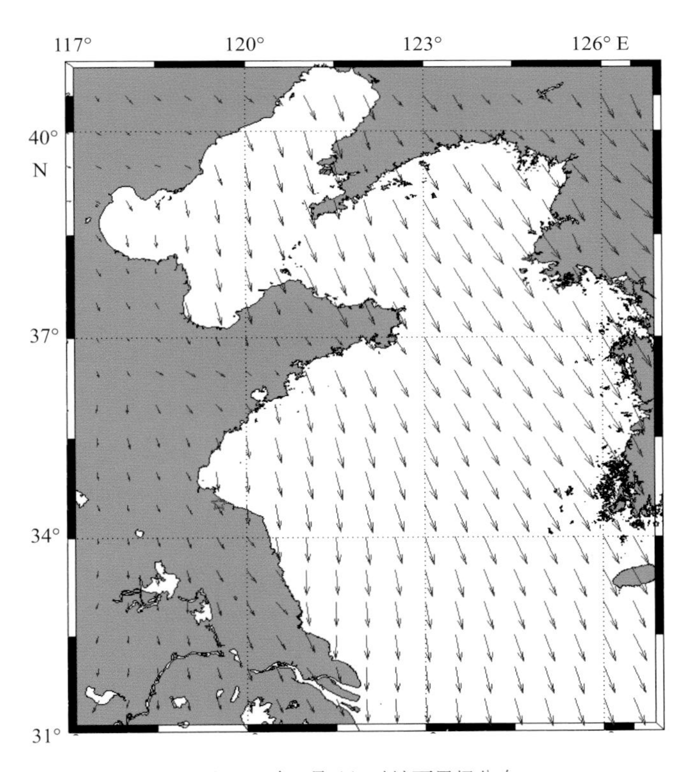

（h）2007年3月5日8时地面风场分布

图5.28　2007“03.04”特大温带风暴潮地面气压场、风场分布（四）

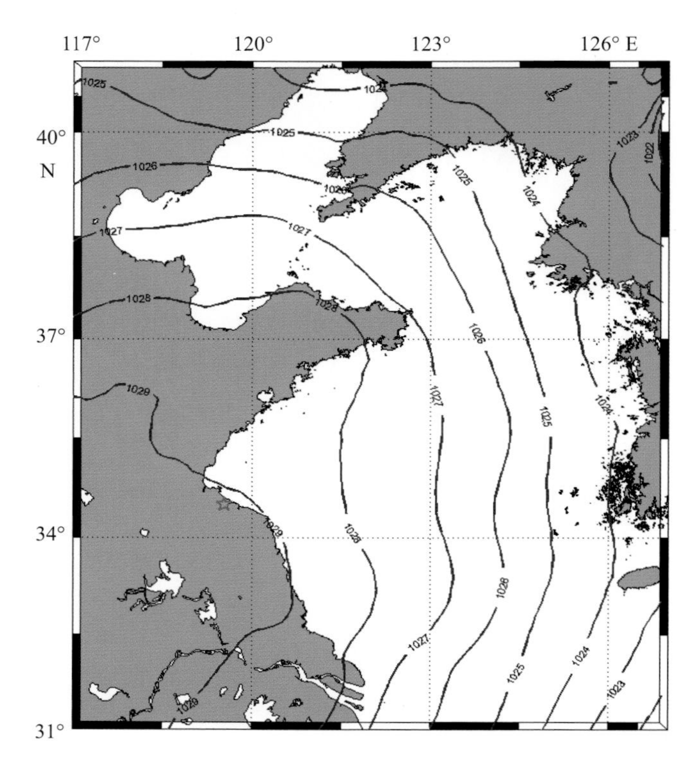

（i）2007年3月5日20时地面气压场分布

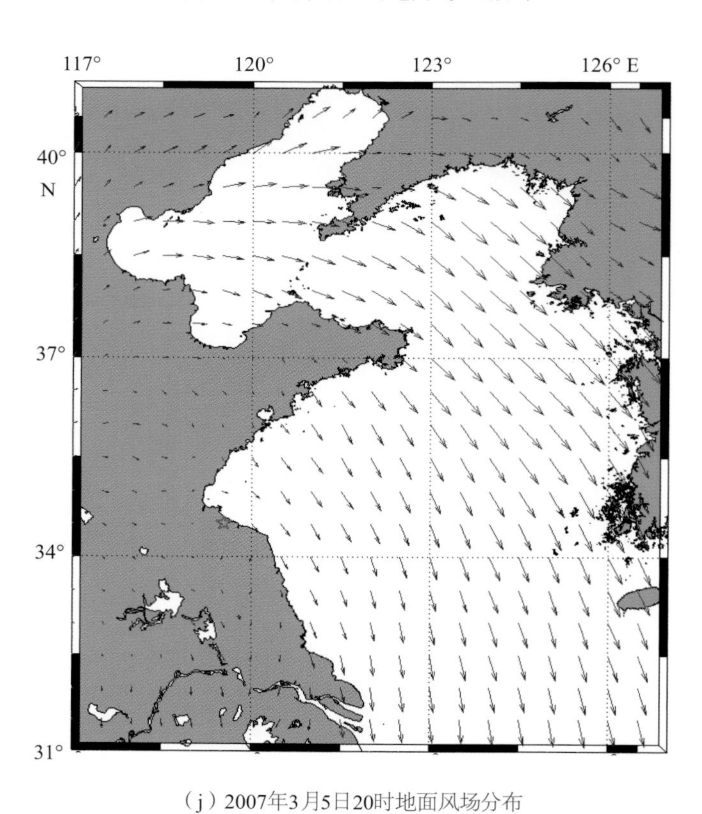

（j）2007年3月5日20时地面风场分布

图5.28　2007“03.04”特大温带风暴潮地面气压场、风场分布（五）

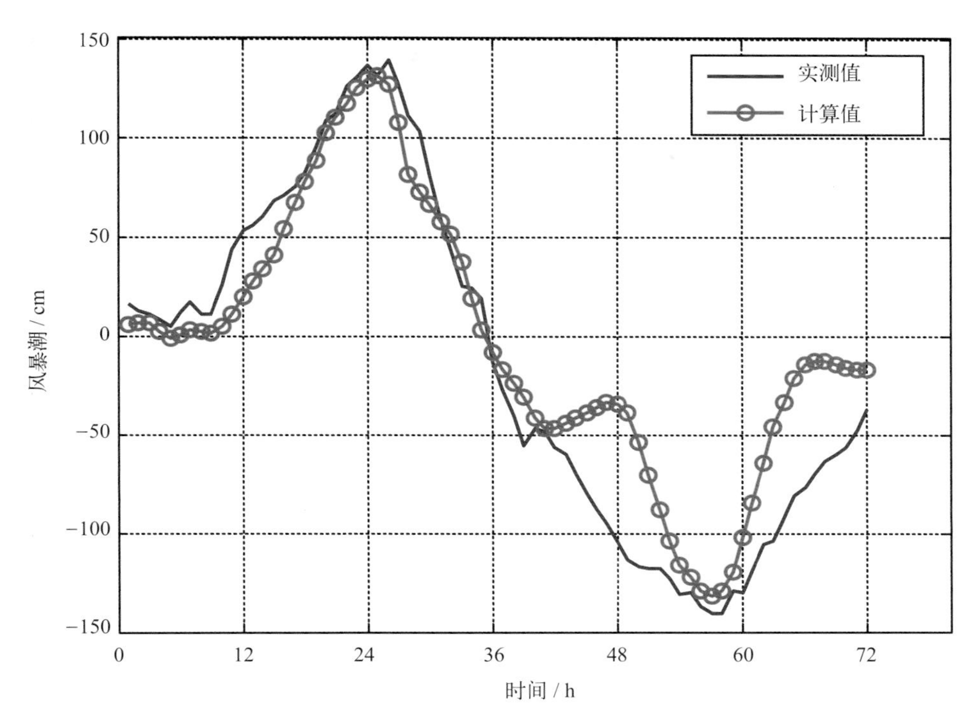

（a）3月3日20时至3月6日20时烟台温带风暴增水计算值与实测值比较
起始时间：2007年3月3日20时

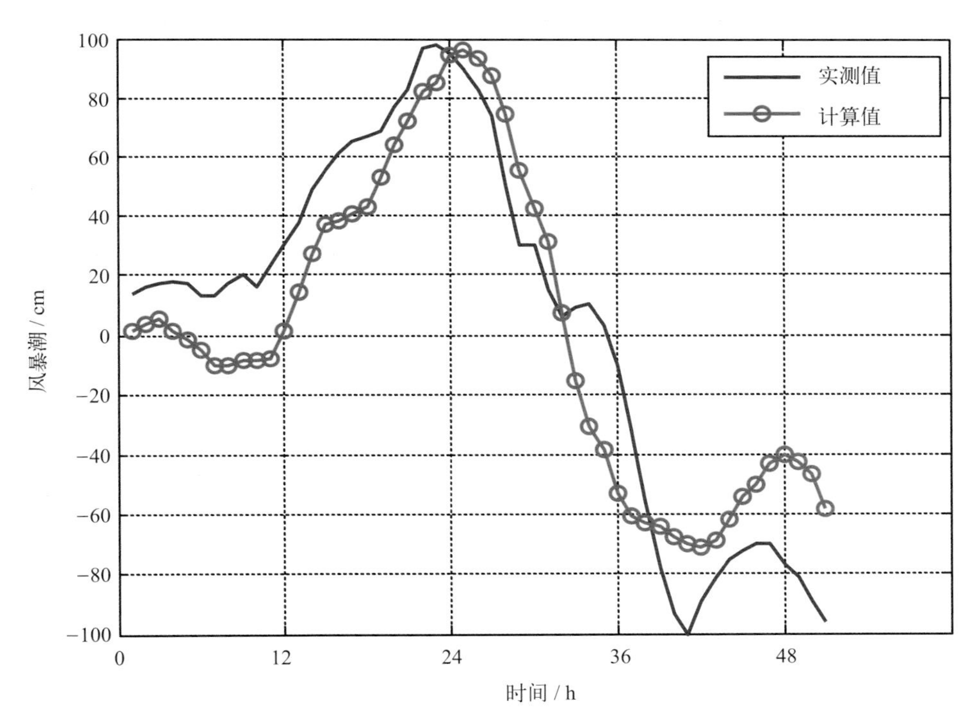

（b）3月3日20时至3月5日23时成山头温带风暴增水计算值与实测值比较
起始时间：2007年3月3日20时

图5.29　2007“03.04”特大温带风暴潮增水计算值、实测值对比（一）

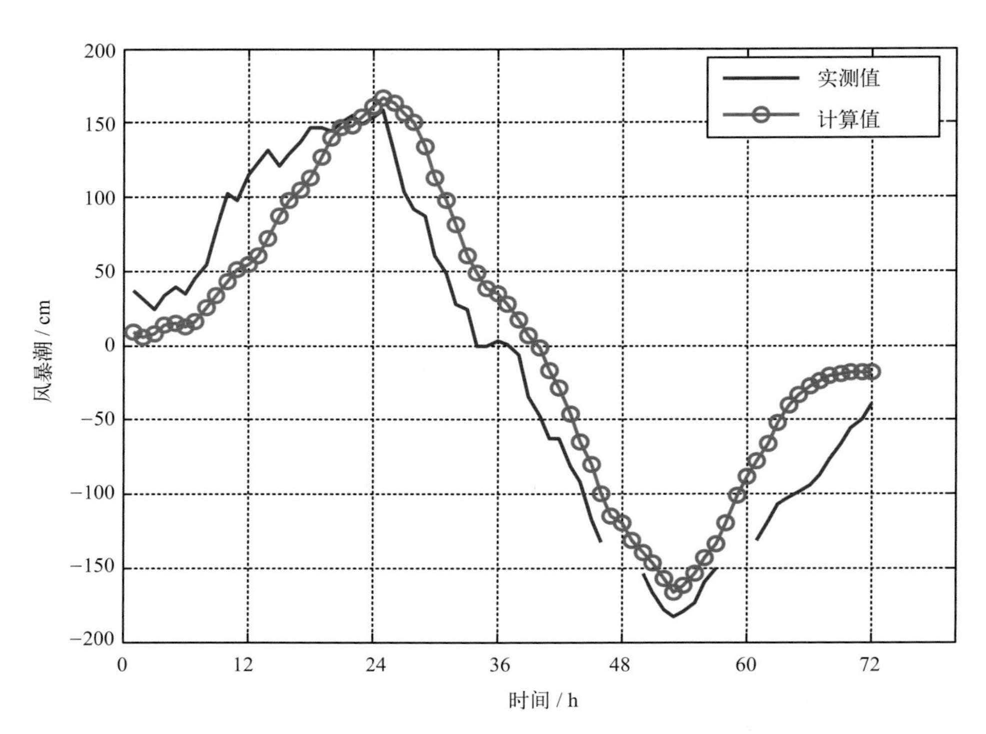

（c）3月3日20时至3月6日20时龙口温带风暴增水计算值与实测值比较
起始时间：2007年3月3日20时

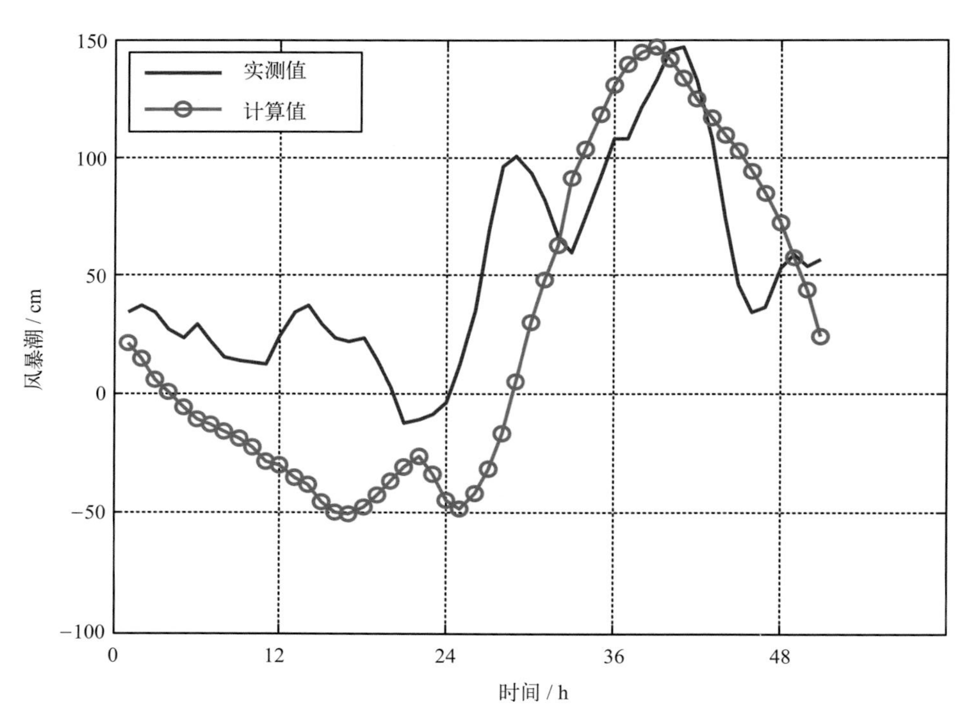

（d）3月3日20时至3月5日23时吕泗温带风暴增水计算值与实测值比较
起始时间：2007年3月3日20时

图5.29　2007“03.04”特大温带风暴潮增水计算值、实测值对比（二）

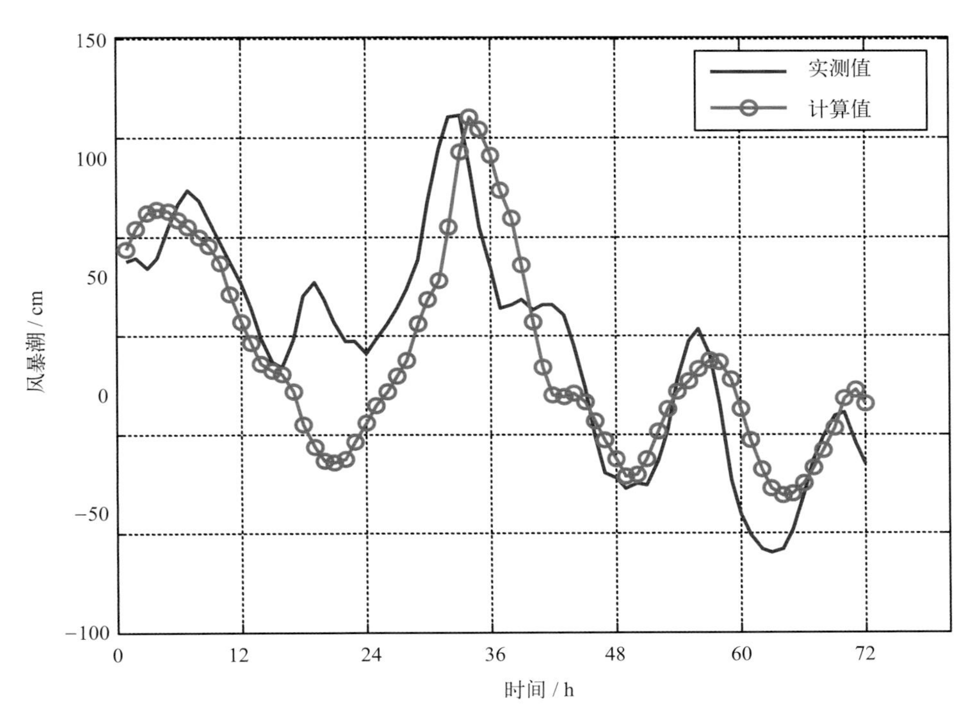

（e）3月3日20时至3月6日20时连云港温带风暴增水计算值与实测值比较
起始时间：2007年3月3日20时

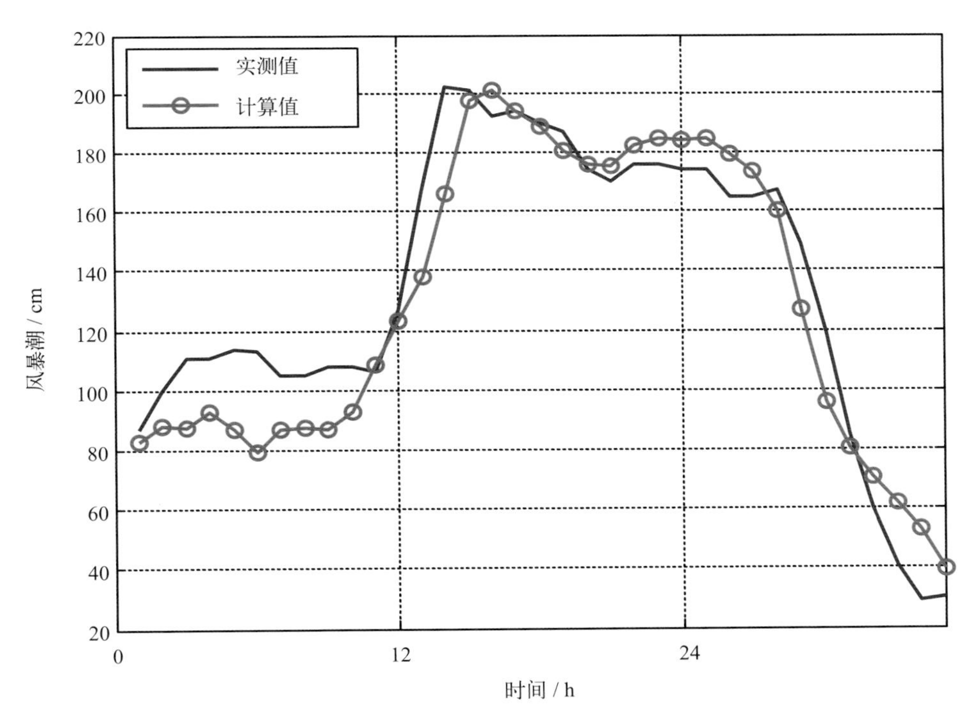

（f）3月3日20时至3月5日19时羊角沟温带风暴增水计算值与实测值比较
起始时间：2007年3月3日20时

图5.29　2007“03.04”特大温带风暴潮增水计算值、实测值对比（三）

2）1994“02.11”温带风暴潮过程模拟

1994年2月11日5时连云港最大增水138 cm，是由孤立温带气旋引起的增水过程。图5.30（a）~（f）给出了这次温带风暴潮增水过程的地面气压场分布和风场分布。图5.31（a）~（c）给出了数值模式计算的增水值与实测值的比较，从图中容易看出两者极为吻合。

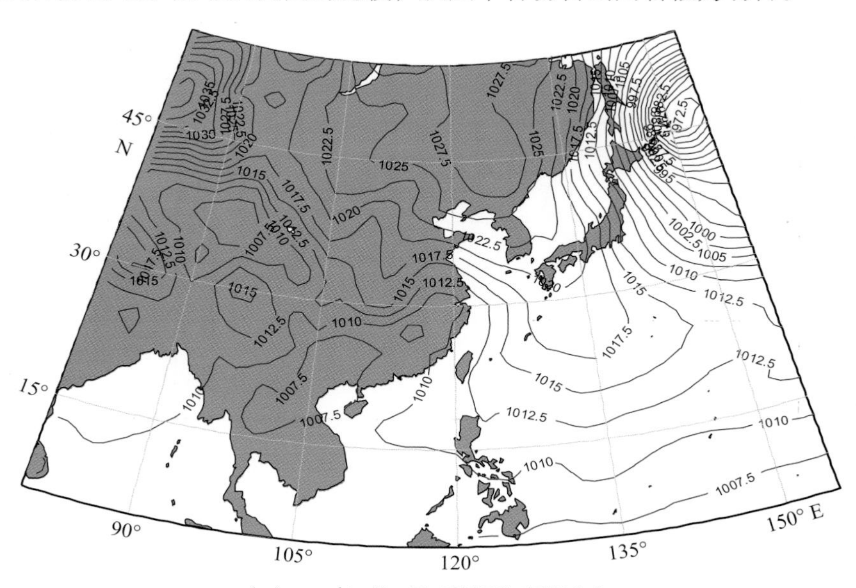

（a）1994年2月11日2时地面气压场分布

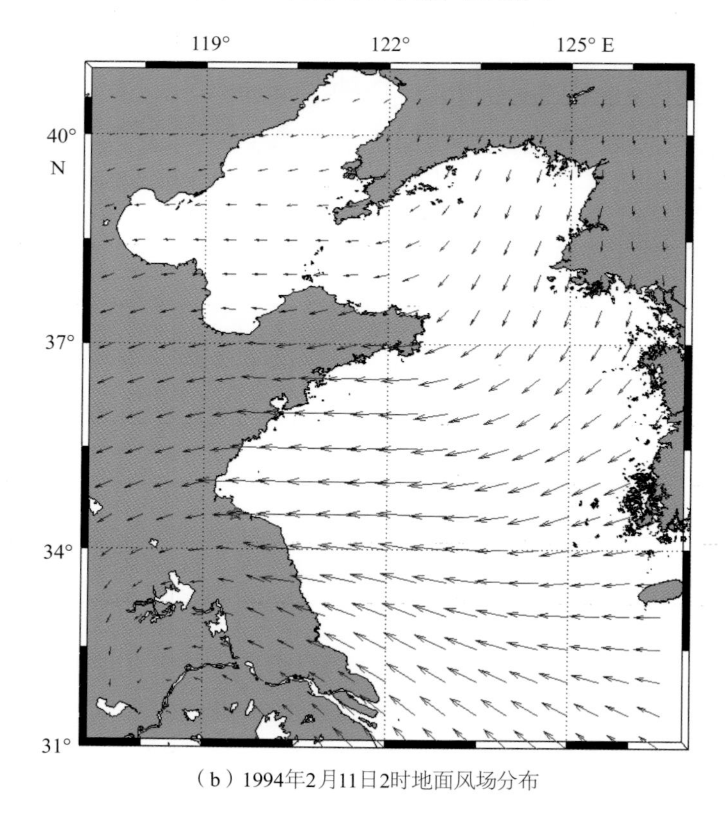

（b）1994年2月11日2时地面风场分布

图5.30　1994“02.11”温带风暴潮地面气压场、风场分布（一）

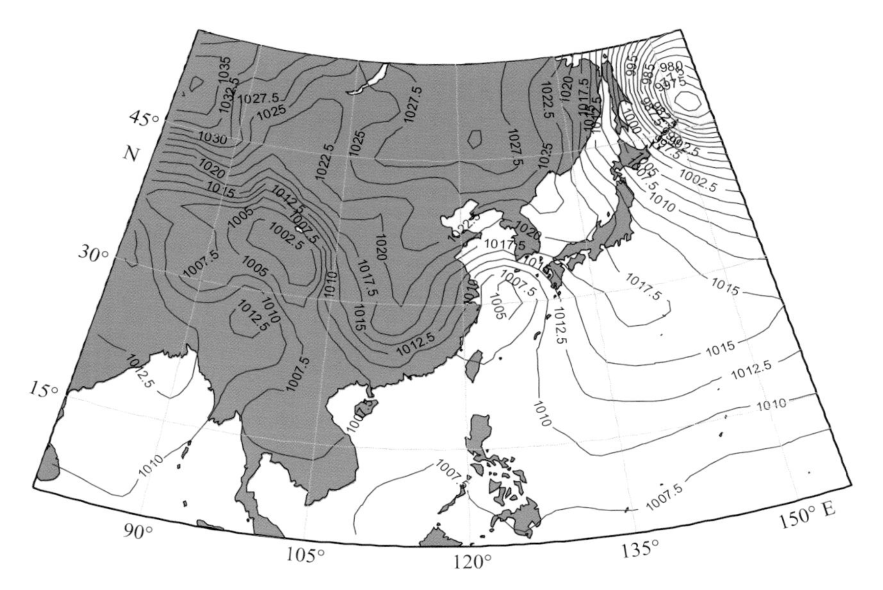

（c）1994年2月11日14时地面气压场分布

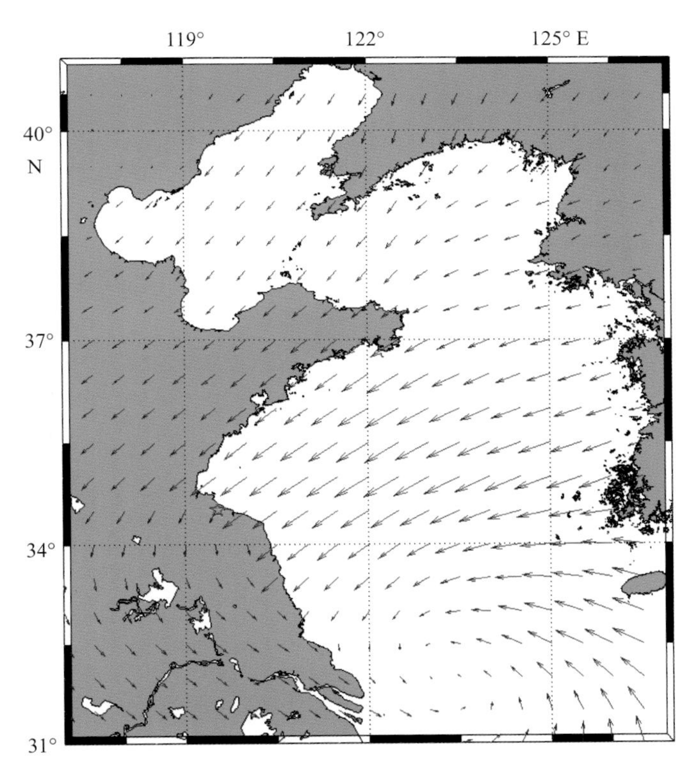

（d）1994年2月11日14时地面风场分布

图5.30　1994“02.11”温带风暴潮地面气压场、风场分布（二）

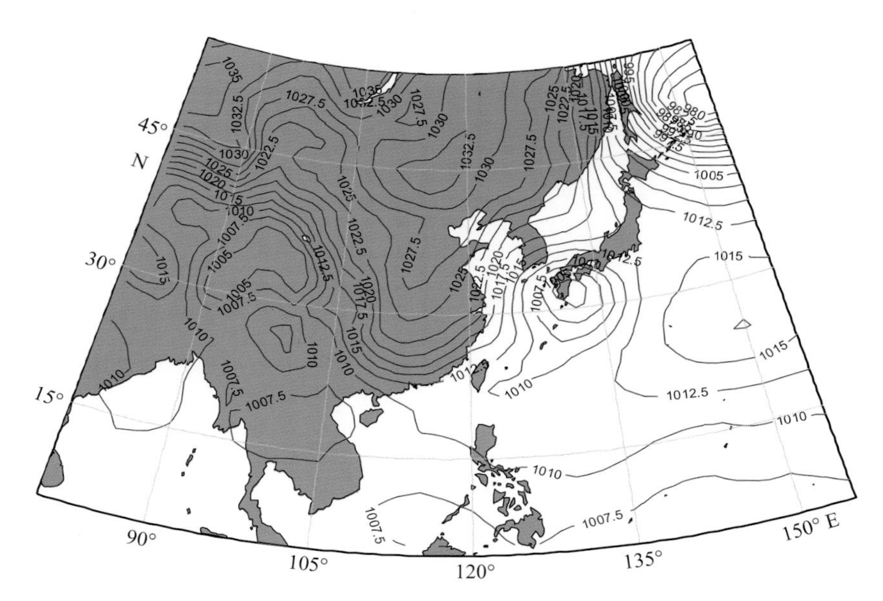

（e）1994年2月12日2时地面气压场分布

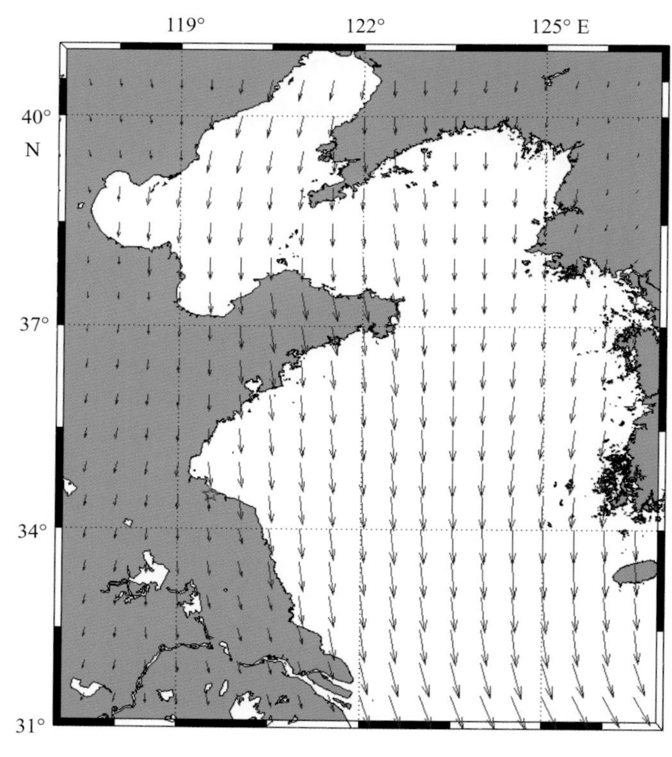

（f）1994年2月12日2时地面风场分布

图5.30　1994“02.11”温带风暴潮地面气压场、风场分布（三）

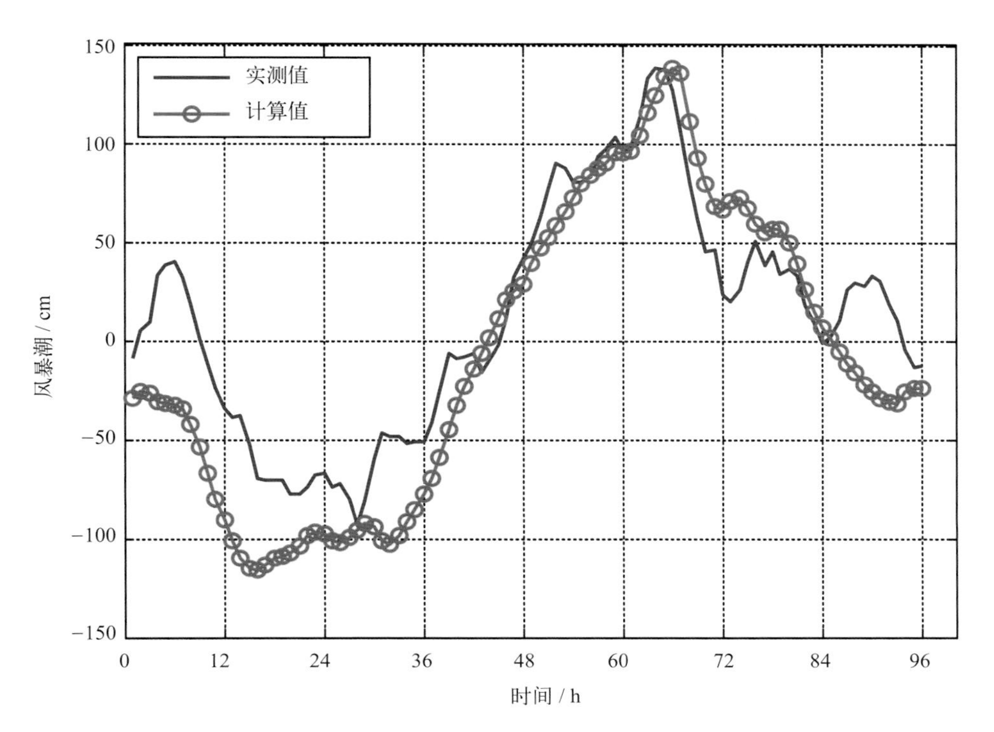

（a）1994年2月7日8时至13日8时连云港温带风暴增水计算值与实测值比较
起始时间：1994年2月7日8时

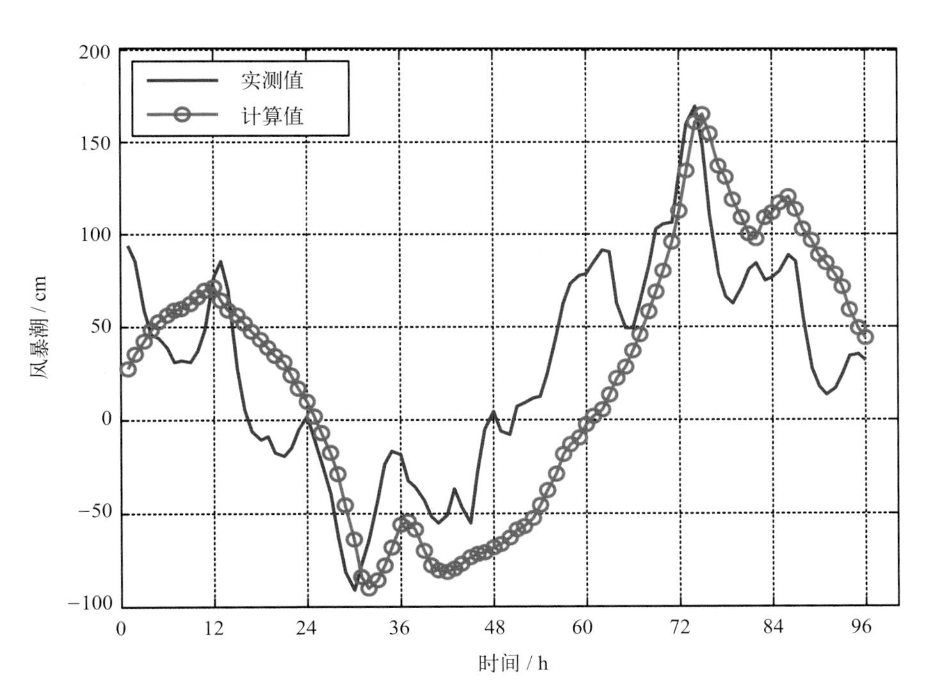

（b）1994年2月7日8时至13日8时吕泗温带风暴增水计算值与实测值比较
起始时间：1994年2月7日8时

图5.31　1994“02.11”温带风暴潮增水计算值、实测值对比（一）

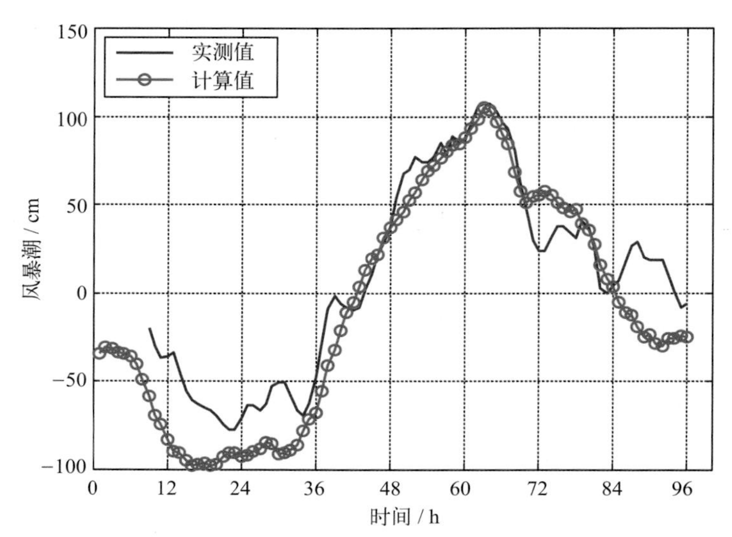

（c）1994年2月7日8时至13日8时石臼所温带风暴增水计算值与实测值比较
起始时间：1994年2月7日8时

图5.31　1994“02.11”温带风暴潮增水计算值、实测值对比（二）

3）2003“10.11”特大温带风暴潮模拟

2003年10月11日受北方强冷空气影响，渤海湾、莱州湾沿岸发生了1992年以来最强的一次温带风暴潮，天津、河北、山东部分地区受灾。此次温带风暴潮塘沽海洋站出现533 cm高潮位（超过当地警戒水位43 cm），最大增水160 cm；河北黄骅港验潮站出现569 cm高潮位，最大增水235 cm。山东羊角沟潮位站出现624 cm高潮位（超过当地警戒水位74 cm），最大增水297 cm。如图5.32（a）～（f）所示。

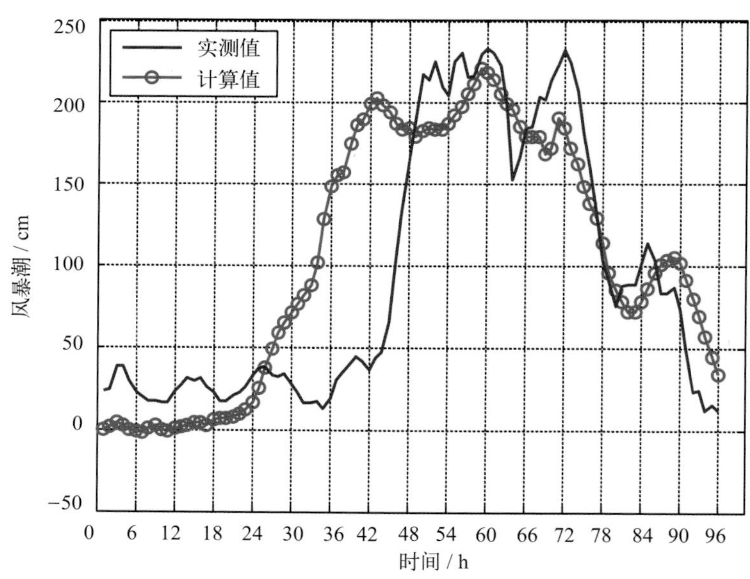

（a）2003年10月9日0时至13日0时黄骅温带风暴增水计算值与实测值比较
起始时间：2003年10月9日0时

图5.32　2003“10.11”特大温带风暴潮计算值、实测值对比（一）

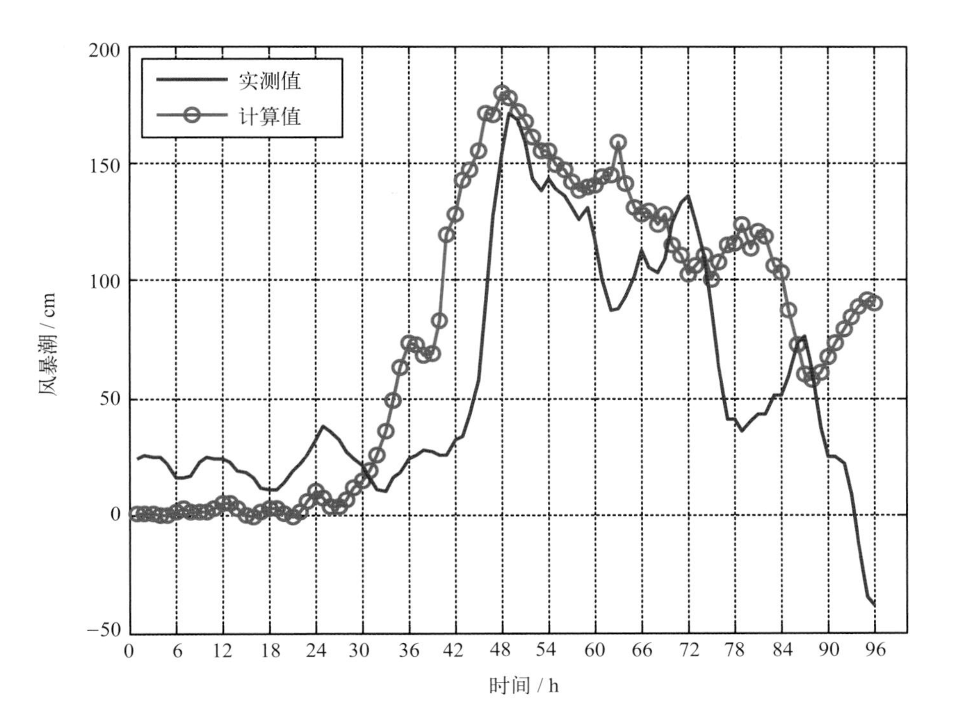

（b）2003年10月9日0时至13日0时塘沽温带风暴增水计算值与实测值比较
起始时间：2003年10月9日0时

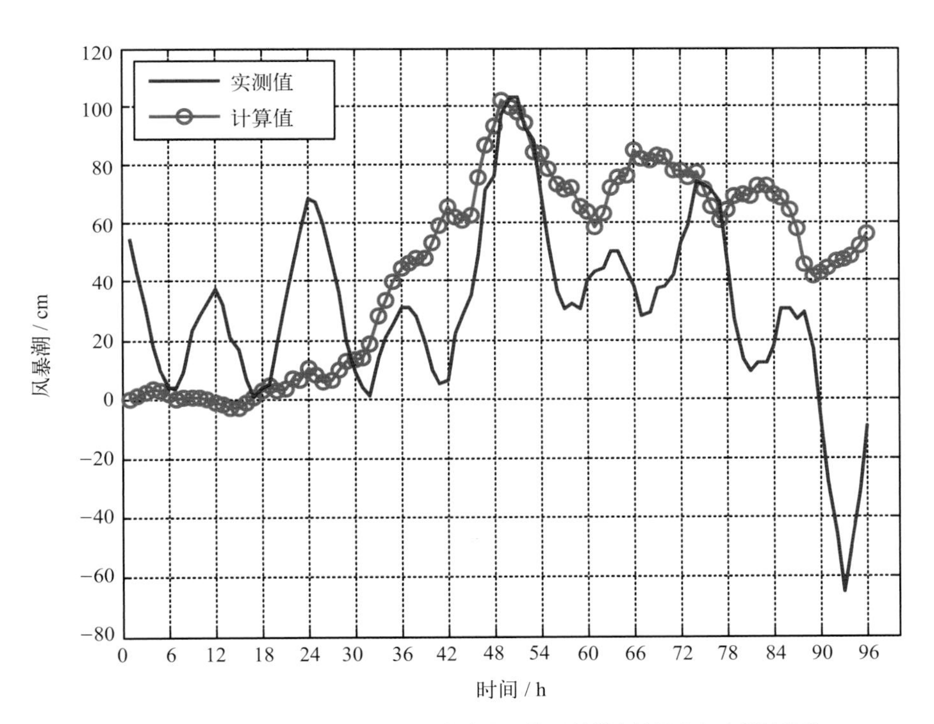

（c）2003年10月9日0时至13日0时京唐港温带风暴增水计算值与实测值比较
起始时间：2003年10月9日0时

图5.32 2003“10.11”特大温带风暴潮计算值、实测值对比（二）

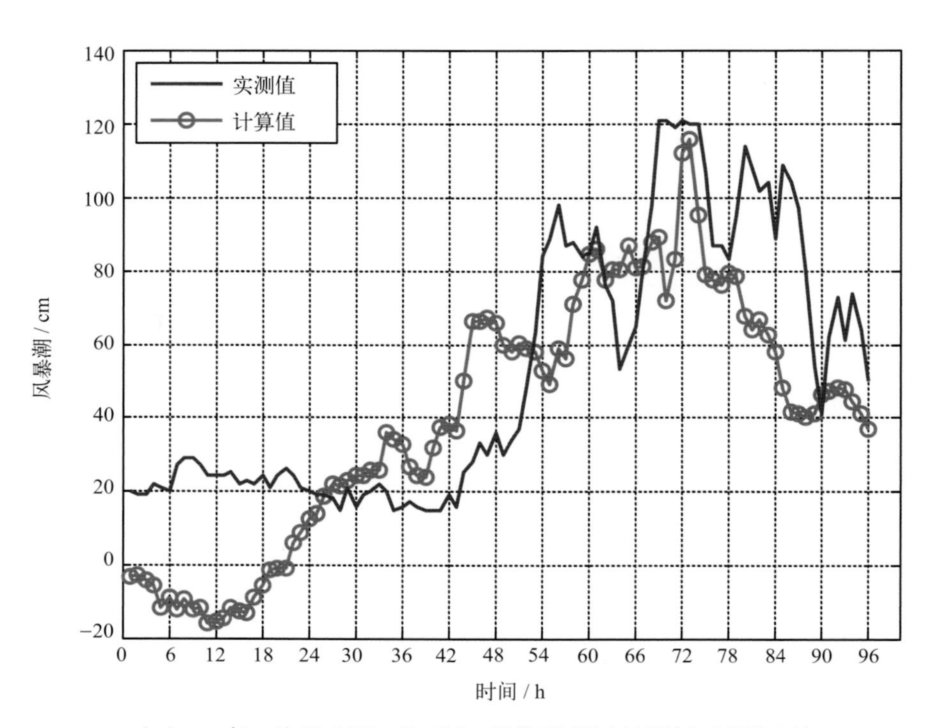

（d）2003年10月9日0时至13日0时龙口温带风暴增水计算值与实测值比较
起始时间：2003年10月9日0时

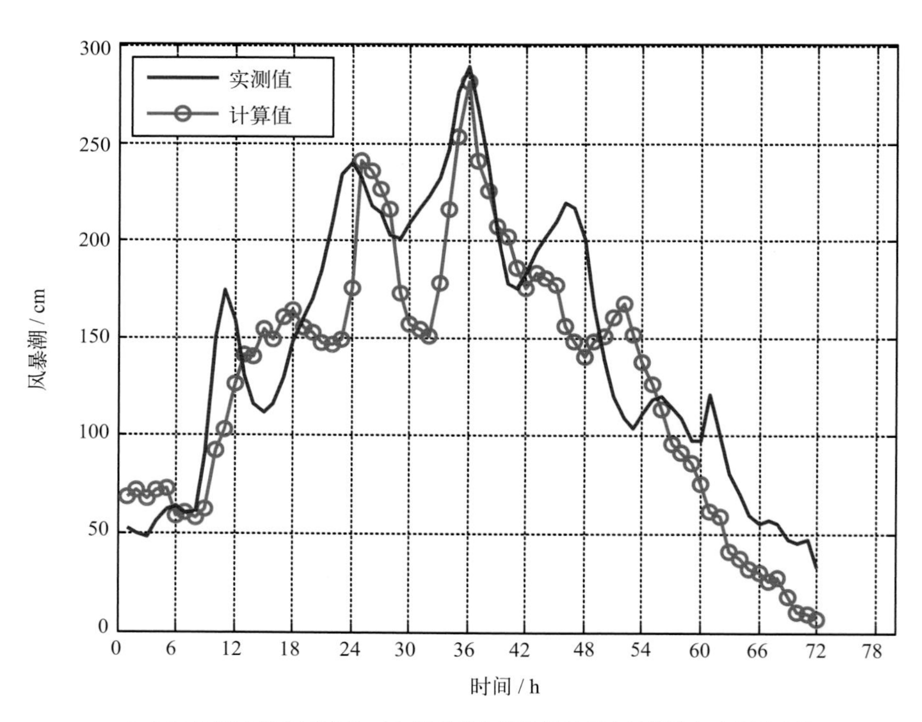

（e）2003年10月9日0时至13日0时羊角沟温带风暴增水计算值与实测值比较
起始时间：2003年10月11日0时

图5.32　2003“10.11”特大温带风暴潮计算值、实测值对比（三）

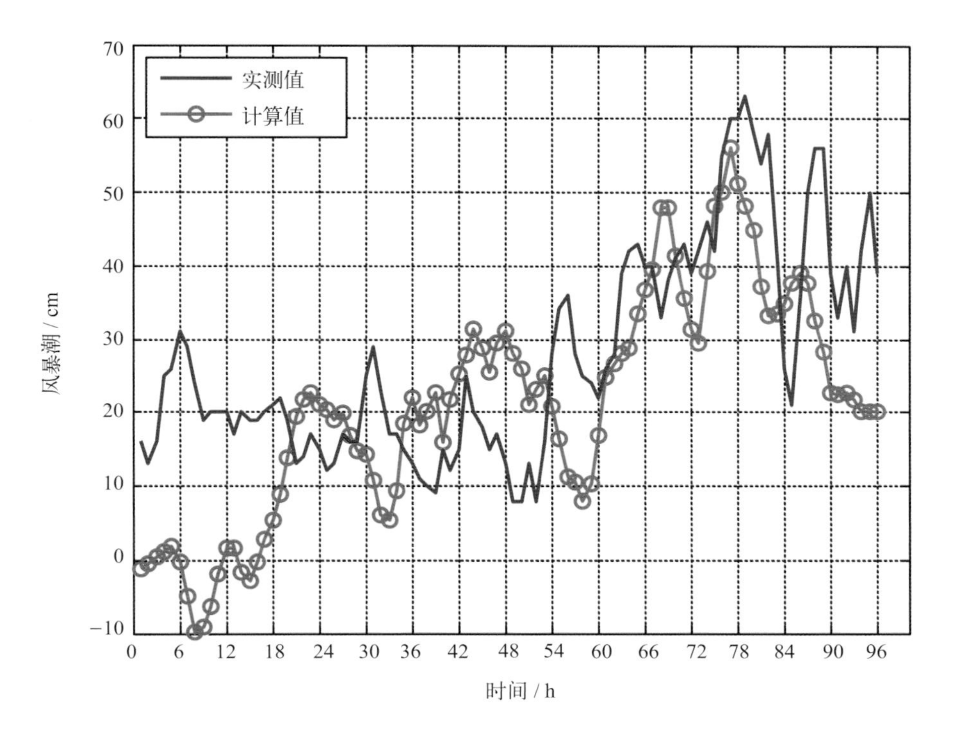

（f）2003年10月9日0时至13日0时烟台温带风暴增水计算值与实测值比较
起始时间：2003年10月9日0时

图5.32 2003"10.11"特大温带风暴潮计算值、实测值对比（四）

5.2.3 高分辨率台风风暴潮漫滩数值模式的建立与检验

5.2.3.1 台风风暴潮漫滩模式

数值模式采用二维深度平均流非线性浅水方程组：

$$\frac{\mathrm{d}\vec{V}}{\mathrm{d}t}+f\vec{k}\times\vec{V}=-g\nabla(h+H)+\frac{1}{\rho h}(\vec{\tau}_a-\vec{\tau}_b) \tag{5.23}$$

$$\frac{\partial h}{\partial t}\ \nabla\cdot(h\vec{V})=0 \tag{5.24}$$

式中，$\vec{V}$为深度平均流速；H为陆地高程；h为漫滩水位高度；f为科氏参数；g为重力加速度；$\vec{\tau}_a$和$\vec{\tau}_b$分别为水面风应力和底摩擦应力，分别与风速和深度平均流速的平方成正比。

风应力采用常用的依海面风速二次率公式计算：

$$\vec{\tau}=\rho\vec{v}\,|\vec{V}|\,C_g$$

式中，C_g为风应力拖曳系数。

1）边界条件

岸边界取法向流速为零的条件：$V_n=0$，由于考虑了侧摩擦，切向流速也取为零。

2）开边界处大区和小区采用不同的边界条件

大区采用静压假定：

$$\zeta = \frac{p_0 - p_a}{\rho g}$$

小区中：开边界输入为总水位高度，即包括天文潮在内的风暴潮水位。天文潮为黄骅、塘沽、曹妃甸、京唐港、秦皇岛站分析出的10%高潮的曲线，风暴潮从两重套网格模式的结果内插。

$$\zeta = \zeta' + \zeta^*$$

其中，ζ'为天文潮位，ζ^*是小区内10%高潮位的潮汐曲线。

5.2.3.2 计算网格布置

当风暴潮传播到浅水区域，例如，陆架区、河口区、小海湾等区域，海岸形状和海水深度对风暴潮的影响是非常重要的，所以需要精细的网格来刻画。基于以上的考虑，我们采用了高分辨率的小区进行漫滩计算，如表5.4所示，是黄骅台风风暴潮计算区的两重网格系统的相对位置划分，每个台风计算区分为2个子区域，每个区域采用不同的时间步长和空间步长。

表5.4 黄骅台风风暴潮数值模式的格点系统配置

区域	第一套网格	第二套网格
时间步长	8 s	6 s
空间步长	0.25 ~ 1.6 km	100 m
格点数	250 × 165，41 250	404 × 886，357 944
经度范围	扇形，如图5.33	117.03°—118.09°E
纬度范围	扇形，如图5.33	38.18°—39.67°N
陆边界	刚壁边界	活动边界
水边界	静压边界	从第一套网格内插

5.2.3.3 差分方法

模式的差分方法与变网格台风风暴潮数值模式中的相同。

图5.33　黄骅计算区域粗网格与细网格位置图
（灰色粗方框是细网格的计算区域）

5.2.3.4 漫滩计算方法

漫滩计算采用Flather 与Heaps 1975年提出来的方法，简述如下。

湿网格变干：在计算完每一点的水位之后，若发现原水位计算点处的总水深 H 已小于某一临界值（取0.1 m），即 $H<0.1$，则该水位点网格即认定已变干。

干网格变湿：若干网格的四周至少存在一个湿网格，并且这个湿网格的水位大于干网格的高程与某一个临界值之和（取0.1 m），另外，湿网格的总水深 $H=h+\zeta$ 也必须大于这个临界值，即 $H>0.1$。此时即认为网格由干变湿，并将相邻湿网格的水位之和除以相邻湿网格的个数加一，将该值赋给此干网格。在同一时间步中由湿变干的网格将不再对其进行干变湿的判断。

在积分运动方程时，对于点，如果满足以下条件：

（1）$D_{i,j}^{t+\Delta t}>0$ 且 $D_{i+1,j}^{t+\Delta t}>0$，同时$Du_{i,j}^{t+\Delta t}>0$；

（2）$D_{i,j}^{t+\Delta t}>0$ 且 $D_{i+1,j}^{t+\Delta t}\leqslant 0$，同时$Du_{i,j}^{t+\Delta t}>0$，且 $\zeta_{i,j}^{t+\Delta t}-\zeta_{i+1,j}^{t+\Delta t}>\varepsilon$；

（3）$D_{i,j}^{t+\Delta t}\leqslant 0$ 且 $D_{i+1,j}^{t+\Delta t}>0$，同时$Du_{i,j}^{t+\Delta t}>0$，且 $\zeta_{i+1,j}^{t+\Delta t}-\zeta_{i,j}^{t+\Delta t}>\varepsilon$；

则求解出$u_{i,j}^{t+\Delta t}$，否则$u_{i,j}^{t+\Delta t}=0$。

对于$v_{i,j}$点，如果满足以下条件:

（1）$D_{i,j}^{t+\Delta t}>0$ 且 $D_{i,j+1}^{t+\Delta t}>0$，同时$Dv_{i,j}^{t+\Delta t}>0$；

（2）$D_{i,j}^{t+\Delta t}>0$ 且 $D_{i,j+1}^{t+\Delta t}\leqslant 0$，同时$Dv_{i,j}^{t+\Delta t}>0$，且 $\zeta_{i,j}^{t+\Delta t}-\zeta_{i,j+1}^{t+\Delta t}>\varepsilon$；

（3）$D_{i,j}^{t+\Delta t}\leqslant 0$ 且 $D_{i,j+1}^{t+\Delta t}>0$，同时$Dv_{i,j}^{t+\Delta t}>0$，且 $\zeta_{i,j+1}^{t+\Delta t}-\zeta_{i,j}^{t+\Delta t}>\varepsilon$；

则求解出 $v_{i,j}^{t+\Delta t}$，否则 $v_{i,j}^{t+\Delta t}=0$。

这里，ε为一个临界值，本模式中取$\varepsilon=10$ cm。

5.2.3.5 典型风暴潮个例分析

9417号台风于1994年8月14日2时在17°24′N，148°E以东太平洋面上生成，沿着偏西路径移动，17日14时转向西北偏北路径移行，于8月21日21：30在瑞安市梅头镇登陆，正面袭击温州，台风路径见图5.34。台风登陆时，中心气压为962 hPa。最大风力达12级以上，持续3个小时，其特点：范围大、风力强、暴雨急、潮位高、来势猛。台风登陆时又遇农历七月十五日天文大潮期，使沿海潮位和瓯江水位都出现历史记录高潮位，造成温州沿海沿江平原大范围潮灾，损失极为惨重。

数值模式成功地模拟了这次特大台风风暴潮过程，以下给出了温州站实测和模拟的总水位的随时间变化曲线。

图5.35为9417号台风风暴潮漫滩数值后报结果，漫滩范围可以清楚地显示出来。

对比图5.36和图5.37可以看出，计算与实际调查的结果吻合得较好，风暴潮漫滩模式对漫滩过程有很好的模拟能力。

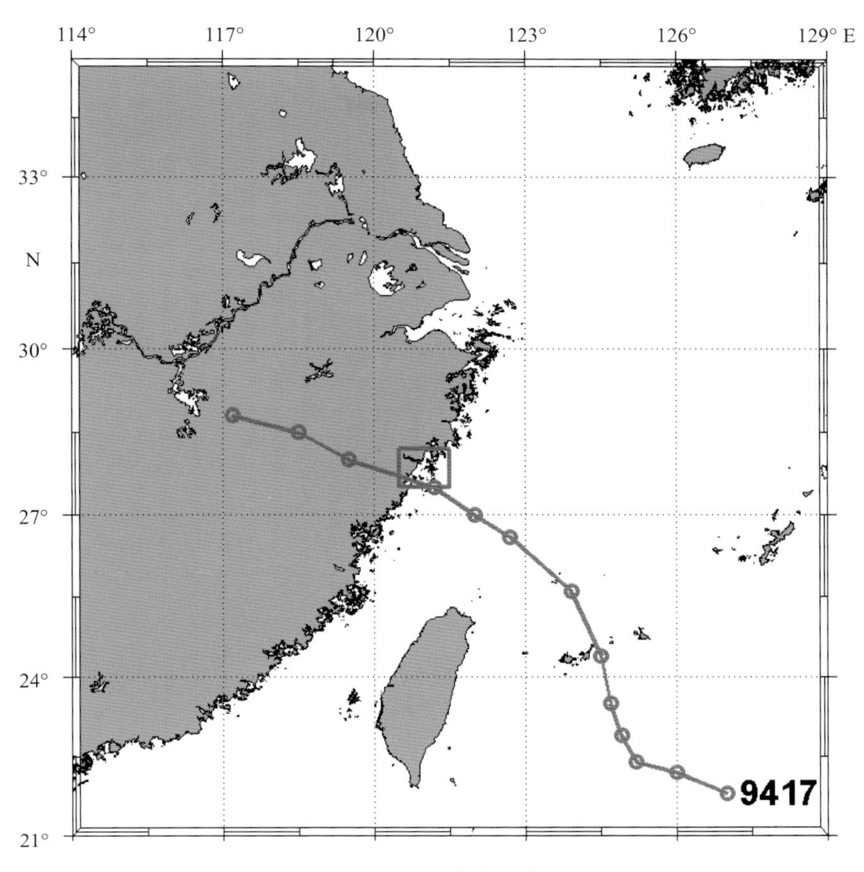

图5.34　9417号台风路径

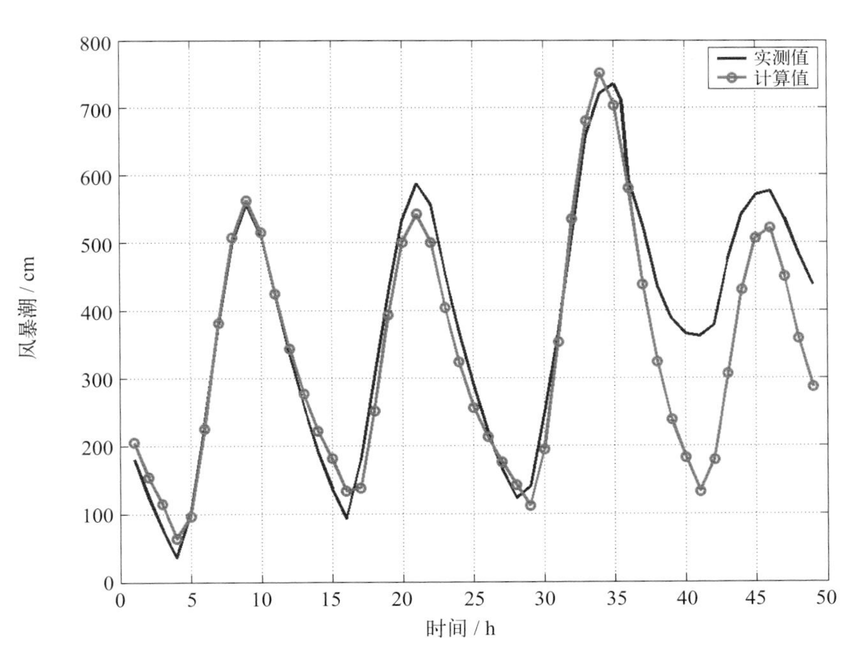

图5.35　9417号台风风暴潮过程温州站计算和实测的总水位时间序列
起始时间：1994年8月20日14时

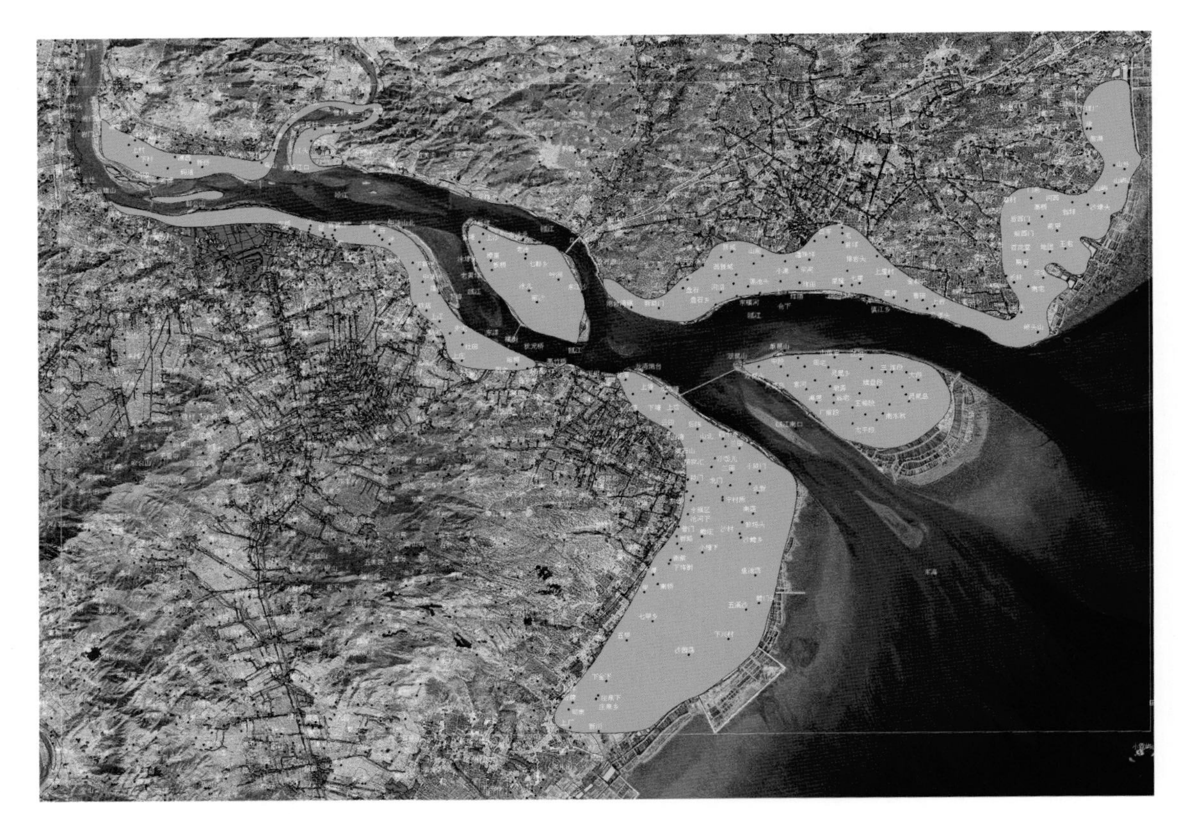

图5.36　风暴潮漫滩数值后报结果

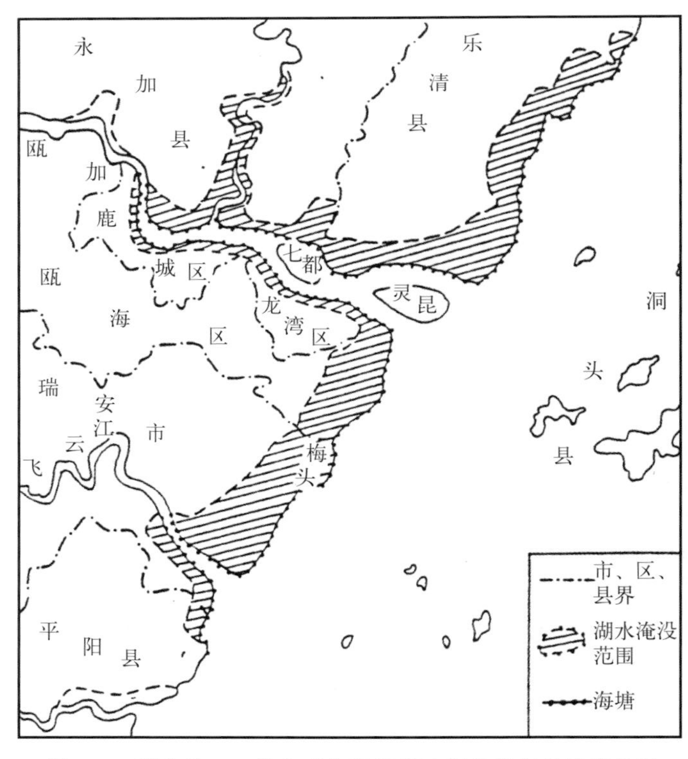

图5.37　调查的9417号台风期间温州地区风暴潮漫滩淹没图

5.2.4 高分辨率温带风暴潮漫滩数值模式的建立与检验

5.2.4.1 温带风暴潮漫滩模式

数值模式采用二维深度平均流非线性浅水方程组:

$$\frac{\partial \zeta}{\partial t}+\frac{1}{R\cos\varphi}\left(\frac{\partial(Du)}{\partial\theta}+\frac{\partial(Dv\cos\varphi)}{\partial\varphi}\right)=0 \tag{5.25}$$

$$\frac{\partial u}{\partial t}+\frac{u}{R\cos\varphi}\frac{\partial u}{\partial\theta}+\frac{v}{R}\frac{\partial u}{\partial\theta}-\frac{uv\tan\varphi}{R}-fv=-\frac{g}{R\cos\varphi}\frac{\partial\zeta}{\partial\theta}-\frac{1}{\rho R\cos\varphi}+\frac{1}{\rho D}(F_s-F_b) \tag{5.26}$$

$$\frac{\partial v}{\partial t}+\frac{u}{R\cos\varphi}\frac{\partial v}{\partial\theta}+\frac{v}{R}\frac{\partial v}{\partial\varphi}-\frac{u^2\tan\varphi}{R}+fu=-\frac{g}{R}\frac{\partial\zeta}{\partial\varphi}-\frac{1}{\rho R}\frac{\partial p_a}{\partial\varphi}+\frac{1}{\rho D}(G_s-G_b) \tag{5.27}$$

式中符号同5.2.2.1节。

5.2.4.2 模式计算差分方法

模式的差分方法与5.2.2.1节中的两重嵌套网格数值预报模式相同。

5.2.4.3 模式所需边界条件

开边界输入为总水位高度，即包括天文潮在内的风暴潮水位。

1）边界条件

岸边界取法向流速为零的条件：$V_n=0$，由于考虑了侧摩擦，切向流速也取为零。

2）开边界处大区和小区采用不同的边界条件

大区采用静压假定：

$$\zeta=\frac{p_0-p_a}{\rho g}$$

小区中：开边界输入为总水位高度，即包括天文潮在内的风暴潮水位。天文潮为黄骅、塘沽、曹妃甸、京唐港、秦皇岛站分析出的10%高潮的曲线，风暴潮从两重套网格模式的结果内插。

$$\zeta=\zeta'+\zeta^*$$

其中，ζ'为天文潮位，ζ^*是小区内10%高潮位的潮汐曲线。

5.2.4.4 漫滩计算方法

漫滩干湿网格计算方法与5.2.3.4节相同。

5.2.4.5 典型风暴潮个例分析

2007年3月3—5日凌晨，受北方强冷空气和黄河气旋的共同影响，渤海湾、莱州湾发生了一次强温带风暴潮过程，图5.38（a）~（g）给出了这次温带风暴潮增水过程的地面气压场的分布。从图中可以看出，这次温带增水过程是由冷空气和出海气旋配合引起的。3月3—5日凌晨，受强冷空气和黄海气旋的共同影响期间，河北省曹妃甸验潮站出现了80~100 cm的风暴增水；天津市塘沽验潮站、河北省黄骅验潮站的最大风暴增水125 cm，最高潮位接近当地警戒潮位；山东省羊角沟验潮站出现了超过当地警戒潮位19 cm的高潮位，最大风暴增水202 cm。辽宁省、河北省、天津市、山东省、江苏省、上海市和浙江省沿海还分别出现了4~6 m的巨浪和狂浪。

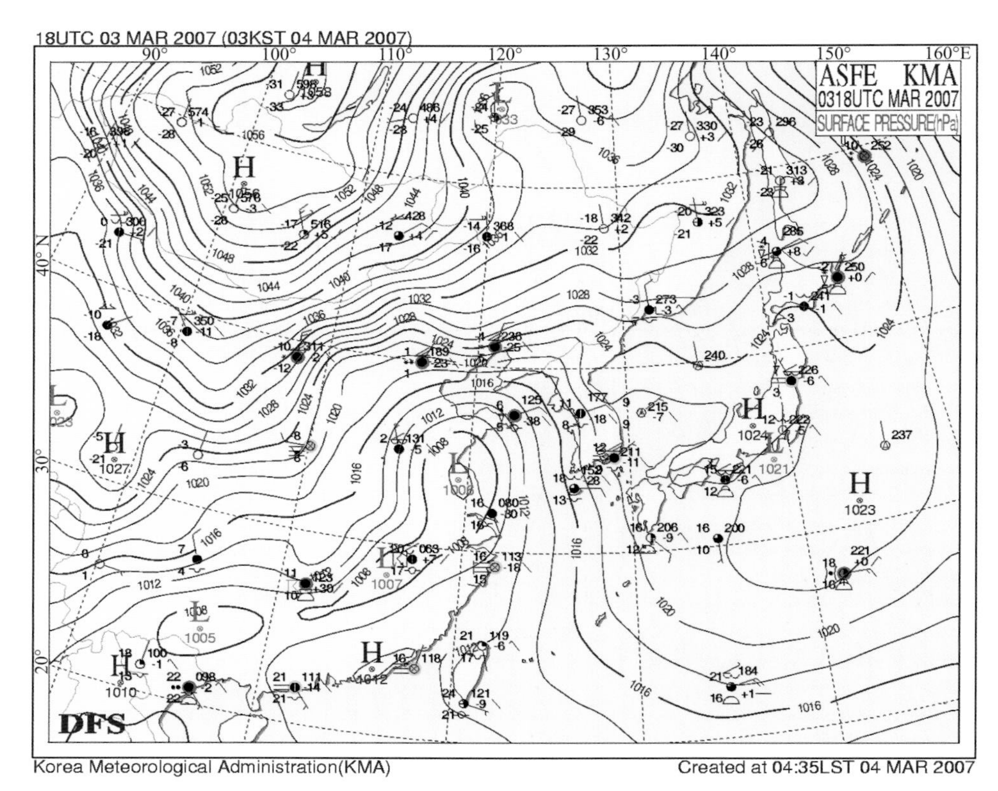

（a）2007年3月4日2时地面气压场分布

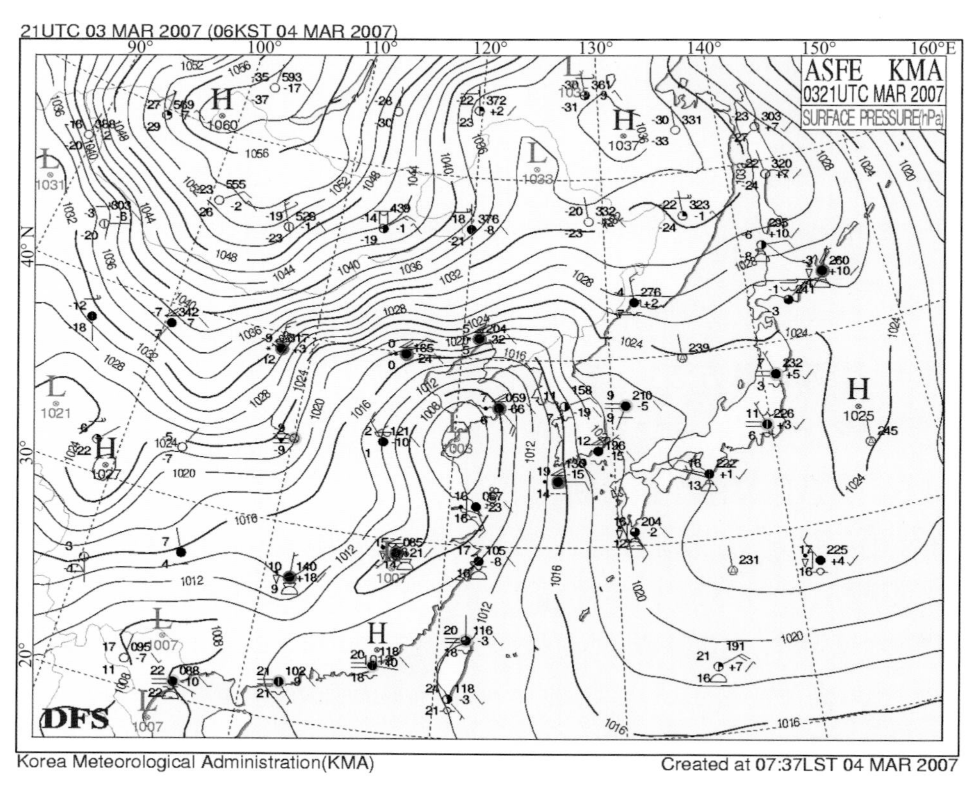

（b）2007年3月4日5时地面气压场分布

图5.38　2007年3月3–5日温带风暴潮地面气压场分布（一）

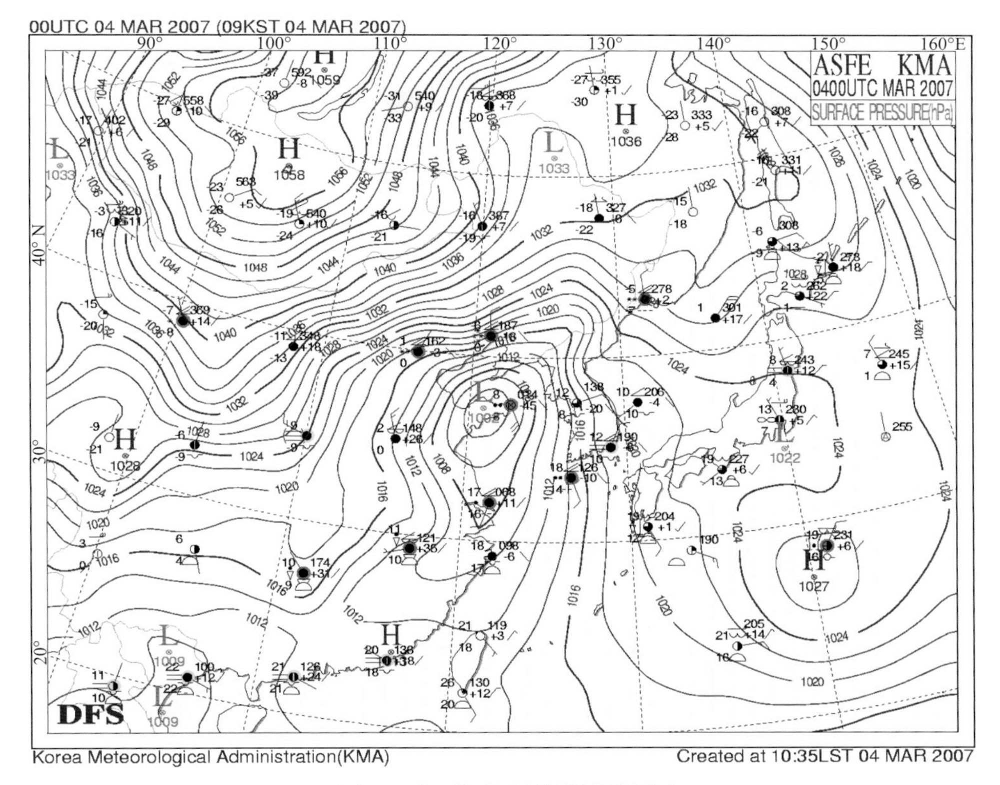

（c）2007年3月4日8时地面气压场分布

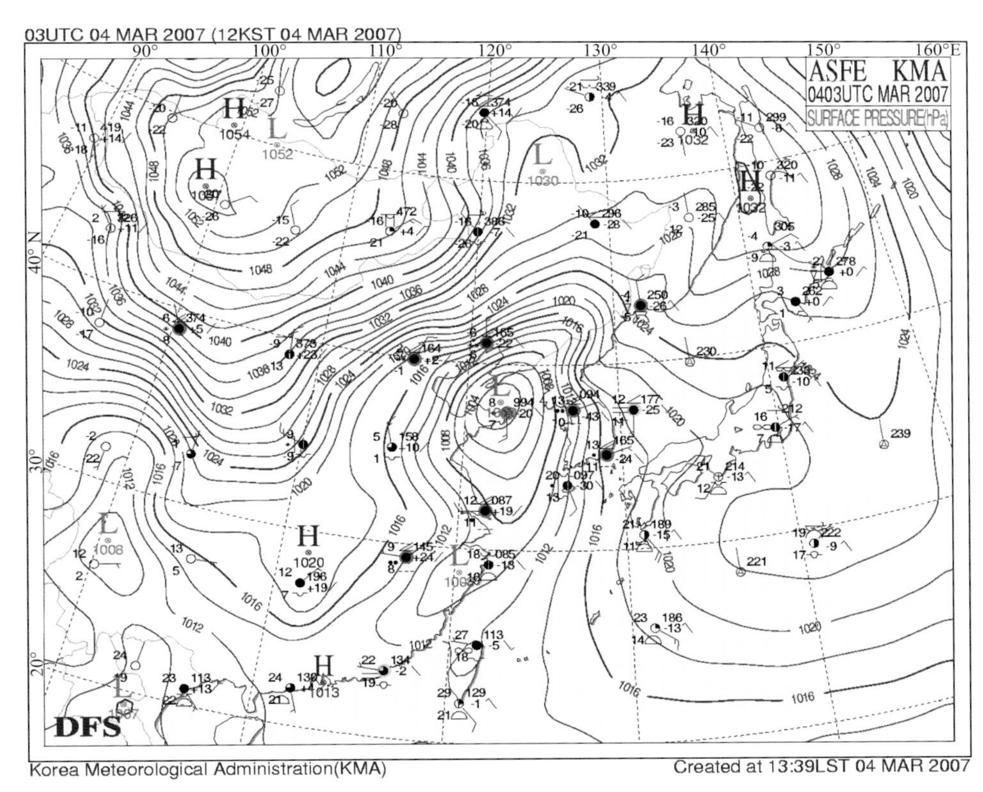

（d）2007年3月4日11时地面气压场分布

图5.38 2007年3月3–5日温带风暴潮地面气压场分布（二）

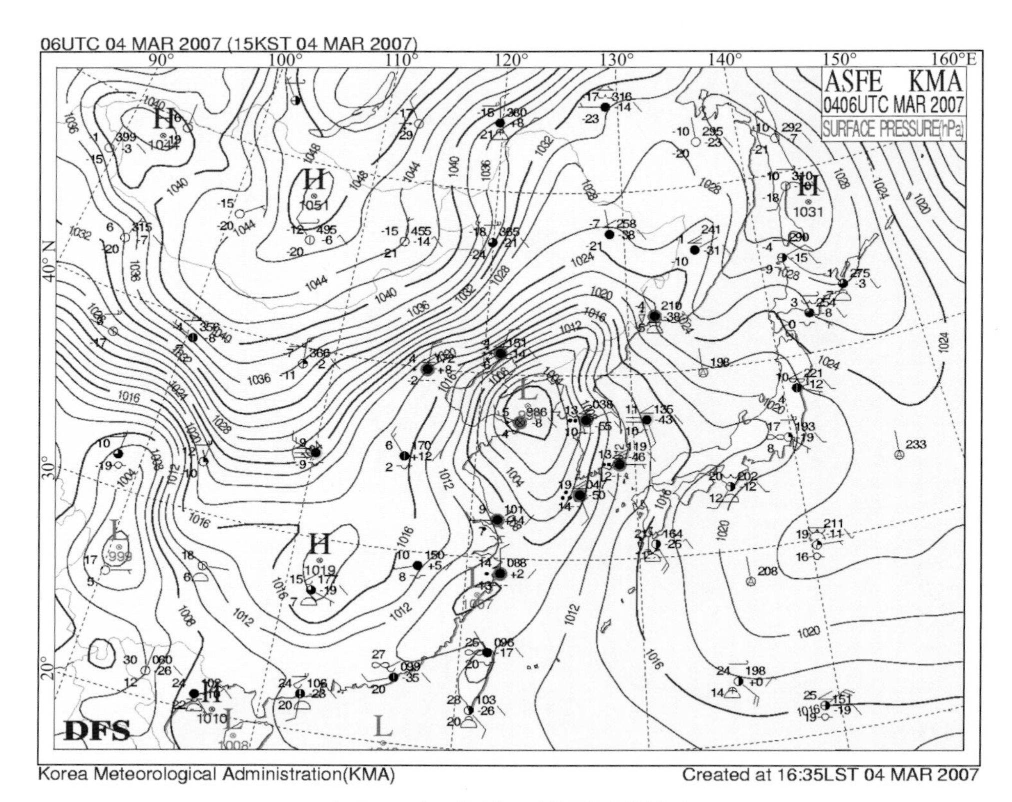

（e）2007年3月4日14时地面气压场分布

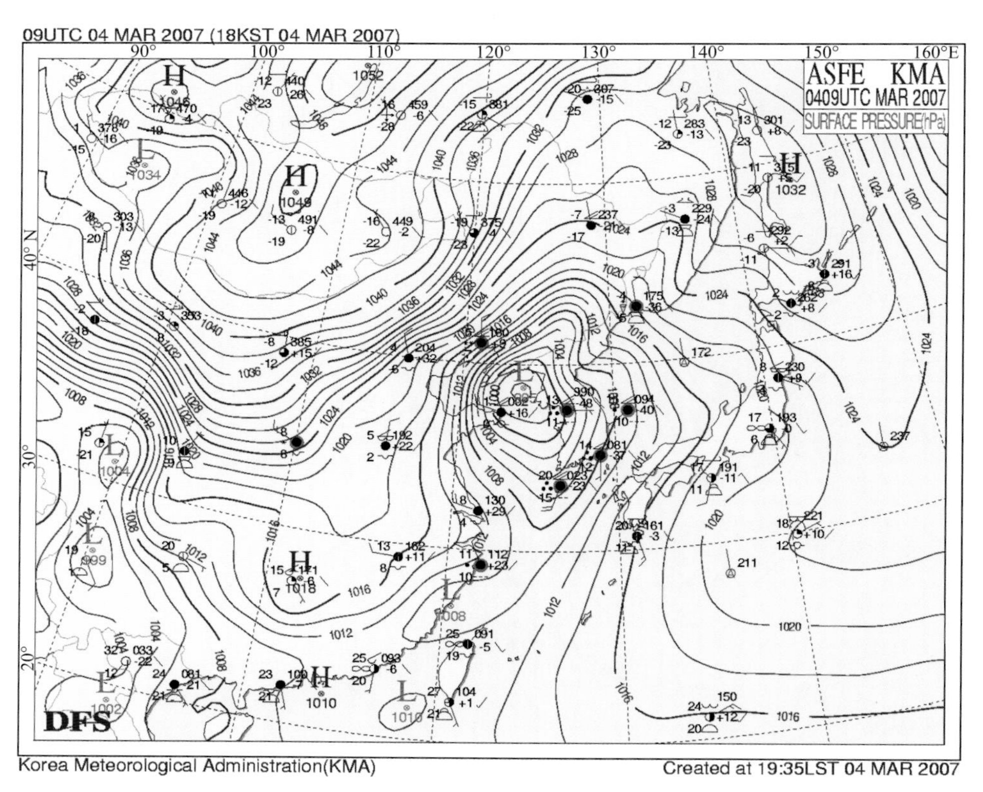

（f）2007年3月4日17时地面气压场分布

图5.38　2007年3月3-5日温带风暴潮地面气压场分布（三）

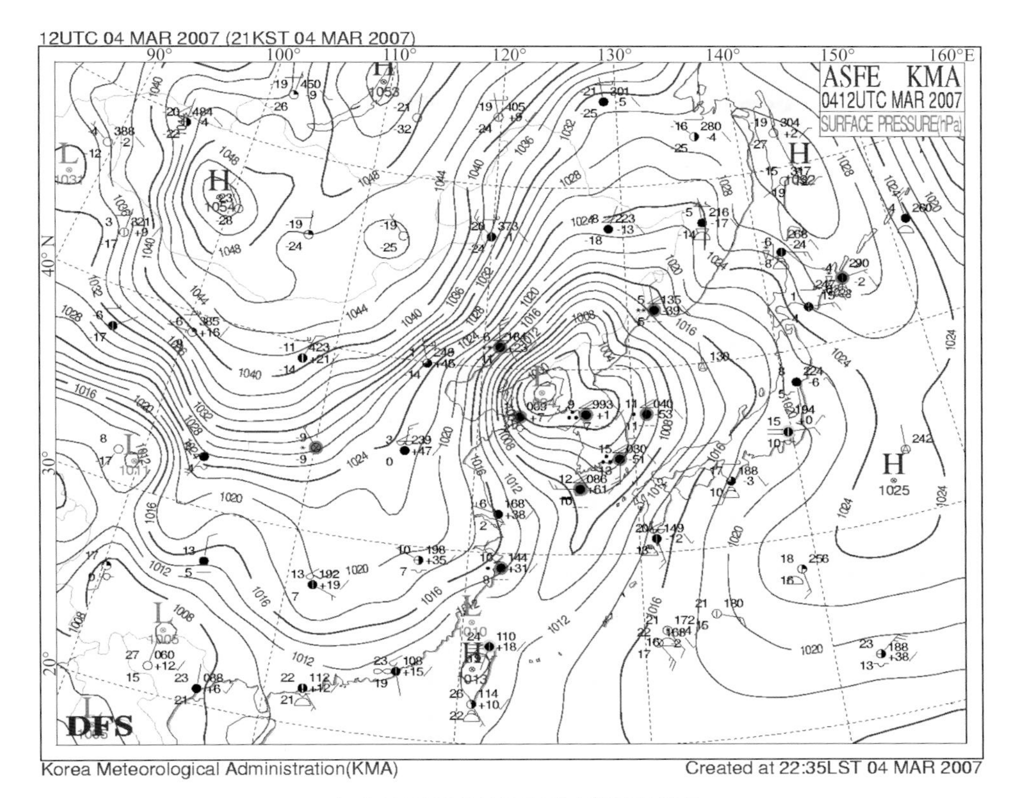

（g）2007年3月4日21时地面气压场分布

图5.38　2007年3月3—5日温带风暴潮地面气压场分布（四）

图5.39所示海滩阴影部分为风暴潮漫过程结束后的调查结果，计算与实际调查的结果吻合得较好。

图5.39　风暴潮漫滩计算淹没范围与调查结果对比

5.3 黄骅市风暴潮灾害风险评估

5.3.1 台风风暴潮灾害风险评估

5.3.1.1 台风路径确定

为了对黄骅风暴潮灾害进行风险评估，首先需要选取能够使黄骅沿海产生最大台风风暴潮的台风路径。

根据历年台风年鉴统计，登陆或移经河北省沿海并造成严重影响的典型台风有7203号、7303号和8509号台风，其中7203号台风是中华人民共和国成立以来登陆河北沿海最强的台风，这3个台风均在河北沿海引起严重风暴潮灾害。这3个台风路径也代表了影响这一地区的三类典型台风路径，即西北行（7203号）、北行（7303号）和东北行（8509号）3种移行路径。因此采用这3个台风的路径作为初始台风路径来确定影响黄骅的台风路径。

考虑到登陆台风对沿海的影响最大，所以将7203号、7303号和8509号台风的路径平移使台风在黄骅区域的中间点位置（如图5.40所示）登陆，台风登陆时中心气压定为975 hPa，最大风速半径R为80 km。为了找到最有利于台风增水的路径，我们由平移后的7203号路径得到41条台风路径，分别距7203号路径±0.25R、±R、±0.75R、±R、±1.25R、±1.5R、±1.75R、±2R、±2.25R、±2.5R、±2.75R、±3R、±3.25R、±3.5R、±3.75R、±4R、±4.25R、±4.5R、±4.75R、±5R；由平移后的7303号路径得到31条台风路径，分别距7303号路径±0.25R、±R、±0.75R、±R、±1.25R、±1.5R、±1.75R、±2R、±2.25R、

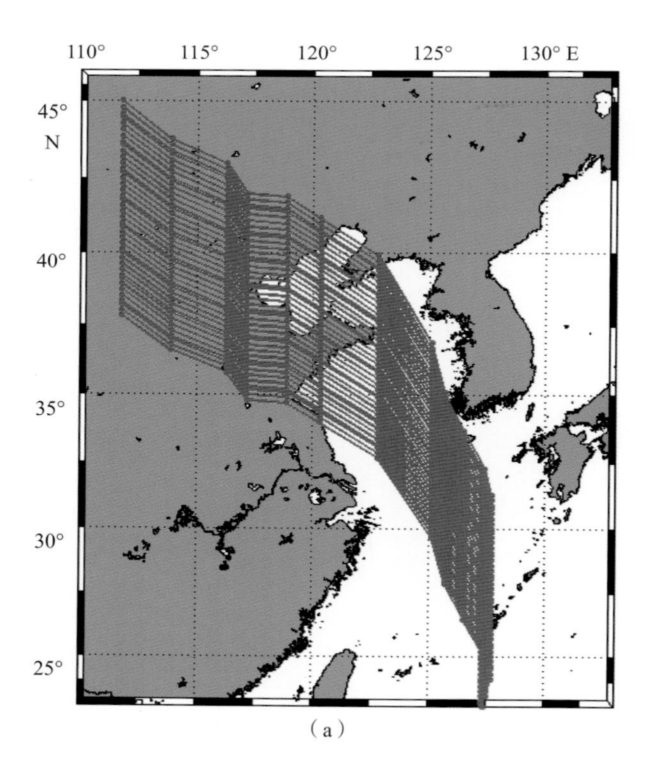

（a）

图5.40　7203号台风得到的登陆黄骅台风路径示意图（一）

±2.5R、+2.75R、+3R、+3.25R、+3.5R、+3.75R、+4R、+4.25R、+4.5R、+4.75R、+5R；由平移后的8509号路径得到31条台风路径，分别距8509号路径±0.25R、±R、±0.75R、±R、±1.25R、±1.5R、±1.75R、±2R、±2.25R、±2.5R、±2.75R、±3R、±3.25R、±3.5R、±3.75R。详见图5.40（a）~（c）。

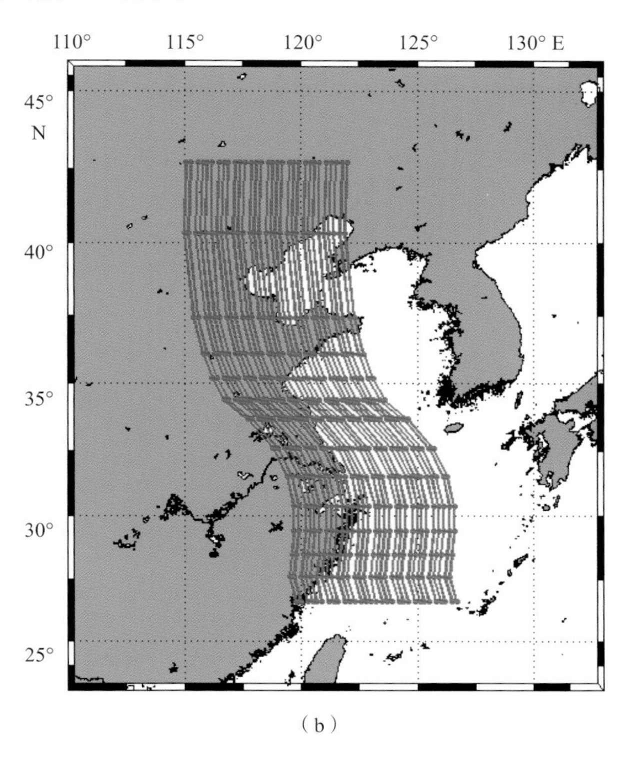

（b）

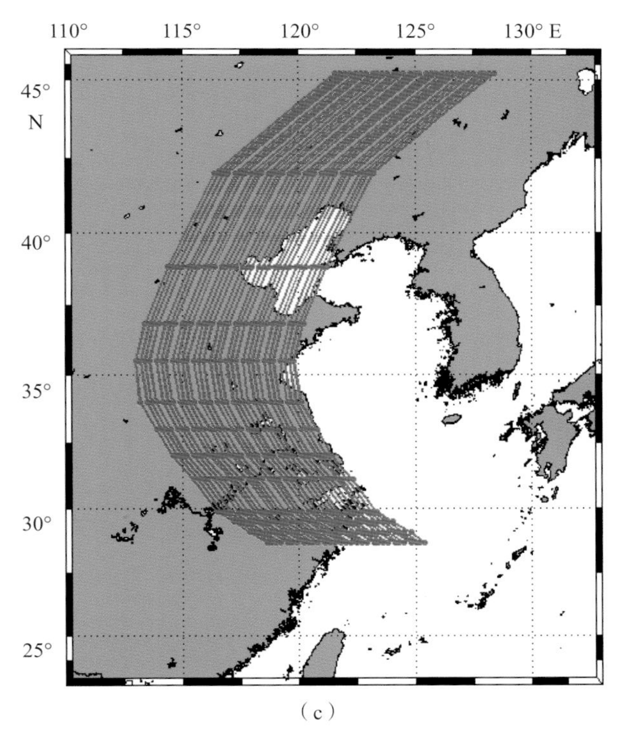

（c）

图5.40　8509号台风得到的登陆黄骅台风路径示意图（二）

将得到的103条台风路径进行风暴潮计算，并从黄骅计算区域的5个代表点（如图5.41所示）输出计算结果，5个代表点分别取为登陆点及其南北两侧的各两个点，将最北边的两个点的输出结果的平均值作为黄骅北部台风增水，登陆点及其南北各一个点的平均值作为黄骅中部台风增水，最南边的两个点的输出结果的平均值作为黄骅南部台风增水。计算结果见表5.5、表5.6和表5.7。

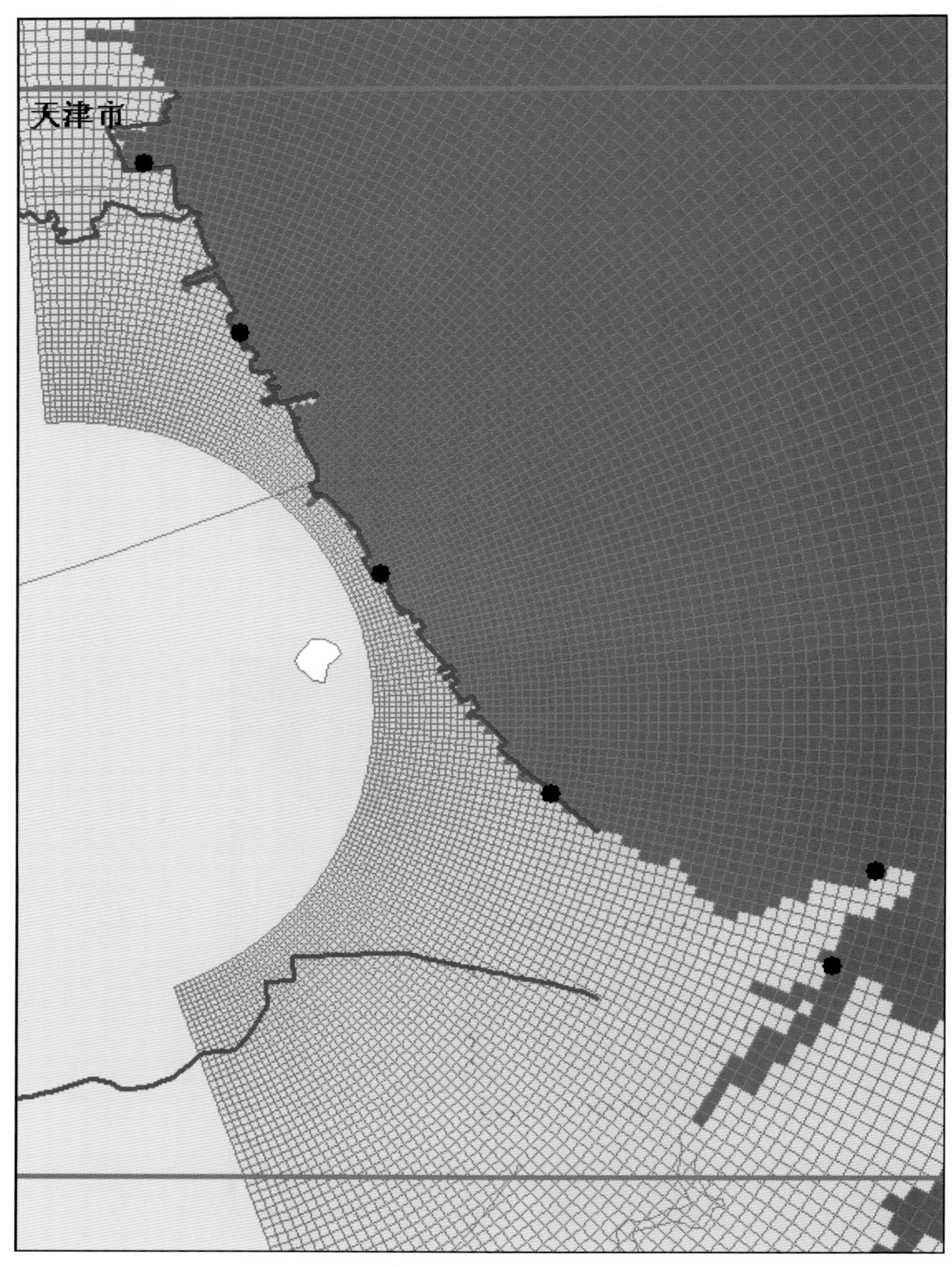

图5.41　黄骅计算区5个特征点和黄骅港位置示意图

表5.5　7203号台风路径数值计算结果

台风路径	北边点	北中点	中间点	南中点	南边点	黄骅北部	黄骅中部	黄骅南部	黄骅验潮站
−5R	64.7	63.5	60.1	58.5	56.3	64.1	60.7	57.4	54.5
−4.75R	71.2	69.8	67.1	65.6	61.8	70.5	67.5	63.7	60.7
−4.5R	78.7	77.9	75.0	73.2	68.4	78.3	75.4	70.8	67.2
−4.25R	83.2	82.4	79.2	77.2	71.8	82.8	79.6	74.5	70.6
−4R	92.9	91.9	87.9	85.5	79.4	92.4	88.4	82.5	77.8
−3.75R	103.3	102.0	97.3	94.5	88.1	102.7	97.9	91.3	85.7
−3.5R	114.5	113.0	107.6	104.5	98.1	113.8	108.4	101.3	94.6
−3.25R	127.1	125.3	119.0	115.5	109.8	126.2	119.9	112.7	105.0
−3R	133.8	131.5	125.2	122.2	116.3	132.7	126.3	119.3	111.2
−2.75R	149.9	148.5	142.9	139.5	130.6	149.2	143.6	135.1	126.3
−2.5R	172.5	171.3	164.7	160.7	148.8	171.9	165.6	154.8	144.2
−2.25R	199.2	197.7	189.6	184.9	169.6	198.5	190.7	177.3	164.0
−2R	235.6	233.8	224.1	220.6	209.1	234.7	226.2	214.9	192.9
−1.75R	258.9	258.2	250.7	245.0	232.8	258.6	251.3	238.9	212.9
−1.5R	324.1	322.4	306.7	298.6	280.9	323.3	309.2	289.8	261.1
−1.25R	395.4	393.1	374.2	362.1	338.6	394.3	376.5	350.4	318.1
−R	463.3	460.5	438.6	425.2	387.8	461.9	441.4	406.5	373.8
−0.75R	511.6	505.6	474.1	458.4	415.9	508.6	479.4	437.2	407.4
−0.5R	519.7	512.4	477.0	460.6	414.1	516.1	483.3	437.4	410.4
−0.25R	498.3	484.1	448.2	435.3	386.6	491.2	455.9	411.0	393.0
0	434.1	411.1	388.1	380.3	346.0	422.6	393.2	363.2	356.7
0.25R	337.1	320.1	318.9	319.6	295.5	328.6	319.5	307.6	309.1
0.5R	273.4	279.3	282.3	283.9	263.9	276.4	281.8	273.9	275.2
0.75R	263.5	269.2	271.6	273.4	251.5	266.4	271.4	262.5	264.7
R	241.3	246.8	248.8	248.5	229.0	244.1	248.0	238.8	242.0
1.25R	214.9	219.7	221.8	220.9	202.5	217.3	220.8	211.7	214.2
1.5R	191.3	193.8	192.7	191.4	178.1	192.6	192.6	184.8	184.5
1.75R	165.1	167.6	166.7	164.8	156.4	166.4	166.4	160.6	158.5
2R	152.6	154.5	153.6	151.5	154.1	153.6	153.2	152.8	149.3
2.25R	140.0	140.4	138.1	140.0	148.4	140.2	139.5	144.2	144.4
2.5R	134.1	134.2	131.1	132.6	141.1	134.2	132.6	136.9	137.9
2.75R	127.9	127.8	127.9	130.3	136.3	127.9	128.7	133.3	133.3
3R	122.3	121.8	123.6	125.2	131.1	122.1	123.5	128.2	128.7
3.25R	117.8	117.7	120.6	122.3	128.9	117.8	120.2	125.6	126.1
3.5R	109.7	109.7	114.1	115.9	123.8	109.7	113.2	119.9	120.6
3.75R	104.1	103.7	107.5	109.6	118.8	103.9	106.9	114.2	114.5
4R	100.3	99.9	99.9	102.3	113.9	100.1	100.7	108.1	108.0
4.25R	97.1	96.3	94.8	94.2	109.4	96.7	95.1	101.8	101.7

续表

台风路径	北边点	北中点	中间点	南中点	南边点	黄骅北部	黄骅中部	黄骅南部	黄骅验潮站
4.5R	95.6	94.2	91.9	91.1	107.2	94.9	92.4	99.2	98.9
4.75R	91.5	89.5	85.3	83.8	102.8	90.5	86.2	93.3	93.2
5R	86.8	84.4	78.3	76.0	97.9	85.6	79.6	87.0	86.3

表5.6 7303号台风路径数值计算结果

台风路径	北边点	北中点	中间点	南中点	南边点	黄骅北部	黄骅中部	黄骅南部	黄骅验潮站
−2.5R	54.5	53.4	50.0	48.1	44.0	54.0	50.5	46.1	42.9
−2.25R	57.5	56.4	53.0	51.1	47.0	57.0	53.5	49.1	45.7
−2R	62.5	61.4	58.1	56.2	52.1	62.0	58.6	54.2	50.3
−1.75R	66.2	65.1	61.7	59.9	55.7	65.7	62.2	57.8	53.6
−1.5R	83.3	69.0	65.5	63.7	59.6	76.2	66.1	61.7	57.1
−1.25R	103.2	78.4	69.4	67.6	63.6	90.8	71.8	65.6	60.8
−R	139.1	106.7	80.1	73.8	69.8	122.9	86.9	71.8	66.7
−0.75R	166.0	128.1	95.0	83.5	75.2	147.1	102.2	79.4	70.6
−0.5R	189.7	152.1	110.1	98.9	88.7	170.9	120.4	93.8	74.7
−0.25R	212.9	184.3	134.3	121.7	117.7	198.6	146.8	119.7	90.8
0	216.5	196.7	151.5	135.2	133.7	206.6	161.1	134.5	105.7
0.25R	210.3	197.5	163.1	150.2	145.4	203.9	170.3	147.8	120.1
0.5R	190.1	185.2	164.1	155.9	155	187.7	168.4	155.5	135.7
0.75R	173.5	171.1	157.1	152.2	156.3	172.3	160.1	154.3	140.1
R	159.0	157.5	147.7	149.4	152.9	158.3	151.5	151.2	140.0
1.25R	144.5	144.1	140.6	143.8	149.9	144.3	142.8	146.9	138.6
1.5R	127.3	129.1	128.4	130.8	141.7	128.2	129.4	136.3	130.2
1.75R	114.4	117.3	119.7	122.0	132.0	115.9	119.7	127.0	121.7
2R	103.9	105.7	108.2	110.7	119.2	104.8	108.2	115.0	112.0
2.25R	100.5	102.1	103.5	104.3	104.7	101.3	103.3	104.5	101.3
2.5R	97.9	99.3	100.6	101.4	101.3	98.6	100.4	101.4	98.7
2.75R	95.0	96.3	97.5	98.2	97.8	95.7	97.3	98.0	95.6
3R	89.9	91.1	92.0	92.6	92.3	90.5	91.9	92.5	90.4
3.25R	86.1	87.1	88.1	88.6	88.0	86.6	87.9	88.3	86.6
3.5R	81.9	82.9	83.8	84.2	83.5	82.4	83.6	83.9	82.2
3.75R	77.3	78.2	79.0	79.4	79.1	77.8	78.9	79.3	77.7
4R	69.8	70.6	71.1	71.5	71.8	70.2	71.1	71.7	70.2
4.25R	64.3	65.1	65.6	65.8	66.7	64.7	65.5	66.3	64.8
4.5R	58.6	59.3	59.8	60.1	61.4	59.0	59.7	60.8	59.3
4.75R	59.0	60.0	61.5	61.9	61.9	59.5	61.1	61.9	62.1
5R	63.3	63.7	64.1	64.6	65.5	63.5	64.1	65.1	64.8

表5.7 8509号台风路径数值计算结果

台风路径	北边点	北中点	中间点	南中点	南边点	黄骅北部	黄骅中部	黄骅南部	黄骅验潮站
−3.75R	37.7	37.0	35.5	34.6	33.2	37.4	35.7	33.9	32.8
−3.5R	38.6	37.9	36.3	35.3	33.8	38.3	36.5	34.6	33.4
−3.25R	39.3	38.6	36.9	35.9	34.3	39.0	37.1	35.1	33.8
−3R	40.1	39.3	37.5	36.5	34.8	39.7	37.8	35.7	34.3
−2.75R	41.4	40.6	38.6	37.5	35.6	41.0	38.9	36.6	35.1
−2.5R	42.3	41.5	39.4	38.3	36.3	41.9	39.7	37.3	35.7
−2.25R	43.3	42.4	40.3	39.1	37.0	42.9	40.6	38.1	36.3
−2R	44.9	44.0	41.7	40.5	42.3	44.5	42.1	41.4	39.6
−1.75R	46.0	45.1	42.8	43.7	49.1	45.6	43.9	46.4	45.5
−1.5R	50.2	49.1	47.8	49.8	55.7	49.7	48.9	52.8	51.3
−1.25R	63.7	60.3	60.1	61.7	66.1	62.0	60.7	63.9	62.3
−R	79.6	67.8	67.5	69.4	71.8	73.7	68.2	70.6	68.9
−0.75R	99.4	76.5	75.6	77.7	76.7	88.0	76.6	77.2	75.7
−0.5R	121.1	88.2	86.2	87.1	81.8	104.7	87.2	84.5	81.9
−0.25R	149.3	123.6	105.0	103.3	94.4	136.5	110.6	98.9	96
0	159.4	141.9	120.6	117.2	104.2	150.7	126.6	110.7	108.5
0.25R	162.8	151.7	136.8	132.8	116.3	157.3	140.4	124.6	120.8
0.5R	164.9	164.7	158.1	153.6	136.0	164.8	158.8	144.8	139.7
0.75R	176.9	177.0	170.3	165.6	147.1	177.0	171.0	156.4	150.6
R	185.5	185.6	179.1	174.4	154.8	185.6	179.7	164.6	158.9
1.25R	191.2	191.0	184.2	180.0	159.2	191.1	185.1	169.6	166.1
1.5R	190.5	190.0	183.1	178.4	158.4	190.3	183.8	168.4	165.8
1.75R	185.8	184.6	178.0	173.6	155.1	185.2	178.7	164.4	162.4
2R	175.6	174.3	167.7	163.3	149.8	175.0	168.4	156.6	154.5
2.25R	148.6	147.3	143.7	141.8	133.0	148.0	144.3	137.4	135.3
2.5R	136.8	135.0	126.1	124.2	118.9	135.9	128.4	121.6	118.7
2.75R	125.5	122.9	112.3	106.5	102.4	124.2	113.9	104.5	100.6
3R	111.0	107.8	95.5	88.6	89.2	109.4	97.3	88.9	89.1
3.25R	100.4	95.9	84.3	85.3	85.9	98.2	88.5	85.6	86.0
3.5R	89.6	85.6	81.8	83.6	83.8	87.6	83.7	83.7	84.0
3.75R	78.2	77.8	81.3	83.0	83.5	78.0	80.7	83.3	83.4

从上述数值计算结果可以看到，7203号台风路径在黄骅北部、中部和南部引起的风暴潮均远大于7203号和8509号台风路径对相应区域的影响，而距离7203号台风路径−0.5R的台风路径在黄骅区域5个输出点引起的风暴增水均为最大，因此我们选择距离7203号台风路径−0.5R的路径为影响黄骅区域最严重的台风路径，详见图5.42，图中★分别代表塘沽验潮站、黄骅验潮站。

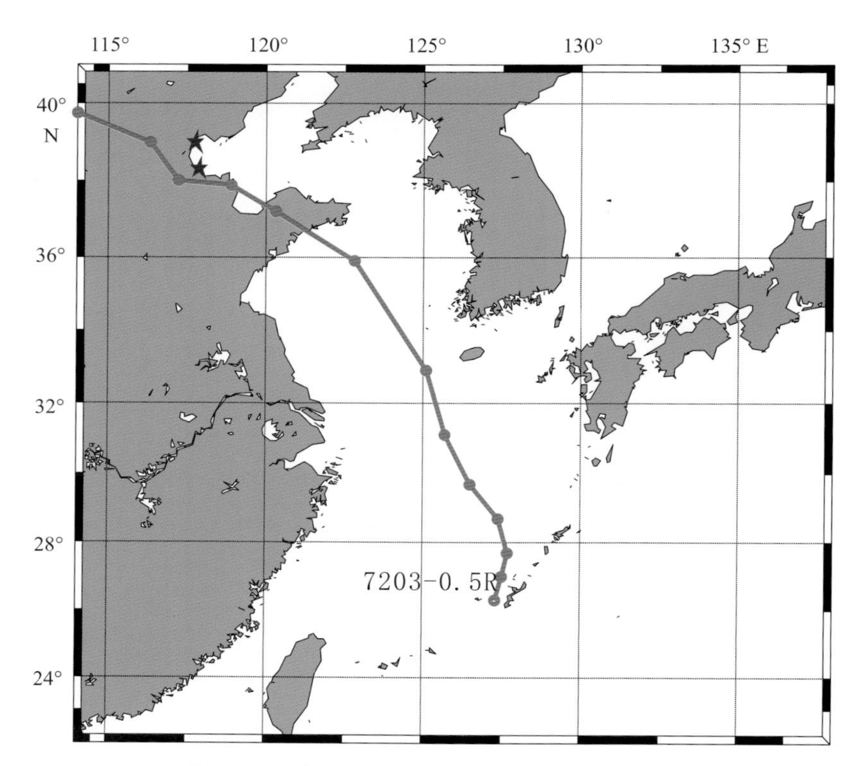

图5.42　距离7203号台风路径-0.5R的台风路径图

5.3.1.2　台风风级确定

台风参数的确定主要是对台风登陆中心气压及登陆时最大风速半径的确定。这里我们将台风登陆时的中心气压根据风级定为4级，分别为965 hPa（12～13级风）、975 hPa（12级风）、985 hPa（10～11级风）、995 hPa（8～9级风），由于台风越强最大风速半径越小，所以登陆时最大风速半径依次定为70 km、80 km、90 km和100 km。

5.3.1.3　潮汐边界条件

黄骅地区叠加的天文潮位值以黄骅港验潮站的值为代表，并参考塘沽站的潮位值。

分别计算黄骅港验潮站（图5.43）、塘沽验潮站（图5.44）19年的天文潮预报，排出高潮序列，选取10%超越频率的高潮值，分别为黄骅150 cm，塘沽157 cm，以黄骅站作为黄骅海区的叠加天文潮位。

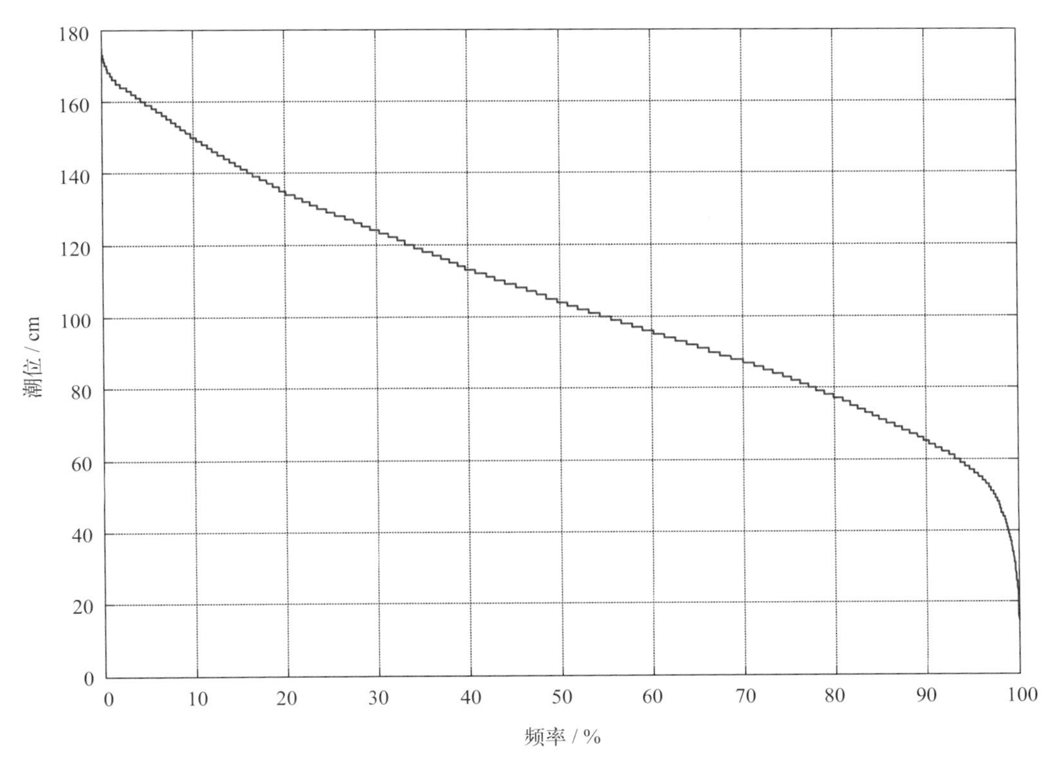

图5.43 黄骅站19年累积高潮频率曲线

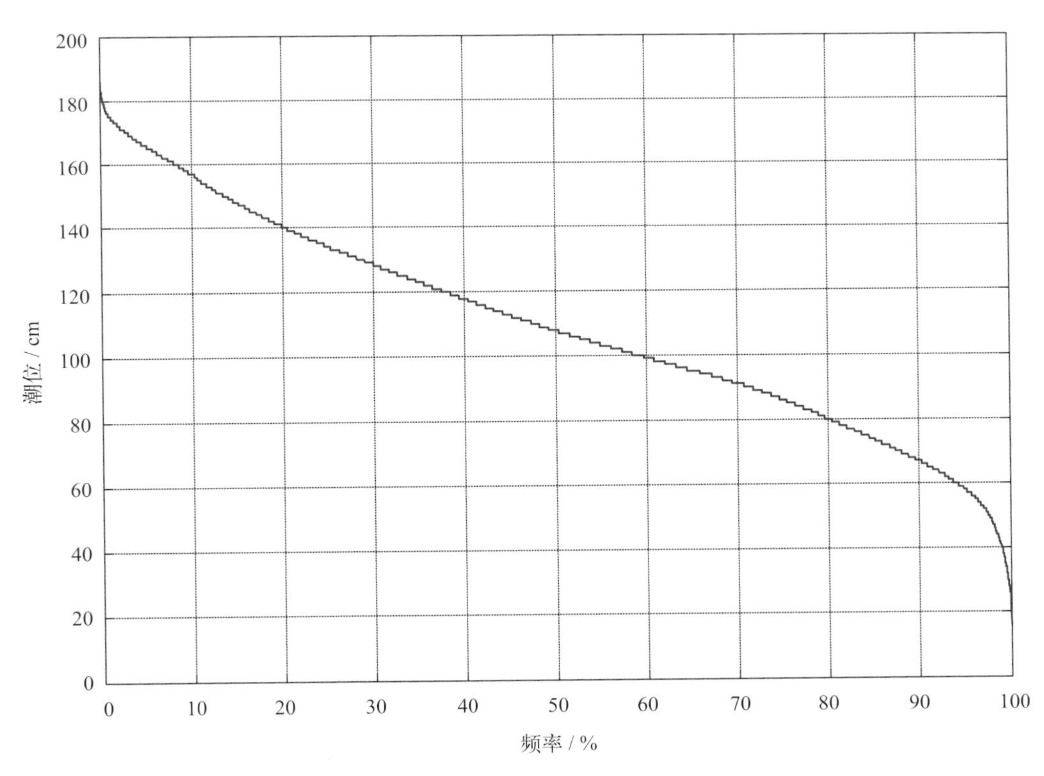

图5.44 塘沽站19年累积高潮频率曲线

5.3.1.4 地形数据

将风暴潮漫滩数值模式应用于具体的沿海风暴潮漫滩计算，沿海（及其沿岸）的地形数据非常重要。沿岸山地和丘陵地形非常不利于风暴潮的增水，而平缓的平原和坡地则非常有利于潮水的上涨；海堤可以直接阻挡潮水的侵袭，效果非常明显，海堤所具有的高度，直接决定了当地防潮的能力，另外，海堤必须能够在低洼地带连成完整的一条线，不能有潮水进入陆地的缺口，并且能够在风暴潮来临时抵御住巨浪的袭击，保证不在风暴潮增水期间损坏，这就要求海堤具有相当的坚固程度。

1）DEM

风暴潮漫滩计算的准确性在很大程度上取决于黄骅研究区内的高程值。黄骅地区的沿海属于渤海湾的顶端偏南区域，渤海湾在渤海中由于岸形、开口朝向以及水深等情况，都是比较容易形成增水的。黄骅沿岸则属于非常典型的平原地带，与渤海湾水下地形浑然一体，沿岸60 km宽度、30 km陆地纵深都没有可阻挡增水的自然地形，当大量海水漫过海堤时，非常有利于海水的大面积淹没。

2）海堤

黄骅研究区内由于地势低洼，近些年又经常遭受风暴潮袭击，因此沿岸基本都修建有海堤，但海堤的高程和工程质量状况不尽相同。海堤的高程直接决定了风暴潮来袭时，海水能否漫过堤坝进而淹没养殖场、道路、村庄。黄骅海堤在最近几年内经历了几次风暴潮过程，根据现场调查勘测报告，其目前的高程水平刚刚能够抵御1997年9711号台风、2003年“10.11”温带风暴潮。黄骅海堤的工程质量差别很大，大致可以分为3种类型，图5.45～图5.47是在黄骅考察过程中，现场拍摄的3种质量的海堤照片。图5.45是黄骅沿岸达标的海堤，这种海堤尽管堤顶还是泥土为主，但向海一侧护坡一般用青石和水泥砌成，比较坚固，并且建有较好的挡浪墙，在风暴潮来袭时，可以抵御一定的海浪。堤的宽度较宽，堤的向陆一侧也有较长的护坡，有些堤的护坡还经过强化处理，使得海堤能够经受一定的冲击。图5.46是基本达标的海堤照片。这些海堤一般修建时间稍早，有水泥护坡，但没有挡浪墙，在海浪比较猛烈时，护坡的坚固程度值得怀疑，向陆一侧的护坡有些已经被严重侵蚀，容易发生海堤透水甚至决口。图5.47是未达标的海堤，这些海堤一般仅由泥土堆砌而成，没有或只是经过简单的加固，防潮能力很弱，在海浪和潮水的不断打击和冲击下，很容易就失去防护作用，是当前迫切需要进行重新维修和加固的海堤。

黄骅沿海的各个岸段的海堤具有不同的高程和工程质量。其中，黄骅经济开发区（黄骅港）附近的海堤修建时间短，海堤高程比较一致，工程质量较好，因此防护效果较好。但这一地区也是黄骅沿海的重点开发区，人口稠密，港口码头、工矿企业和重要设施较多，对防潮的要求也较高。同时，考虑到地面沉降和海平面上升因素，这一岸段的部分海堤高程还应该继续提高，并且在几个码头和河口处缺乏防护能力，在严重的风暴潮来袭时存在一些安全隐患。

图5.45　黄骅沿岸达标的海堤

图5.46　黄骅沿岸基本达标的海堤

图5.47　黄骅沿岸未达标的海堤

南排河镇的南部一直到神华港的岸段海堤质量都比较高，基本都已达标，海堤的高程也较高，对风暴潮具有良好的防护能力。存在的问题是，南排河（含老石碑河）河口、黄浪渠、新黄南排干、老黄南渠等河流缺少必要的水闸，南排河南侧的河堤质量较差，灌溉用渠与河流之间的堤和闸门质量也较差，这使得风暴潮来袭时，水可能顺河流而上，并在内陆通过灌溉渠甚至决口的河堤扩展，从而淹没大面农场和盐场。

南排河镇的北部一直到到张巨河村附近的海堤质量也比较高，基本都已达标，并且海堤的高程很高，同时该地区人口稠密，沿海而居的人很多，风暴潮防护能力较强。小型河流也都建有闸门，群众警惕性较高，总体防护能力较强。

歧口村及其以南岸段的海堤质量整体上较差，无论从高程还是工程质量上来看，都难以满足防潮要求。由于该岸段的河流较多，而河流的闸门年久失修，造成海堤的连贯性不好，中间有多处断档，图5.47中未达标的海堤即是属于这一岸段的。海堤的整体高度比南排河至张巨河岸段低出不少，并且大多是用泥土直接堆成的，病险堤段较多。歧口村的居民地非常集中，在沿岸狭长地带内有超过1万多人，而且这个狭长地带的东面即紧靠未达标的海堤和几千米的虾池，部分住房则直接盖在了防护堤上，虽然几千米宽的虾池能够对海潮起到一定的阻挡作用，但在较严重的风暴潮面前，海堤和虾池的作用会大减，从而威胁到该地区的居民生命和财产安全。

如图5.48所示是黄骅岸段的海堤位置和高程标注。其中，港口以北岸段的海堤由于高程数据缺失，没有给出；北部歧口区域由于海堤位置相对杂乱，也没有在图中给出。

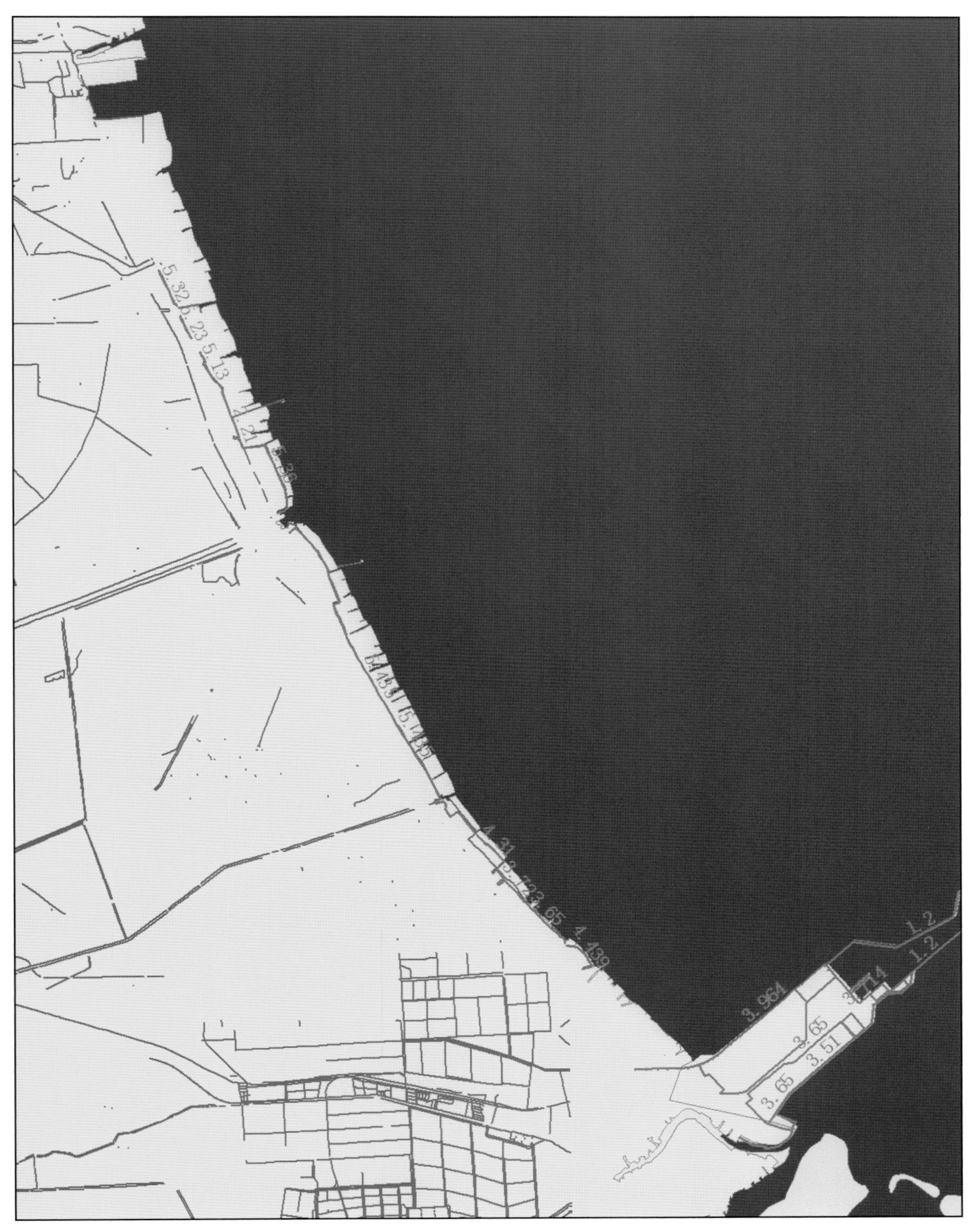

图5.48 黄骅岸段的海堤位置及其高程

3）河流和河口

黄骅研究区内的主要河流和河口如下所述。

南排河及其并行河流，河口无闸或无有效闸门，河流较宽，北侧有很高的防护堤，堤上建有省级公路，河流接近黄骅县城附近有很高的闸门，南侧河堤质量则较差，并且有排干用的若干沟渠经涵洞与河流相通，涵洞质量也较差，容易发生决口，2003年1011号风暴潮期间在老黄南排干交汇处有潮水顺老黄南排干向南溢出。

黄浪渠，与南排河的并行河流（新石碑河）合并，在南排河镇附近与新石碑河共用一个出海口，河口无闸，与新石碑河交汇处也无闸，由于距离河口较近，潮水沿河上溯的可能性很大，在南排河镇附近，两岸的河堤比较稳固。2003年1011号风暴潮期间在老黄南排干交汇处有潮水溢出。

新黄南排干，河口无闸，离河口几千米处有闸门，河流两侧河堤较好，需要注意是否存在有低洼处容易进水。

老石碑河，河口有闸门，河道淤积非常严重，河水较少，河流上游几千米处还有闸门，河堤较差，有比较明显的断档堤，潮水容易侵入。

大口河下游海兴段两岸及涟洼排干，河面宽阔，河口无闸，河口附近的北岸是老黄骅港码头，淤积比较严重，有一定的危险。河道分为北侧和南侧河道，北侧河道深入盐场和生活区，南侧河道则是河北省和山东省的天然分界线，南侧河道较深，两侧河堤质量好，高程高，危险系数很小，北侧河道有淤积，潮水容易顺流而上，河流两侧防护较差，有一定危险性，好在河道弯曲，在一定程度减缓海水的入侵作用。

捷地减河，河口有闸，但闸年久失修，已无法正常运作，闸门位置地势低洼，严重风暴潮容易漫过闸门入侵河流，河流两侧防护较差，沿河上溯几千米处有闸，但同样年久失修。

北排河，河口无闸，处于行洪区，因此地势开阔，海水可畅通无阻地沿河上溯，河流两侧防护较差。

沧浪渠，河口有闸，但闸年久失修，流经行洪区，地势开阔，河口在歧口村的海湾处，河口处淤积严重，在河口上游几千米处有土坝，河流两侧防护较弱。

南大港引水渠，潮水上溯时，可达南大港水库。

子牙新河，天津市和河北省交界处，处于行洪区内，地势开阔平缓，潮水容易上溯。

4）公路

黄骅研究区内的主要公路有：海防公路和老海防公路，南排河省道，新建设的沧州—黄骅港高速公路，港区公路等。

海防公路是连通黄骅地区南北向的主要公路。地势较高，平均约在黄海上3.3 m，在沿海海堤的陆地内侧形成了天然屏障，可以在一定程度上减轻对其他地势低洼地区的损害，但面临严重风暴潮时，公路本身可能也会被完全淹没。海防公路的（河北省内）最南端经过大口河河口附近，经过大口河北侧时公路高程较高，但在黄骅港偏南区域，公路的部分路段高程很低，非常容易受到风暴潮的袭击，导致积水。海防公路的从南排河以南到黄骅港的路段路面较好，高程较高，桥梁也比较稳固，公路还能起到一定的防潮作用。在南排河以南，海防公路分为（新）海防公路和老海防公路，（新）海防公路在西侧，老海防公路在东侧。海防公路比老海防公路地势明显高许多，海防公路和海堤之间是大量的居民地、工矿企业、重要地物和设施，这种情况一直贯穿至海防公路的（河北省）最北端，成为北侧一条重要的防护屏障。

老海防公路，老海防公路穿过北部几个村庄，地势较低，已经比村庄内大多数房屋的地基矮很多，公路的维护也比较差，并且还穿越几个低洼地带，非常容易受潮水影响。

南排河省道，修建于南排河北侧河堤上，该河堤地势很高，公路路面状况良好，从黄骅县城一直通到南排河镇。

沧州—黄骅港高速公路，新修建的高速公路，目前还没有完工，沧州—羊庄段已通车运行，羊庄—黄骅港段正在抓紧施工中，地势较高，风险较小。

港区公路，神华集团港区从陆地到码头修建有港区公路（如神华大道、输港公路等），港区公路通常地势较高，地基扎实，建筑质量很好，并且修建有防浪墙，能够抵御一定的风暴潮漫滩危险。

5）养殖区和盐场

黄骅沿岸的养殖区（以虾池为主）随处可见，这也是当地渔民的主要经济来源。海堤内侧，除了居民住房外，几乎全都开发成一块块的养殖场；海堤向海的外侧，也开发了大量养殖场，向海延伸几百米至五六千米。养殖场都是由简单的泥土堆砌而成，非常简陋，海堤内侧的养殖场还可以有海堤保护，海堤外侧的养殖场则直接暴露在风暴潮侵害的风险下。养殖区的引水通过修建简单的引水闸门和涵洞进行，容易造成渗水。堤外的养殖场大都用较高的泥土简单堆积成较矮的土堤，这种土堤只能应付很轻微的风暴潮和天文大潮的侵袭。目前填海修建养殖区正不断地向海域发展。

黄骅研究区的南部有大面积的盐场，如长芦黄骅盐场、黄骅盐场、沧州长华盐场等，盐场通过海堤上的闸门和涵洞引进海水，然后再不断地逐级浓缩，最后到小池中提取海盐。盐场的引水渠相对比较规范，引水的闸门和涵洞也相对结实稳固，但是否能够经受住巨浪的袭击，还需要进一步检验。

如图5.49所示是黄骅研究区的地形图，该图是在原始DEM的基础上，进行了纠错、接边、拼接和融合处理后，综合了海堤、河堤、河流、闸门、涵洞、公路、港口、水库、养殖区和盐场等的数据后，制订的用于漫滩计算的研究区内地形场数据。

5.3.1.5　黄骅台风风暴潮应急疏散图研制

根据台风路径、台风风级、台风大风半径、天文潮叠加和黄骅的地形数据，利用变网格台风风暴潮数值模式和高分辨率风暴潮漫滩数值模式，计算黄骅研究区的台风风暴潮漫滩风险。计算结果修订后，如图5.50所示。

图5.49 黄骅研究区的地形图

图5.50 河北省黄骅市沿海台风风暴潮灾害应急疏散图

台风强度较弱（P_0= 995，风级8～9级），同时在有利的天文潮叠加时，计算结果显示，黄骅沿岸增水基本超过警戒潮位（480 cm）。但由于南排河以南（包括黄骅港和开发区）的海堤质量较好，只有部分海堤以外的小块养殖区、黄骅港伸出到海区的海堤（高程较低）、大口河河口部分滩涂岸段有淹没危险。南排河由于没有挡潮闸，潮水会沿河上溯，黄浪渠潮水沿河上溯的可能性也很大，并可能在部分涵洞或闸门出向陆上河流的两侧溢出。在南排河镇附近，两岸的河堤比较稳固，影响不大。南排河镇以北地区，在海堤向陆一侧基本没有影响，但向海一侧海水可能淹没大片的养殖区、盐场及部分海岸设施，因此淹没风险较大。

台风强度增强（P_0= 985，风级10～11级），同时在有利的天文潮叠加时，计算结果显示，黄骅沿岸增水明显增大。黄骅港的部分未利用地块有被淹没风险，码头也会轻微上水。大口河河口处，河流两侧海水上涌较为严重，正对河口的盐场有可能上水。南排河镇以南海堤外侧的养殖区都有淹没风险，但海堤内侧还比较安全。南排河、黄浪渠都有较为严重的海水沿河上溯，黄浪渠的海水外溢更加严重。南排河以北（后唐堡村以北）的居民村落将有可能上水，石碑河以北的村落则更加危险，受淹的可能性非常大。子牙新河河口附近及其向陆的大片区域，都可能会发生海水淹没，危险性较高。

台风强度继续增强（P_0= 975，风级12级），同时在有利的天文潮叠加时，计算结果显示，黄骅沿岸的增水继续增大，可能受淹的面积也继续扩大。黄骅港的南侧地块、部分货场都将可能上水。大口河河口盐场的过水面积可能继续增大。新黄南排干渠可能进水，并在盐场附近散开。南排河以南的海堤有可能抵抗不住海水的侵袭，有轻微的漫堤风险。南排河和黄浪渠的海水外溢范围继续扩大，已经严重影响到河流两侧的居民住地、盐场和农田及其他重要设施。南排河河口北侧也不再非常安全，海水有冲上北侧海堤的风险。石碑河以北仍然是海水淹没的重灾区，大片的盐场、水库和土地，及河流、公路等都可能收到海水侵袭。石碑河以北、沿岸的居民地不安全，几乎都可能被海水淹没。

台风强度达到更高级别（P_0= 965，风级12～13级），同时在有利的天文潮叠加时，计算结果显示，黄骅沿岸的受淹面积进一步增大，几乎沿岸的所有堤坝都可能受到严重影响，需要密切防范。黄骅港的过水面积进一步增大，除了极少部分区域外，绝大部分码头、货场等都可能会受到海水影响。海水在大口河附近盐场的淹没还会进一步扩大。在南排河和黄骅港之间较为坚固且高程较高的海堤有可能不再完整有效，海水可能会漫堤并向内陆扩展，这些岸段的河流、闸门、涵洞非常危险，压力很大。南排河、黄浪渠的海水上溯和外溢会更加严重，但由于台风过境时间有限，增水时间较短，在中捷农场场部附近，还难以形成有效的大面积淹没（涵洞、闸门不损坏的情况下）。南排河以北的沿岸村镇都不再安全，海水淹过将从南排河到子牙新河的大片地区，除极个别区域外，几乎所有地块都可能受到海水的严重侵袭。值得一提的是，南排河及其他河流的河堤上修建有高程非常高的公路，这些道路在河堤不被冲垮的情况下，是不会被淹没的，因此也将会是重要的疏散通道。

5.3.1.6 黄骅台风风暴潮灾害风险图研制

根据河北省黄骅、唐山和秦皇岛的实地考察结果，结合大比例尺底图和高分辨率遥感图像，将反映沿海地区社会经济情况的各种地物进行分类，并根据人民生命和财产的可能损失的重要性制定危险级别，分为如表5.8所示4个级别，每个级别对应着各种具体的地物分类。

表5.8 风暴潮灾害受体分类表

级别	内容
四级	生命财产安全、关键机构、关键设施。具体有：村镇、居民地、学校、医院、政府机关、派出所、电厂、关键堤坝等
三级	重要生产设施和居民基本生产物资。具体有：港口码头、货场、钢厂、开发区重要企业、加油站、养殖场、渔码头等
二级	一般设施。具体有：主要公路、桥梁、铁路、盐场、农田等
一级	其他非重要用地。具体有：次要公路、河流、灌溉渠、荒地、待开发用地、未利用土地等

黄骅台风风暴潮灾害风险图分析如下。

国际上通用的风险评估一般采用下面的公式：

$$R = H \times V$$

其中，R（Risk）代表风险，H（Hazard）代表危险性，V（Vulnerability）代表脆弱性。

将台风风暴潮可能的4种淹没范围与可能损失重要性的4个级别进行综合考虑，按照上述公式，一共得到16种台风风暴潮灾害损失风险评估类别，结果如图5.51所示。

从整体上看，黄骅研究区的北部（南排河以北地区）遭受风暴潮时，灾害损失风险明显大于南部，这也是由于渤海湾整个岸线的形状、北部地势低洼以及北部防潮能力较弱造成的。南部（南排河以南地区）则由于较高的地势，岸形相对北部有利，海堤较高、坚固且连续性好，使得南部风险相对较小，但由于南部具有非常重要的黄骅港（以及散装码头等）及其附属设施，渤海新区（黄骅经济开发区），以及较为繁华的居民驻地，因此防护的意义非常重大，在强台风来临时不掉以轻心，需严密注视，坚强堤坝和安全，必要时进行疏散和撤离。

由于即使在台风强度较弱，如$P_0 = 995$，风级8～9级，同时在有利的天文潮叠加下，沿岸的养殖区也经常被淹没，因此沿岸主要海堤外的养殖区的损失风险程度很高。黄骅北部歧口村到张巨河村之间的居民地非常密集，地势低洼，又比较容易受淹，直接关系到人民生命安全，因此风险程度也非常高。同理，在行蓄洪区兴建的盐场，也具有一定的风险。张巨河村到南排河镇之间的村镇，在强台风来临时，防护能力不足，海堤有明显缺口，海水容易迂回后深入陆地，因此风险也很大。南排河镇附近更是居民聚居的地区，并且有学校、医院、

图5.51 河北省黄骅市沿海台风风暴潮灾害风险图

政府机关驻地等，需要加强防范，但由于该地区地势较高，并且紧邻地势很高的南排河河堤（也是一条修建质量较高的省道），因此相对较为安全。但从歧口到南排河众多河流中的渔港和停泊的渔船，在风暴潮来临时，几乎无法躲避，必然受到严重的损失。北部的重要工矿企业相对较少，主要有石油化工厂、造船厂、养殖场、冷冻厂、加油站等，其中造船厂、养殖场和冷冻厂由于靠近海岸线，遭受损失的风险很大。

南部海堤外的养殖场较少，并且风暴潮相对较弱，因此养殖业损失较少。但南排河南部和大口河北岸都是当地经济较为繁华的地区，人口较为稠密，需要严加防范。黄骅港的码头和货场，甚至是电厂和核心办公区，都有潜在的淹没风险，造成巨大的经济损失，在较强台风来临时（如面临12～13级风的台风时），通往港区的公路和铁路，都会被淹没，因此需要及早制订周密的疏散和撤离方案。因此，黄骅港和其主要公路、铁路，都是需要重点防范的地区。南部盐场较多，尤其是大口河附近的盐场很多，当台风级别较高时，海水会顺大口河上溯，进而淹没河口区的部分盐场，此外，海水还有可能突破新黄南排干的闸门，淹没附近的长华盐场，使得新黄南排干附近的遭受一定的经济损失。

5.3.2 温带风暴潮灾害风险评估

5.3.2.1 温带天气系统的选取

目前，造成渤海沿岸最大增水的天气形式是变性后的台风与冷空气的配合。当移经黄渤海的台风减弱为低压或变性为温带气旋又与北方冷高压配合时，将造成渤海湾和莱州湾严重的风暴增水，继而引发潮灾。

根据渤海湾和莱州湾历史风暴潮增水资料统计分析：引起上述地区显著温带风暴增水的最主要的天气形式是冷锋配合低压系统，尽管孤立气旋、横向高压也是引起风暴潮增水的天气类型，但其增水值远比北高南低型低。因此选择冷锋配合低压天气系统作为唐山和黄骅地区温带风暴潮风险分析的温带天气系统。

冷锋配合低压类：这类风暴潮多发生于春秋季, 渤海湾、莱州湾沿岸发生的风暴潮，大多属于这一类。其地面气压场的一般特点是，渤海中南部和黄海北部处于北方冷高压的南缘，南方（江淮）低压或气旋的北缘。辽东湾到莱州湾吹刮一致的东北大风，黄海北部和渤海海峡为偏东大风所控制。在这样的风场作用下，大量海水涌向莱州湾和渤海湾，最容易导致强烈的风暴潮。塘沽站1965年11月7日出现的51年中的第二大高潮位（5.72 m）就属于这种天气类型。塘沽站出现的1950年以来的第一大温带风暴增水（2.32 m，发生在1966年2月20日），也属于这种天气类型。

在2003年“10・11”特大温带风暴潮灾害中位于河北南部海区的沧州沿海最大风速为25.0 m/s，风向为东北东（ENE），出现时间是10月11日4时10分，瞬时最大风速为28.0 m/s。10日19时平均风力在5级以下，20时风力加强至6级，21时加强至7级，22时加强至8级，11日0时加强至9级。10日22时—12日4时的时间内风力始终在8～9级之间，12日5时风力开始减弱至7级以下，12日14时风力减弱至6级以下。风向为东北东（ENE）、东北（NE）、北北东（NNE）方向。

引起"10.11"特大温带风暴潮灾害的温带天气形式属于冷锋配合低压天气系统（如图5.52～图5.56所示），如果低压与冷空气配合良好，能量势均力敌，极易在渤海湾和莱州湾形成强风暴潮增水，甚至引发潮灾。相比于2007年3月3—5日影响渤海范围的温带天气系统而言，前者对于黄骅地区的影响更为严重，因此以引起"10.11"特大温带风暴潮灾害的温带天气形式作为黄骅地区温带风暴潮风险分析的温带天气系统，在此基础上，合理分级，用风速作为不同级别天气系统划分的依据。选择22 m/s、27 m/s、32 m/s和37 m/s风速作为四档天气系统划分标准，分别由低到高对应四档天气系统，最严重的为第四档风速37 m/s。

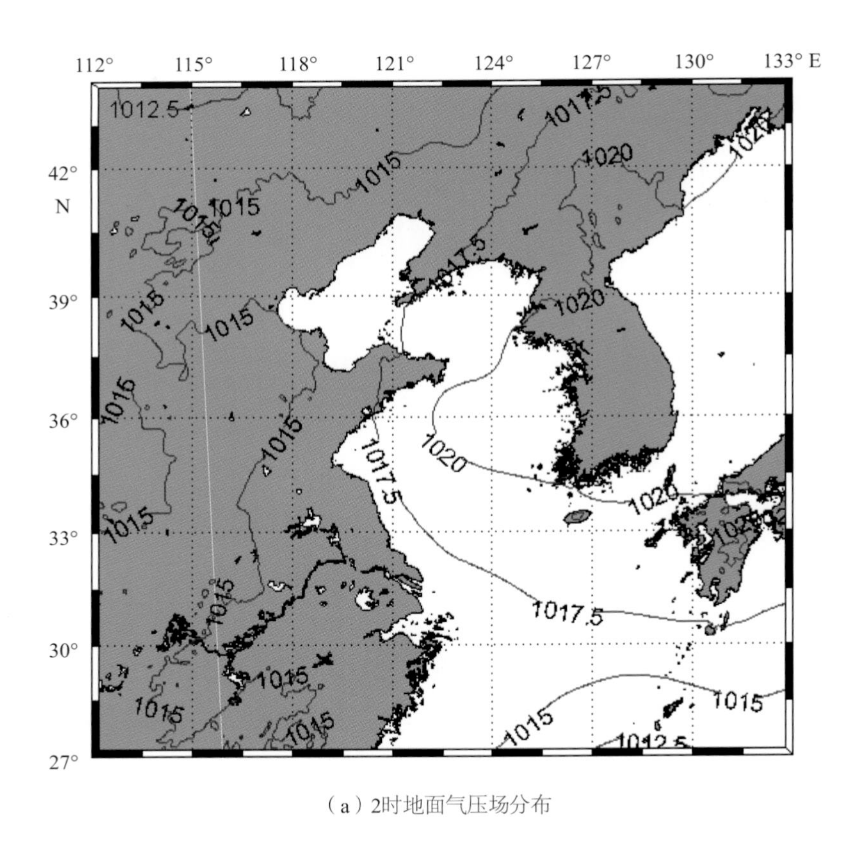

（a）2时地面气压场分布

图5.52 2003年10月9日地面气压场、风场分布图（一）

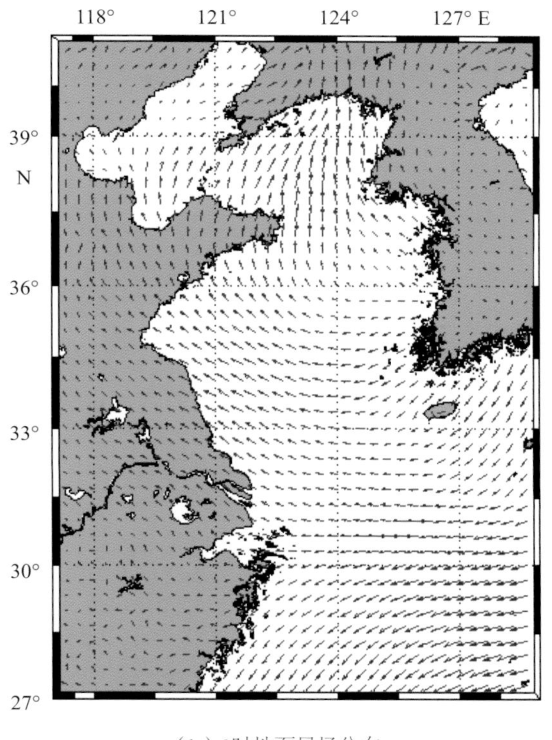

（b）2时地面风场分布

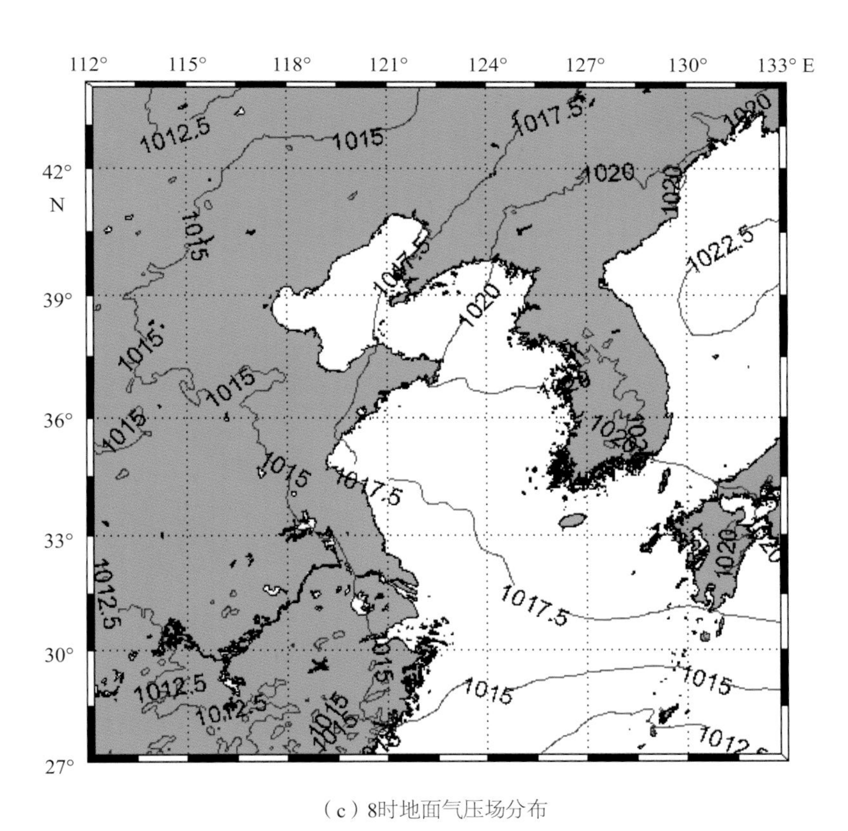

（c）8时地面气压场分布

图5.52　2003年10月9日地面气压场、风场分布图（二）

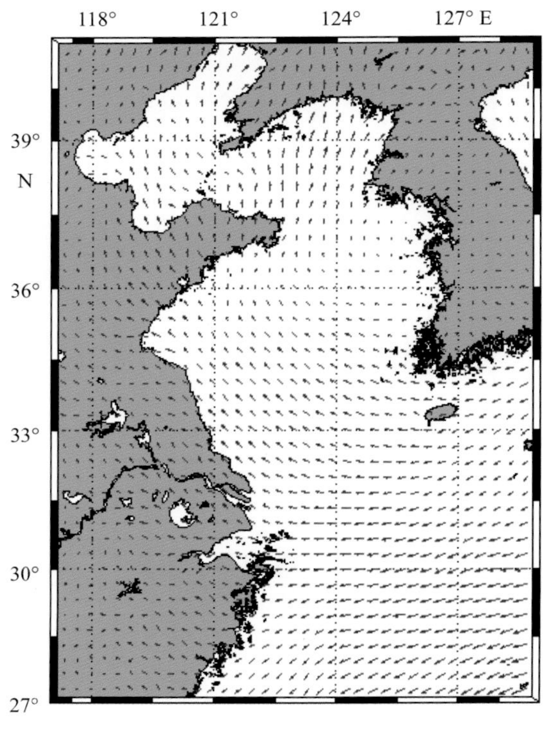

（d）8时地面风场分布

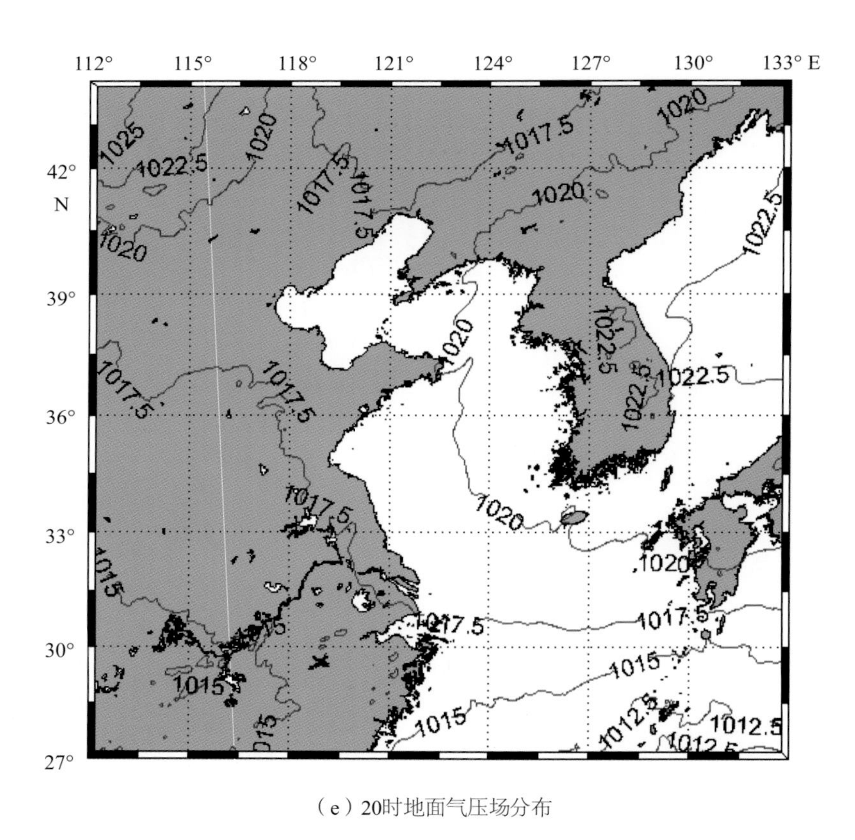

（e）20时地面气压场分布

图5.52　2003年10月9日地面气压场、风场分布图（三）

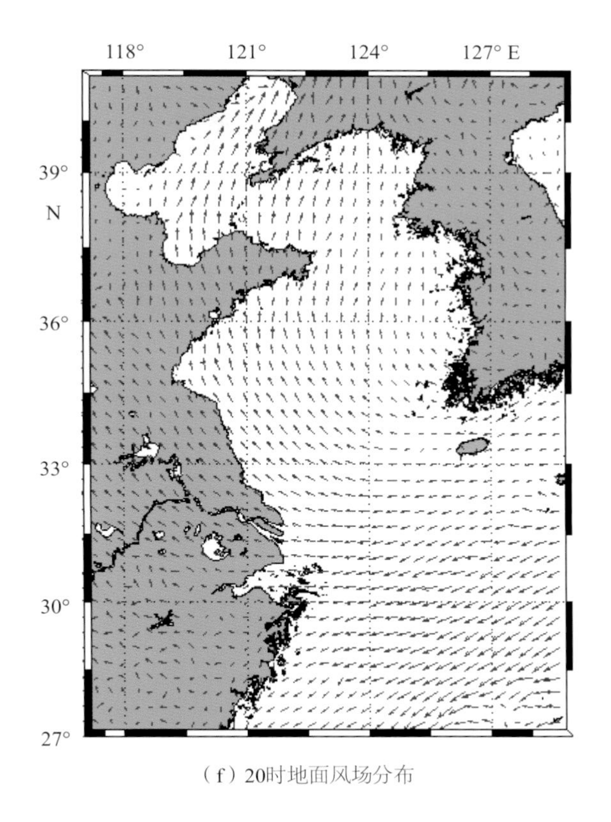

（f）20时地面风场分布

图5.52　2003年10月9日地面气压场、风场分布图（四）

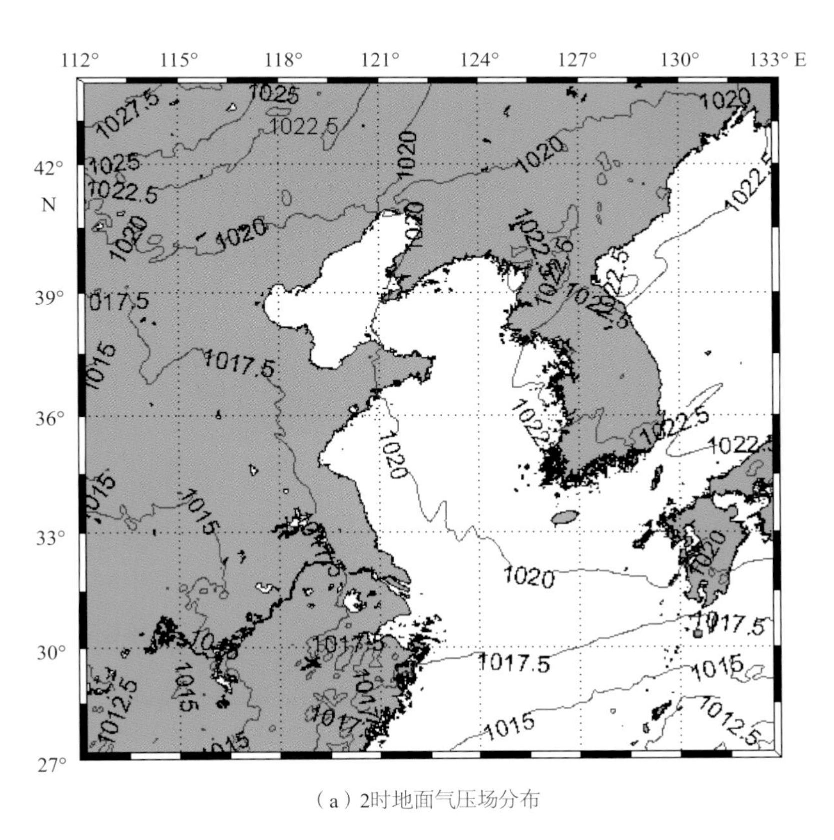

（a）2时地面气压场分布

图5.53　2003年10月10日地面气压场、风场分布图（一）

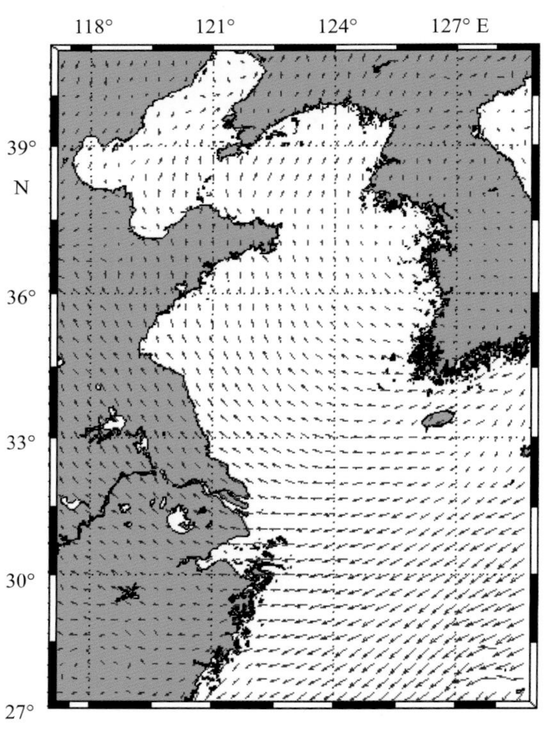

（b）2时地面风场分布

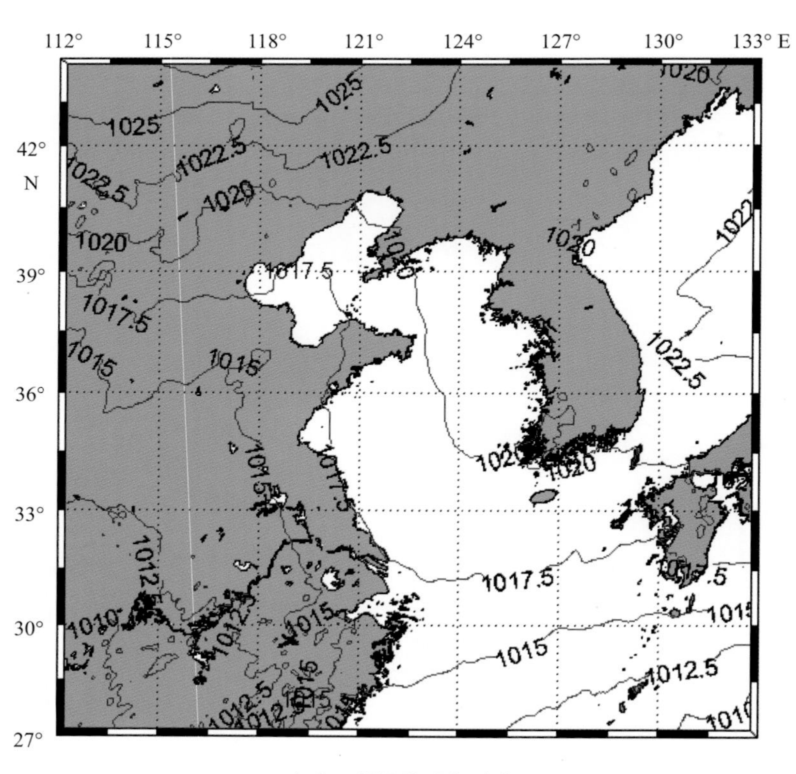

（c）8时地面气压场分布

图5.53　2003年10月10日地面气压场、风场分布图（二）

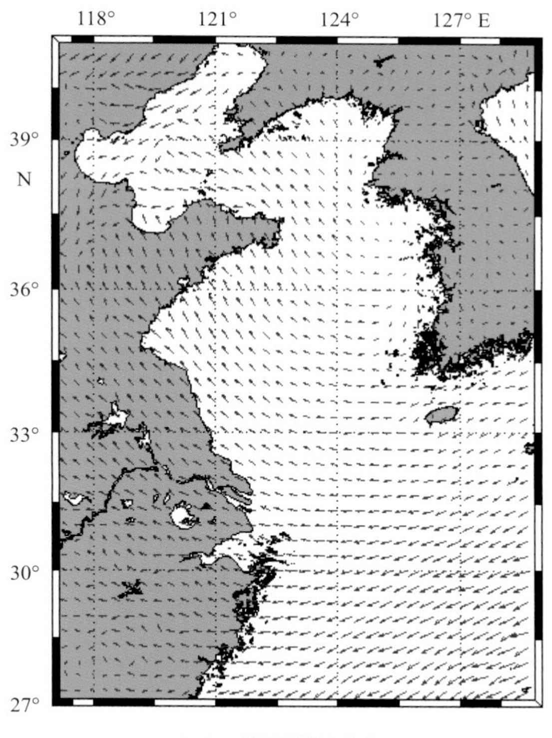

（d）8时地面风场分布

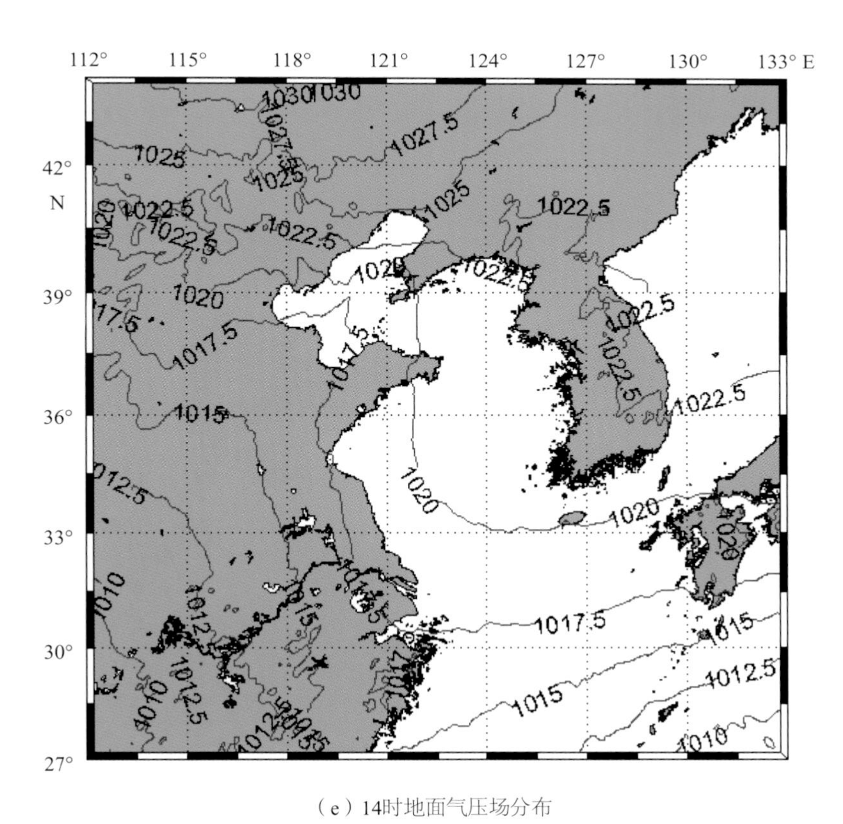

（e）14时地面气压场分布

图5.53　2003年10月10日地面气压场、风场分布图（三）

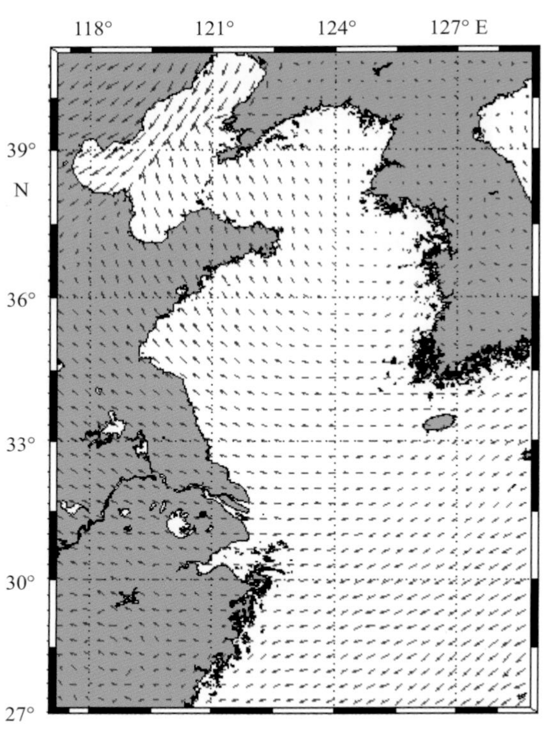

（f）14时地面风场分布

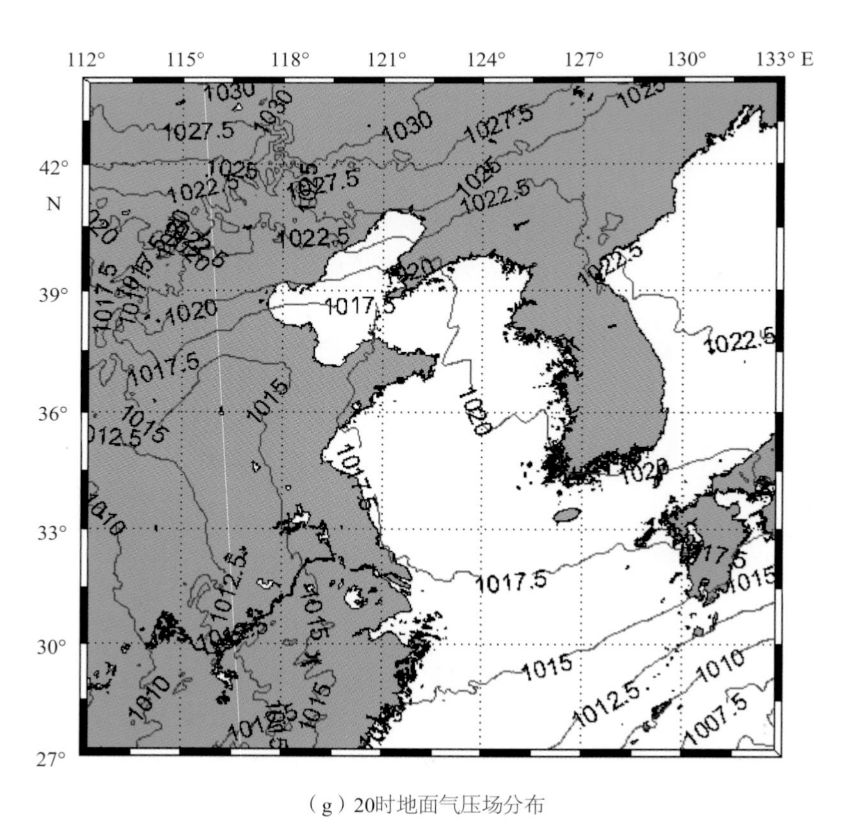

（g）20时地面气压场分布

图5.53　2003年10月10日地面气压场、风场分布图（四）

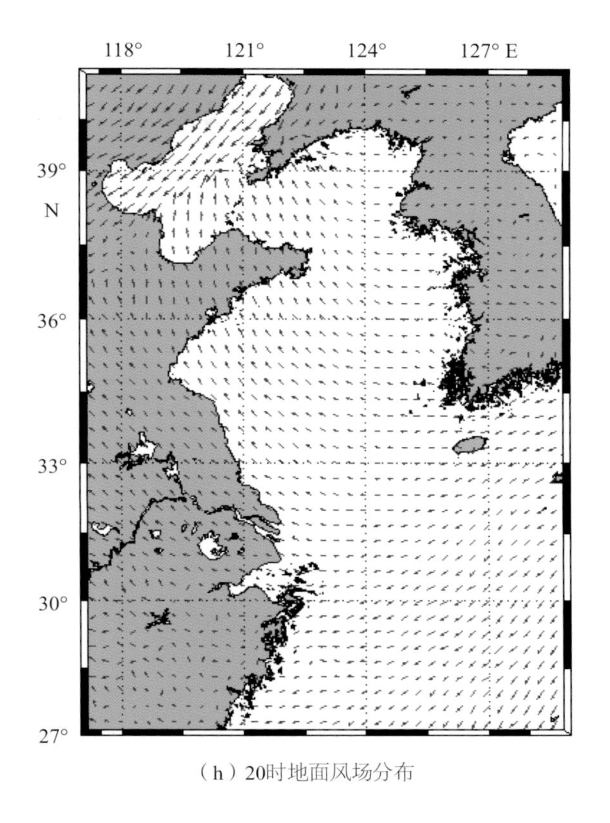

（h）20时地面风场分布

图5.53　2003年10月10日地面气压场、风场分布图（五）

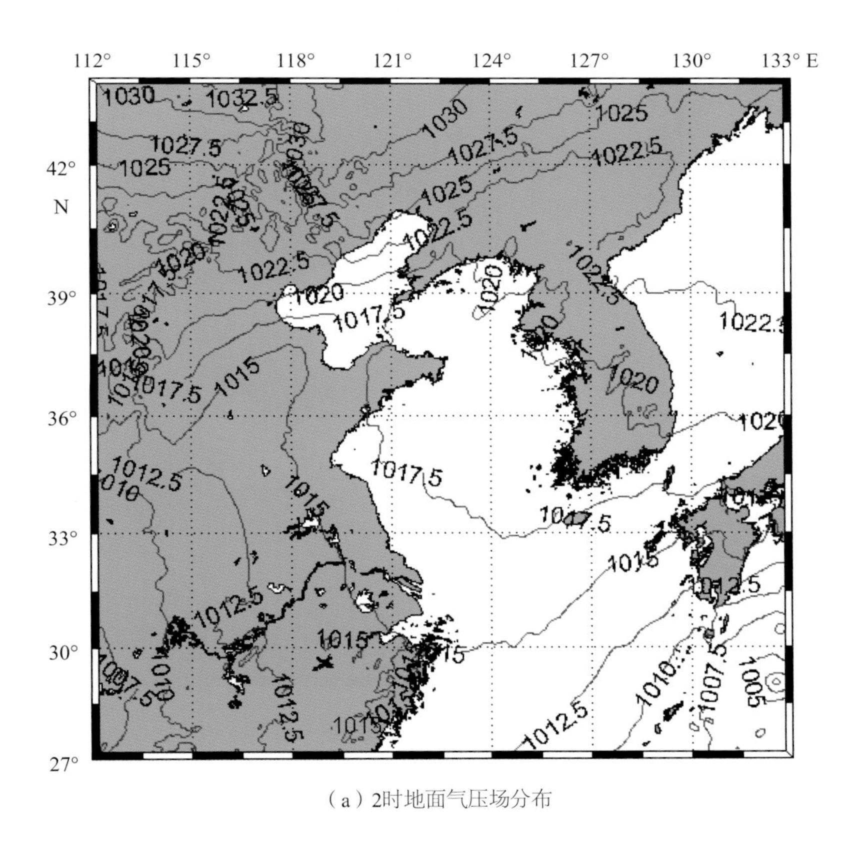

（a）2时地面气压场分布

图5.54　2003年10月11日地面气压场、风场分布图（一）

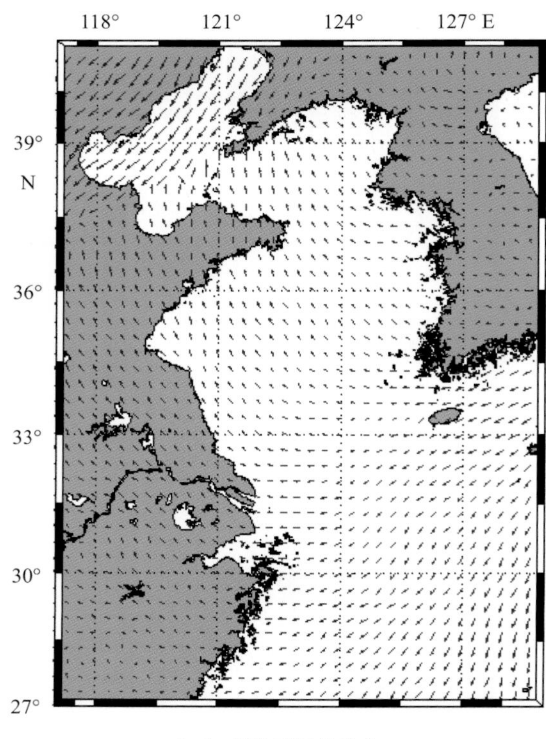

（b）2时地面风场分布

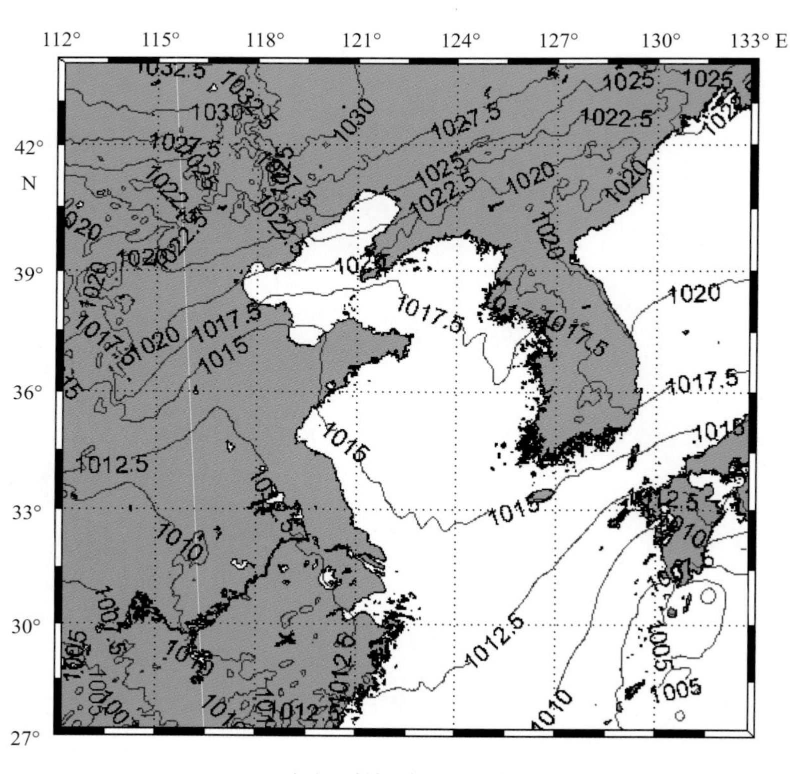

（c）8时地面气压场分布

图5.54　2003年10月11日地面气压场、风场分布图（二）

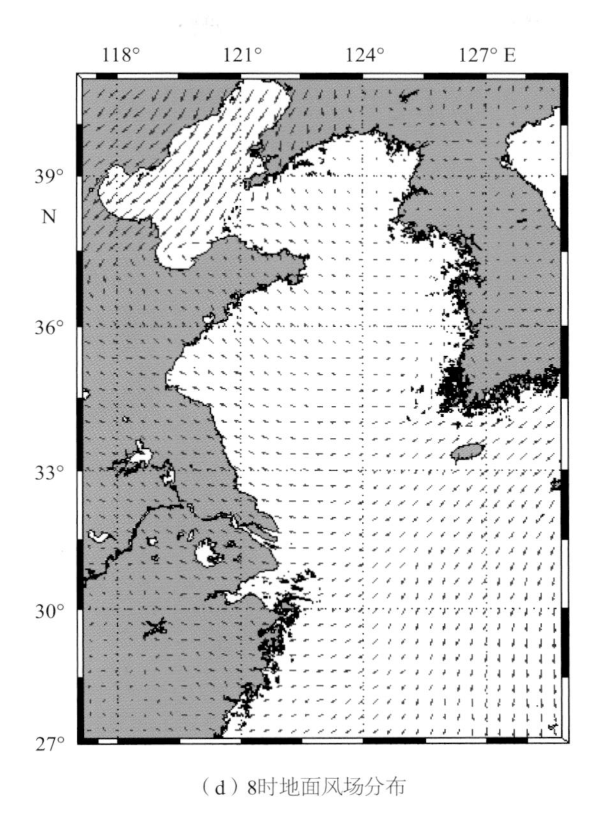

（d）8时地面风场分布

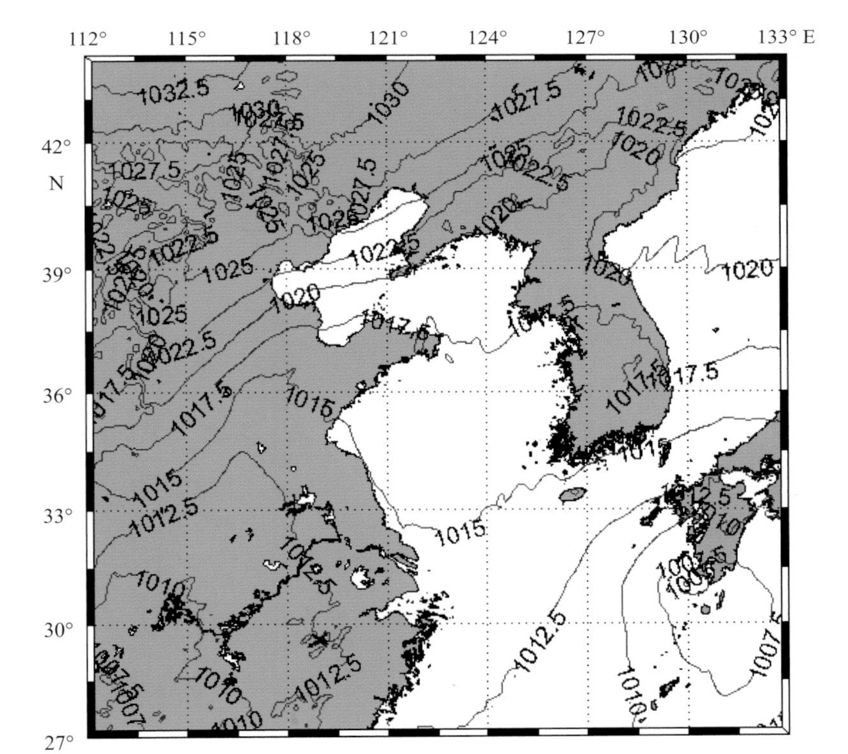

（e）14时地面气压场分布

图5.54　2003年10月11日地面气压场、风场分布图（三）

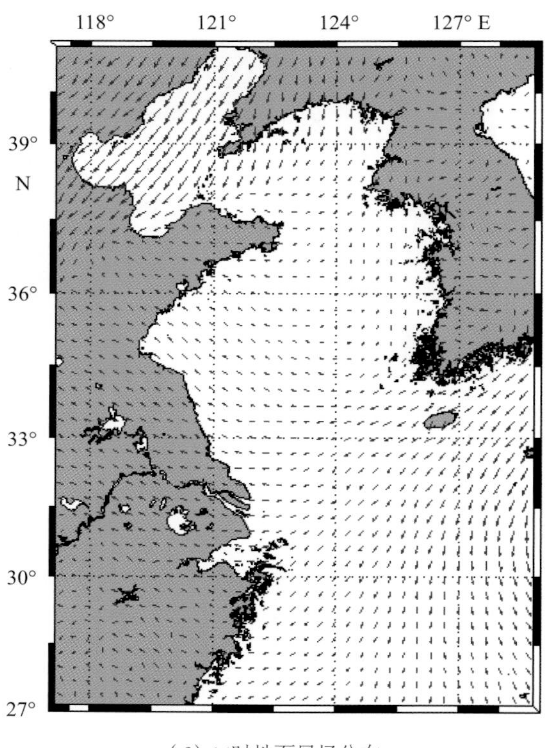

（f）14时地面风场分布

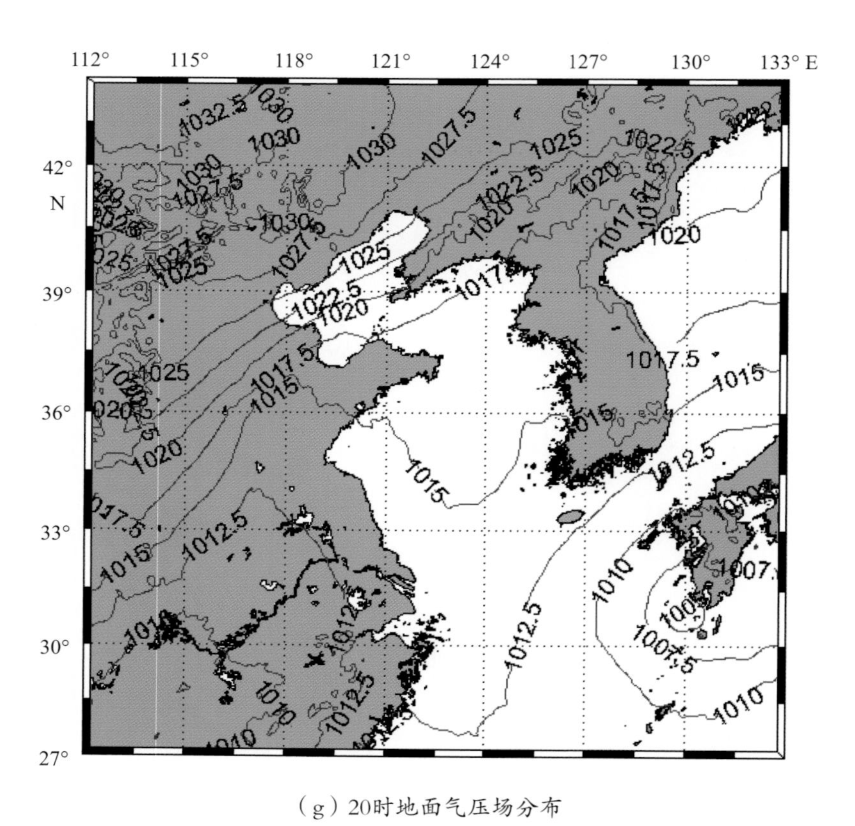

（g）20时地面气压场分布

图5.54　2003年10月11日地面气压场、风场分布图（四）

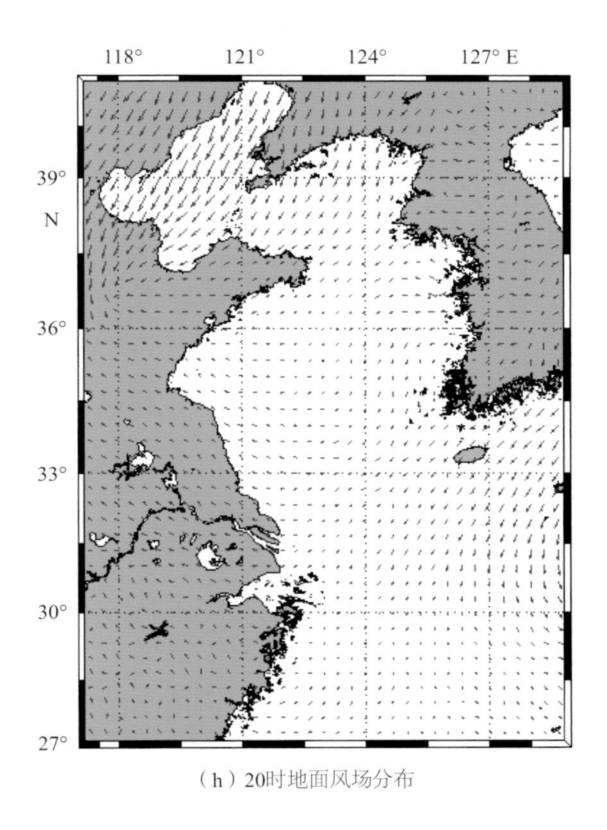

（h）20时地面风场分布

图5.54　2003年10月11日地面气压场、风场分布图（五）

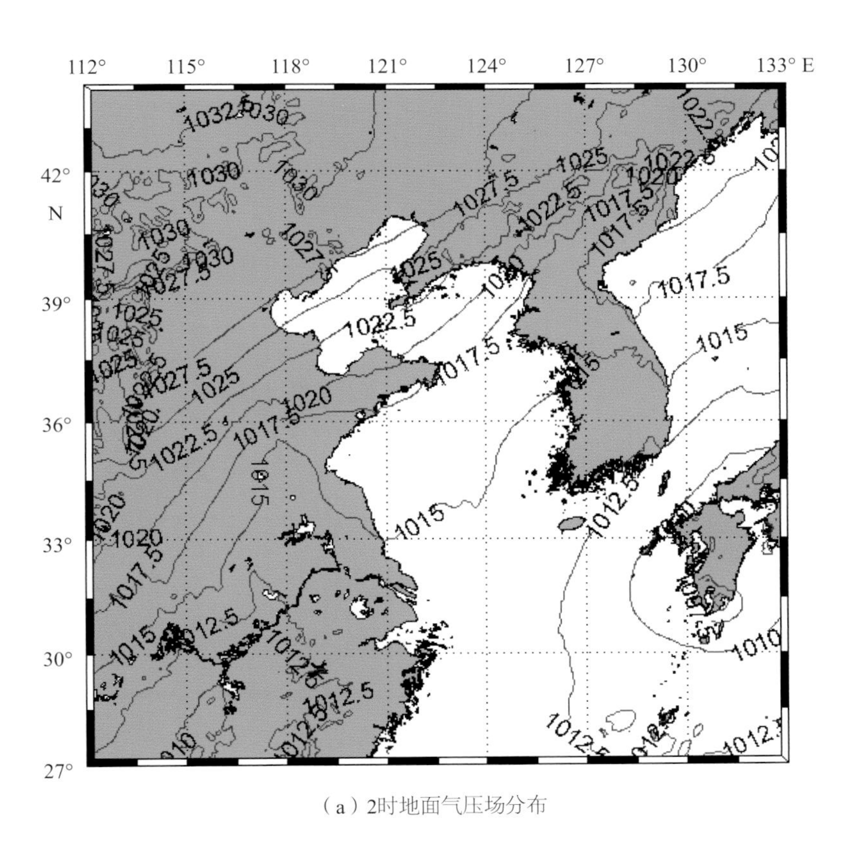

（a）2时地面气压场分布

图5.55　2003年10月12日地面气压场、风场分布图（一）

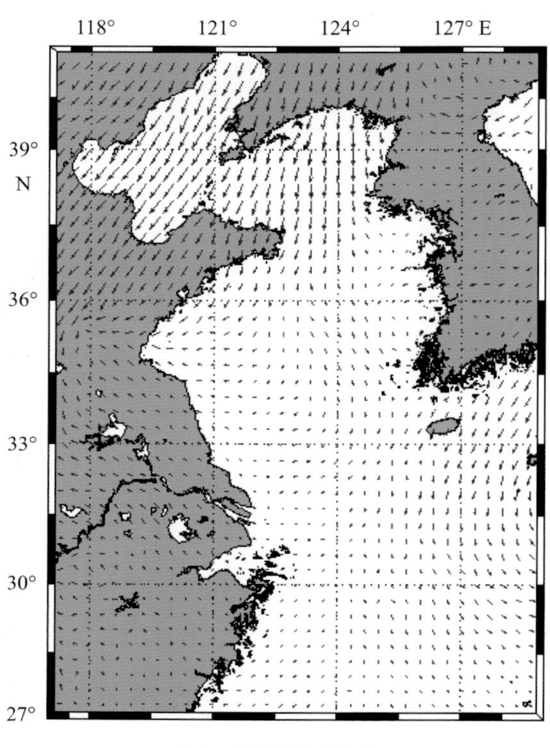

（b）2时地面风场分布

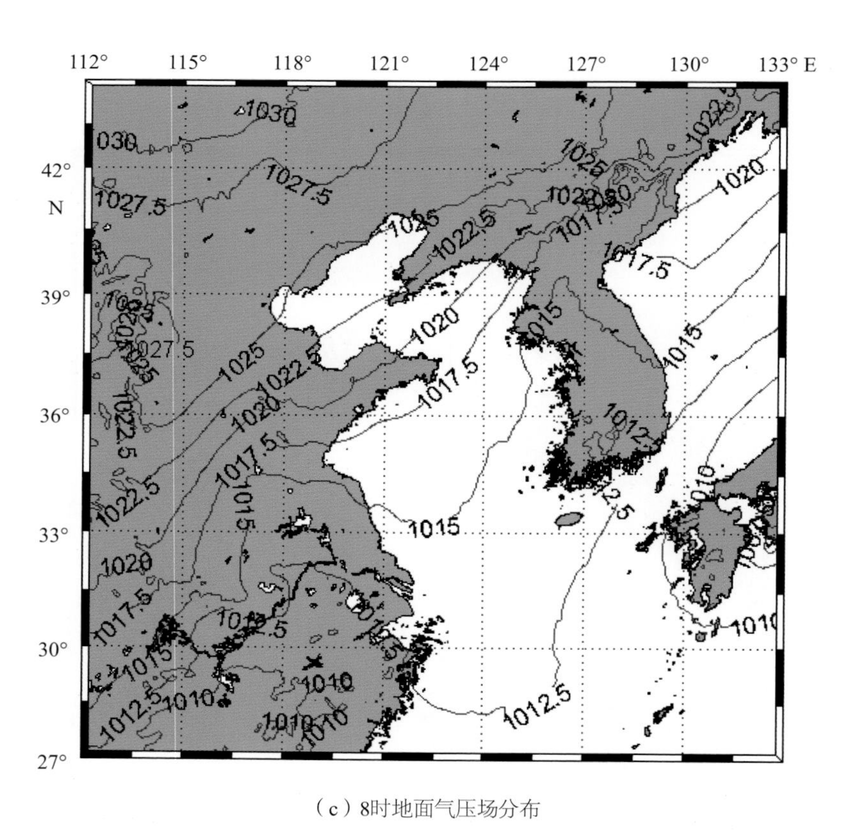

（c）8时地面气压场分布

图5.55　2003年10月12日地面气压场、风场分布图（二）

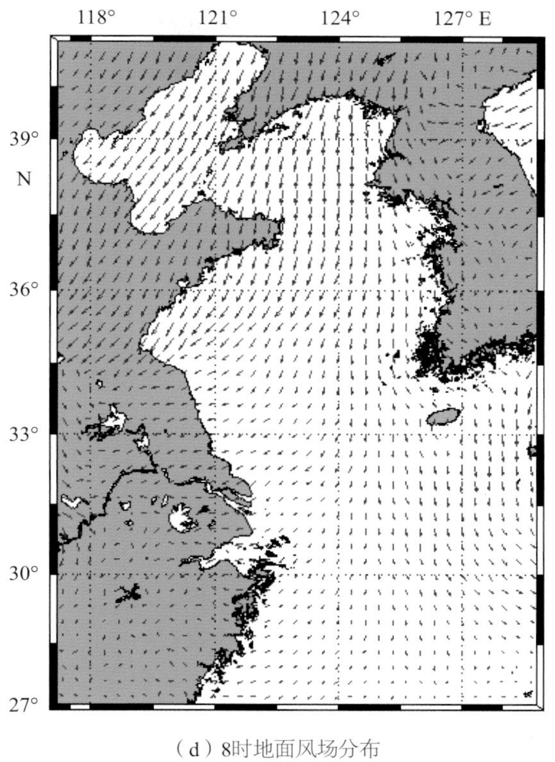

（d）8时地面风场分布

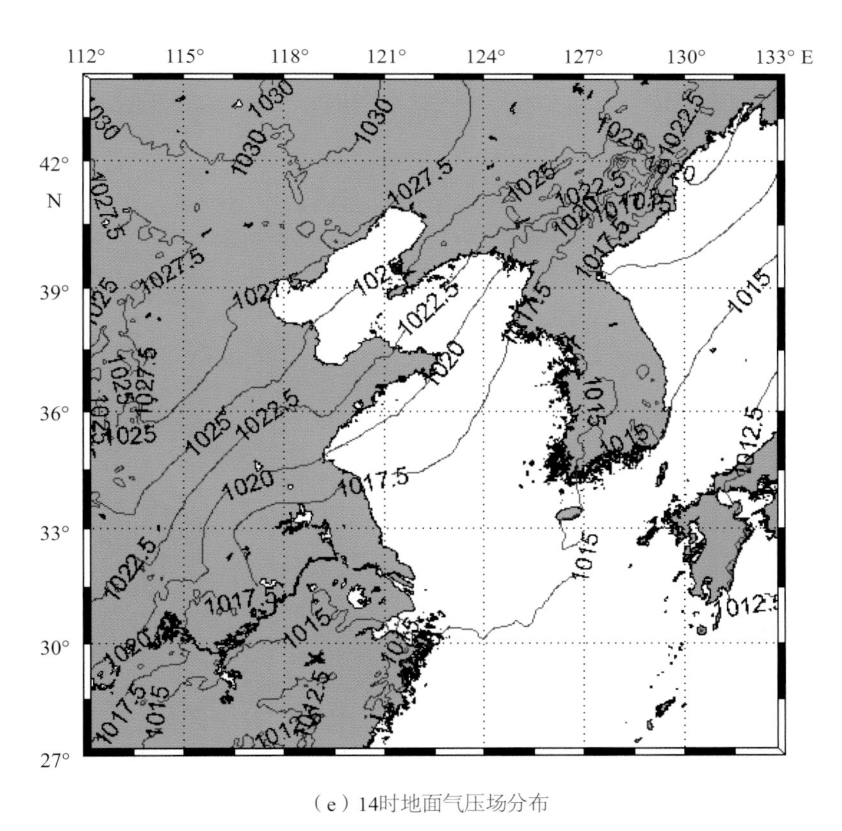

（e）14时地面气压场分布

图5.55　2003年10月12日地面气压场、风场分布图（三）

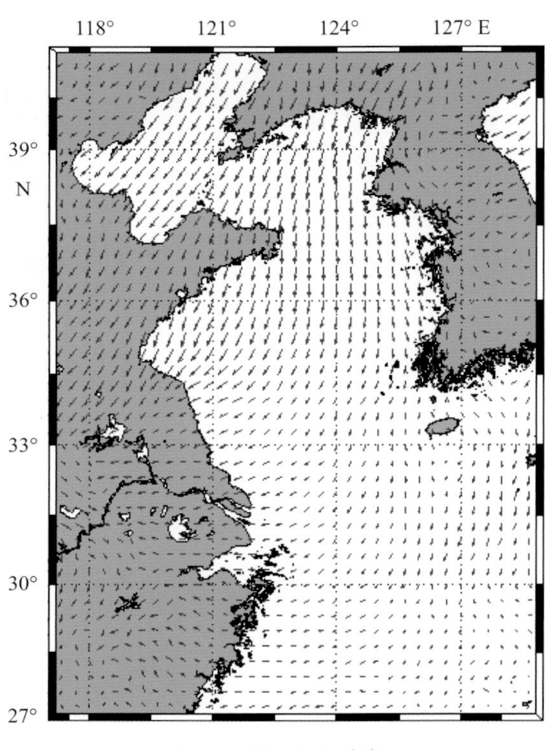

（f）14时地面风场分布

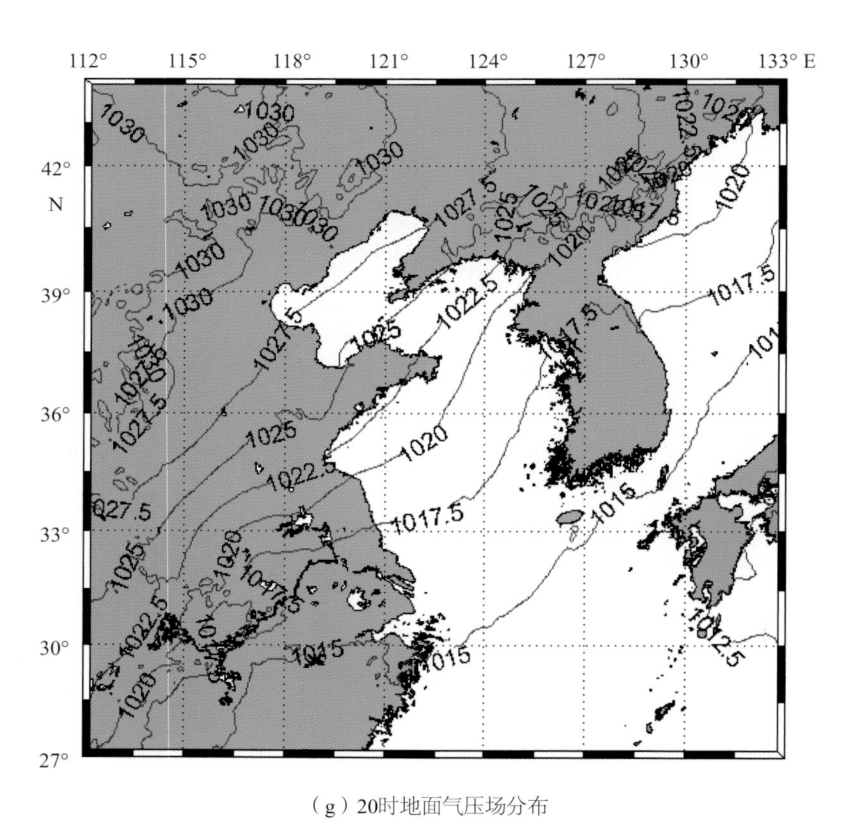

（g）20时地面气压场分布

图5.55　2003年10月12日地面气压场、风场分布图（四）

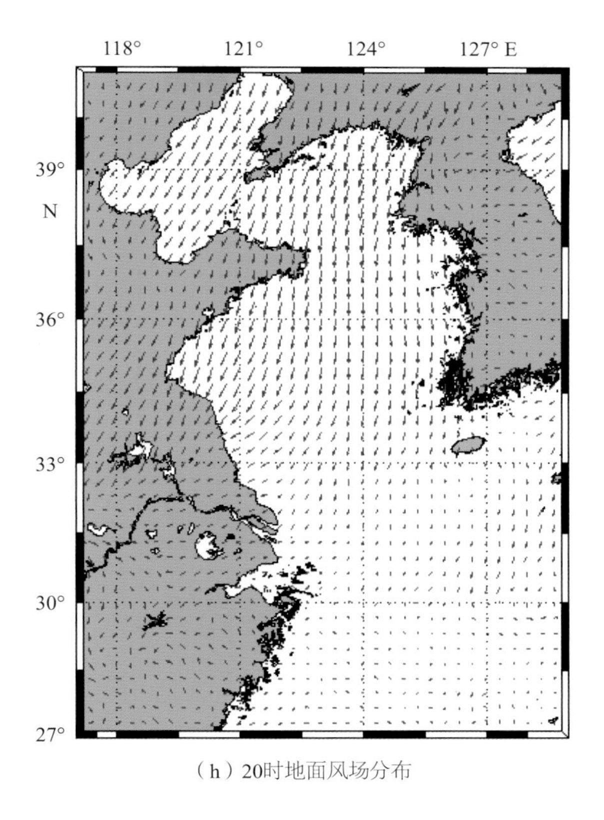

（h）20时地面风场分布

图5.55　2003年10月12日地面气压场、风场分布图（五）

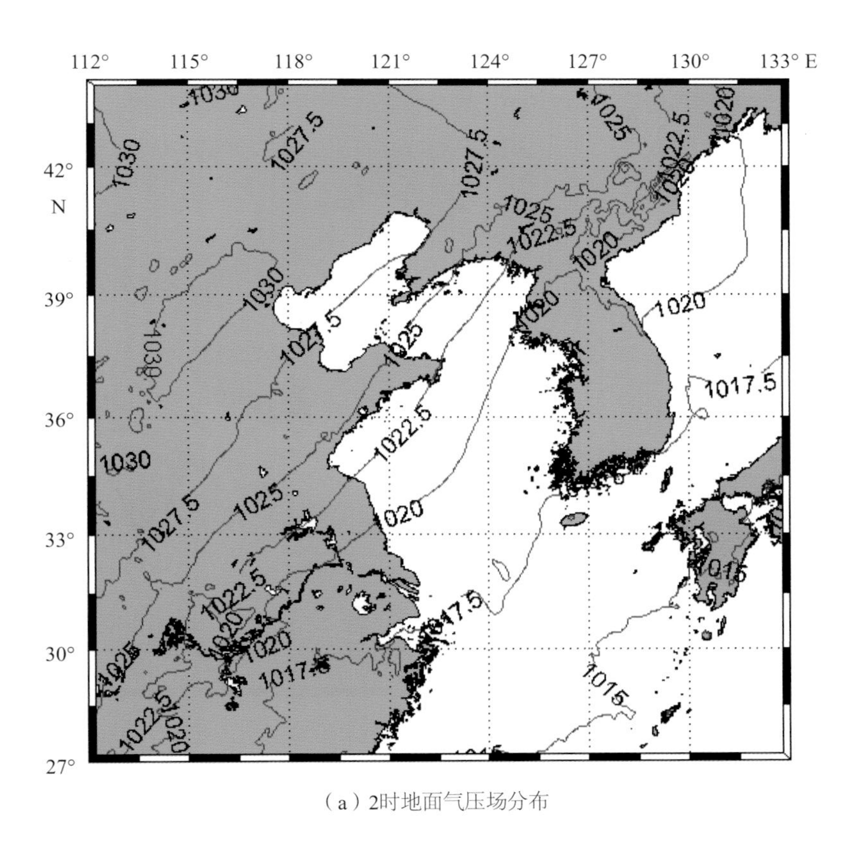

（a）2时地面气压场分布

图5.56　2003年10月13日地面气压场、风场分布图（一）

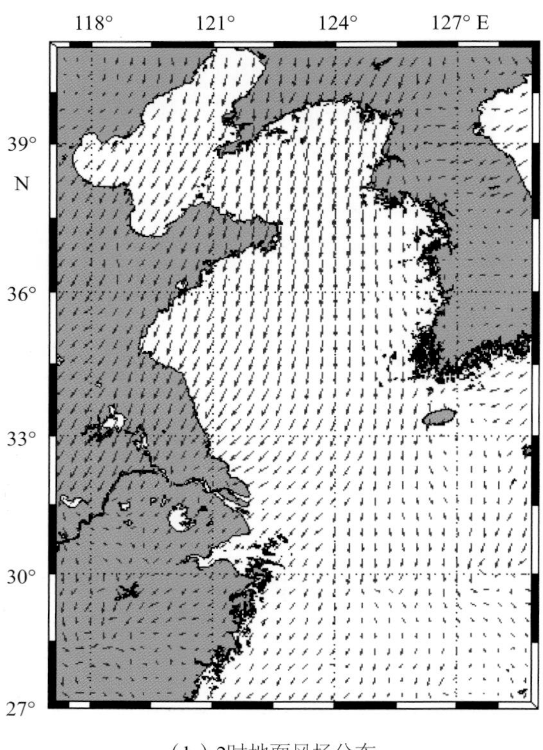

（b）2时地面风场分布

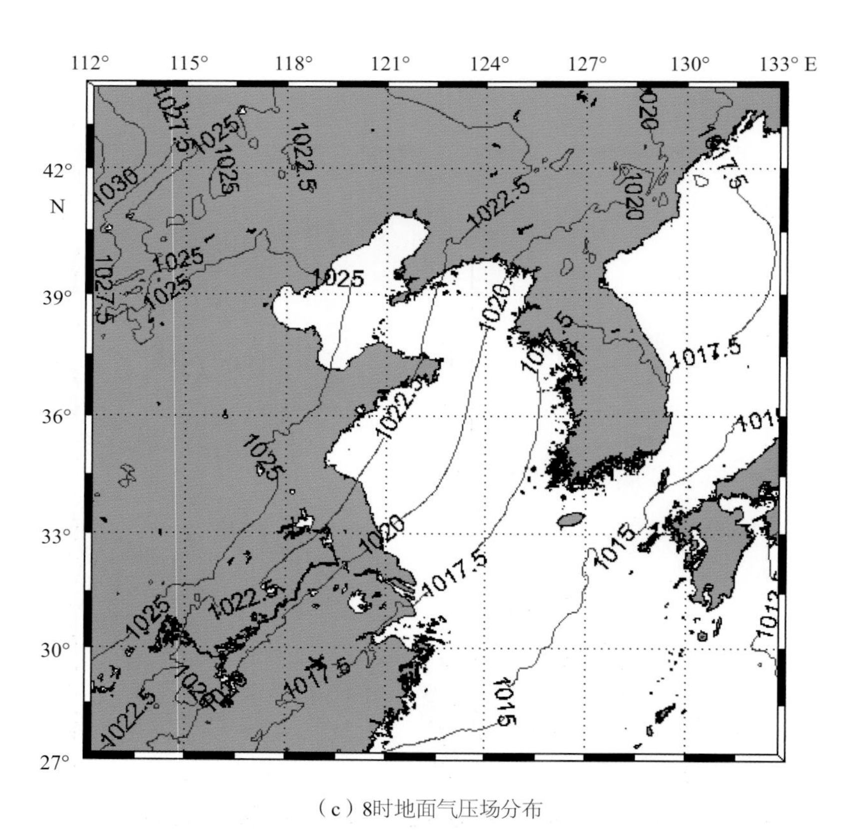

（c）8时地面气压场分布

图5.56　2003年10月13日地面气压场、风场分布图（二）

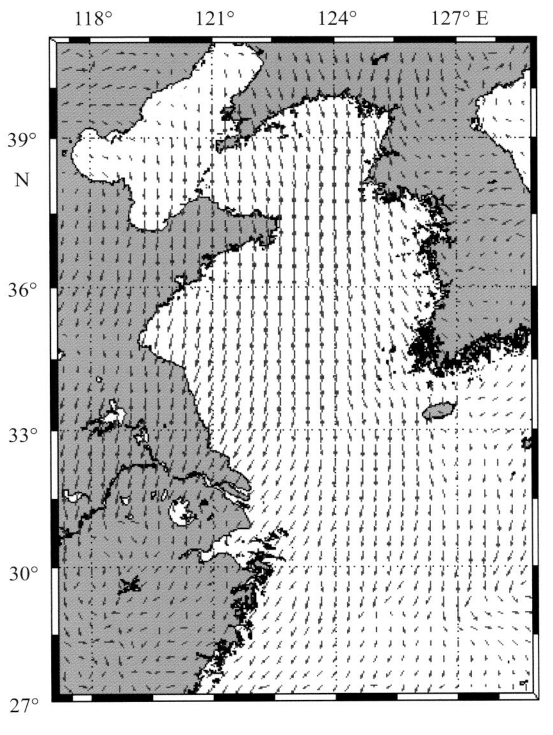

（d）8时地面风场分布

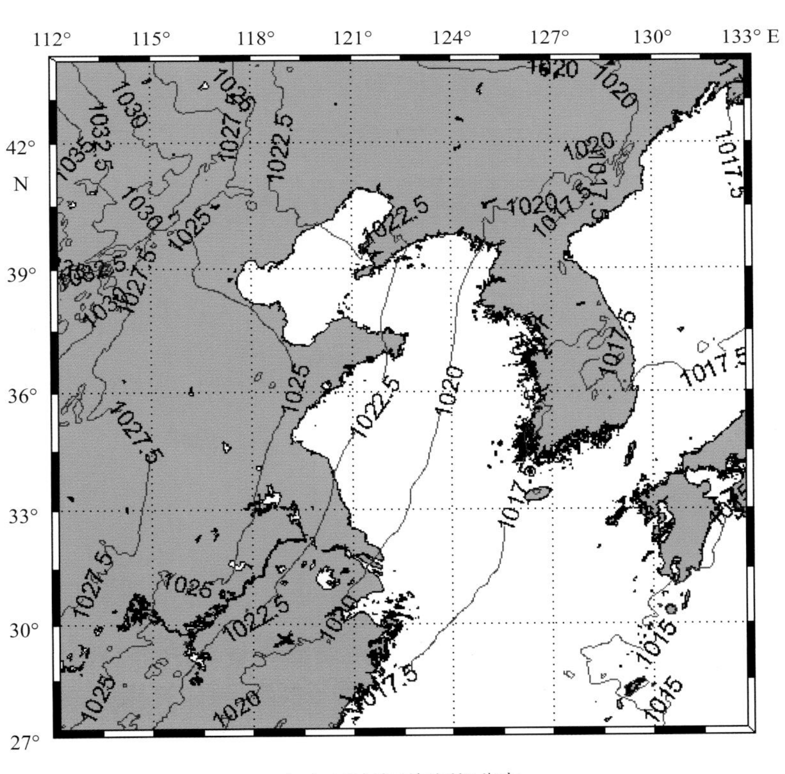

（e）14时地面气压场分布

图5.56　2003年10月13日地面气压场、风场分布图（三）

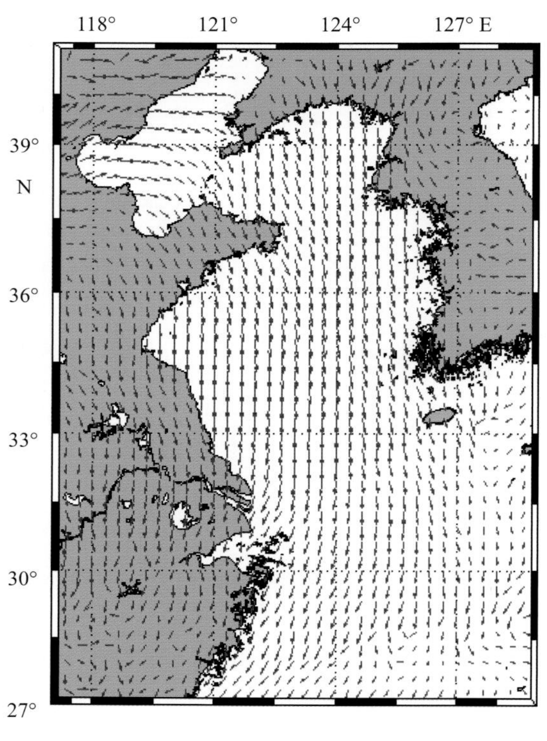

（f）14时地面风场分布

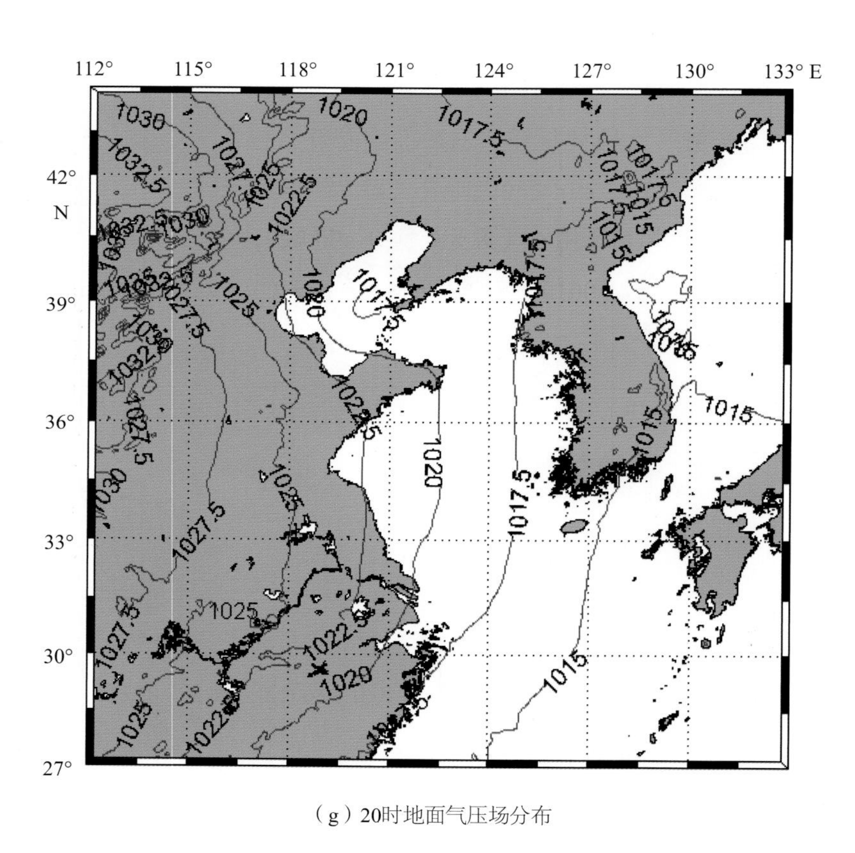

（g）20时地面气压场分布

图5.56　2003年10月13日地面气压场、风场分布图（四）

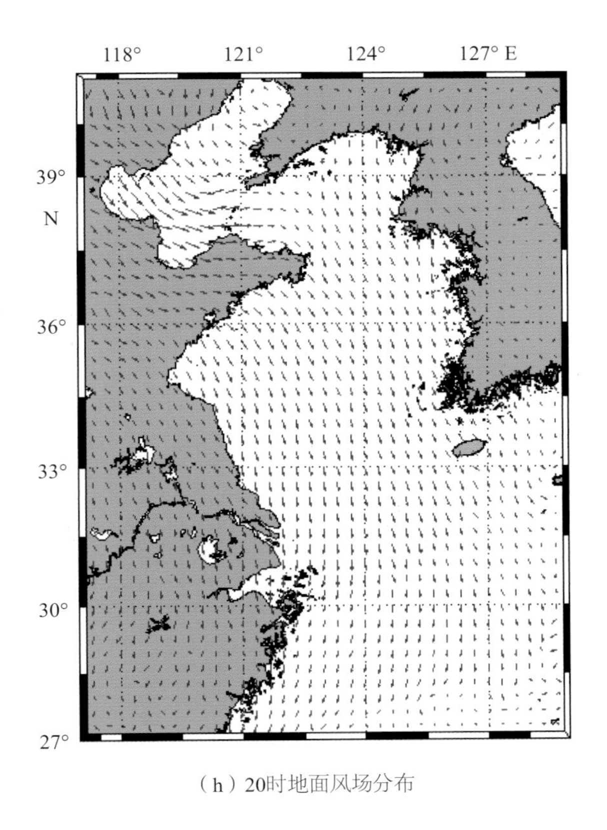

（h）20时地面风场分布

图5.56　2003年10月13日地面气压场、风场分布图（五）

采用建立的温带风暴漫滩计算模式，选取上述的四档不同强度的天气系统、计算不同强度的温带天气系统袭击黄骅沿海所造成的最大温带风暴潮潮水淹没范围（见图5.57）。图5.58为选取的温带天气系统的气压场和风场的每隔6小时的分布图，也是真实影响渤海湾和莱州湾的引起风暴潮灾害的温带天气系统的反映。图5.59为四级温带天气系统下黄骅站风暴潮计算结果，风暴潮漫滩也是由这种温带天气系统驱动而产生的。

不同于假想台风可能路径，影响这一地区的温带天气系统是有基本规律的，根据历史资料分析判断，选取的这种类型基本可以认为是该地区最主要的天气形式，具有代表性和确定性。

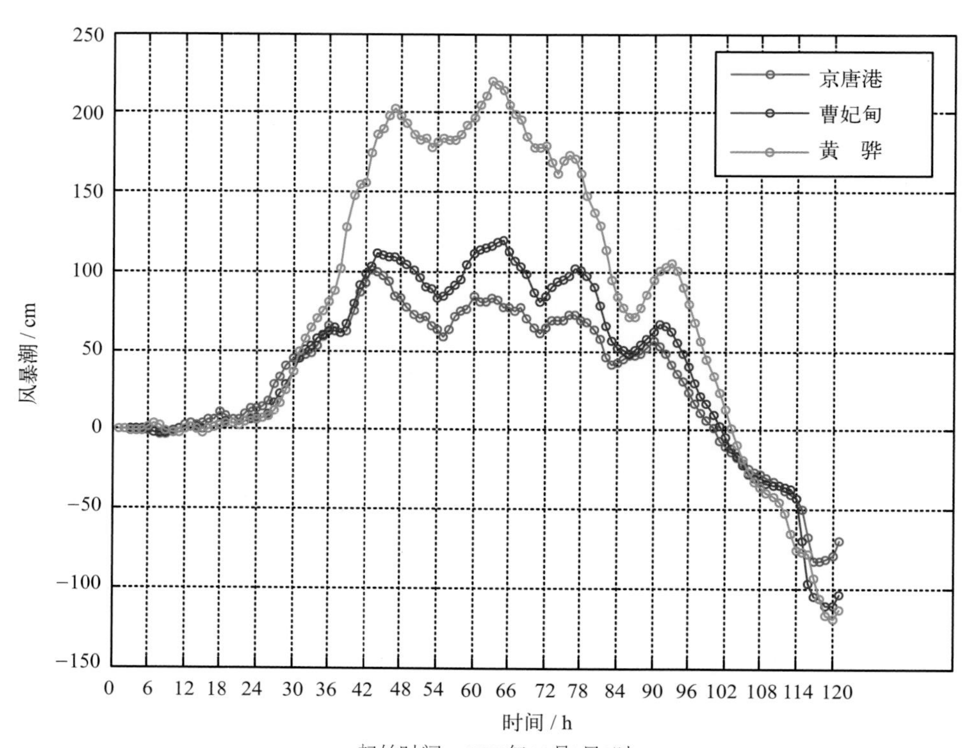

起始时间：2003年10月9日0时

（a）Ⅰ级温带天气系统下的3个站风暴潮计算结果

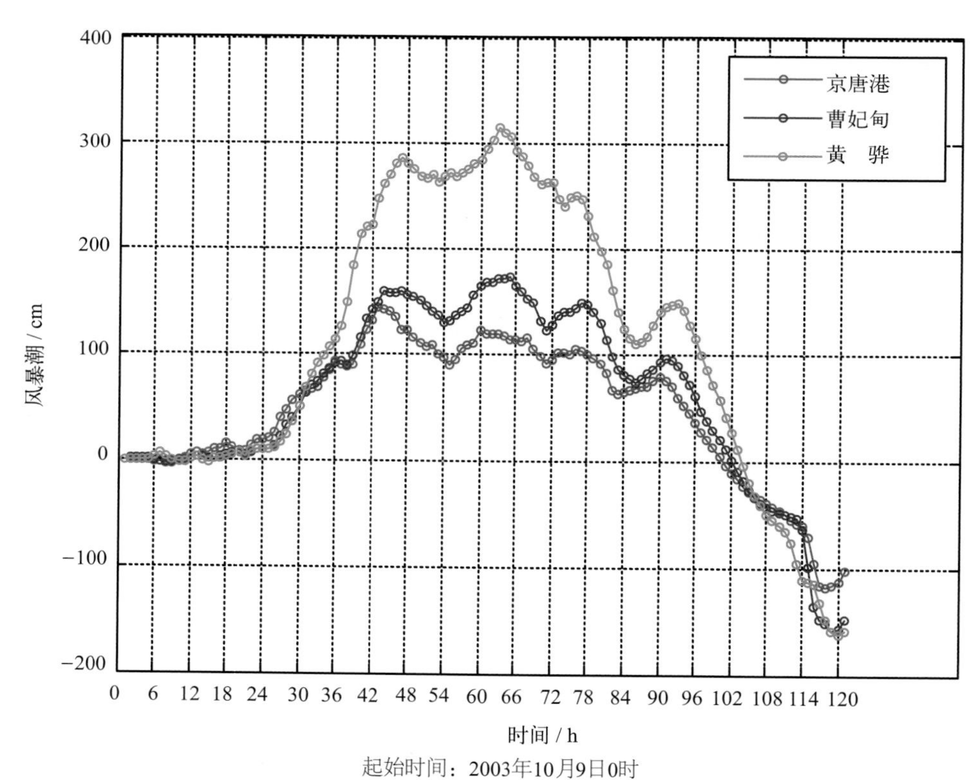

起始时间：2003年10月9日0时

（b）Ⅱ级温带天气系统下的3个站风暴潮计算结果

图5.57　风暴潮计算结果（一）

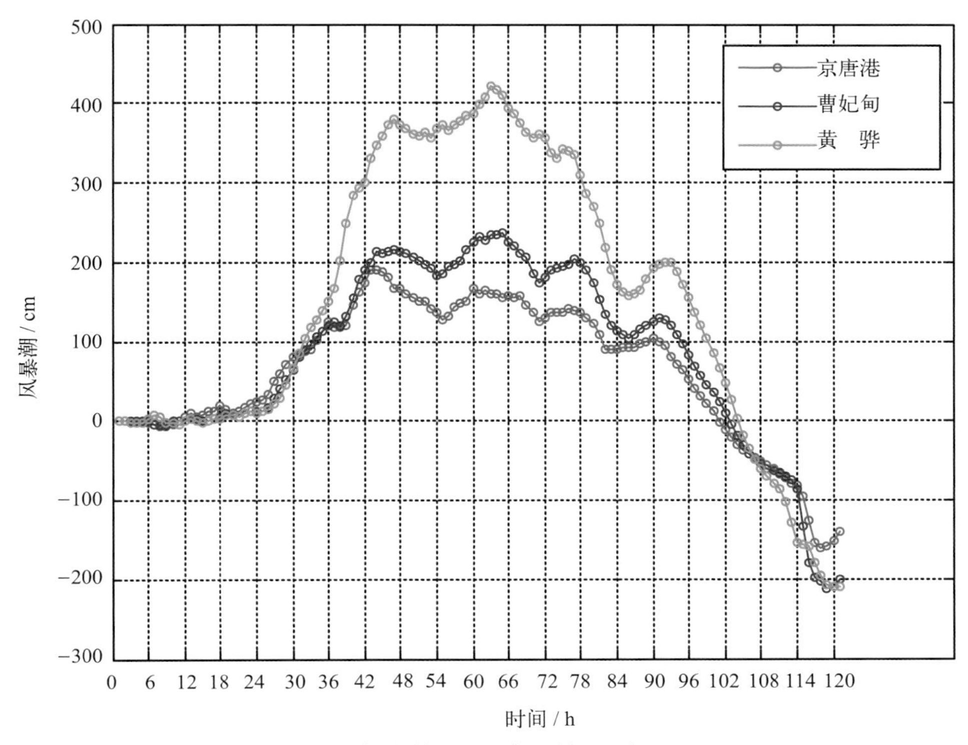

起始时间：2003年10月9日0时

（c）Ⅲ级温带天气系统下的3个站风暴潮计算结果

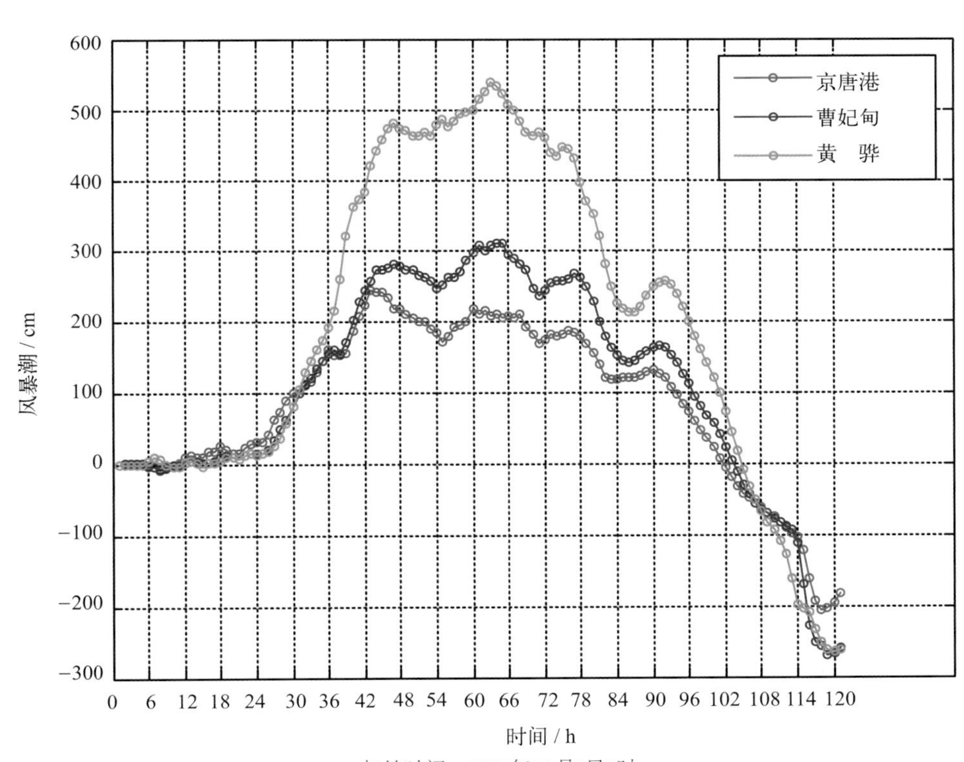

起始时间：2003年10月9日0时

（d）Ⅳ级温带天气系统下的3个站风暴潮计算结果

图5.57　风暴潮计算结果（二）

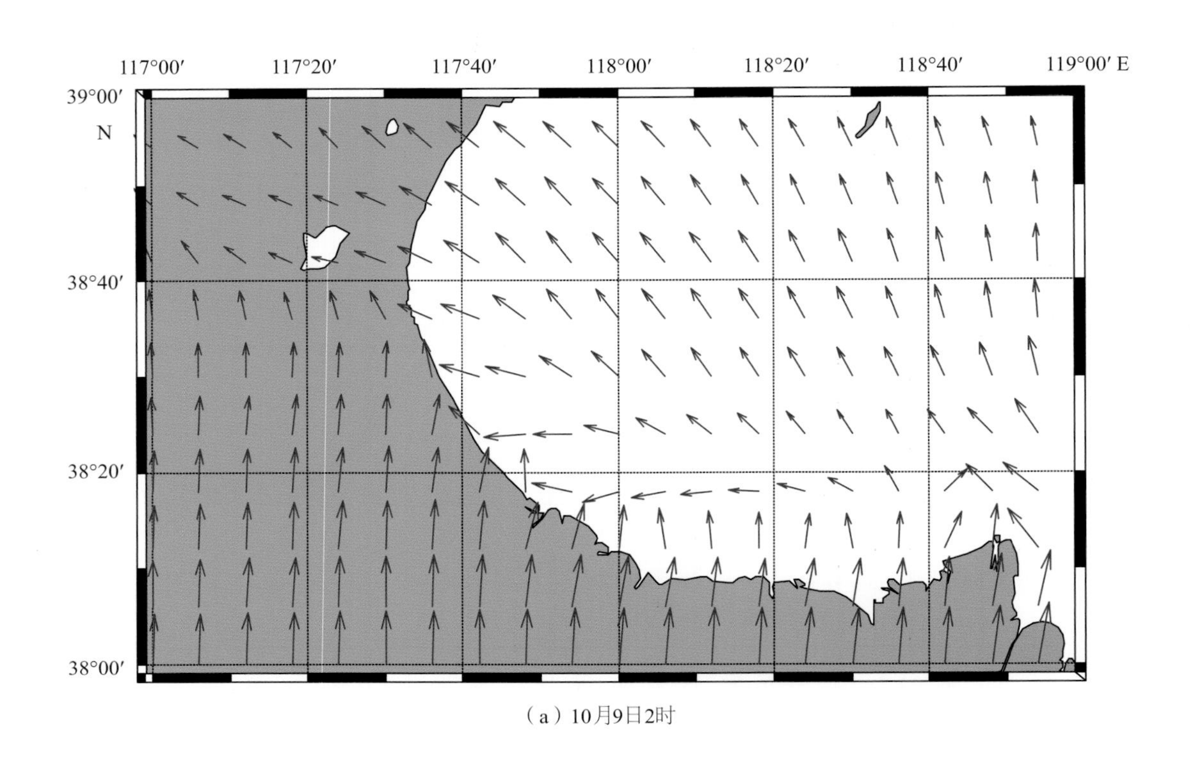

（a）10月9日2时

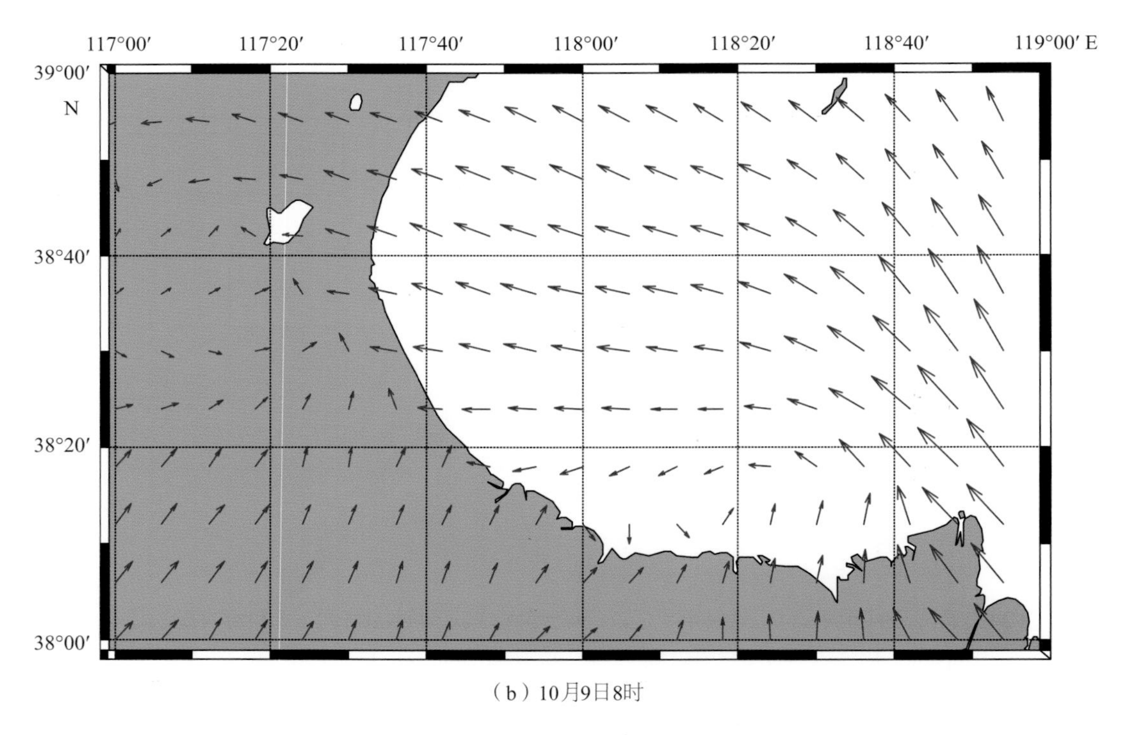

（b）10月9日8时

图5.58　黄骅地区2003年10月9日—10月13日地面风场分布（一）

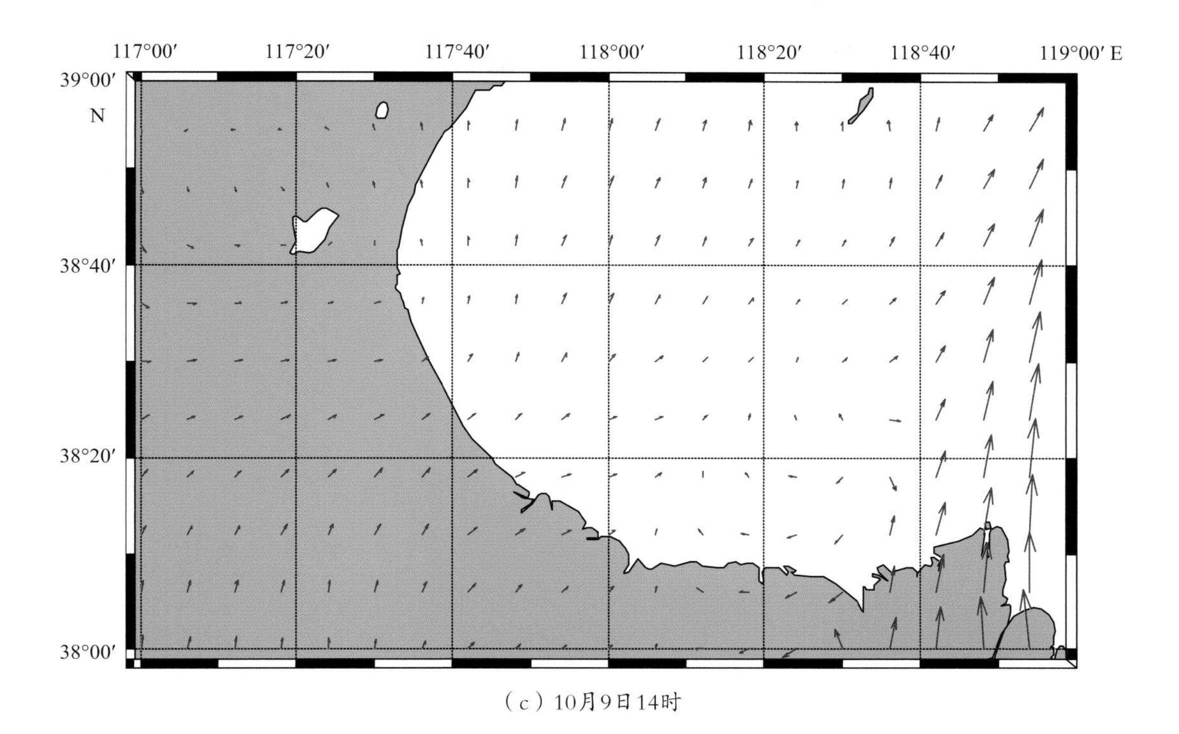

（c）10月9日14时

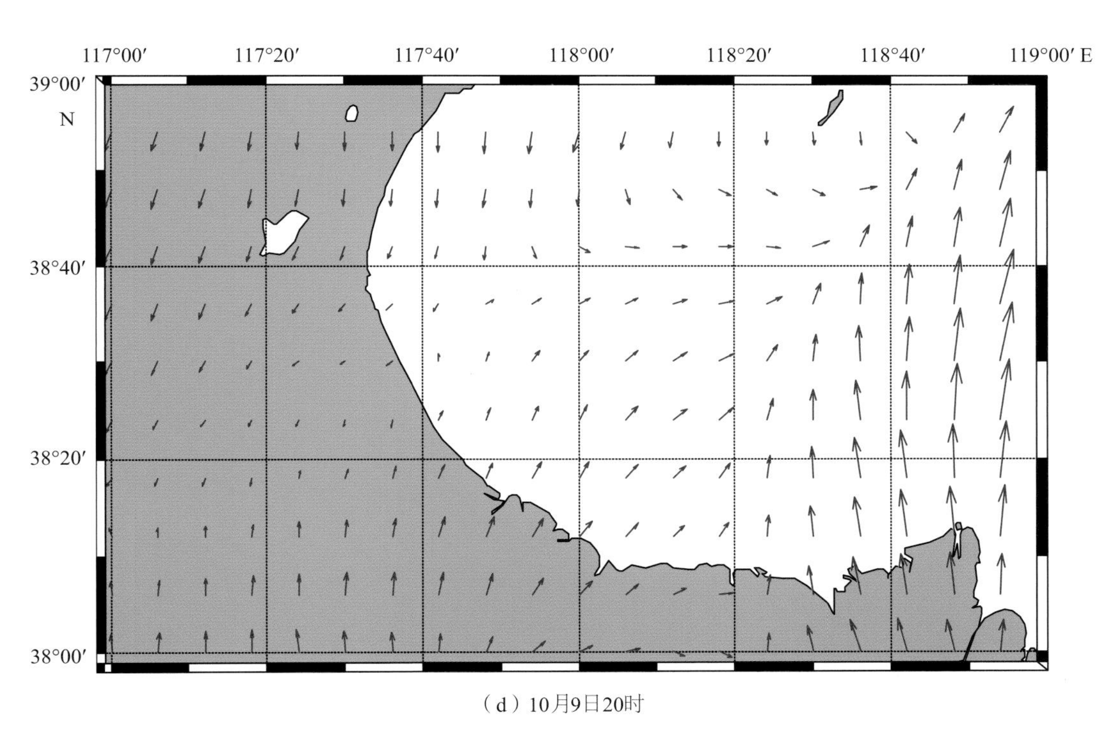

（d）10月9日20时

图5.58 黄骅地区2003年10月9日—10月13日地面风场分布（二）

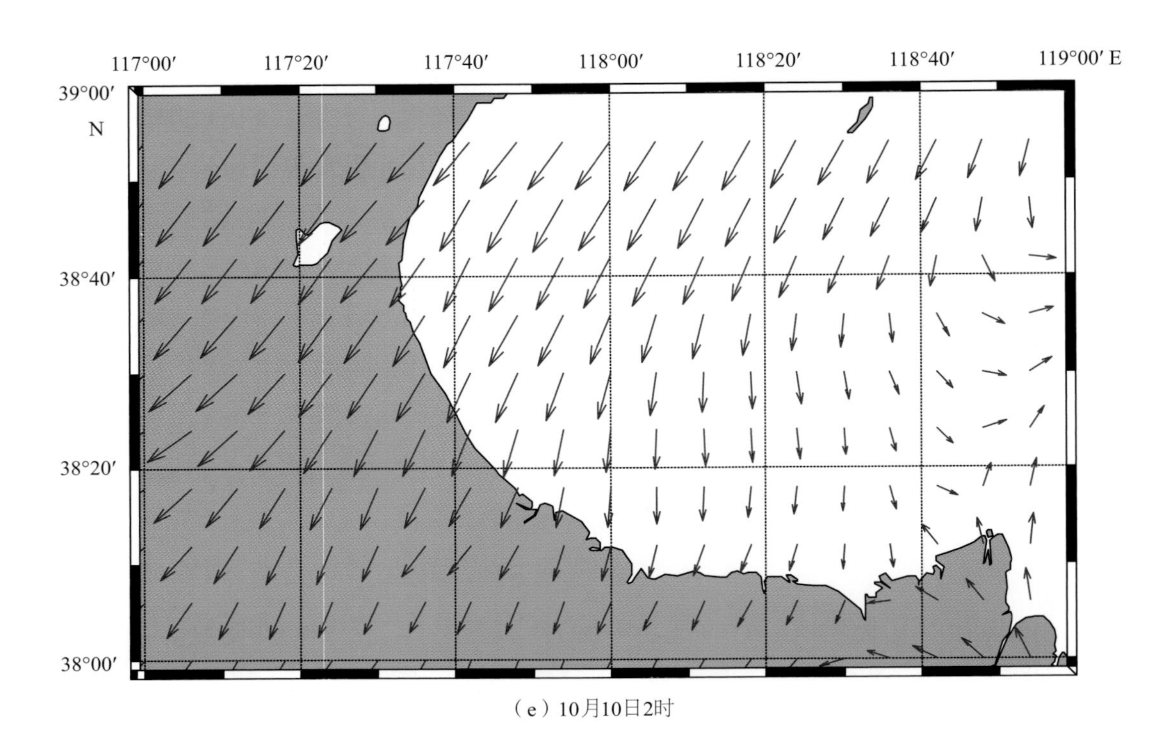

（e）10月10日2时

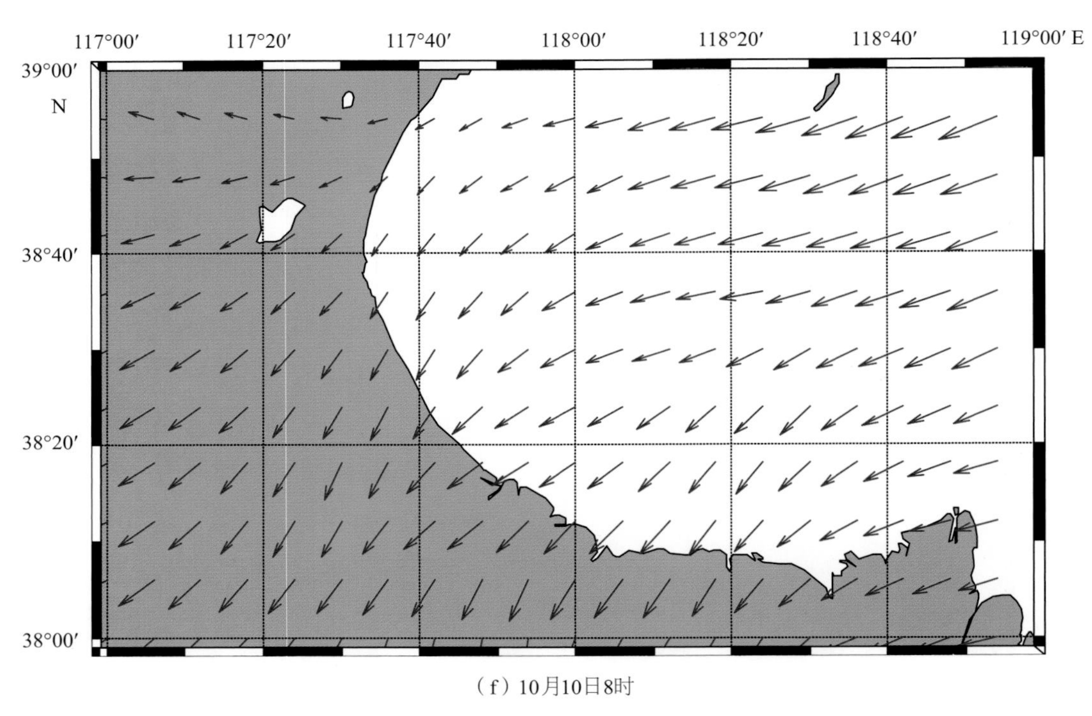

（f）10月10日8时

图5.58　黄骅地区2003年10月9日—10月13日地面风场分布（三）

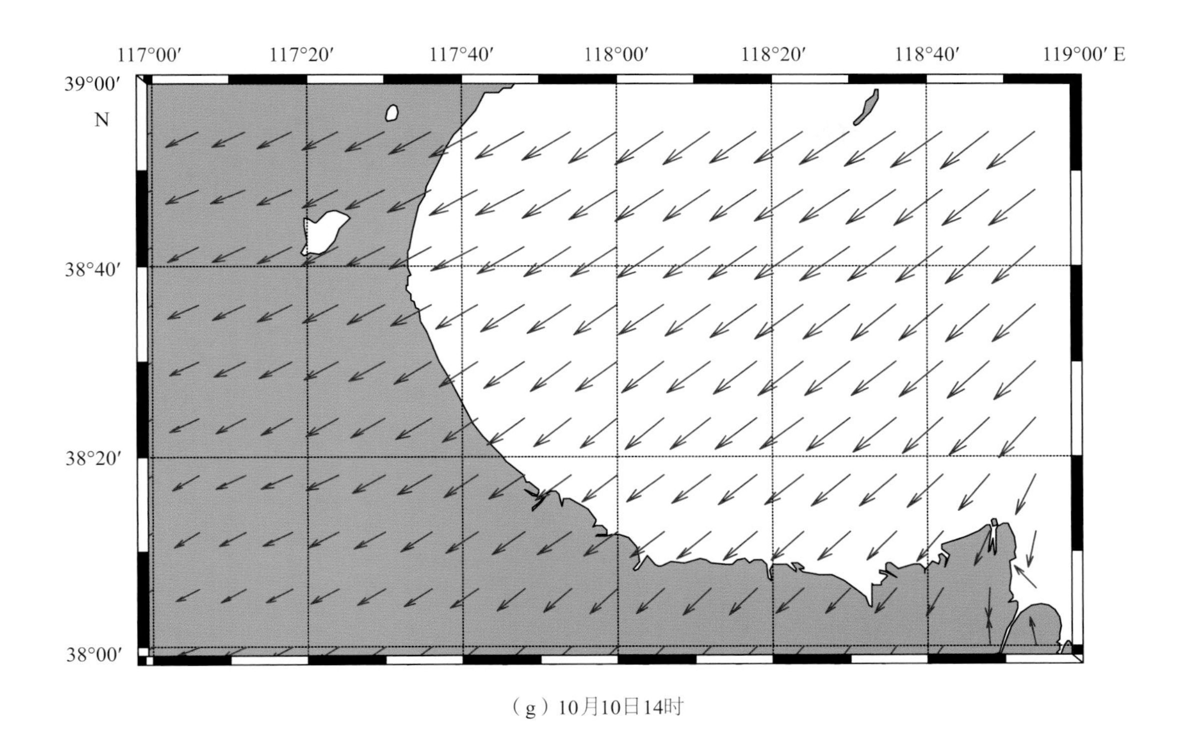

（g）10月10日14时

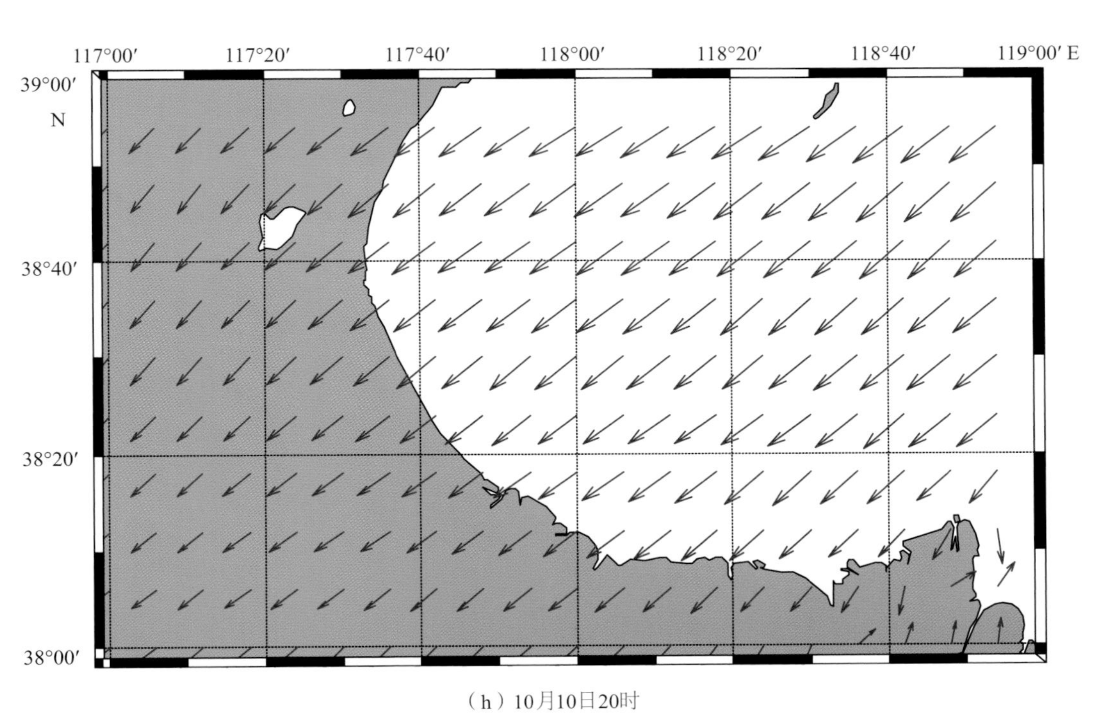

（h）10月10日20时

图5.58 黄骅地区2003年10月9日—10月13日地面风场分布（四）

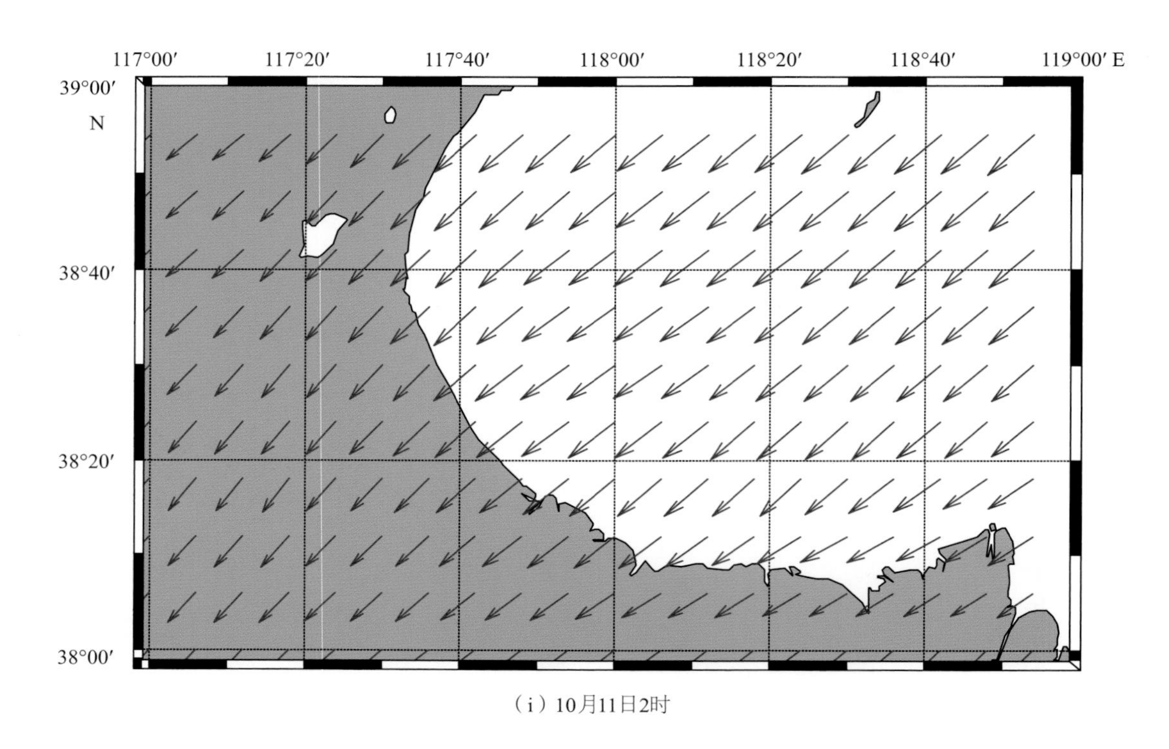

（i）10月11日2时

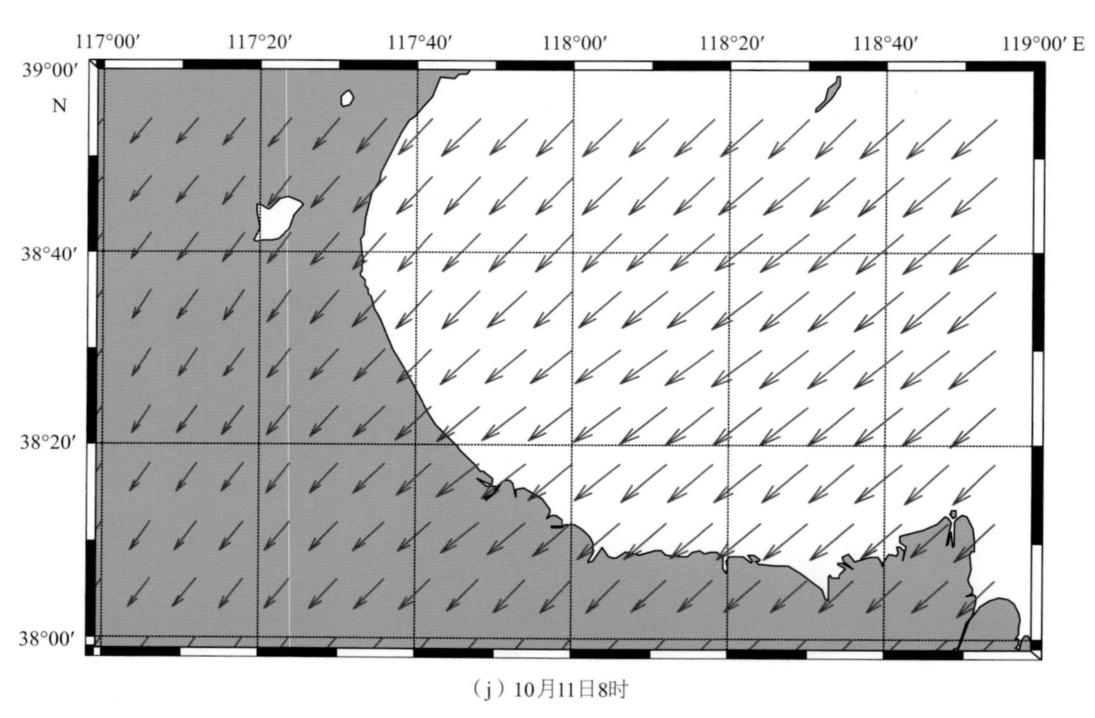

（j）10月11日8时

图5.58　黄骅地区2003年10月9日—10月13日地面风场分布（五）

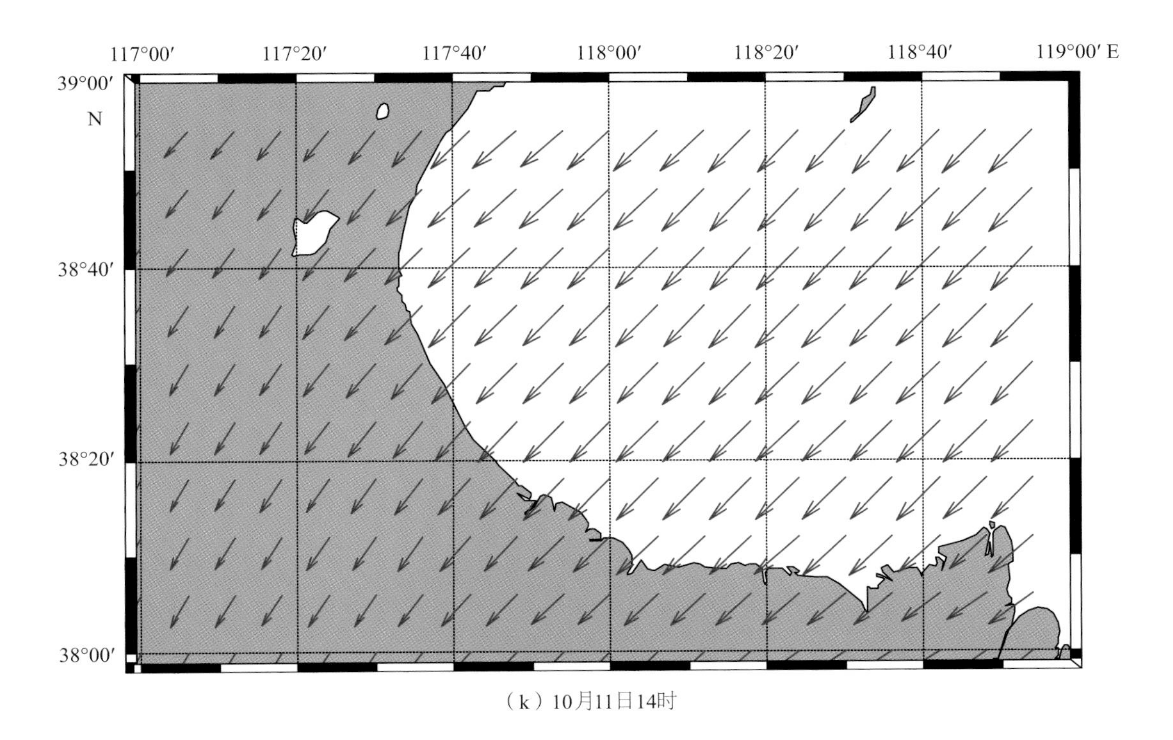

（k）10月11日14时

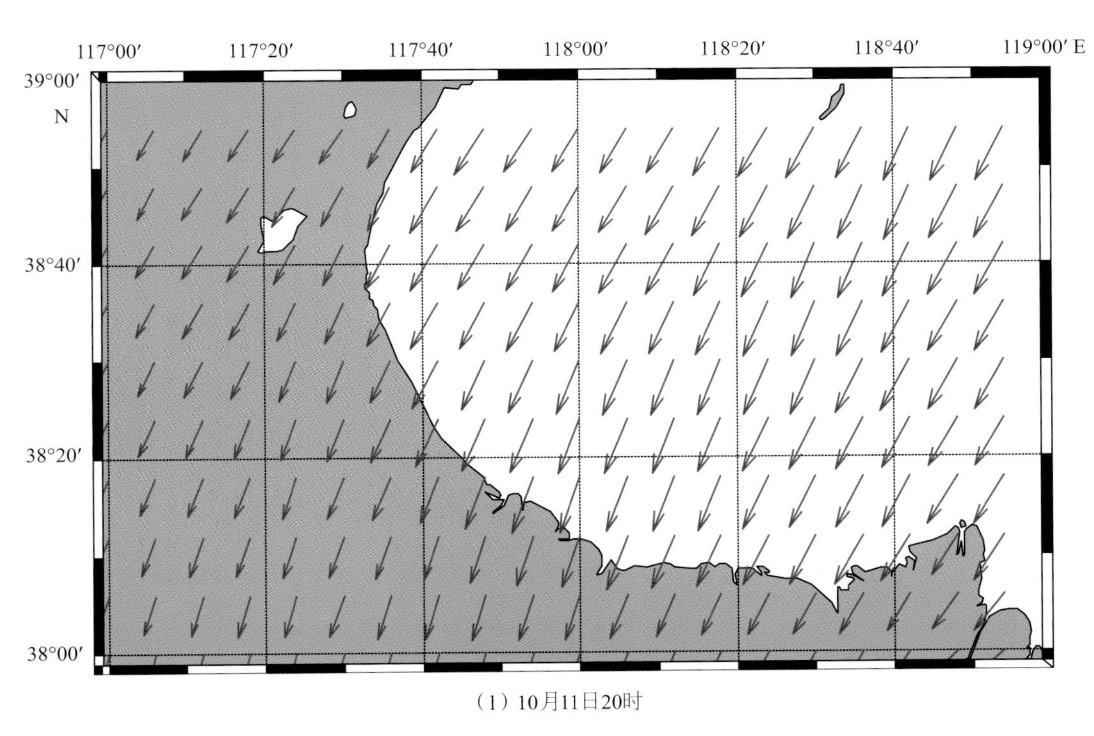

（l）10月11日20时

图5.58　黄骅地区2003年10月9日—10月13日地面风场分布（六）

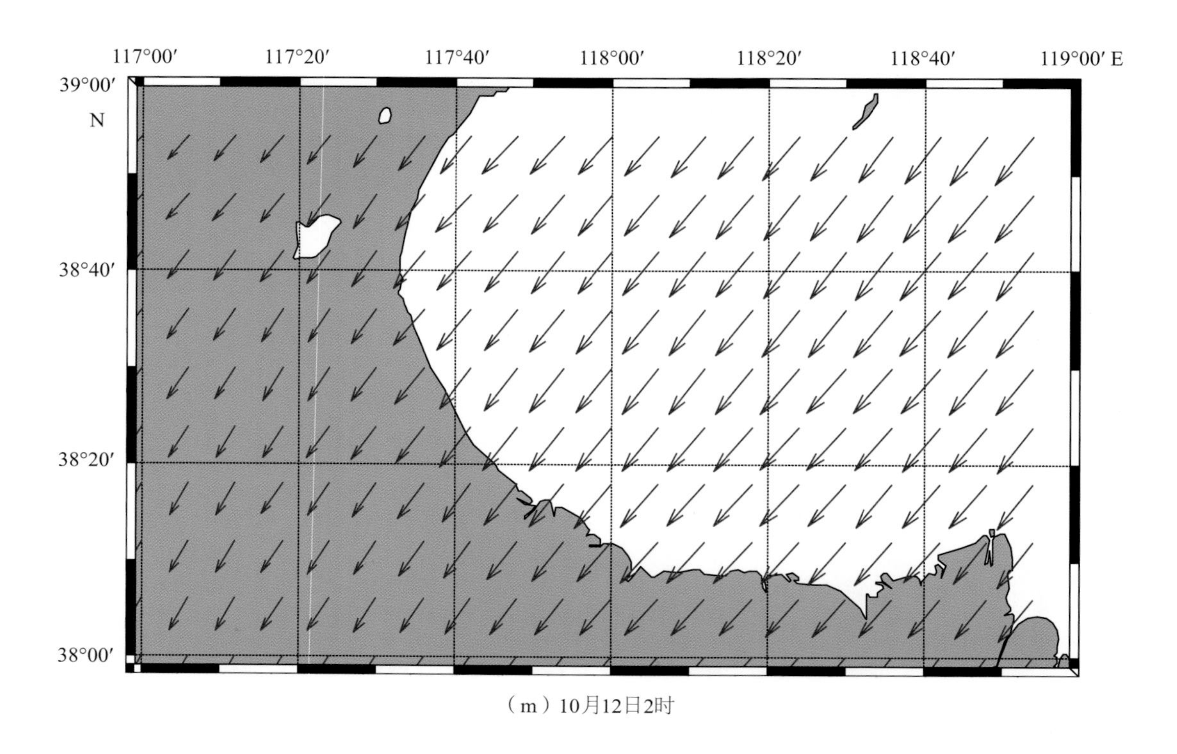

（m）10月12日2时

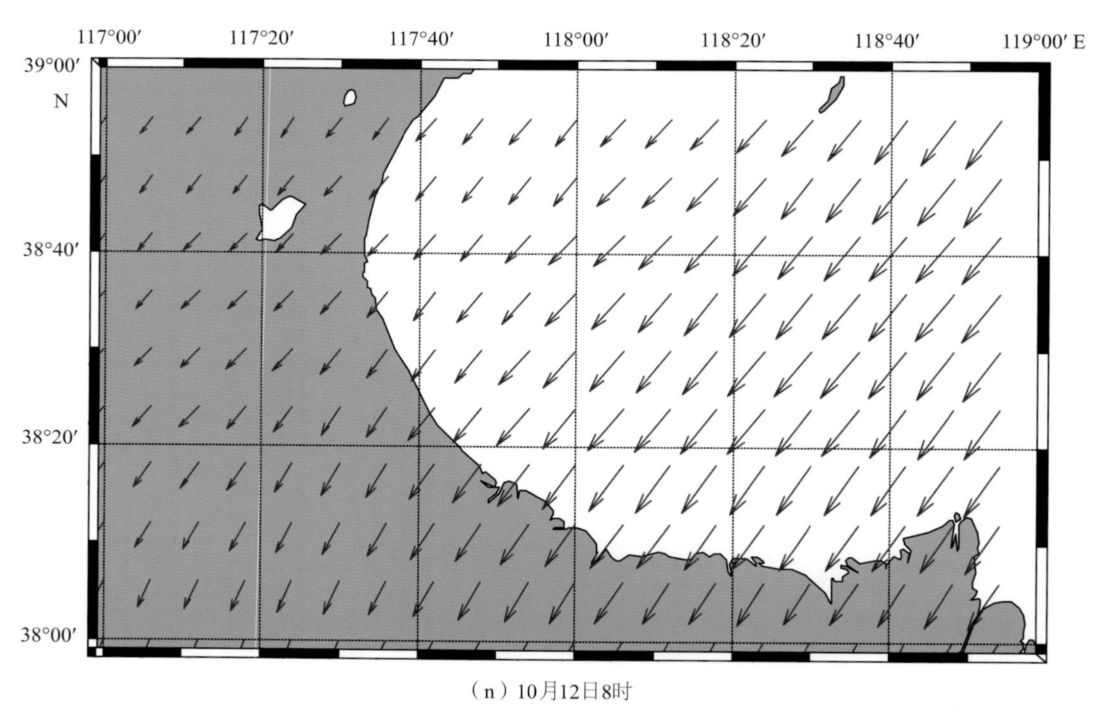

（n）10月12日8时

图5.58　黄骅地区2003年10月9日—10月13日地面风场分布（七）

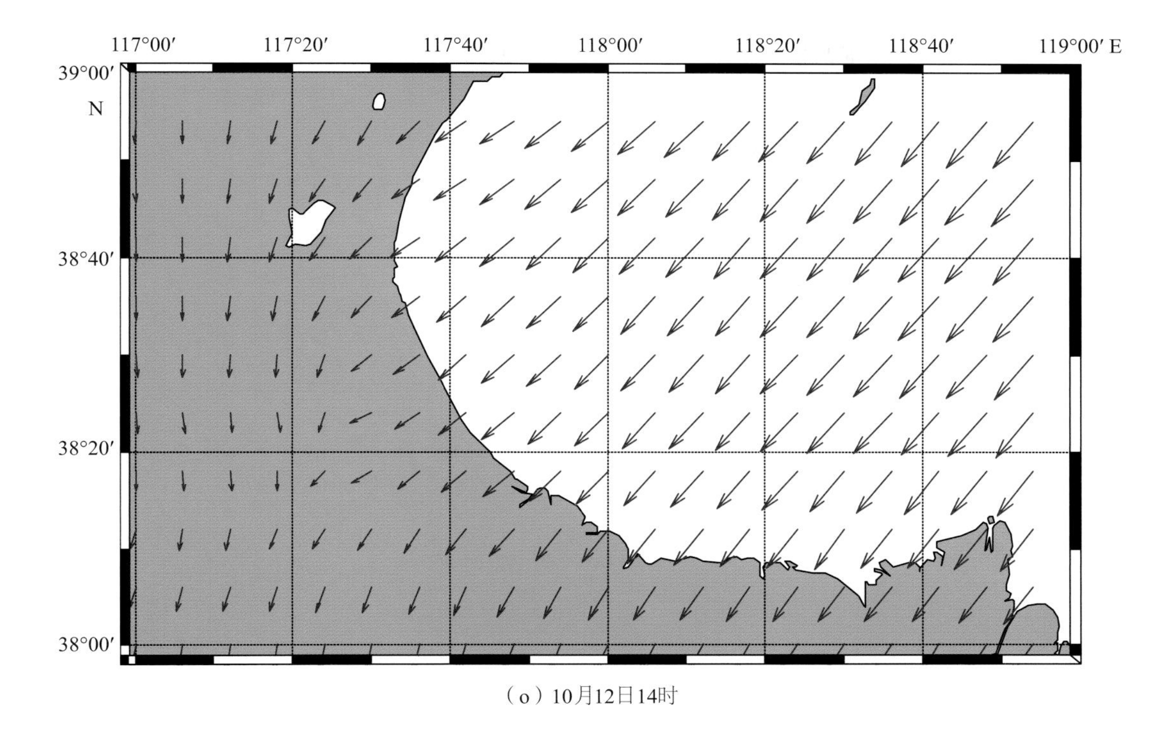

（o）10月12日14时

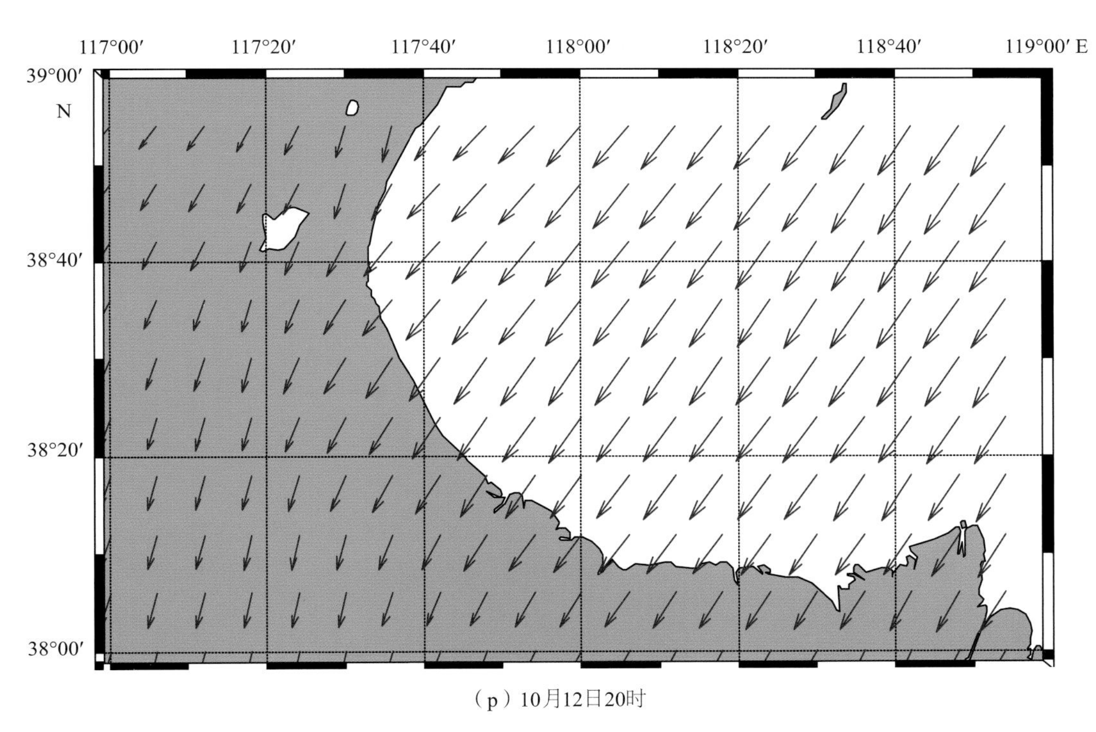

（p）10月12日20时

图5.58　黄骅地区2003年10月9日—10月13日地面风场分布（八）

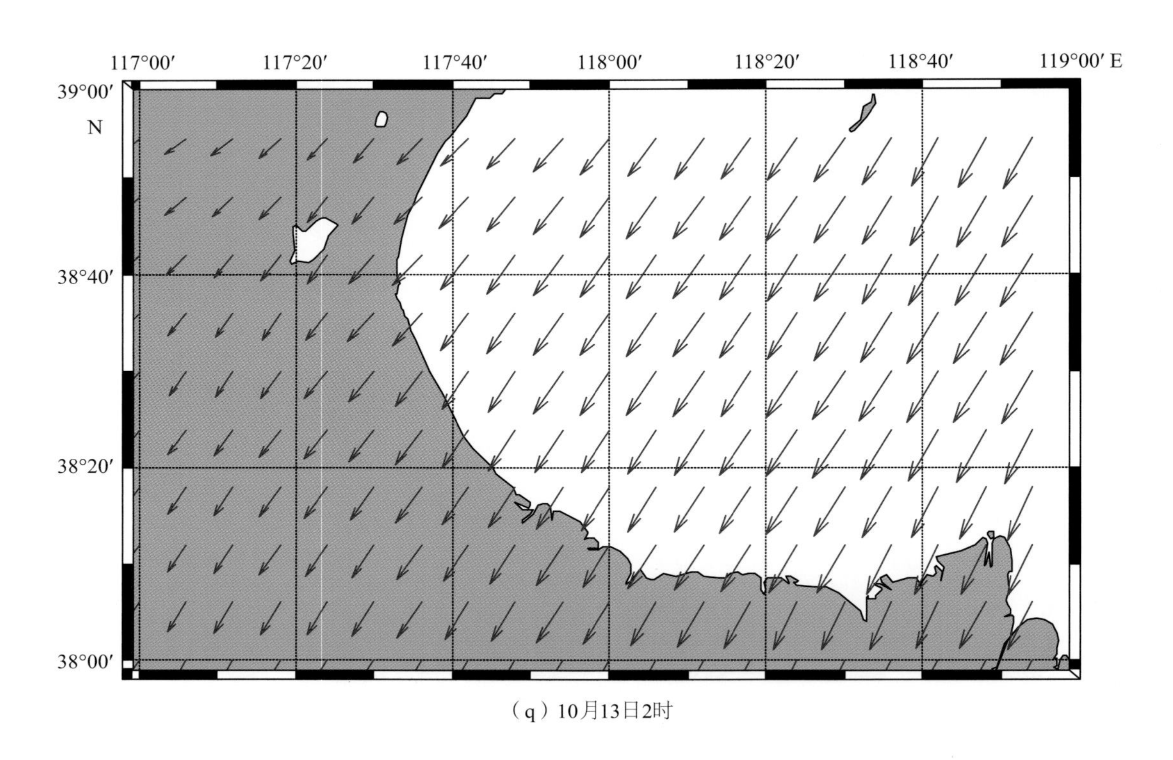

（q）10月13日2时

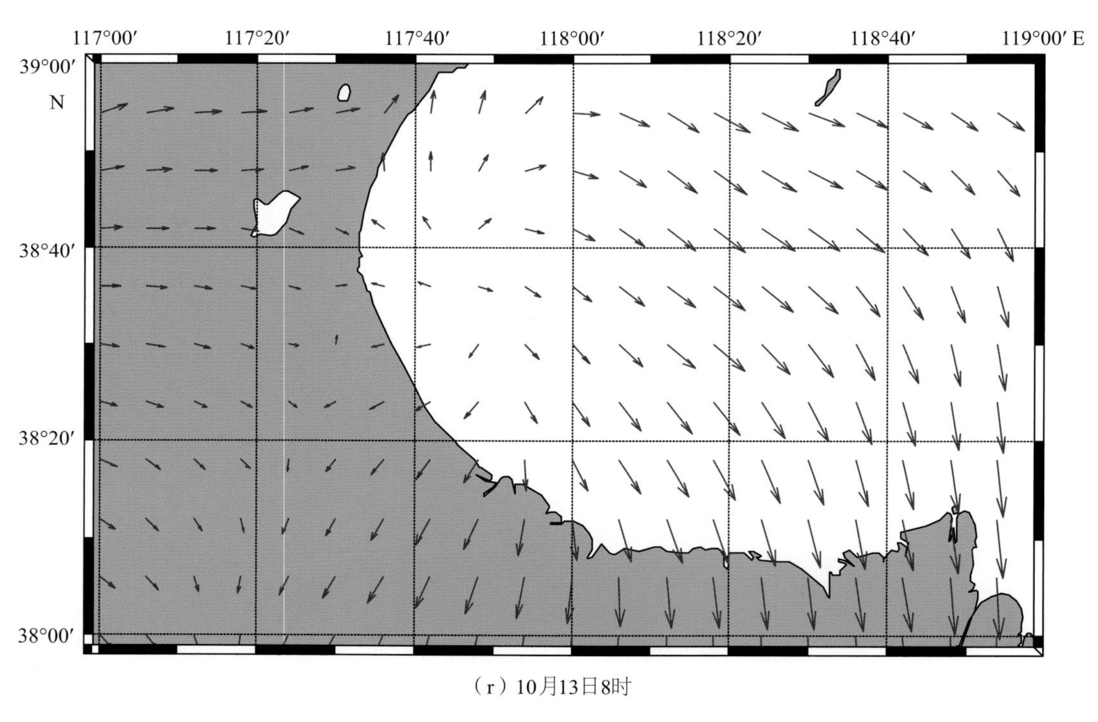

（r）10月13日8时

图5.58　黄骅地区2003年10月9日—10月13日地面风场分布（九）

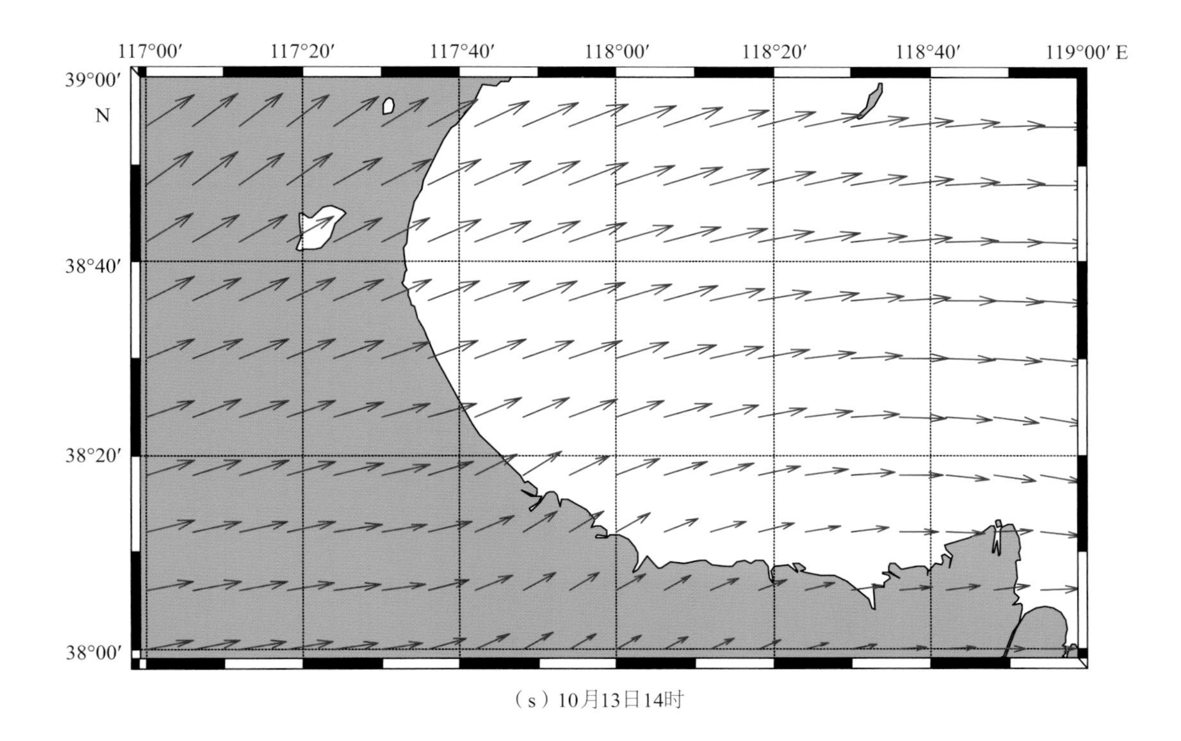

（s）10月13日14时

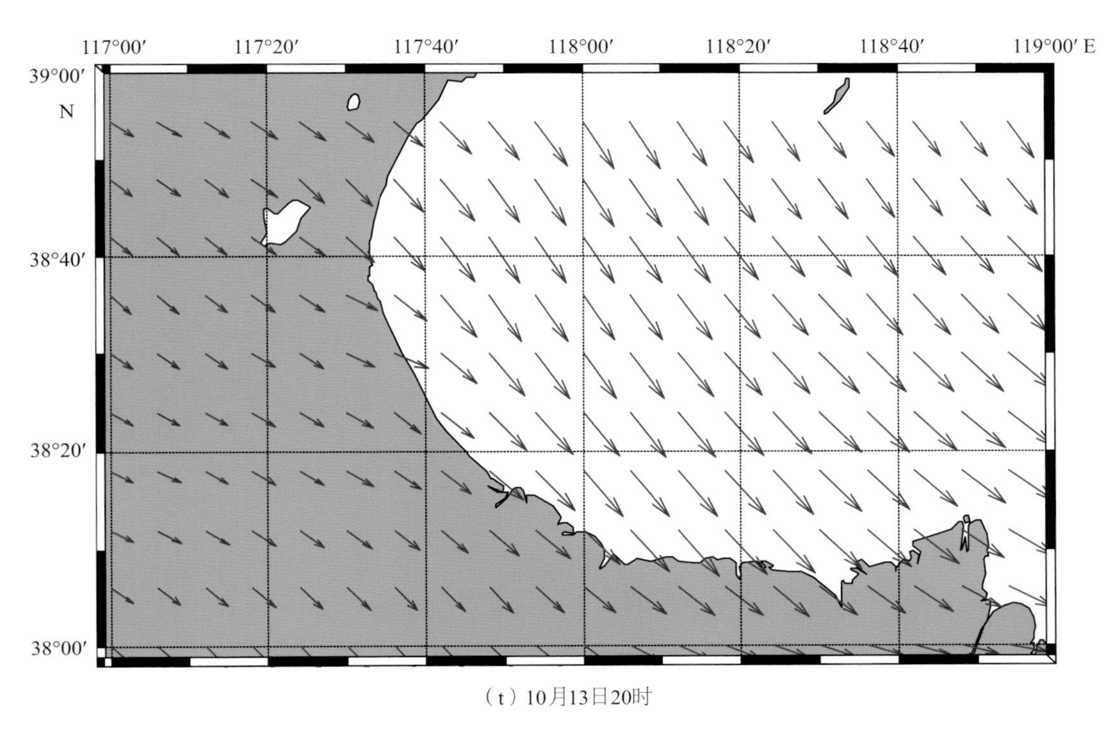

（t）10月13日20时

图5.58　黄骅地区2003年10月9日—10月13日地面风场分布（十）

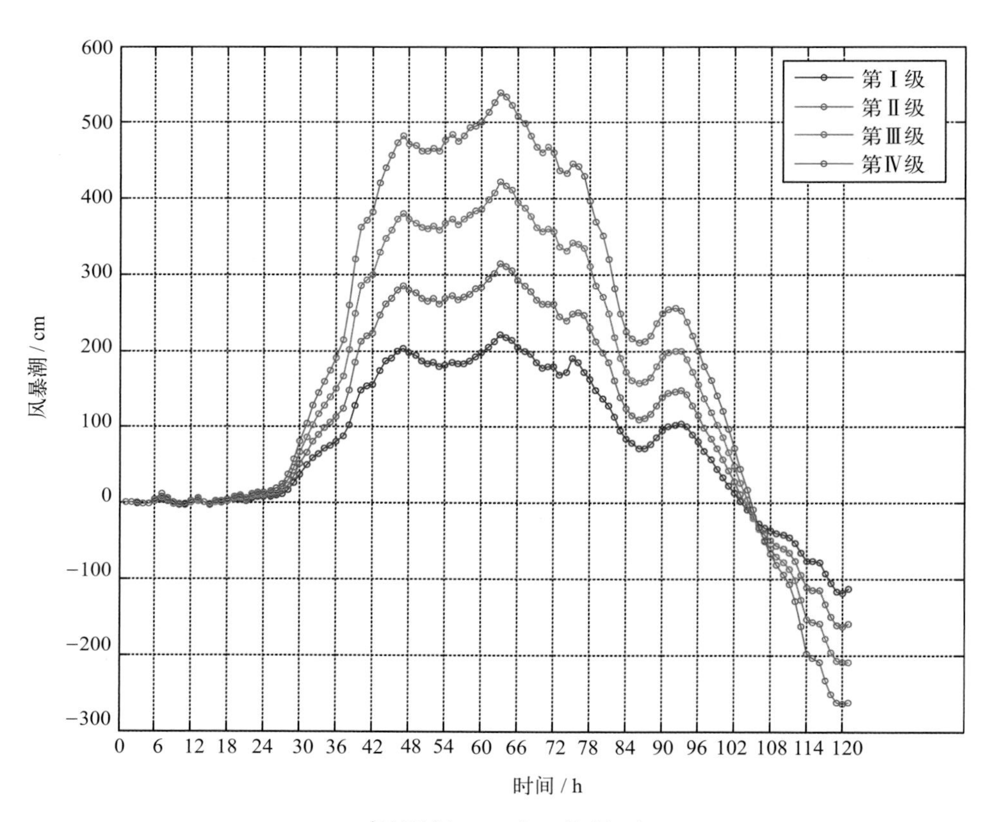

图5.59　4级温带天气系统下的黄骅站风暴潮计算结果

5.3.2.2　潮汐边界条件

黄骅地区叠加的天文潮位值以黄骅港验潮站的值为代表，并参考塘沽站的潮位值。

分别计算黄骅港验潮站、塘沽验潮站19年的天文潮预报，排出高潮序列，选取10%超越频率的高潮值（如图5.60和图5.61所示），分别为：黄骅150 cm，塘沽157 cm，以黄骅站作为黄骅海区的叠加天文潮位。

5.3.2.3　黄骅温带风暴潮应急疏散图研制

根据不同级别的温带天气系统、天文潮叠加边界条件和黄骅的地形数据，利用套网格温带风暴潮数值模式和高分辨率风暴潮漫滩数值模式，计算黄骅研究区的温带风暴潮漫滩风险。计算结果应急疏散及淹没示意图如图5.62和图5.63所示。

温带天气系统为Ⅰ级（最大风速22 m/s），同时与理论上较高的天文潮叠加时，计算结果显示，黄骅沿岸增水基本接近或略超过警戒潮位（480 cm）。但由于南排河以南（包括黄骅港和开发区）的海堤质量较好，只有部分海堤以外的小块养殖区、黄骅港伸出到海区的海堤（高程较低）、大口河河口部分滩涂岸段有淹没危险。南排河由于没有挡潮闸，潮水会沿河上溯，黄浪渠潮水沿河上溯的可能性也很大，并可能在部分涵洞或闸门出向陆上河流的两侧溢出。在南排河镇附近，两岸的河堤比较稳固，影响不大。南排河镇以北地区，在海堤向陆一侧基本没有影响，但向海一侧海水可能淹没大片的养殖区、盐场及部分海岸设施，因此淹没风险较大。

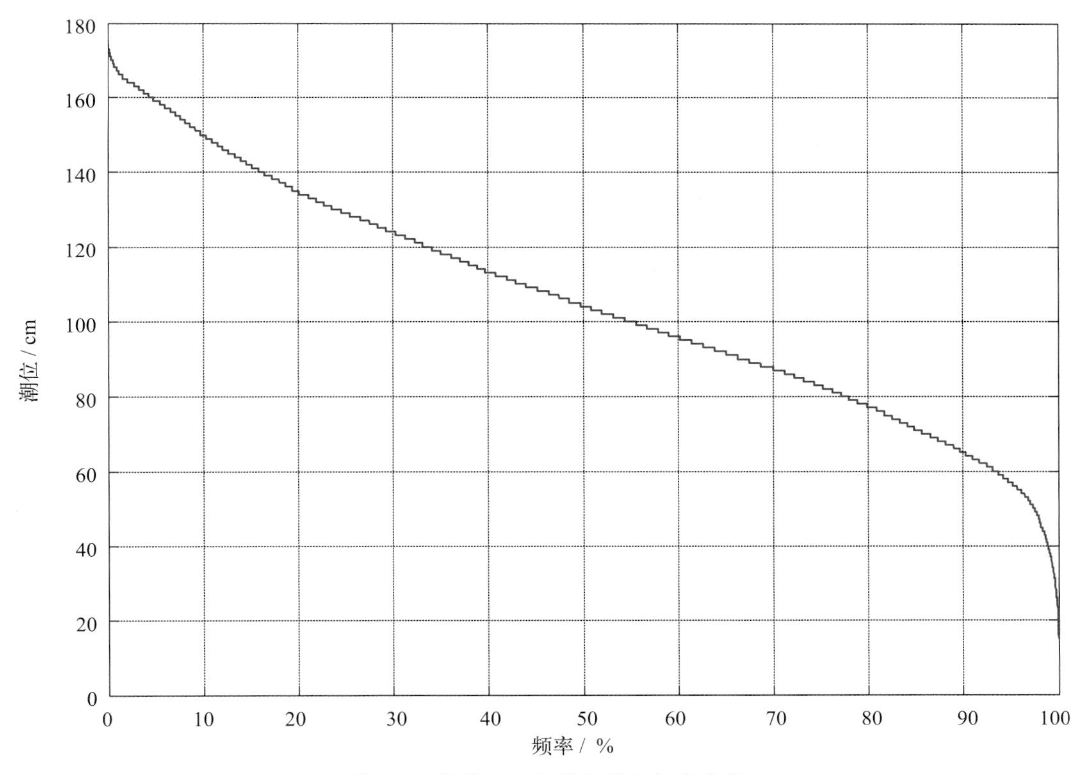

图5.60 黄骅站19年累积高潮频率曲线

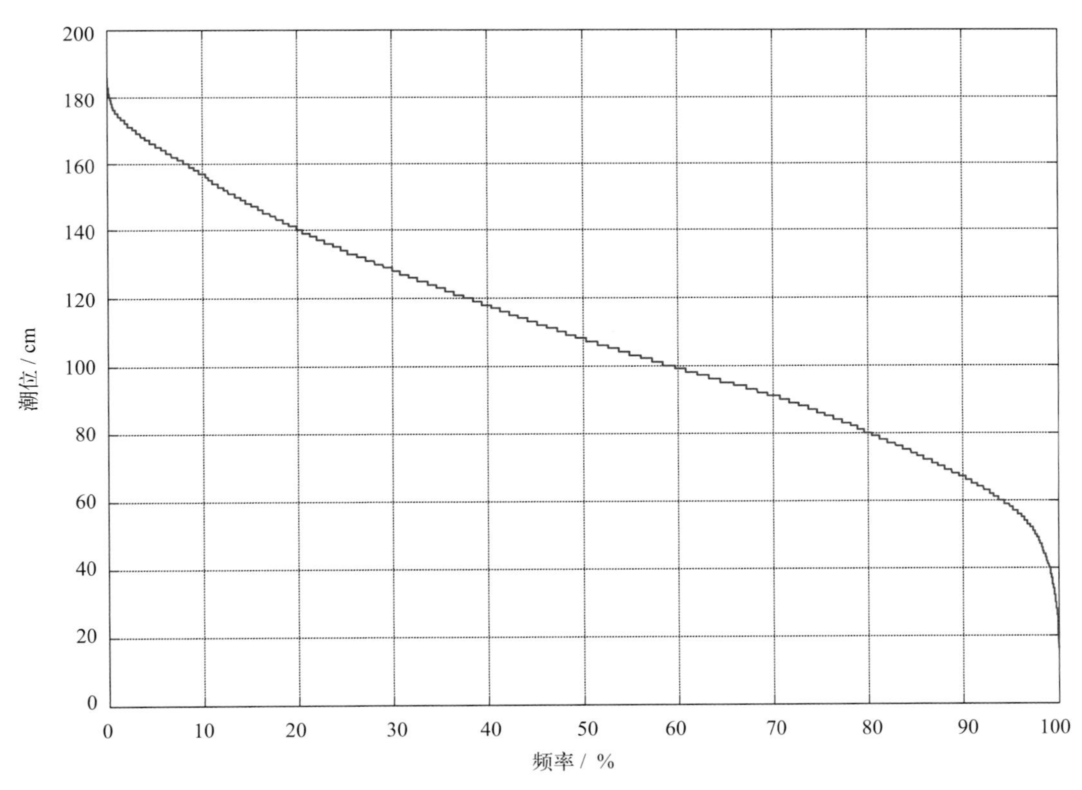

图5.61 塘沽站19年累积高潮频率曲线

图5.62 河北省黄骅市沿海温带风暴潮灾害应急疏散图

图5.63 河北省黄骅市温带风暴潮灾害淹没风险图

温带天气系统增强到Ⅱ级（最大风速27 m/s），同时与理论上较高的天文潮叠加时，计算结果显示，黄骅沿岸增水继续增大。黄骅港的部分未利用地块有被淹没风险，码头也会轻微上水。大口河河口处，河流两侧海水上涌较为严重，正对河口的盐场有可能上水。南排河镇以南海堤外侧的养殖区都有淹没风险，但海堤内侧还比较安全。南排河、黄浪渠都有较为严重的海水沿河上溯，黄浪渠的海水外溢更加严重。南排河以北（后唐堡村以北）的居民村落将有被潮水淹没风险，石碑河以北的村落则更加危险，被风暴潮淹没的可能性非常大。子牙新河河口附近及其向陆的大片区域，都可能会发生海水淹没，危险性较高。

温带天气系统增强到Ⅲ级（最大风速32 m/s），同时与理论上较高的天文潮叠加时，计算结果显示，黄骅沿岸的增水持续增大，可能受淹的面积也继续扩大。黄骅港的南侧地块、部分货场都将可能上水。大口河河口盐场的过水面积可能继续增大。新黄南排干渠可能进水，并在盐场附近散开。在这种级别的强烈天气系统下，沿岸的海浪的作用也更加明显，南排河以南的海堤有可能抵抗不住潮水和近岸浪的共同侵袭，有损毁堤坝和漫堤的风险。南排河和黄浪渠的海水外溢范围继续扩大，已经严重影响到河流两侧的居民住地、盐场和农田及其他重要设施。南排河河口北侧也不再非常安全，海水有冲上北侧海堤的风险。石碑河以北仍然是海水淹没的重灾区，大片的盐场、水库和土地，以及河流、公路等都可能收到海水侵袭。石碑河以北、沿岸的居民地不安全，几乎都可能被海水淹没。相对于第Ⅰ、Ⅱ级情况而言，Ⅲ级温带天气系统引起的风暴潮漫滩的侵袭已经非常严重，从图5.63中可以很明显地看出，淹没的宽度和深度进一步增大，尤其是在持续的温带风暴增水的作用下，潮水沿着入海河流上溯的程度相对于前两级非常明显，如果此时河堤不能有效地阻止雨水和潮水的累积效应，潮水会借着河水的高涨漫过河堤，向南排河以南的平坦地区肆虐，大片的土地将被淹没，这种情况是防潮时必须注意的重要危险情况之一。

温带天气系统增强到Ⅳ级（最大风速37 m/s），同时在理论上较高的天文潮叠加时，计算结果显示，黄骅沿岸的受淹面积进一步持续增大，几乎沿岸的所有堤坝都可能受到严重影响。在此温带天气系统强度下，风暴增水和近岸浪达到最严重情况，大浪对堤坝的破坏作用也是最强，在南排河和黄骅港之间较为坚固且高程较高的海堤有可能不再完整有效，海水可能会漫堤并向内陆扩展，这些岸段的河流、闸门、涵洞非常危险，压力很大，因此需要严密防范溃堤和大面积漫滩的风险。同时，黄骅港的淹没面积进一步增大，绝大部分码头、货场等都可能会受到海水影响。由于温带天气系统持续时间长，风暴增水和近岸浪的侵袭持久，南排河、黄浪渠的海水上溯和外溢会更加严重，在中捷农场场部附近，将形成有效的大面积淹没，如果涵洞、闸门受损，除极个别区域外，几乎所有沿海地块都可能受到海水的严重侵袭。

温带风暴潮漫滩不同于台风风暴潮漫滩，主要区别在：

（1）温带天气系统作用稳定，温带风暴增水持续。一般情况下，温带风暴增水会持续十小时甚至数十小时，因此在其增水过程中极易与天文高潮形成叠加，潮水总水位会在一个相对较长的时间内超过当地警戒潮位，因此潜在的漫滩风险较大。

（2）温带天气系统作用范围大，温带增水分布广。相对于台风的天气尺度，温带天气系统的空间尺度较大，影响范围较广，引起的风暴增水范围大，因此对于整个在温带天气系统影响下的沿海岸段来说，风暴潮漫滩的风险也相对较大，因此防范的难度加大。

（3）温带天气系统确定性较强，引起风暴增水产生的形式较固定。通常意义下的向岸风引起海水向沿岸堆积，严重时产生风暴潮灾害，因此对于特定区域而言，由于其所处地区的地形从而决定引起该地区较大温带风暴增水的天气系统是较为固定的。从某种意义上说对于某些特定岸段，增水较小，某些岸段，增水较大。而台风路径具有较强的不确定性，因此考虑其引起的可能最大风暴增水的最大台风路径时，需要考虑即使是小概率事件但是却有可能存在的情况，这也是在某些区域（比如唐山）的温带风暴潮漫滩风险与台风风暴潮漫滩风险的不同之处。

5.3.2.4 黄骅温带风暴潮灾害风险图研制

将温带风暴潮可能的4种淹没范围与可能损失重要性的4个级别进行综合考虑，根据风险评估公式计算得到16种温带风暴潮灾害损失风险评估类别，结果见图5.63所示。

从整体上看，黄骅地区的北部（南排河以北地区）遭受风暴潮灾害风险的概率明显大于南部（南排河以南地区），这是由该地区的地形特点造成的，加之黄骅地区北部地势低洼以及北部防潮能力较弱，南部则由于较高的地势，海堤较高、坚固且连续性好，使得南部风险相对较小。但黄骅港（以及散装码头等）及其附属设施地区为较为繁忙的经济生产基地和繁华的居民驻地，因此防护的意义非常重大，虽然其本身的防潮能力较强，但是其潜在的灾害风险却是巨大的。

较强温带天气系统（Ⅱ～Ⅳ级），配合理论上较高的天文潮叠加时，整个黄骅地区沿岸经济损失风险程度增大，对于某些密集的居民地、地势低洼的平原、蓄洪区兴建的盐场和其他生产设施，具有较大的风险；在某些海堤有明显缺口的岸段，海水容易突破堤防深入陆地，风险也较大；南排河镇附近是居民聚居的地区，并且有学校、医院、政府机关驻地等，需要加强防范；北部的重要工矿企业相对较少，主要有石油化工厂、造船厂、养殖场、冷冻厂、加油站等，其中造船厂、养殖场和冷冻厂由于靠近海岸线，遭受损失的风险很大。南部海堤外的养殖场较少，并且风暴潮相对较轻，因此养殖业损失较少。但南排河南部和大口河北岸都是当地经济较为繁华的地区，人口较为稠密，风险相对较大。

5.3.3 海平面上升对风暴潮灾害的影响

风暴潮的影响因素可分为直接和间接影响因素。

直接影响因素又包括海平面上升和地面沉降，它们都将引起风暴潮水位升高。海平面上升直接抬高了风暴潮的水位，气候变暖引起的风力强度大大加强，这几年的事实和研究也基本上也印证了该结果。此外，海平面上升会使得地面降水的径流，从而变相地抬高了风暴潮，引起风暴潮水位上升。海平面上升会引起海湾的地形变化，海湾和海地的侵蚀会加剧进一步引起风暴潮的破坏能力。

风暴潮的间接影响因素有：气候变暖引起风暴强度增强，风力变大；地面降水的径流排海泄洪困难，抬高风暴潮；水位上升引起近岸浪增高，破坏力变强；地形变化影响导致天文潮变高；海岸和海堤侵蚀加剧，进一步引起海浪破坏能力增强等因素。

国际上一般认为海拔5 m以下的海岸区域为气候变化、海平面上升和风暴潮灾害的危险区域。我国沿海这类低洼地区约14.39×10^4 km²，常住人口7 000多万人，约全世界处于危险区域人口总数的27%，超过了中国人口占世界人口近25%的比例。辽河平原、华北大平原、华东大平原和珠江三角洲平原，就有面积达92 800 km²的地区高程还不足4 m（即极端脆弱区），这里目前生活着约6 500万人，集中了沿海的70个市、县。特别是由于历史上过度开采地下水，导致地面沉降，天津、河北沿海等一些城市和地方的地面高程还低于当地的平均海平面，这些地区历来受台风和风暴潮影响严重，防潮形势不容乐观。

特别值得注意的是，从20世纪90年代以来由于全球气候急剧变暖造成海平面上升加大、加之沿海经济社会高速发展等原因，风暴潮灾害有范围扩大、频率增高和损失加剧的趋势，尤其是进入21世纪后更加明显，已成为威胁我国滨海人民生命财产安全和制约沿海经济发展的重点灾害之一，加强对风暴潮灾害的应急与管理已成为各级政府的当务之急。

我们根据具体的海平面上升数据来分析风暴潮灾害对海平面上升的响应情况。2007年《中国海平面公报》提供的数据表明：近30年来，中国沿海海平面总体上升了90 mm。其中，天津沿岸上升最快，为196 mm；上海次之，为115 mm，总体趋势为北快南缓。2007年，中国沿海海平面平均上升速率为2.5 mm/a，仍高于全球海平面1.8 mm/a的上升速率。预计未来10年，中国沿海海平面将继续保持上升趋势，将比2007年上升32 mm。我们的研究点正好位于天津沿岸区，此区基本上是中国海平面上升最快的区域。同时我们还考虑了当地的地面沉降因素。由于地下水超量开采，地面沉降速率急速上升（表5.9）。

表5.9　黄骅地面沉降幅度和速率

沉降区域	时间	累计沉降幅度（mm）	最大沉降幅度（mm）	沉降速率（mm/a）	沉降面积（km²）	沉降原因
黄骅沉降区	1976年	7				沉降区开始发育
黄骅沉降区	80年代	74		11.2		
黄骅沉降区	90年代	152				
岐口–南排河	1998—2001年	450	1 111	128	约756.47 km²，>800 mm	加速沉降
沧州沿岸	—至今			约100		加速沉降
沧州沿岸	当前—2010年	200		约100		
沧州沿岸	2010—2020年	500		约50		地下水缓解
沧州沿岸	2020—2050年	150		约5		纯地壳变动

我们将海平面上升和地面沉降两个因素综合考虑，对该区的海平面上升程度重新进行了计算和风险评估。假设该区海平面上升50 cm/100 cm，那么淹没区的面积会增加多少。图5.64是台风强度为995 hPa、975 hPa和965 hPa的海平面上升模拟结果。图中该区域对应了3种颜色，蓝色是海平面不上升的情况，黄色是海平面上升50 cm的情况，红色是海平面上升100 cm的情况。我们看到在995 hPa的台风强度下海平面高度的变化还不是特别大。但是当台风强度增强到975 hPa和965 hPa时，其变化范围就迅速地扩大了。表5.10是不同台风强度下的海平面上升模拟结果。在海平面上升50 cm的情况下，风暴潮增加百分比为35.4%；上升100 cm的情况下，增加百分比为86.4%。

（a）995 hPa的台风强度

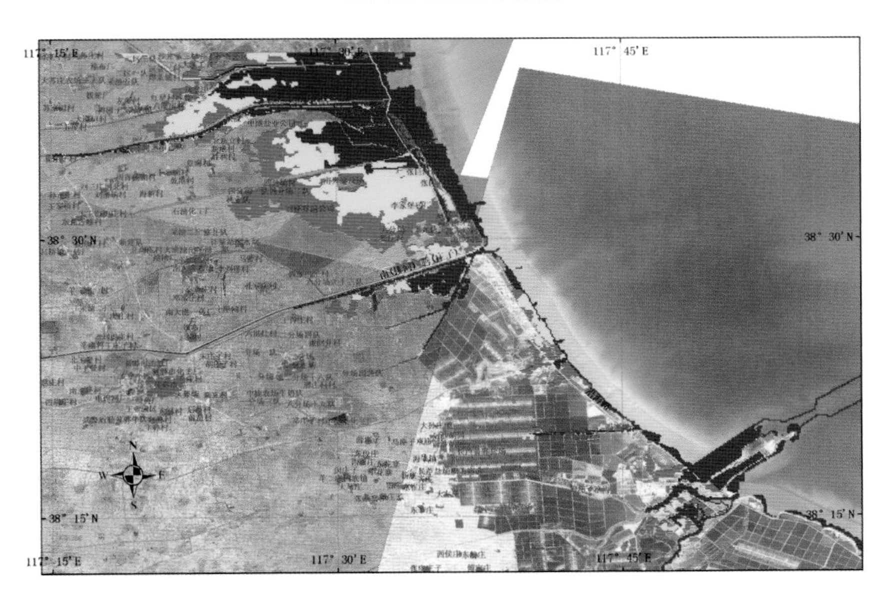

（b）975 hPa的台风强度

图5.64　不同台风强度下的海平面上升模拟结果（一）

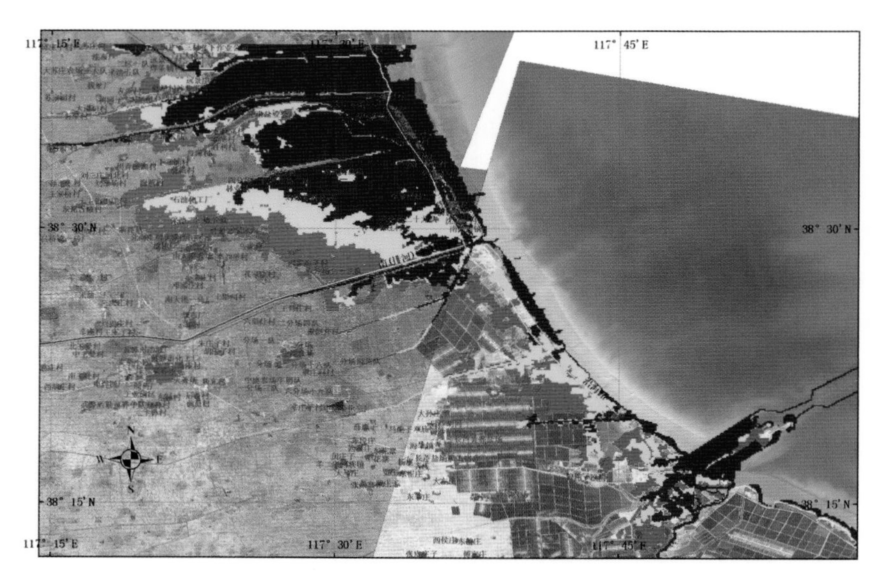

（c）965 hPa的台风强度

图5.64　不同台风强度下的海平面上升模拟结果（二）

表5.10　海平面上升对黄骅台风风暴潮的影响

台风中心气压（hPa）	0 cm	上升50 cm		上升100 cm	
	淹没面积（km^2）	淹没面积（km^2）	增加百分比（%）	淹没面积（km^2）	增加百分比（%）
995	48.34	55.94	15.7	68.98	42.7
985	75.10	105.92	41.0	164.58	119.1
975	144.63	213.10	47.3	293.30	102.8
965	258.07	354.98	37.6	467.19	81.0
平均			35.4		86.4

通过以上分析，我们可以初步总结出以下的结论：海平面上升多方面加剧了风暴潮灾害；气候变暖本身会加剧风暴潮灾害；进行海平面上升背景下风暴潮灾害风险评估是非常必要的。同时，考虑到中国天津滨海新区、长三角、珠三角是海平面上升和风暴潮最严重地区，需要在这方面引起足够的重视。

第6章 河北省海洋灾害风险评估管理信息系统

6.1 项目概述

6.1.1 项目内容

基于GIS的海洋灾害风险评估管理信息系统研究包括数据集成和系统开发两个主要内容。

6.1.1.1 数据集成

利用数值计算模型，结合GIS工具生成风暴潮的减灾预案电子地图。

1）温带风暴潮预案

以SHAPE图层温带风暴潮灾害预案信息，表达强1级、强2级、强3级的灾害影响范围及减灾预案。

2）台风风暴潮预案

以SHAPE图层台风温带风暴潮灾害预案信息，表达强1级、强2级、强3级的灾害影响范围及减灾预案。

3）研究区域基础地理环境信息

以SHAPE图层为基本图层，结合遥感图像，建立研究区域的基础地理环境信息数据集，包括道路、河流、行政区、居民区、海堤等。

6.1.1.2 系统开发

基于地理信息系统技术，实现风暴潮减灾预案的可视化及信息查询，为减灾提供辅助决策信息。

（1）基于当前最新的空间数据资料和遥感资料，构造研究区域的基础空间信息，包括基础地理信息和遥感影像；

（2）集成风暴潮数据计算模型的风暴潮灾害分析结果，将风暴潮减灾预案以数字地图方式集成于系统中，为管理决策者提供可视化的辅助分析平台；

（3）集成风暴潮数值计算模拟计算结果，在GIS平台下动态显示风暴潮灾害淹没的过程模拟；

（4）基于GIS的空间分析提供风暴潮减灾决策分析工具，包括盐田、居民地、道路等淹没分析和数据统计；

（5）实现高分辨率遥感数据（10 GB大数据量）与GIS数据同屏快速显示，以及与数值模拟分析结果中的淹没范围信息整合显示功能，在此基础上提供空间量算功能。

6.1.2 系统运行环境

基于Windows XP系统的PC机硬件环境，其中GIS采用完全自主产权平台，图像显示采用了ERmapper公司免费提供的ECW图像解压开发工具包；CPU配置为3.0 GHz以上，硬盘空间在20 GB以上，内存在2 GB以上，配置大屏幕显示器效果更佳。系统将装载大比例尺的基础地理信息数据，因此，连接网络时请注意保密，最好限于政务网上使用。

6.1.3 系统特色

空间数据以SHAPE格式作为标准数据文件，系统具有较好的兼容性。

遥感图像数据以基于小波变换的ECW格式为基本文件，以图像工程方式将整个区域的多幅图像自动拼接并动态显示，具有海洋遥感数据管理能力。

自主研究开发了风暴潮减灾信息的可视化和查询分析功能，数值模拟计算结果直接进行GIS系统，实现了淹没范围与空间遥感图像整合的半透明显示、任意鼠标点位的水深查询、淹没过程地动画显示、精确地理位置查询、球面坐标与平面坐标的自动换算、精确的面积和长度算量等功能。

提供了实时的减灾辅助决策分析功能，实现了不同淹没过程状态下的盐田、居民地、道路等淹没信息分析和分级统计输出。

系统集成了减灾预案信息、数值模拟分析结果、GIS矢量数据、遥感数据等数据，提供了标准的数据接口，系统具有很强的扩展性。

6.1.4 系统功能

6.1.4.1 数据载入

1）基础地理信息载入功能

系统采用地理工程方式装入不同要素的地理信息图层。地理工程文件是预先处理完成的图层组合索引文件，各图层根据需要进行了地理要素的符号化处理，用户选用菜单项“打开工程”时，在文件输入对话框中输入相关的工程文件即可装入基础地理信息。菜单项“载入黄骅”和“载入唐山秦皇岛”两个菜单直接为用户提供了数据载入功能。

2）数值计算模型数据载入功能

可以载入系统中的风暴潮数值模型计算结果文件，文件格式详见后面章节的数据处理方面的内容。其中菜单项“载入数模结果”→“载入风暴潮到工程”直接将多个时间段的模拟结果一起装入到工程，并在当前界面可视化显示。风暴潮模拟结果是栅格形式的数据，系统提供了将栅格数据自动转化为矢量数据的功能，以便将计算结果以SHAPE文件作为数据交换格式，提供给外界系统使用。也可以将已经转换为矢量的文件进行保存，在后续的操作中直接装入矢量图层的风暴潮数据。DEM数据提供了高程值，在进行淹没计算时，模型计算结果为水位值，减去DEM即可求解淹没深度，因此，进行淹没分析时，需要载入DEM数据。具体操作由菜单项“载入数模结果”→“载入DEM数据集”。DEM数据文件格式见后。

3）减灾预案载入功能

减灾预案是针对特殊减灾目标，经过专家分析后形成的最大淹没范围，以SHAPE图层表示，系统根据菜单项，如“台风风暴潮”→“黄骅”→“五级（14级风）”自动将相关的数据文件载入到系统中，以便显示和分析。

6.1.4.2 显示操作

提供基础地理信息和图像背影数据的同屏显示功能外，在图层列表框中提供图层显示与隐藏功能，在地图显示视窗中提供放大、缩小、漫游、拉窗放大、鹰眼等功能。

6.1.4.3 查询分析

除提供风暴潮淹没水位的任意点鼠标查询以外，系统提供针对工程集中所有图层而进行的地理信息全要素查询、地理坐标查询和地理算量等，提供淹没影响的减灾辅助决策专业分析功能。

6.1.4.4 动画

提供风暴潮数据模拟结果的动画显示和单帧结果查询和分析功能。

6.1.4.5 帮助

提供使用说明书的在线显示功能。

6.1.5 项目成果数据目录

“河北海洋灾害应急预案管理信息系统”软件安装以后，在应用程序的目录下生成3个子目录，在bin目录中存放执行程序文件，在GIS_DATA中存放相关的地理信息, 在RS_DATA中存放遥感图像数据，在SS_DATA目录中存放风暴潮数值模拟计算结果和相关减灾预案信息。

6.1.5.1 执行程序文件

在bin目录下保存，包括执行程序文件如表6.1所示。

表6.1 执行文件

文件名称	类型	注记
HTGISNet.ocx	地理信息系统控件	自主产权GIS软件
NCScnet.dll	小波压缩图像ECW格式的读取工具软件，此开发工具由ER Mapper公司免费提供使用。	ER Mapper公司软件
NCSEcw.dll		
NCSEcw_control.exe		
NCSEcwC.dll		
NCSUtil.dll		
HBSS_Mitigation.exe	应急预案管理信息系统程序	自主产权GIS软件

6.1.5.2 遥感图像数据

RS_DATA 目录下的文件如表6.2所示。

表6.2　RS_DATA 目录下文件

文件名称	类型
HBBKIMG.prj	工程文件
HB_Map.ecw	河北沿海行政区底图
HB_Map.hed	
唐海县SPOT.ecw	唐海县
唐海县SPOT.hed	
天津大港SPOT.ecw	天津大港
天津大港SPOT.hed	
岐口QuickBird.ecw	岐口
岐口QuickBird.hed	
曹妃店港SPOT.ecw	曹妃店港
曹妃店港SPOT.hed	
黄骅港SPOT.ecw	黄骅港
黄骅港SPOT.hed	

6.1.5.3　基础地理数据

两个研究地区的基础地理信息数据。

6.1.5.4　风暴潮专题数据

包括风暴潮灾害过程模拟数据、风暴潮减灾预案、DEM数据等。放置在目录“风暴潮数据”中，如表6.3所示。

表6.3　专题数据

文件名称	类型
曹妃甸风暴潮数据.sfm	曹妃甸风暴潮文件头
曹妃甸风暴潮数据.srg	曹妃甸风暴潮数据实体
黄骅Dem100.sfm	黄骅Dem文件头
黄骅Dem100.srg	黄骅Dem数据实体

6.2　数据处理

6.2.1　遥感图像处理

6.2.1.1　基于Envi的几何纠正

遥感数据以SPOT5遥感图像为主，采用432波段进行假彩色合成，在Envi图像处理软件下完成几何纠正和拼接。下面以Envi为例，说明图像纠正的操作方法。

1）启动Envi

Envi软件可以支持大幅面图像处理，可以处理上行列数大于2万行的大图像，启动后其界面如图6.1所示。

图6.1　Envi软件启动界面

2）装入图像

Envi软件可以载入各种格式的图像文件，下面以通用的Tiff或者BMP格式为例，说明装入图像的方法。执行菜单项“File”→“Open External File”→“Generic Format”→“BMP”，在文件选择对话框输入要载入的图像文件，如图6.2所示。

图6.2　图像文件载入界面

载入BMP图像后，Envi自动将显示图像设为彩色，按确定即可，系统显示波段组合，如图6.3所示。当载入其他格式的图像时，可能有多个波段数据，则可以在这里进行假彩色合成处理。由于这个窗口在整个图像处理其间都有效，因此，用户可以通过改变这个窗口中的波段组合来配色，对于SPOT5来说，选择R = 4，G = 3，B = 2的波段组合。

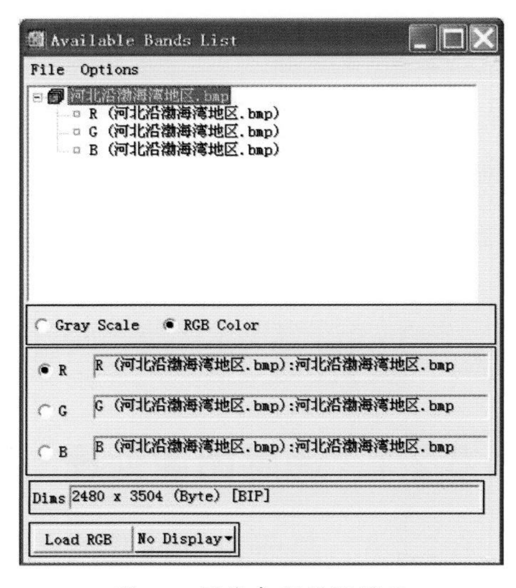

图6.3　图像色彩设置界面

Envi在载入图像时自动进行图像拉伸处理，如果要恢复原来的图像面貌，在图像窗口（注意不是主控程序窗口）的菜单中执行相关的图像增强处理。

如图6.4所示，执行菜单项“Enhance”→“[Image] linear 0−255”，即不要进行拉伸处理，就可以恢复到载入图像原始状态，不进行图像增强。

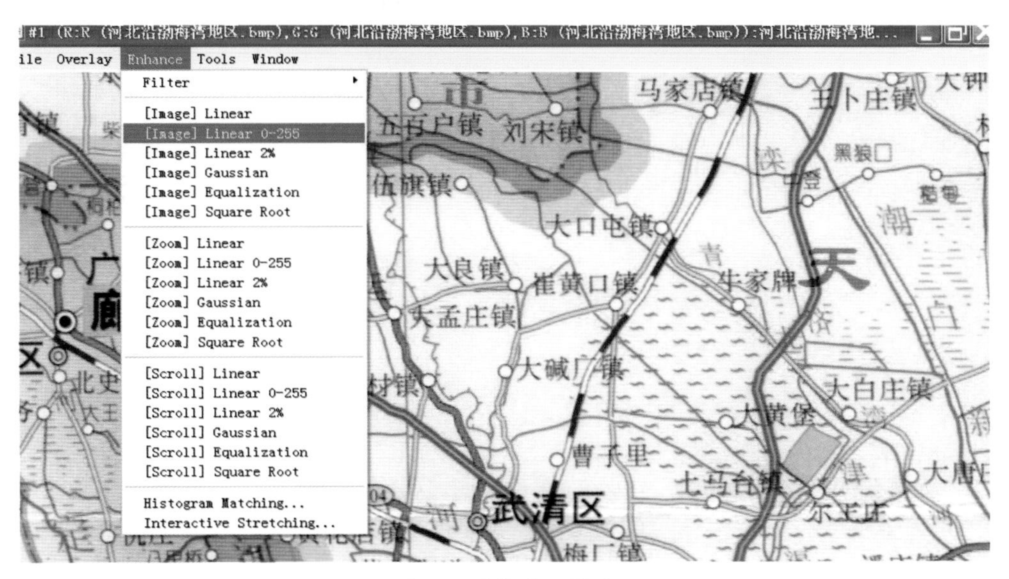

图6.4　图像载入界面

3）启动控制点选取操作

图像几何纠正处理的原理很简单，就是将原来图像上的像素根据需要进行重新采样，组合成一个新的图像，以实现图像与矢量地图的配准。几何纠正时，程序至少需要6个坐标点对的信息，用来说明图像如何与地图进行对应。每个控制点包含着两个坐标对，原图像中行列号，目标地图的坐标，或者是目标图像中的行列号。具体操作说明如下。

执行Envi主控窗口中的菜单项，“Map”→“Registration”→“Select GCPs:Image toMap”，如图6.5所示。

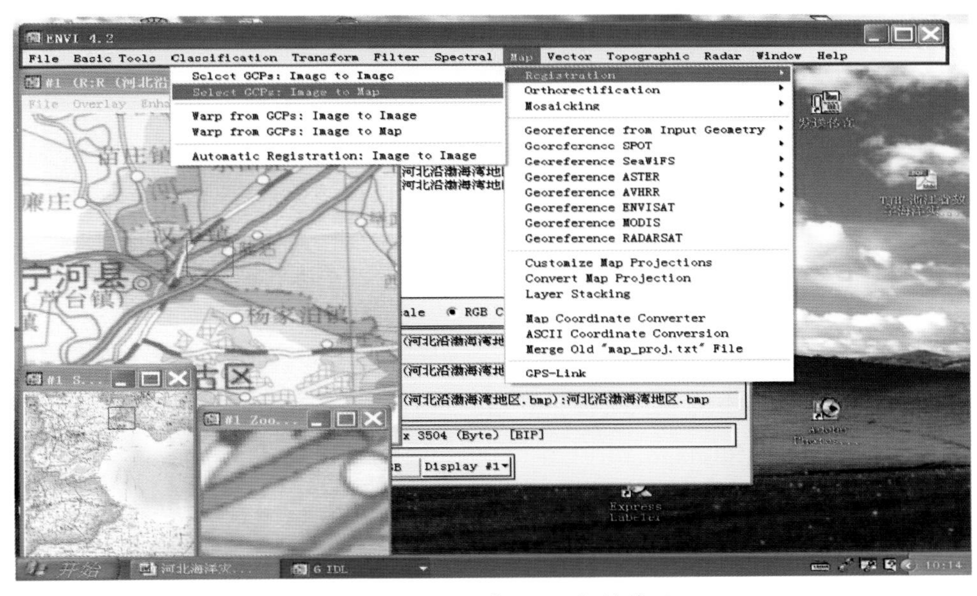

图6.5　Envi软件中“Map”菜单项

操作将建立图像到地图的控制点选取操作，系统要求用户定义一个地图坐标系，在对话框中定义，如图6.6所示，设置WGS84坐标系，以经纬度为单位。

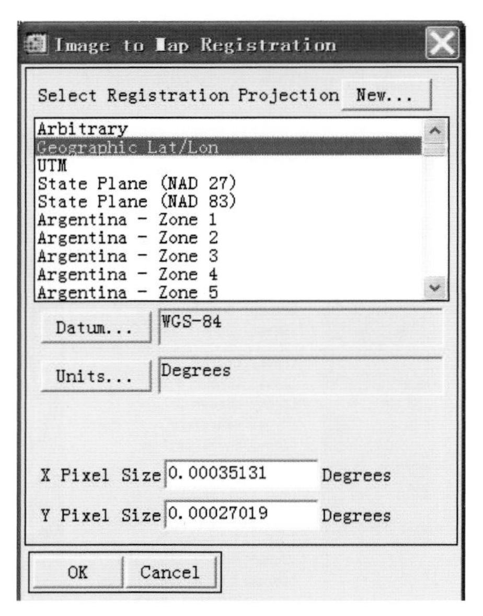

图6.6　坐标系设置

4）进行控制点选取

控制点选取的原则是在图像上找到能与地图上明显对应的点，对于遥感图像控制点选取来说，一般选择道路交叉路，地标建筑物、人工堤坝、河流凹岸等地表特征明显的像素点，作为控制点，另外，控制点尽量较均匀地分布。下面就具体选择操作说明，如图6.7所示，例中的图像是扫描行政区图像，其中有经纬网，因此，网格交点就是最好的控制点。

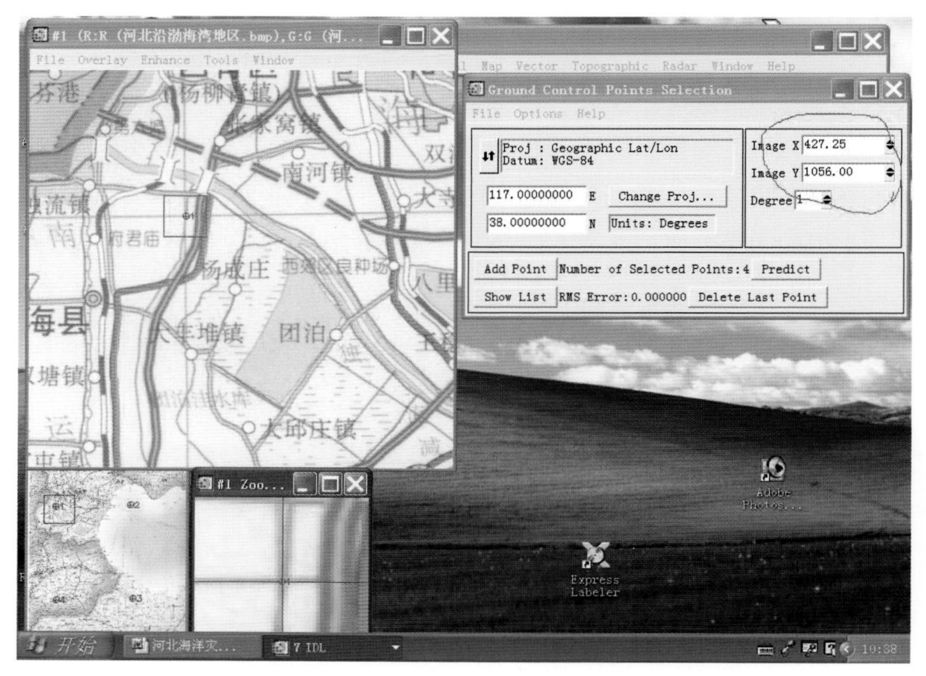

图6.7　控制点选取操作窗体

图6.7中有4个窗口，其中左边3个窗口用来选择图像中的控制点位图，左下角为初导航图，中间为等比大小，右下为放大选择，在这3个窗口中点击鼠标，都会在右上角的控制点选取对话框中的Image X和Image Y中发生变化。在控制点对话框中的左侧编辑框中，直接输入地图坐标，然后，在控制点对话框中单击“Add Point”，选定此点为控制点，并加入到控制点列表中。控制点对话框中“File”菜单提供了保存功能。其结果为文本文件，内容格式如下。

```
;ENVI Image to Map GCP File
; projection info = {Geographic Lat/Lon, WGS-84, units=Degrees}
; warp file: D:\HB_SS_MITIGATION\GIS_DATA\河北沿渤海湾地区.bmp
; Map (x,y), Image (x,y)
;
    117.00000000    39.00000000    427.000000    1056.000000
    118.00000000    39.00000000    1609.500000   1029.250000
    118.00000000    38.00000000    1651.000000   2551.250000
    117.00000000    38.00000000    449.750000    2578.000000
```

5）几何纠正

与启动控制点选择操作相似，执行Envi主控窗口中的菜单命令，“Map”→“Registration”→“Warp From GCPs: Image to Map”。首先读取控制点文件，在输入文件名后，不进行任何修正按确定，然后选择需要纠正的源图像名称，右边列表显示图像基本信息，如图6.8所示，单击“OK”按钮进行几何纠正。

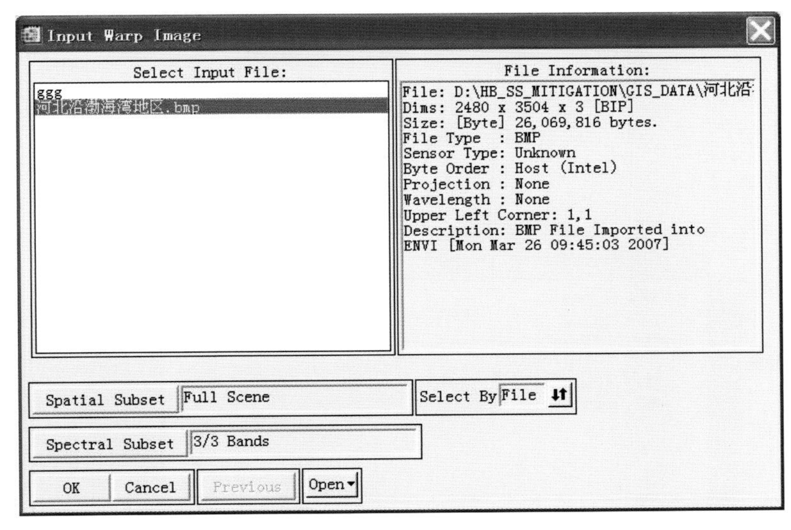

图6.8　几何纠正界面

6）几何纠正结果保存

结果图像保存为BMP格式，如果图像行列号大于2万行，保存BMP时会出错，这时，可以通过切割成子图或者以“0.5比例”重采样的方法来缩小图像大小。

7）图像压缩处理

最后利用ER Mapper软件将位图压缩成为ECW格式数据，并将压缩率设为1，保证压缩时获取最好的图像质量。具体操作时需要ERMAPPER公司提供的免费软件ECW JPEG 2000 Compreesion（可从网上下载）。打开软件出现如下界面，如图6.9所示，其中Input一栏中输入需要压缩的位图文件名，请注意，这个文件大小不能超过500 MB，若超过这个尺寸，需要购买付费的软件，它可以压缩很大幅面的图像。我们在应用时之所以将拼接好的图像进行分块，一方面是为了提高载入速度；另一方面是不让其超过500 MB，以便进行免费的图像压缩。

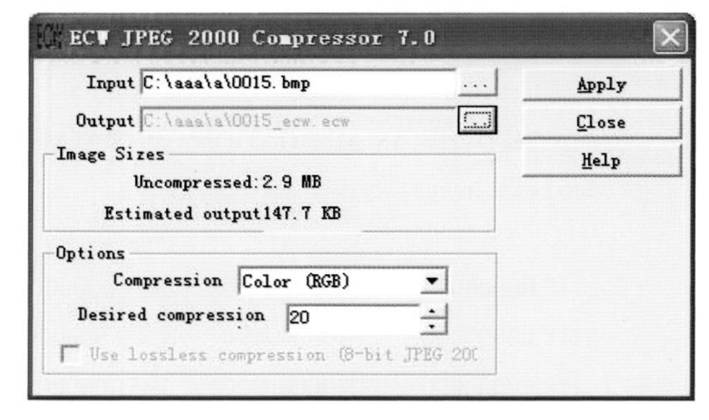

图6.9　图像压缩界面

在Output这一栏中，我们选择输出格式为ECW，这种格式的图像ERMAPPER提供了开发工具，其缺省格式为JP2。

“Compression”选项为彩色，即选择Color（RGB），压缩率缺省为20，即压缩20倍。为了保证图像质量，这里可以输入一个较小的数，如1，即压缩率为1倍。软件仍然进行压缩处理，只不过此时最大限度地来保证图像的质量，将图像压缩比放在次要地位。

8）图像空间位置配准

在图像处理软件中，每个图像都带有空间定位信息，这个信息在图像数据与矢量数据的空间配准时是十分有用的。例如从Erdas中读取相关的空间定位信息如图所示。ECW图层的空间配准操作在海天技师软件中完成，首先“文件→载放位图”菜单项读入ECW，这个功能可以读入3种类型的图像数据，即BMP、JPG和ECW，如图6.10所示，从文件对话框选入一个ECW，并在视窗中显示。

图6.10　ECW图层的空间配准操作界面

然后，执行“可视化图层配准→栅格图与矢量图配准”菜单项，弹出如图6.11所示对话框，根据图像本身的空间定位参数输入2个参照点，如（0, 0）点对应着图像右上角的经纬度，选择图像右下角点，并输入对应的经纬度，两点就可以计算平移配准所需的4个参数，按“计算配准参数”进行计算，然后按“参数赋给当前图层”将参数赋值，最后保存图层。

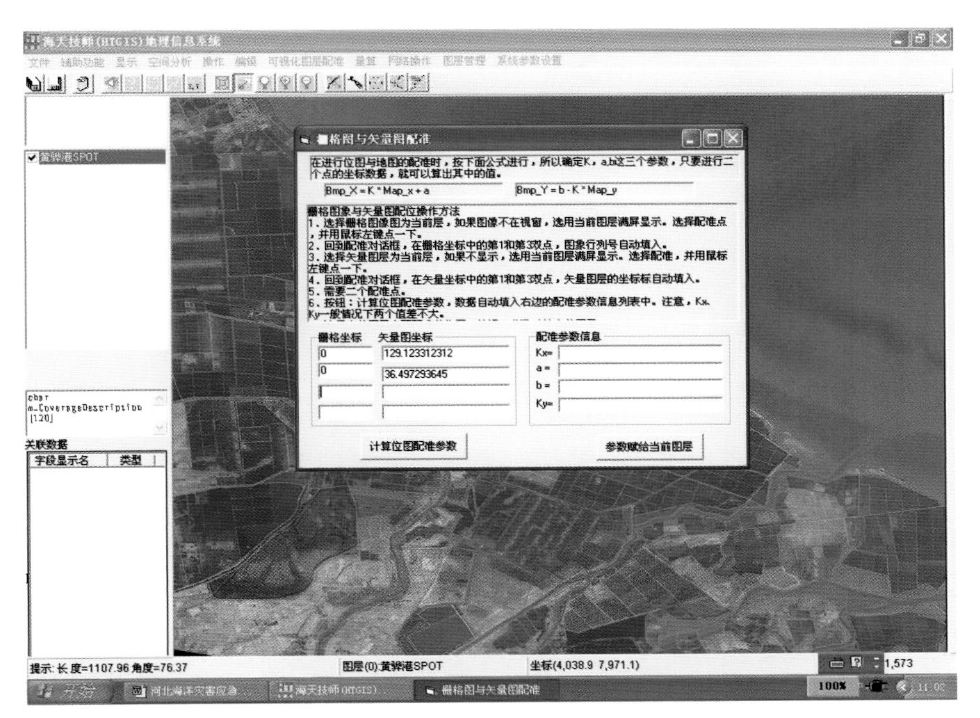

图6.11　栅格图与矢量图配准界面

6.2.1.2　基于Erdas的图像拼接镶嵌处理

1）图像几何校正

图像在进行图像拼接裁剪以前，通常要进行几何校正。其主要目的是给图像数据赋予一定的坐标系统，以使拼接图像处于同一坐标系下。在ERDAS 8.7软件中，具体操作过程如下。

第一步：显示图像文件

在视窗中打开需要校正的SPOT图像；

第二步：启动几何校正模块，计算转换模型

在Viewer#1的菜单条中，选择“Raster-Geometric Correction”，启动“Set Geometric Model”几何校正模块，如图6.12所示；

选择Polynomial（多项式变换）几何校正模型，单击“OK”按钮，程序自动启动“Polynomial Model Properties”对话框，如图6.13所示。

其中，首先在Projection选项卡中设定图像的投影方式；在“Parameters”选项卡中，设置Polynomial Order（多项式次方数）值为2，通常整景图像选择3次方，次方数与所需的最小控制点数是相关的，换算公式为((t+1)*(t+2))/2，t为次方数，选择2次方，最小控制点数为6；单击“Apply”按钮应用，单击“Close”按钮关闭该对话框，程序启动“GCP Tool Reference Setup”对话框，如图6.14所示。

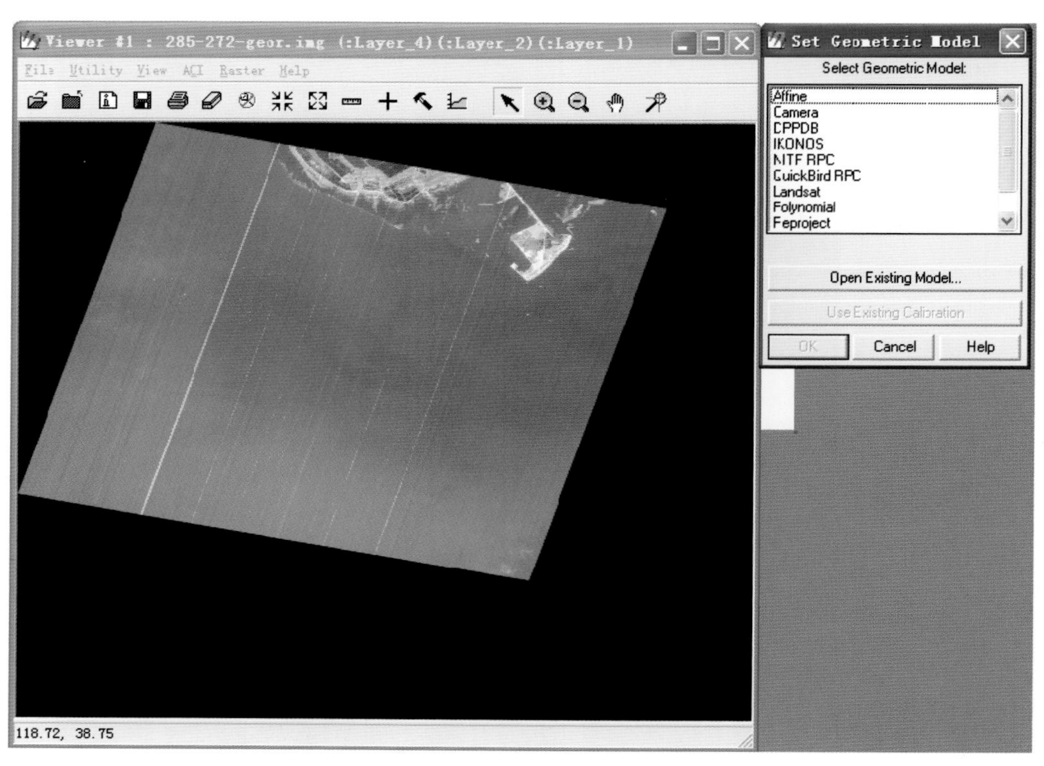

图6.12　几何校正模块

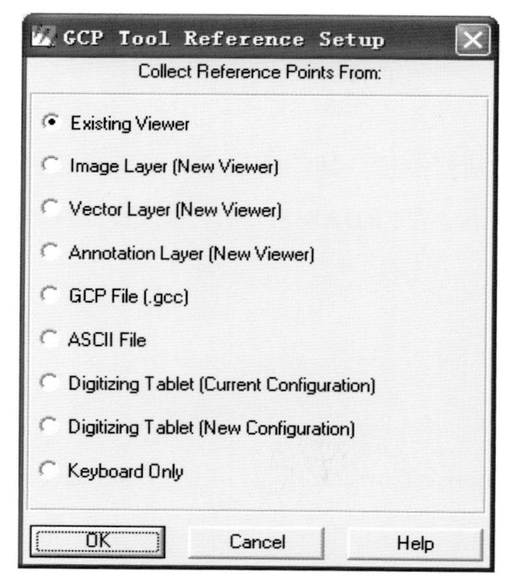

图6.13　选择多项式方程拟合的阶数

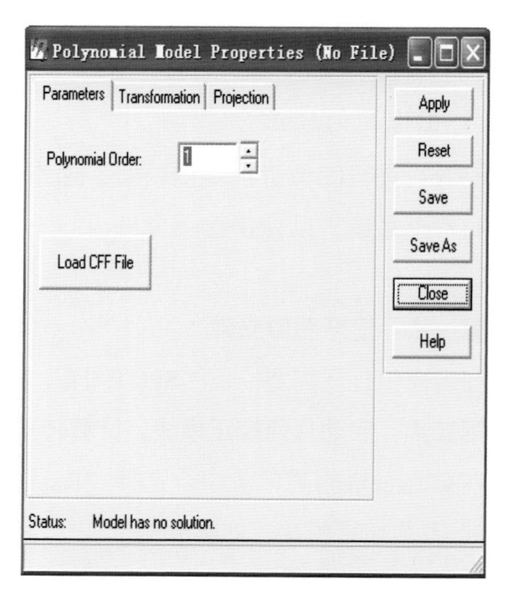

图6.14　控制点GCP采集模式

表6.4是控制点采集模式，具体可以归纳为以下三大类模式：

表6.4　控制点采集模式

模式	含义
Viewer to Viewer	视窗采点模式
Existing Viewer	在已经打开的视窗中采点
Image Layer(New Viewer)	在新打开的图像视窗中采点
Vector Layer(New Viewer)	在新打开的矢量视窗中采点
Annotation Layer(New Viewer)	在新打开的注记视窗中采点
File to Viewer	文件采点模式
GCP File(.gcc)	在控制点文件中读点
ASC II File	在ASC II 码文件中读点
Map to Viewer	地图采点模式
Digitizing Tablet(Current Configuration)	在当前数字化仪上采点
Digitizing Tablet(New Configuration)	在新配置数字化仪上采点
Keyboard Only	通过键盘输入控制点

具体选用哪种采点模式，要根据实际情况判断，如果已经拥有校正区域的数字图像或注记图层，则应用视窗采点模式；如果拥有控制点坐标数据文件，则可采用文件采点模式；否则，则要用地图采点模式。

选择“Existing Viewer”采点模式，单击“OK”按钮，弹出“Viewer Selection Instructions”指示器，单击“Viewer”窗口，确定参考图像，打开“Reference Map Information”提示框，单击“OK”按钮，开始采集控制点。

第三步：采集地面控制点

这时，整个屏幕中包含一个主视窗，两个放大窗口，两个关联方框（位于主视窗中），控制点工具对话框和几何校正工具等，如图6.15所示已经进入控制点采集状态。

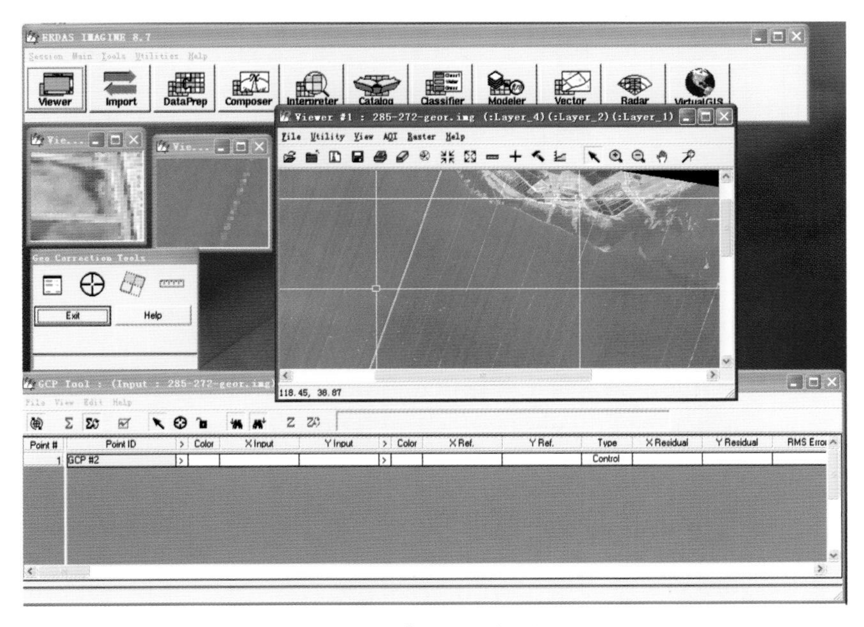

图6.15　采集地面控制点

（1）GCP的具体采集过程

在图像几何校正过程中，采集控制点是一项非常重要和相当重要的工作，具体过程如下：

①在GCP工具对话框中单击select GCP图标“↖”，进入GCP选择状态。

②在view#1中移动关联方框位置，寻找明显地物特征点，作为输入GCP。

③在GCP工具对话框中单击Great GCP图标“⊕”，并在view#2中单击左键定点，GCP数据表将记录一个输入的GCP，包括编号、标识码、X、Y坐标；view#3中同样单击该点位置，选择近似的匹配点。

④不断重复上述步骤，采集若干GCP，直到满足所选择的几何校正模型规定的控制点数目为止。

（2）采集地面检查点

以上所采集的GCP为控制点，用于建立转换方模型及多项式方程，地面检查点则用于检验所建立的转换方程的精度和实用性，具体过程如下：

①在“GCP TOOL”菜单条中选择GCP类型：Edit/Set Point Type-check。

②在“GCP TOOL”菜单条中确定GCP匹配参数：Edit/Point matching——打开GCP Matching 对话框，并确定参数。

③确定地面检查点，其操作与选择控制点完全一样。

④计算检查点误差：在“GCP TOOL”工具条中，单击Compute Error图标“☑”，检查点的误差就会显示在GCP TOOL的上方，如图6.16所示，只有所有检查点的误差小于一个像元时，才能进行以下的步骤。

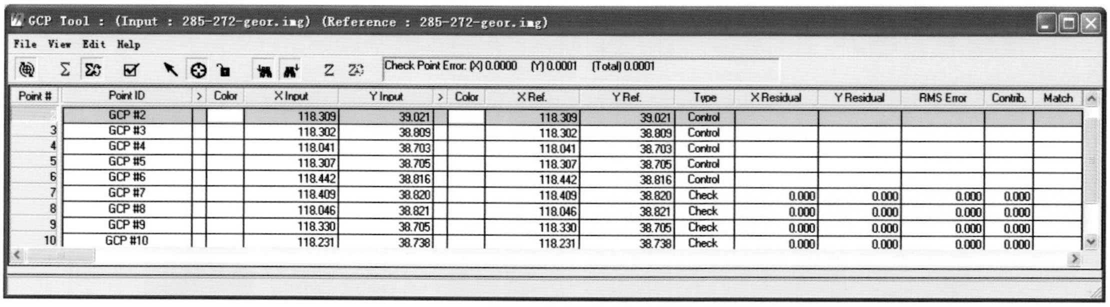

GCP Tool : (Input : 285-272-geor.img) (Reference : 285-272-geor.img)

File View Edit Help

Check Point Error: (X) 0.0000 (Y) 0.0001 (Total) 0.0001

Point #	Point ID	>	Color	X Input	Y Input	>	Color	X Ref.	Y Ref.	Type	X Residual	Y Residual	RMS Error	Contrib.	Match
2	GCP #2			118.309	39.021			118.309	39.021	Control					
3	GCP #3			118.302	38.809			118.302	38.809	Control					
4	GCP #4			118.041	38.703			118.041	38.703	Control					
5	GCP #5			118.307	38.705			118.307	38.705	Control					
6	GCP #6			118.442	38.816			118.442	38.816	Control					
7	GCP #7			118.409	38.820			118.409	38.820	Check	0.000	0.000	0.000	0.000	
8	GCP #8			118.046	38.821			118.046	38.821	Check	0.000	0.000	0.000	0.000	
9	GCP #9			118.330	38.705			118.330	38.705	Check	0.000	0.000	0.000	0.000	
10	GCP #10			118.231	38.738			118.231	38.738	Check	0.000	0.000	0.000	0.000	

图6.16　计算检查点误差

第四步：图像重采样

图像的重采样过程就是依据未校正图像像元值计算生成一幅校正图像的过程，原图像中所有栅格数据层都将进行重采样。ERDAS软件提供3种最常用的重采样方法：

（1）Nearest Neighbor：邻近点插值法，将最邻近像元值直接赋予输出像元；

（2）Bilinear Interpolation：双线性插值法，用双线性方程和2×2窗口计算输出像元值；

（3）Cubic Convolution：立方卷积插值法，用立方方程和4×4窗口计算输出像元值。

在“Geo Correction Tools”对话框中选择Image Resample 图标“⊞”，打开“Image

Resample”对话框见图6.17，并定义重采样参数。

①输出图像文件名（output file）：rectify.img。

②选择重采样方法（Resample Method）：Nearest Neighbor。

③定义输出图像的像元大小（Output Cell Sizes）。

④设置输出统计中忽略零值（Ignore Zero in Stats）。

⑤单击“OK”启动重采样进程，并关闭Image Resample对话框。

⑥点击EXIT按钮，推出几何图像校正过程，并可以保存当前几何校正模式，并定义模式文件（*.gms），以便下次直接使用。

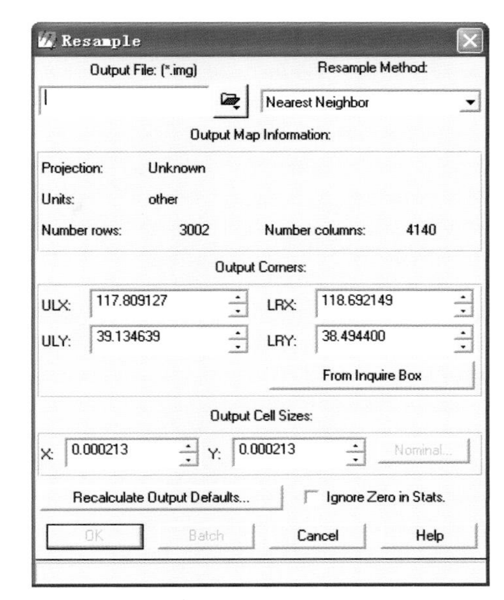

图6.17　定义重采样参数

2）图像拼接

几何校正后就可以进行图像拼接处理，其过程如下：

启动图像拼接工具，在ERDAS图标面板工具条中，单击“Dataprep/Data preparation”菜单/选择“Mosaic Images”，就打开了“Mosaic Tool”视窗，见图6.18。

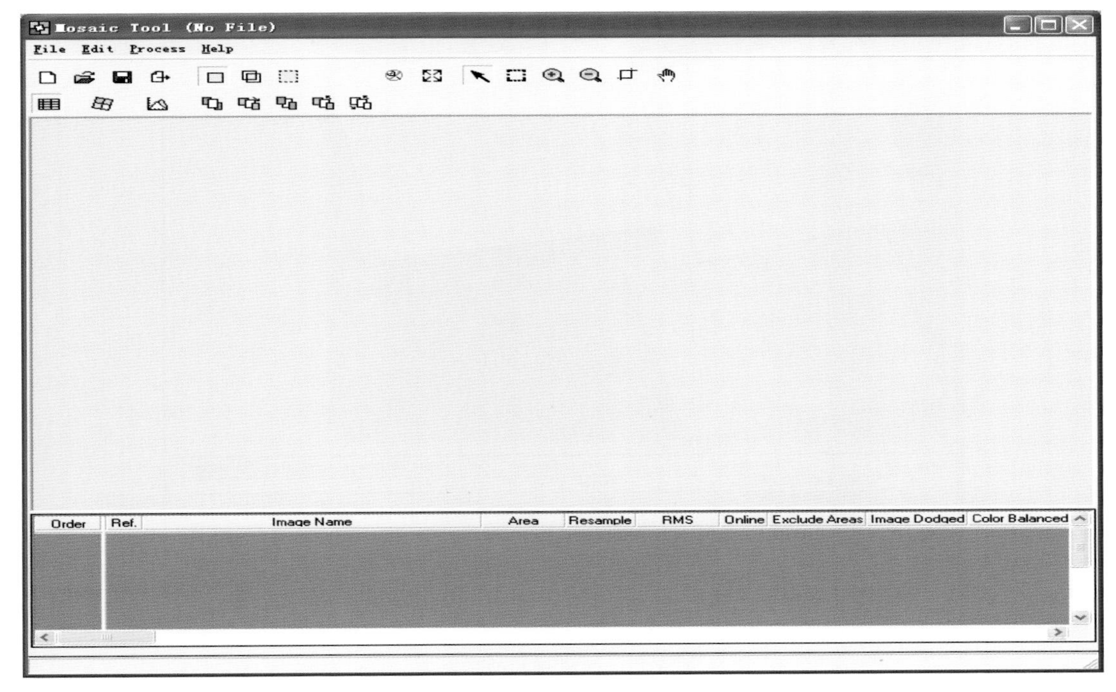

图6.18　“Mosaic Tool”视窗

加载Mosaic图像，在“Mosaic Tool”视窗菜单条中，单击“Edit/Add images”，打开“Add Images”对话框见图6.19。

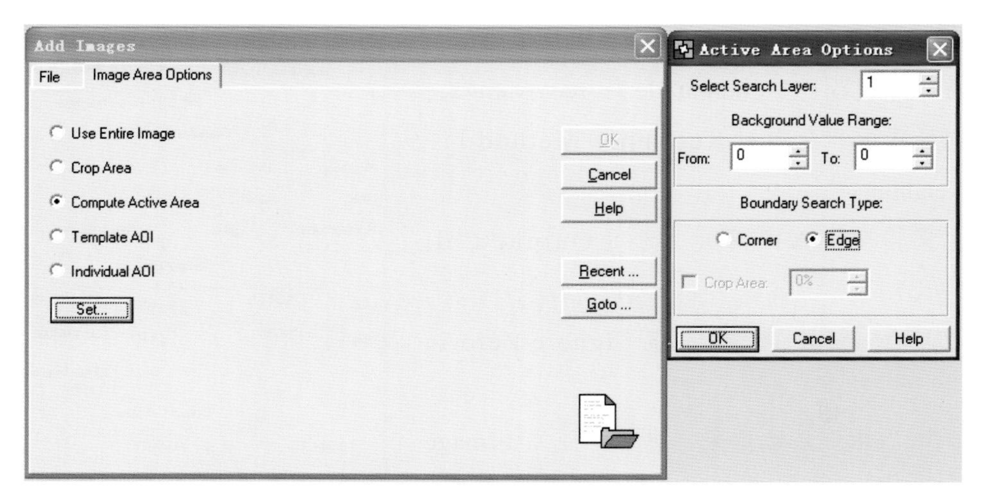

图6.19　加载Mosaic图像

如图6.19所示，在“File”选项卡中选择拼接图像，在“Image Area Options”选项卡中，选择“Compute Active Area”拼接方式，单击“Set”按钮，选择Edge边界搜索类型。也还有其他的拼接方式，要根据具体情况选择。

选择好文件后，依次加载拼接的图像，见图6.20。

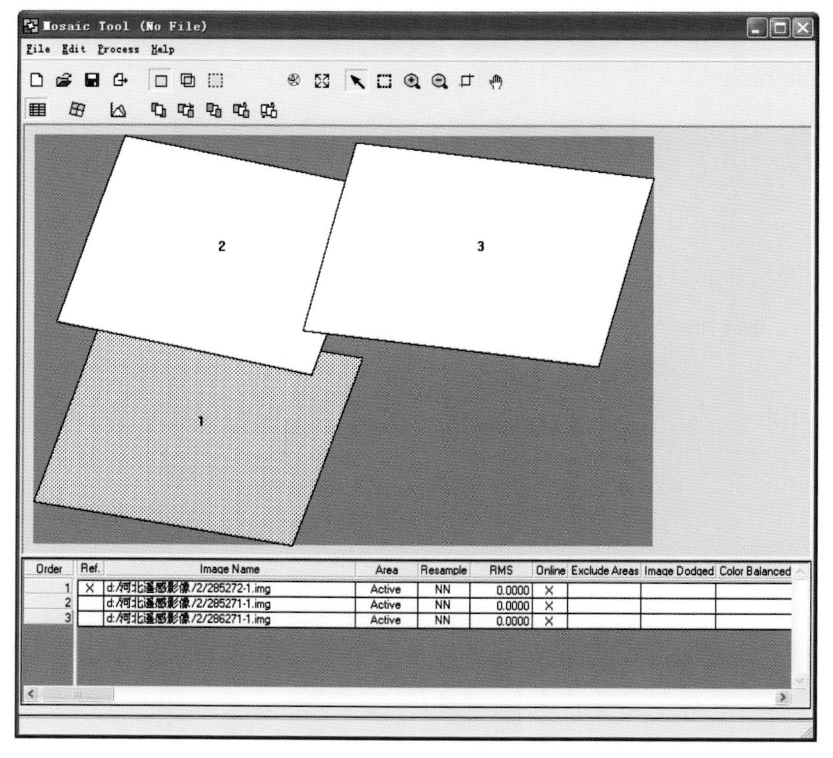

图6.20　加载拼接的图像

在“Mosaic Tool”视窗工具条中，“ ”按钮可以对图像进行上下位置调整，确定合适的叠置组合方式。

单击“ ”图标，弹出“Color Corrections”对话框，见图6.21。

在“Color Corrections”对话框中，选中“Use Color Balancing”进行拼接图像的颜色平滑，在“Set”设置中可以设置自动平滑或者手工平滑；选中“Use Histogram Matching”，进行直方图匹配，单击“Set”按钮，弹出“Histogram Matching”对话框，见图6.22。

在“Histogram Matching”对话框中，“Matching Method”选项用来设置匹配方法，有“For All Images”和“Overlap Areas”两种，选择“Overlap Areas”重叠区域匹配方法。“Histogram Type”选择“Band by Band”类型。

在“Mosaic Tool”视窗菜单条中，单击“Edit/set Overlap Function”，打开“Set Overlap Function”对话框，见图6.23。

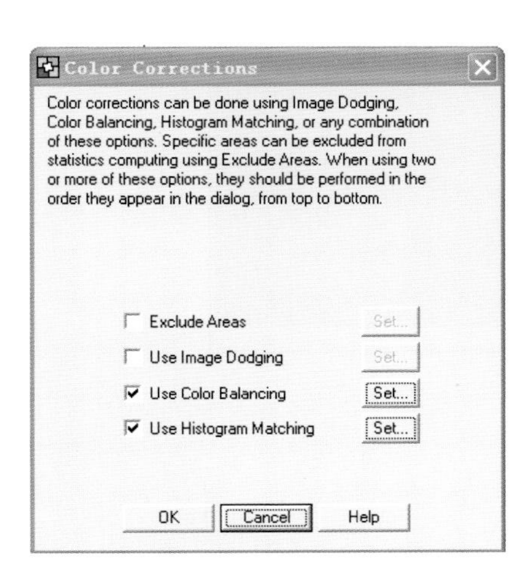

图6.21 “Color Corrections”对话框

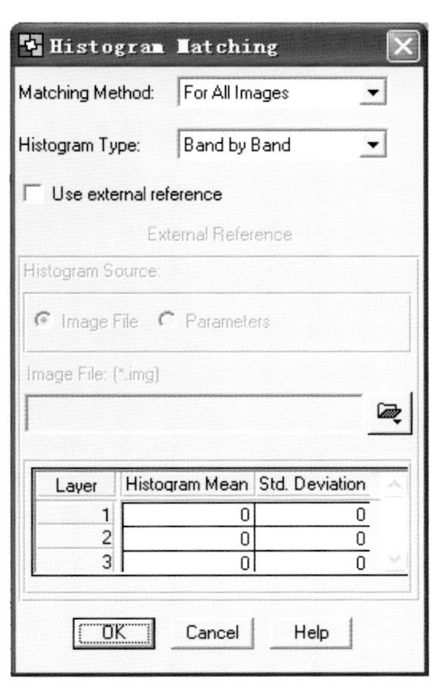

图6.22 “Histogram Matching”对话框

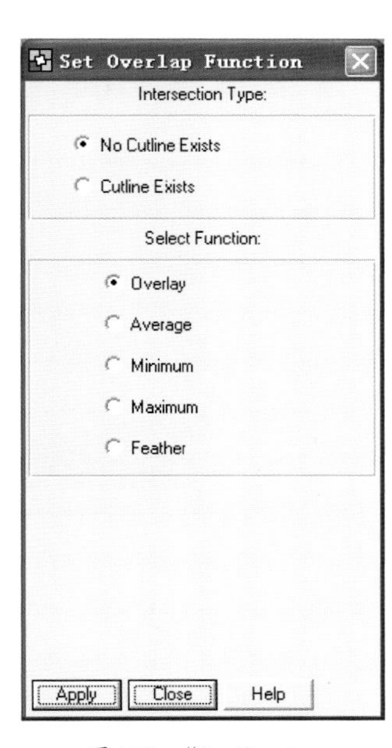

图6.23 “Set Overlap Function”对话框

设置以下参数：

设置相交关系（Intersection Method）：No Cutline Exists（没有裁切线）；

设置重叠区像元灰度计算（select Function）：Average（均值）；

Apply（保存设置），Close（关闭对话框），完成操作。

运行Mosaic工具，在“Mosaic Tool”视窗菜单条中，单击“Process/Run Mosaic”，打开“Run Mosaic”对话框，见图6.24。

设置下列参数：

①确定输出文件名“mosaic.img”；

②在“Output Option”选项卡中，确定输出图像区域“ALL”；

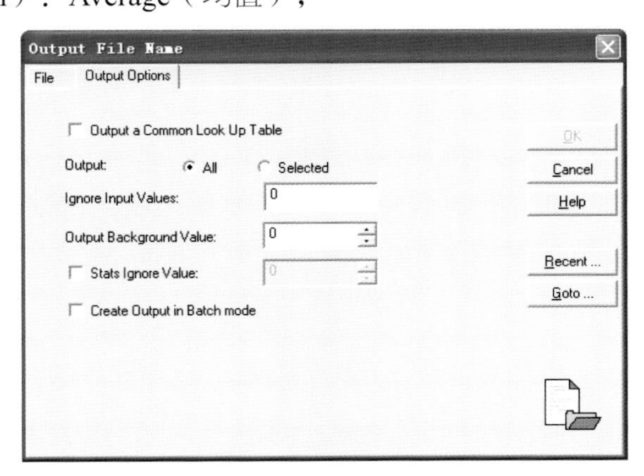

图6.24 “Run Mosaic”对话框

③忽略输入图像值0；

④忽略输出统计值；

⑤单击“OK”按钮进行图像拼接，见图6.25。

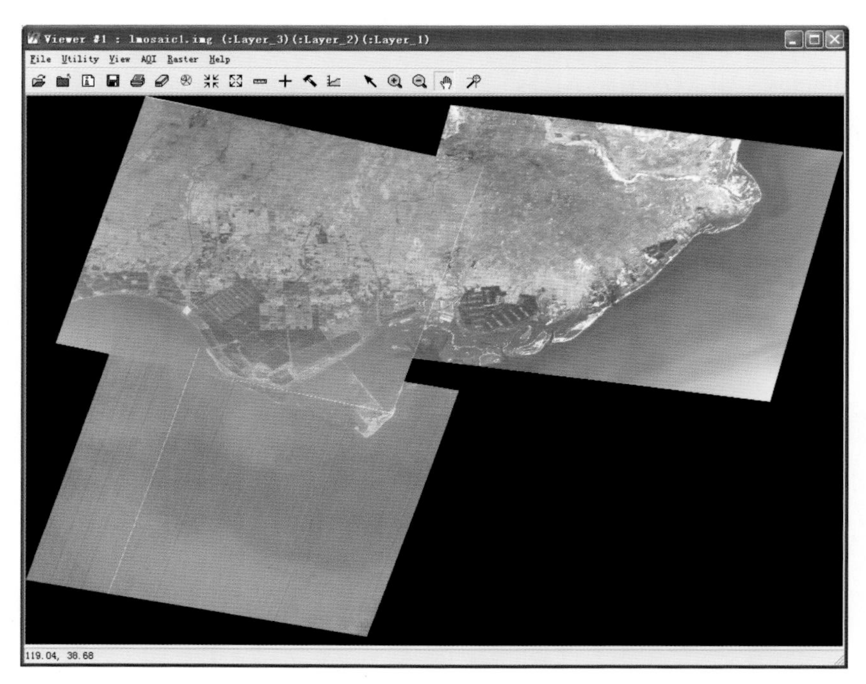

图6.25　图像拼接

3）图像裁剪

在实际工作中，经常根据研究区的工作范围进行图像分幅裁剪，利用ERDAS软件可实现两种图像分幅裁剪：规则分幅裁剪，不规则分幅裁剪。下面主要说明规则分幅裁剪的方法。

在ERDAS图标面板工具条中，单击“DataPrep/Data preparation/subset Image”，打开“subset Image”对话框，见图6.26。

裁剪范围输入：

①通过直接输入左上角、右下角的坐标值；

②先在图像视窗中放置查询框，然后在对话框中选择“From Inquire Box”；

③先在图像视窗中绘制AOL区域，然后在对话框中选择AIO功能，利用此方法也可实现不规则裁剪。

用上面提到的②方法确定裁剪范围是很方便的，方法是在“View”视窗菜单中单击“Utility/Inquire Box”，通过手动拖拉范围确定裁剪区域，见图6.27。

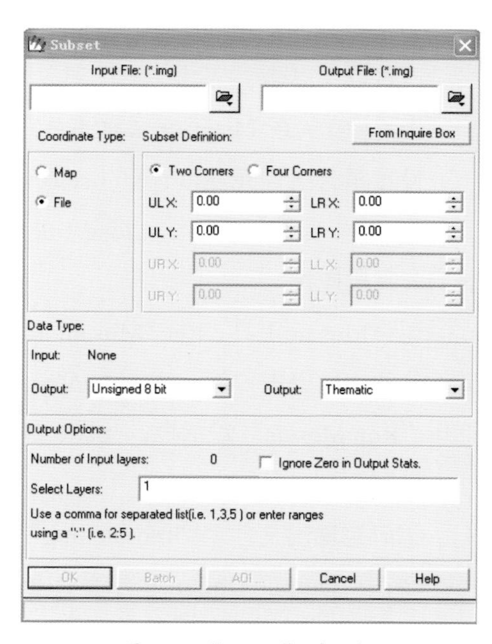

图6.26　“Subset”对话框

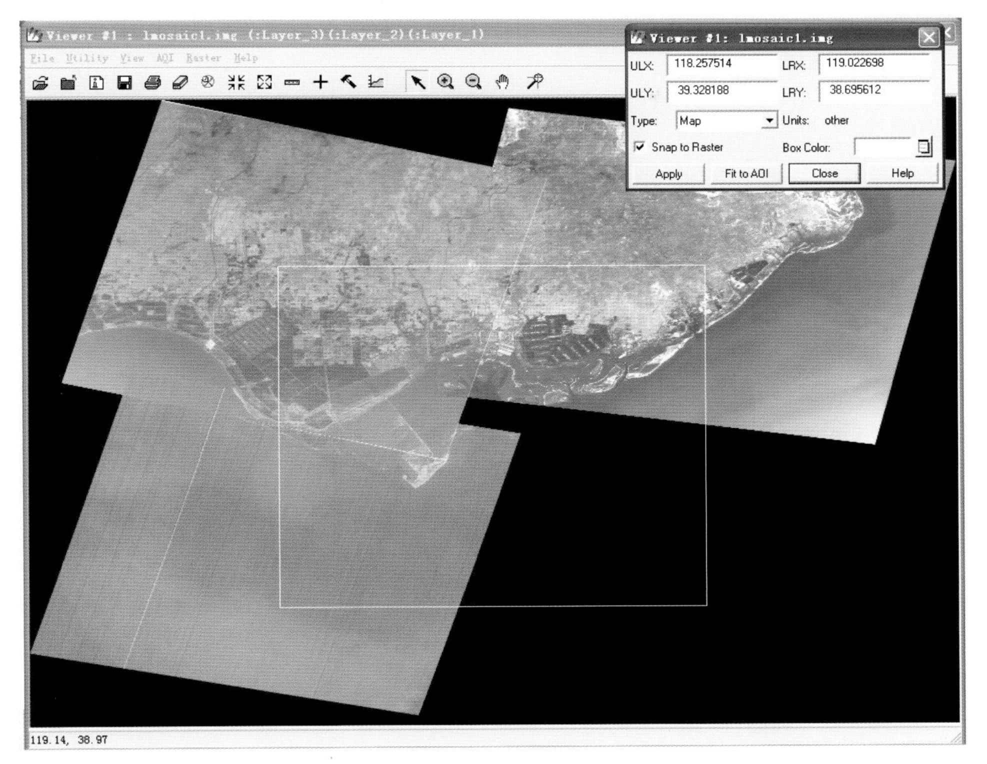

图6.27 确定裁剪区域

设置以下参数：

①设置输出数据类型Unsigned 8 bit；

②输出统计忽略零值Ignore Zero in Output Stats；

③单击“OK”按钮完成操作。

6.2.2 基础地理信息处理

6.2.2.1 GIS数据的图层处理

可以在ArcMap或者ArcView等能处理SHAPE格式文件的软件中进行基础地理信息处理。

1）基于商用软件进行数据预处理

从河北省获取的GIS数据以E00格式，需要数据转换为Shape 3.0文件格式。具体数据处理时，可以在ArcGIS 9.0平台上完成，也可以在ArcView 3.0平台下完成。两者的处理结果还是有差别的，ArcGIS 9.0的处理后形成的Shape格式所对应的.dbf文件好像不是DBSIII格式，其中有些字段类型的编码代号已经进行了扩展，海天技术软件有时不能正确识别这个文件（当DBF文件字段名称超过8个字符时）。因此，若有字段名大于8个字符时，还需要进行相关的转换。可以在Access软件下进行，先将文件名重命名成只有8个字符长度的文件（Access能认识ArcGIS 9.0生成的dbf文件，但文件名长度限制在8个字符以内），然后导入这个文件到Access数据库中，导入成功后，通过右键菜单将它导回到DBSIII格式，最后，将原来的文件删除，将Access导出的文件改成对应的dbf文件名即可。

在ArcGIS 9.0中，SHAPE文件中的地理对象与属性记录之间的配准关系是按文件中的记录顺序来对应的，是一种约定的关联，而不像一般属性数据库中采用某个键码来进行关联。为了建立属性与空间的对应关系，必须在属性表中增加一个字段RecKeyNo，这个字段的内容就是ArcGIS 9.0在打开属性表时自动增加的FID字段值。注意，这个FID在DBF文件中实际上是不存在的，而是ArcGIS在载入DBF表时自动加入的，因此，其他程序打开时，需要在这个表中增加一个这样的字段名RecKeyNo，尤其是对于特大型表，这个字段是必须。进行以下操作，在属性表中增加一个RecKeyNo字段。

打开ArcGIS，将图层加入到工程中，在左边图层列表框中，右键点击图层对象，在右键菜单项中选择“Open Attribute Table”，弹出属性表对话框，如图6.28所示。

Attributes of hb_bount_arc

FID	Shape*	FNODE_	TNODE_	LPO:
0	Polyline	1	2	
1	Polyline	3	2	
2	Polyline	2	4	
3	Polyline	8	6	
4	Polyline	7	8	
5	Polyline	9	5	
6	Polyline	8	10	
7	Polyline	10	11	
8	Polyline	12	10	
9	Polyline	15	13	
10	Polyline	16	15	
11	Polyline	14	17	
12	Polyline	17	16	
13	Polyline	17	18	
14	Polyline	19	20	
15	Polyline	21	20	
16	Polyline	20	22	
17	Polyline	24	25	

Record: 1 Show: All Selected Records (0 out of 314 Selected.) Options

图6.28　属性对话框

如图所示，ArcGIS已经自动将FID加入到表中，而这个字段在DBF中实际上是不存在的。

单击“Option”按钮，并选择其中的“Add Field...”选项，在弹出的话框中输入字段名“RecKeyNo”，字段类型选择“长整型”，确定后系统在属性表的尾部加入这个字段，所有值都为0。

接下将FID的值赋给RecKeyNo。在属性表中找到RecKeyNo，右键点击这个字段名，出现如下对话框。在右键菜单中选择“Calculate Values...”，此时系统会出现一个提示对话框，其大意是“系统将在外部执行计算操作，操作一旦执行，不能再进行UNDO恢复！继续吗？”确定后会弹出相关的计算操作对话框如图6.29所示。

执行赋值计算是比较简单的，只要选择FID，单击“OK”按钮即可，如图6.30所示。实际上，在这个对话框集成了许多计算。最后会将FID中的内容赋给RecKeyNo。

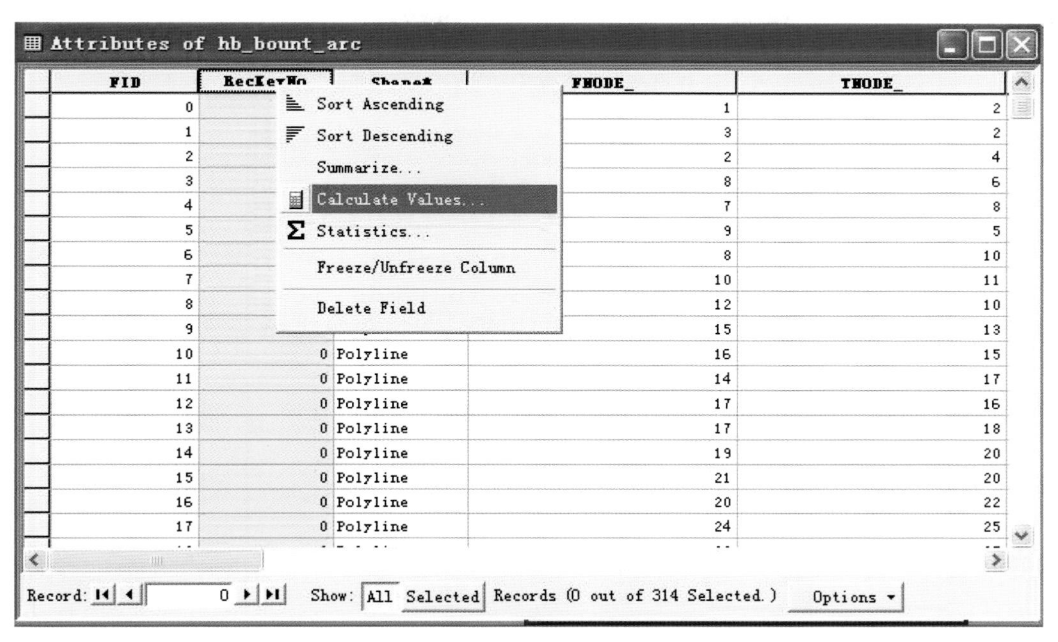

图6.29　计算对话框

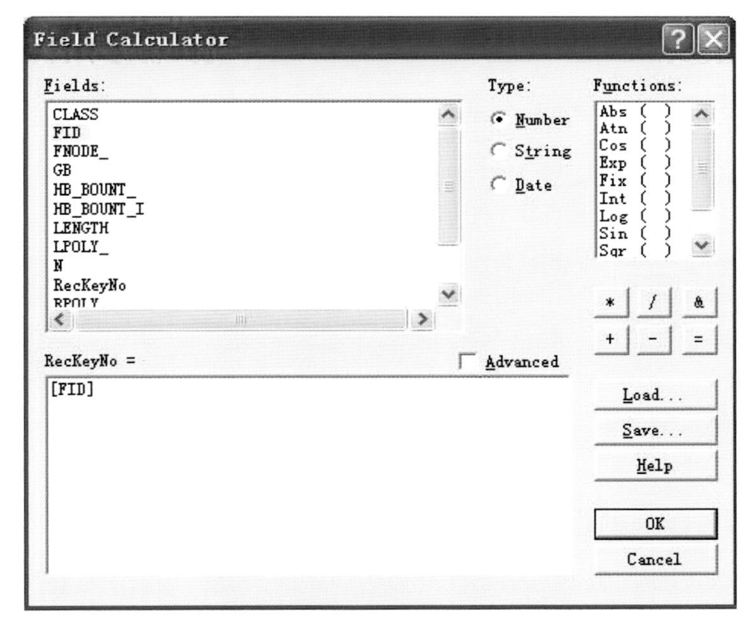

图6.30　属性字段计算表达式设置

通过以上处理，则SHAPE图层中的记录已经含有一个RecKeyNo字段，这个字段与地理对象是一一对应的。

2）在软件平台中进行特殊的属性字段定义

为了防止用户选择不适当地理图层来进行专题分析，如在用户选择当前图层为“盐田”时行进行居民地淹没分析，在数据预处理完成后，还需要进行相关的图层标识设定。另外，属性数据表中必须有“NAME”这个字段。

具体操作时，在海天技师软件中加入SHAPE图层，然后在图层列表框中右键菜单中选择“显示图层头信息”后，会提示没有COVUUID，确定后出现如图6.31所示对话框。

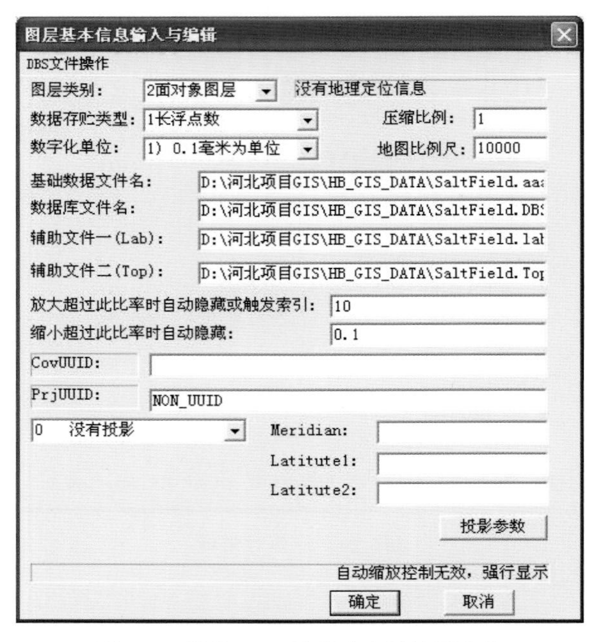

图6.31　设置Shape图层的地图投影参数

将表6.5中的图层标识复制到“CovUUID”这一栏中，选择合适地图投影方式，确定后保存图层即可。

表6.5　图层名与图层标识关系表

图层分析要素	图层标识
居民地	{AE850353-0C65-48d5-A61B-E36A05258F5E}
道路	{1ED54885-74DD-4153-AC58-F8413B61B22B}
盐田	{3F683C94-A099-43d5-994A-EEECF61756E9}

6.2.2.2　GIS数据的图层合并

河北省提供的GIS图层数据是根据标准分幅的，而研究区域由多幅地图组成，因此，图幅拼接是数据处理的一个重要内容。完成的拼接图幅和专题图层处理如表6.6所示，其中专题图层根据国家地理编码分类信息来进行综合。

表6.6　矢量地图拼接图号列表

提供的E00l图幅编号	j50e005019、j50e005020、j50e005021、j50e006018、j50e006019、j50e006020、j50e009014、j50e009015、j50e010014、j50e010015、j50e011015、j50e012015、k50e024023、k50e024024、j50e001022、j50e001023、j50e001024、j50e002021、j50e002022、j50e003021、j50e003022、j50e004020、j50e004021、j50e005017、j50e005018

续表

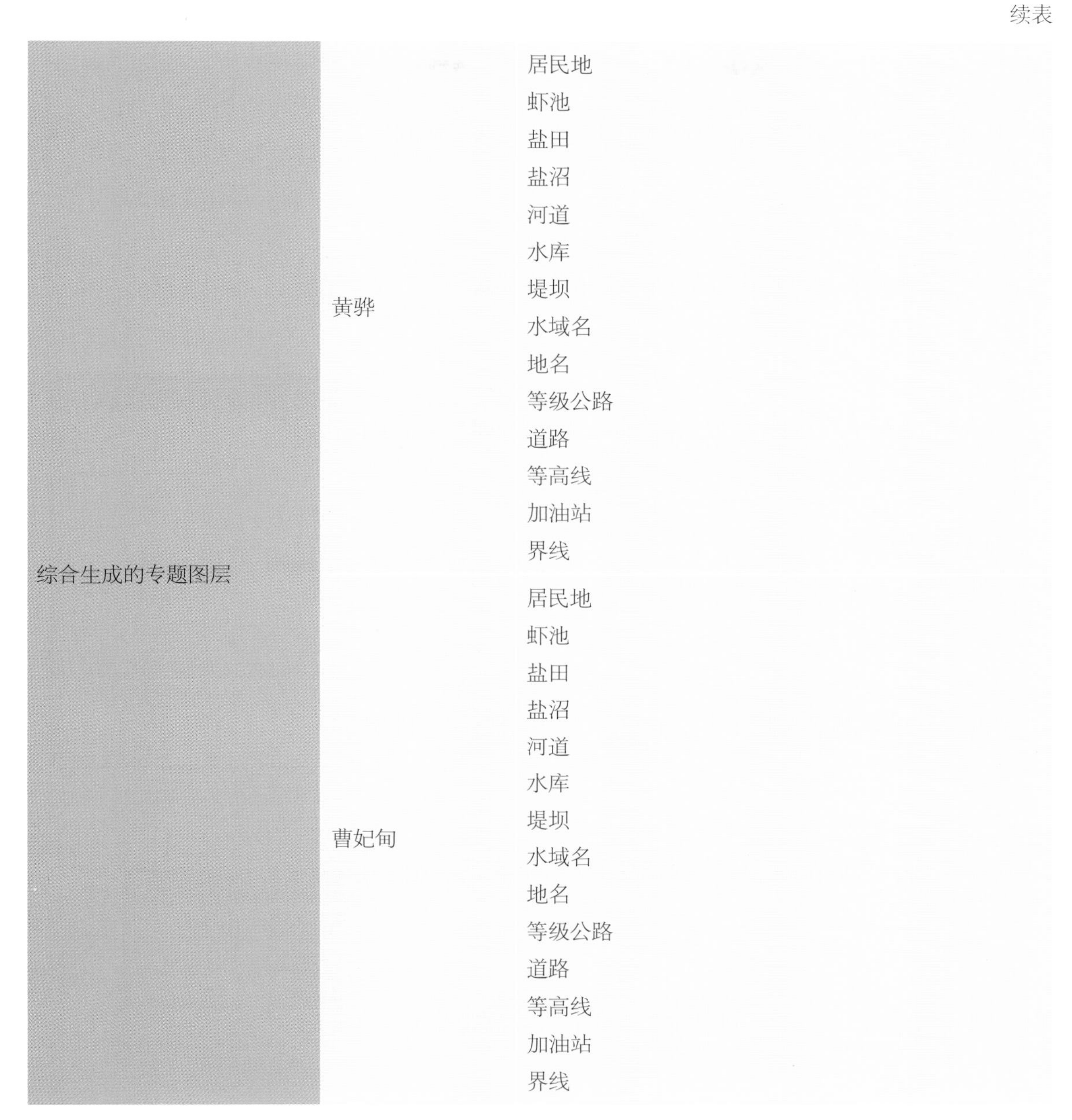

综合生成的专题图层	黄骅	居民地
		虾池
		盐田
		盐沼
		河道
		水库
		堤坝
		水域名
		地名
		等级公路
		道路
		等高线
		加油站
		界线
	曹妃甸	居民地
		虾池
		盐田
		盐沼
		河道
		水库
		堤坝
		水域名
		地名
		等级公路
		道路
		等高线
		加油站
		界线

具体拼接在ArcView软件下完成，操作如下。

1）E00数据转换

如果提供是E00格式数据，先要将E00变为ARC/INFO的Coverage格式数据，E00数据转换为ARC/INFO数据格式在ArcView中提供了一个专门的工具IMPORT71.EXE，可以编写一个程序来自动完成E00转为ARCINFO数据，光盘中含有这个程序E00ToShapeBat。相关的命令行参数的语法如下，如果要批量转换，选项{/T}可以防止对话框交互出现，而且它支持E00～E99扩展名的自动转换，使用上还是十分方便的。

2）图层合并操作

测绘部门提供的标准矢量图是分幅的，而在GIS应用中经常需要将分幅的地图合并处理，以满足项目应用的要求。图层合并操作在ArcView软件中完成，ArcView中的许多扩展程序都装在目录Ext32下，这样的工具可以从网上找到。在前期的转换中，最好将属性相同的图层放在一个目录下，如果按照分幅来转换，由于它们分布在不同的图层目录下，而ArcInfo的Coverage格式文件由于带有Info文件，不允许在DOS方式下复制图层，因此，在接下来的图层合并时，经常要切换目录，而不能实现一次多选的目的。具体操作如下。

起动ArcView以后，新建一个工程，如图6.32所示。

在ArcView界面下，选菜单项“File”→“Extension…”，出现对话框时如图6.33所示，进行以下操作，以增加图层合并的功能。

图6.32　创造ArcView地图集

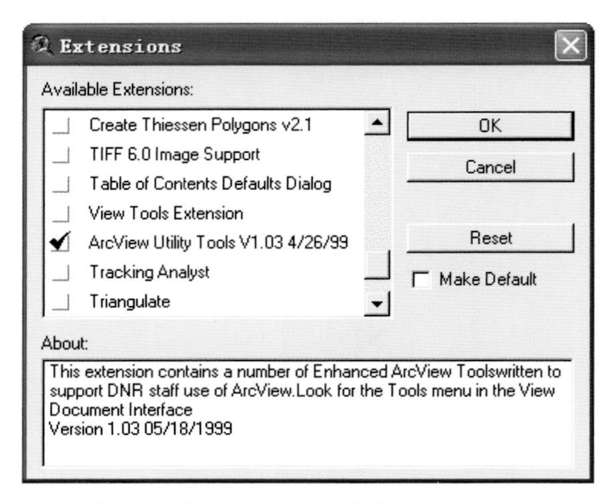

图6.33　在ArcView下配置图层合并工具

确定以后，出现以下工具条如图6.34所示。利用工具条中的合并图层操作，可以把当前调入工程的图层合并。

图6.34　配置合并工具后的ArcView工具条图示

合并前的准备，将需要合并的图层加入到工程中。按工具体上的“Add Theme”按钮，出现如下对话框如图6.35所示。请注意，这是个多选对话框，通过SHIFT键可以将所需要图层一个一个地选中，点确定后自动将选中的所有图层装入到ArcView中。

查看图层，选菜单项“View”→“theme on”将所有图层全部显示，利用全屏显示或图层显示，检查载入图层是否正确。

准备工作完成，点按合并具体栏进行图层合并操作。MERGE TWO THEMES。

程序将两个图层合并，一次合并一个，直到合并完成，其操作如图6.36所示，单击“OK”按钮选择所有图层文件名（自动进行，出现结果存放路径文件名的提示框）。

数据源输入完成，合并结果图层名。单击“OK”按钮后合并，将它加入到当前工程，如图6.37所示。

关闭所有图层，仅仅显示合并结果图层，查看结果是否正确，如图6.38所示。

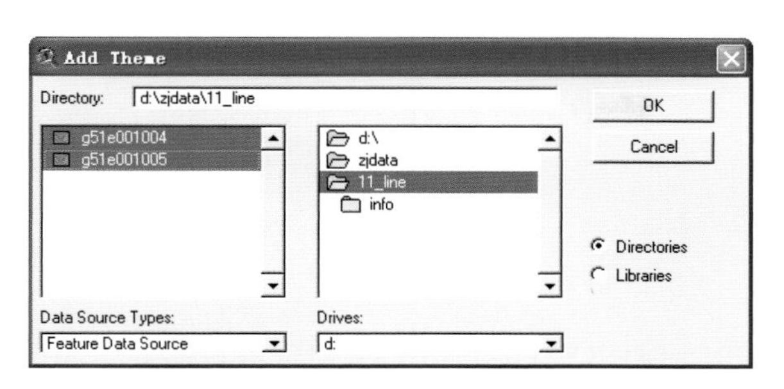

图6.35 选择ArcView合并图层文件

图6.36 执行合并操作

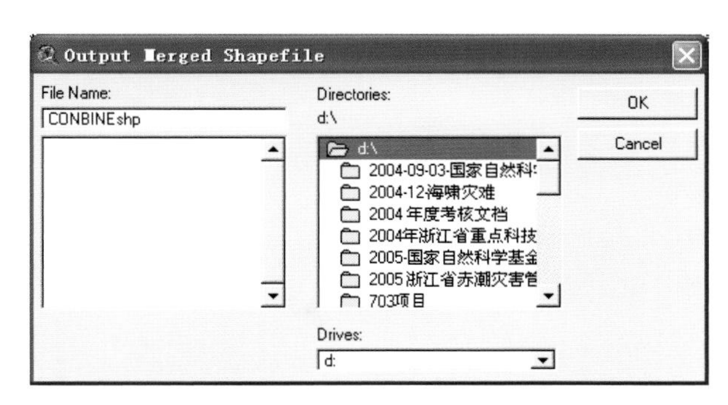

图6.37 合并输出Shape图层

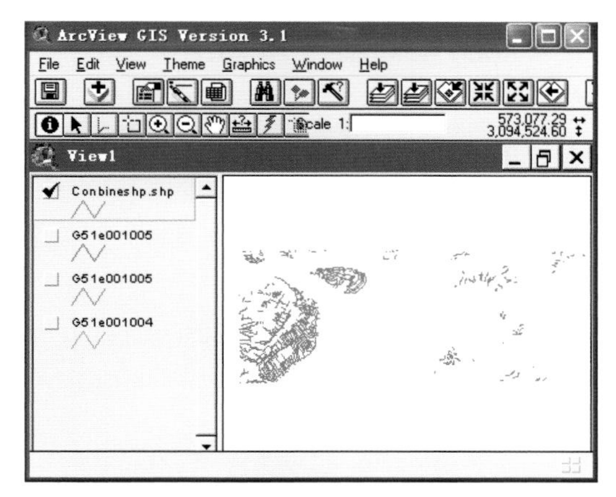

图6.38 图层合并结果显示效果

最后一步，将图层转为SHAPE格式的文件。“theme”→“Convert to Shape”,出项一对话框，将数据存到一个合适的目录中。再根据要素取一个合适的文件名。转换成功后，可以将它加入进来看一看。

6.2.3 风暴潮数值计算结果

6.2.3.1 水深数据

水深数据采用文本文件格式，由两个部分组成，前面为一个文件头信息用来表示DEM数据大小，后面为按行进行排列的水深点数据矩阵，单位为m。

```
ncols        443
nrows        202
xllcorner    117.0419742309
yllcorner    38.185768952693
cellsize     0.0024
NODATA_value  -9999
4.520658 4.458229 4.415134 4.348403 4.302593 4.232025 4.183822 4.109929 4.059703 3.983106
3.930141 3.848932 3.796618 3.717922 3.665527 3.587475 3.536094 3.46058 ……
```

水深数据在风暴潮淹没查询分析时作为一个基本的本底数据，因此，在HTGIS中专门将DEM数据作为一个基本图层来存放，在进行淹没查询之前，先行将DEM数据读入。程序提供了两种水深数据载入的方法，一种是为水深数据编辑而设计的，将DEM数据载入到当前的

GIS工程中，提供可视化显示和编辑操作；另一种就是将DEM数据作为本底数据，为淹没分析提高基准。

```
void CMyDlg::OnLOADDEMINTOPRJ()
{
CString mFileName;
CFileDialog fdlg (TRUE, NULL, "",  OFN_HIDEREADONLY | OFN_OVERWRITEPROMPT,
"载入DEM数据集(*.sfm)|*.sfm|", NULL );

if(fdlg.DoModal()==IDOK)
{
mFileName  = fdlg.GetPathName();
CString fileExt = fdlg.GetFileExt();
if(fileExt=="sfm"||fileExt=="SFM")
{
p_DlgGis->m_HTGIS.AddNewCovIntoPrj(-8001, 2, 1, 1, 10000, mFileName);
p_GisInfoDlg->ReviewLayerNamelistByGISVIEW(p_DlgGis);
}
else
{
AfxMessageBox("不支持该文件格式！ ", MB_OK,0);
return;
}
}
```

其载入以后可以作为DEM图层进行显示，菜单操作如图6.39所示。

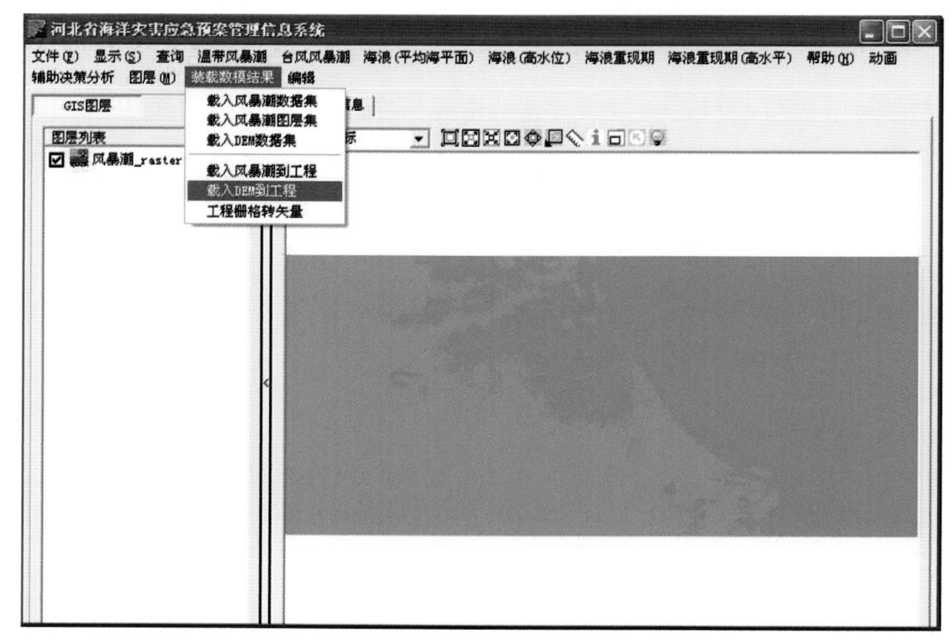

图6.39　载入ArcInfo格式的DEM数据文件

载入DEM数据后，鼠标跟踪查询起作用，移动图区后在状态栏显示水深查询结果，如图6.40所示。

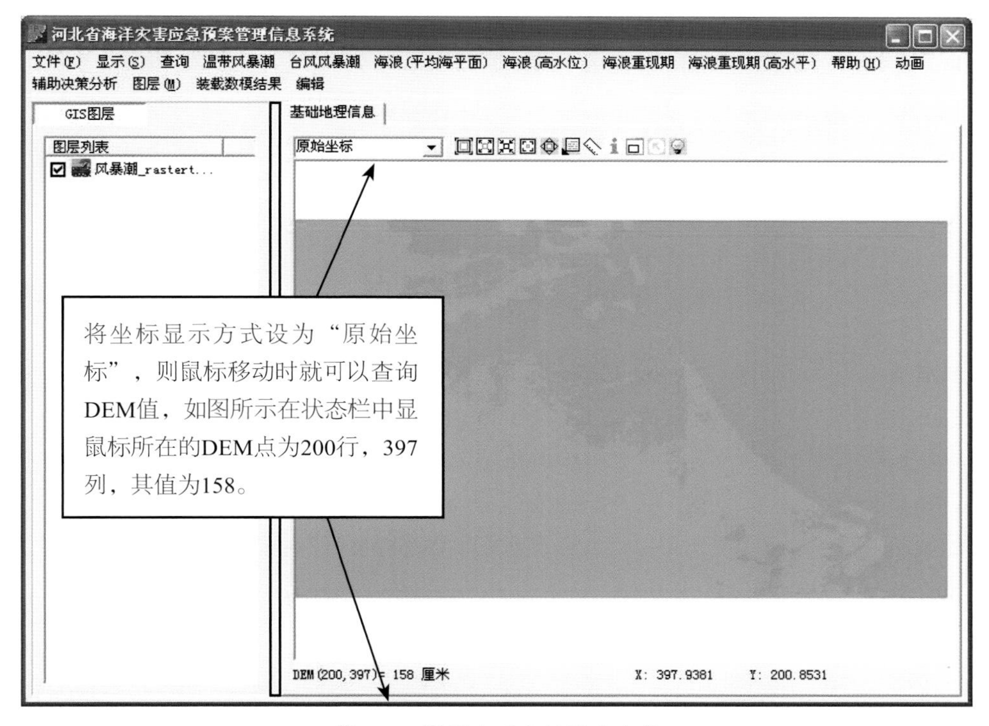

图6.40　设置地理坐标显示方式

具体读入DEM的源代码如下：

```
// 2007-02-14，TJH，将风暴潮数据序列读入形成一个工程，
BOOL CHtProject::LoadCoveragesFromStormSurgeDataFile(char const *pHeadInfo,char const *pDataFileName,int Option)
{

BOOL                    bRet = FALSE;
CCsTopoPolygonMap       *m_pCov;
char                    path_buffer[255];
char                    drive[12];
char                    dir[120];
char                    fname[120];
char                    ext[12];
int                     i;
int                     iSurgeDegrees = 32;   // 定义风暴潮水位的分级数目，从0开始，0.25 m一级，8 m以上不再分级
double                  UpLeft_X;   // 栅格区域的左上角与右下角坐标，统一采用经纬度
double                  UpLeft_Y;
double                  LowRight_X;
```

```
double                  LowRight_Y;
int                     iNumSequence;

bRet = m_SSHeadInfo.ReadFromFile(pHeadInfo);
if(!bRet)
{
return FALSE;
}
else
{
UpLeft_X                = m_SSHeadInfo.m_dLeftTopX;
UpLeft_Y                = m_SSHeadInfo.m_dLeftTopY;
LowRight_X              = m_SSHeadInfo.m_dRightBottomX;
LowRight_Y              = m_SSHeadInfo.m_dRightBottomY;
iNumSequence            = m_SSHeadInfo.m_iCounterOfSequence;
}

if(pDataFileName == NULL)
{
return FALSE;
}

i = 0;
this->ClearContent();
sprintf(this->szProjectFileName, "%s", pDataFileName);

// 准备图层时间信息
CString sCovDescription,sss;
sCovDescription = m_SSHeadInfo.m_szName;
sCovDescription.TrimLeft();
sCovDescription.TrimRight();
// 构造这个时间对象。
COleDateTime CovSSDateTime(m_SSHeadInfo.m_iYear,m_SSHeadInfo.m_iMonth,m_SSHeadInfo.m_iDay,
m_SSHeadInfo.m_iHour,m_SSHeadInfo.m_iMinute,m_SSHeadInfo.m_iSecond);
COleDateTimeSpan Span(0,m_SSHeadInfo.m_fTimeGapOfSequence,(m_SSHeadInfo.m_
fTimeGapOfSequence-int(m_SSHeadInfo.m_fTimeGapOfSequence))*60,0);

for(i=0;i<iNumSequence;i++)
{
```

```
// 加入一个临时的图层。
m_pCov= new CCsTopoPolygonMap();
if(NULL==m_pCov)
{
return FALSE;
}
m_pCov->m_HeadInfo.m_CoverageType                       = 'R';  // 定义为位图显示图层。
// 文件名后辍变换。
strcpy(path_buffer,pDataFileName);
_splitpath(path_buffer, drive, dir, fname, ext );
sprintf(m_pCov->m_HeadInfo.m_szPrimaryDataFileName, "%s%s%s_%02ld.bmp", drive, dir,
fname,i);
sprintf(m_pCov->m_HeadInfo.m_CoverageName,"风暴潮_%s_%02ld",fname,i);
//----------------------------------------------------------------------------
sss = CovSSDateTime.Format("%Y-%m-%d %H:%M:00");
sprintf(m_pCov->m_HeadInfo.m_CoverageDescription,"%s(%2d)__%s",sCovDescription,i,sss);
CovSSDateTime += Span;
//----------------------------------------------------------------------------
sprintf(path_buffer,"%s%s%s_%02ld.hed",drive, dir, fname,i);
// 图层以bmp格式保存，原始的风暴潮数据不动，仅仅为读入。这样在保存时，自动保存为位图。
BOOL bbb;
// 仅仅加入数据到DEM中，DEM分级数据由另外的工程文件来进行。
bbb = m_pCov->LoadStormSurgeSubmergedAreaGridData(&m_SSHeadInfo,pDataFileName,Option,i);
if(!bbb)
{
delete m_pCov;
m_pCov = NULL;
break;
}
else
{
this->AddCoverage(path_buffer,m_pCov);
// 在将图层加入到工程之前，进行坐标配准操作，其中位图大小已经记录在成员变量中。
// 图层->m_dwDemMapWidth
// 图层->m_dwDemMapHeight
double          P1_x,P1_y,P2_x,P2_y;      // 地图坐标。
long int        I1_x,I1_y,I2_x,I2_y;      // 对应到图像上的坐标值。
double          deltaX,deltaY;
double           Kx, Ky, a, b;
```

```
// 对应点的坐标赋值。
P1_x = UpLeft_X;
P1_y = UpLeft_Y;
P2_x = LowRight_X;
P2_y = LowRight_Y;
I1_x = 0;
I1_y = 0;
I2_x = m_pCov->m_dwDemMapWidth;
I2_y = m_pCov->m_dwDemMapHeight;

// 计算地图上两点的XY方向上的差值。
deltaX = P1_x - P2_x;
deltaY = P1_y - P2_y;
// 计算配准参数
Kx = I1_x - I2_x;            Kx = Kx / deltaX;
Ky = I1_y - I2_y;            Ky = -Ky / deltaY;
a = I1_x - P1_x * Kx;
b = I1_y + P1_y * Ky;
// 将配准参数赋值给当前图层。
m_pCov->m_HeadInfo.Kx    = Kx;
m_pCov->m_HeadInfo.Ky    = Ky;
m_pCov->m_HeadInfo.a     = a;
m_pCov->m_HeadInfo.b     = b;
m_pCov->m_BmpMatchLabel = 1; // 这是一个地图配准的标识。位图将它定义为1；
// 不是子图集格式，不需要进行子图集中的定位参数修正。
// ModifySubBmpMatchPara ();
}
}

// 生成工程的调色板。
{
COLORREF NonDataValRGB;
COLORREF LabelValRGB;
COLORREF BoundaryValRGB;
NonDataValRGB    = RGB(220,220,220);
LabelValRGB              = RGB(230,230,230);
BoundaryValRGB   = RGB(240,240,240);
//          NonDataValRGB  = RGB(250,250,0);
```

```
//            LabelValRGB                    = RGB(255,0,0);
//            BoundaryValRGB = RGB(255,255,0);

if(this->m_pDemSetsColorLegend != NULL)
{
delete m_pDemSetsColorLegend;
}
m_pDemSetsColorLegend = new CColorLegend();
if(m_pDemSetsColorLegend == NULL)
{
return FALSE;
}
// 生成色彩接口数，多生成3个级色，因为有可能存在3个特殊的值。
// 同时生成this->pDegreeParas内存块
if(!m_pDemSetsColorLegend->CreateDegrees(iSurgeDegrees,3))
{
return FALSE;
}
// 根据固定的参数，进行色彩分级，临时做法。
// 形成一个N级颜色的自动调色板，
// 色彩分级数N<256，起始色S_ColorRGB，终止色E_ColorRGB，色度分级(M)ChrimaDegree。
// 亮度分级(N)BrightDegree由亮度区间(0～1.0)表示，即起始亮度S_BrightRange，终止亮度E_
BrightRange。
// 具体的亮度分级由颜色级别/色度分级来实现，通过平分色度分级来确定,N/M+0.5。
// 缺省值时，只要输入起止色和分级数，自动按色度进行分级，只有一个亮度值，即中等亮度。
CreatGraduatedColorPallette((LPPALETTEENTRY)m_pDemSetsColorLegend->pPalletteEntry,
RGB(10,150,200),RGB(150,120,100),iSurgeDegrees);

m_pDemSetsColorLegend->pPalletteEntry[iSurgeDegrees+0].peRed   =
GetRValue(NonDataValRGB);
m_pDemSetsColorLegend->pPalletteEntry[iSurgeDegrees+0].peGreen =
GetGValue(NonDataValRGB);
m_pDemSetsColorLegend->pPalletteEntry[iSurgeDegrees+0].peBlue  =
GetBValue(NonDataValRGB);
m_pDemSetsColorLegend->colorNonData = NonDataValRGB;
m_pDemSetsColorLegend->pPalletteEntry[iSurgeDegrees+1].peRed   =
GetRValue(LabelValRGB);
m_pDemSetsColorLegend->pPalletteEntry[iSurgeDegrees+1].peGreen =
GetGValue(LabelValRGB);
```

```
m_pDemSetsColorLegend->pPalletteEntry[iSurgeDegrees+1].peBlue =
GetBValue(LabelValRGB);
    m_pDemSetsColorLegend->colorLableData = LabelValRGB;
    m_pDemSetsColorLegend->pPalletteEntry[iSurgeDegrees+2].peRed =
GetRValue(BoundaryValRGB);
    m_pDemSetsColorLegend->pPalletteEntry[iSurgeDegrees+2].peGreen =
GetGValue(BoundaryValRGB);
    m_pDemSetsColorLegend->pPalletteEntry[iSurgeDegrees+2].peBlue =
GetBValue(BoundaryValRGB);
    m_pDemSetsColorLegend->colorBoundaryData = BoundaryValRGB;

    // 网格单位这个重要参数需要从m_SSHeadInfo获取，是以度还是以m为单位，转矢量时使用。
    m_pDemSetsColorLegend->m_dBoundaryDataValue = m_SSHeadInfo.m_dBoundaryDataVal;
    m_pDemSetsColorLegend->m_dLableDataValue    = m_SSHeadInfo.m_dLableDataVal;
    m_pDemSetsColorLegend->m_dNonDataValue      = m_SSHeadInfo.m_dNonDataVal;
    m_pDemSetsColorLegend->m_CoordinateType   = m_SSHeadInfo.m_iUnitOfGrid;
    // 其他说明信息的补充。
    strcpy(m_pDemSetsColorLegend->szLegendName,"风暴潮水位色标");
    strcpy(m_pDemSetsColorLegend->szAttributeName,"水位");
    strcpy(m_pDemSetsColorLegend->szAttributeUnit,"cm");
    }

    // 赋参数值。
    if(Option == 3)  // 海浪分级，Option = 2，自定义分级。
    {
    this->GradeDEMDataIntoBMP(iSurgeDegrees,2,0,iSurgeDegrees*0.5,0.5);
    }
    else if(Option == 2)
    {
    // 风暴分级，取整分级，以cm为单位。
    this->GradeDEMDataIntoBMP(iSurgeDegrees,2,0,iSurgeDegrees*0.25*100,0.25*100);
    }
    else // 根据工程中的最大与最小取值
    {
    this->GradeDEMDataIntoBMP(iSurgeDegrees,0,0,iSurgeDegrees*0.5,0.5);
    }

    return TRUE;
    }
```

6.2.3.2 风暴潮数值模型计算结果数据

由两个文件组成，一个为TEXT格式的头文件，另一个为二进制格式的模拟结果文件，所有时间段的模拟结果连续存放，其读入方法由头文件来描述。头文件的扩展名为.sfm，实体文件的扩展名为.srg。其中头文件格式定义见表6.7。

表6.7 头文件格式

项目	长度	内容	说明
CHAR	10	“NMEFC_SUR1”	标识文件本身。
CHAR	20	如“河北黄骅风暴潮模拟”	数据名称，不足20个字符补0
SHORT	4	如：2007	风暴潮模拟的第一个序列的时间
SHORT	2	如：02	
SHORT	2	如：28	
SHORT	2	如：23	
SHORT	2	如：10	
SHORT	2	如：00	
SHORT	4	如：985	中心气压
SHORT	4	如：910	风级
Double	11.6	如：117.123456	中心点经度
Double	11.6	如：38.654321	中心点纬度
Short	4	如：−4	路径
FLOAT	7.3	如：1.5	每个序列相隔的时间（h）
SHORT	3	如：72	整个文件中有多少个序列的数据
SHORT	4	如：241	数据块的列数
SHORT	4	如：430	数据块的行数
SHORT	1	1：经纬度，2：m	规定空间坐标单位
Double	11.6	如：0.0024	数据空间分辨率
double	11.6	如：117.00319/3234242	数据块左上角的X方向坐标
double	11.6	如：34.42342//434423	数据块左上角的Y方向坐标
double	11.6	如：	数据块右下角的X方向坐标
double	11.6	如：	数据块右下角的Y方向坐标
SHORT	1	1：SHORT；2：FLOAT；3：DOUBLE	数据块中高程信息格式定义
SHORT	1	1：m；2：cm	数据块中高程信息的单位
Double	11.6	数据块中最多可以定义3种特殊的数据值，以表示特殊的信息。如水体、缺测、陆界等，这些值在处理时特殊对待	定义数据块中缺测数据的值
Double	11.6		定义数据块中特殊标识的数据值
Double	11.6		定义数据块中边界数据的值

下面为头文件的一个例子。

```
NMEFC_SUR
河北省风暴潮风险评估
1972
 7
24
21
 0
 0
 985
 910
 118.665369
  39.157289
 -4
  1.000
 78
 753
 475
1
   0.002400
 117.987153
  39.750265
 119.794353
  38.610265
1
2
-9999.000000
-900.000000
0.000000
```

利用菜单命令可以载入数值模型计算结果到地理信息系统之中，并进行可视化显示，也可以将风暴潮数值模型中每个时间场景的计算结果，单独图层装入（如图6.41），同时，还可以将栅格数据自动转换为矢量数据。调用控件方法来实现，其代码如下：

```
if(TuCengLeiBieCode == 8003)
{
CString sDataFile;
sDataFile = FileName;
sDataFile = sDataFile.Left(sDataFile.GetLength() - 4);
sDataFile += ".srg";
```

```
return this->m_Project.LoadCoveragesFromStormSurgeDataFile(FileName,sDataFile,2);
}
```

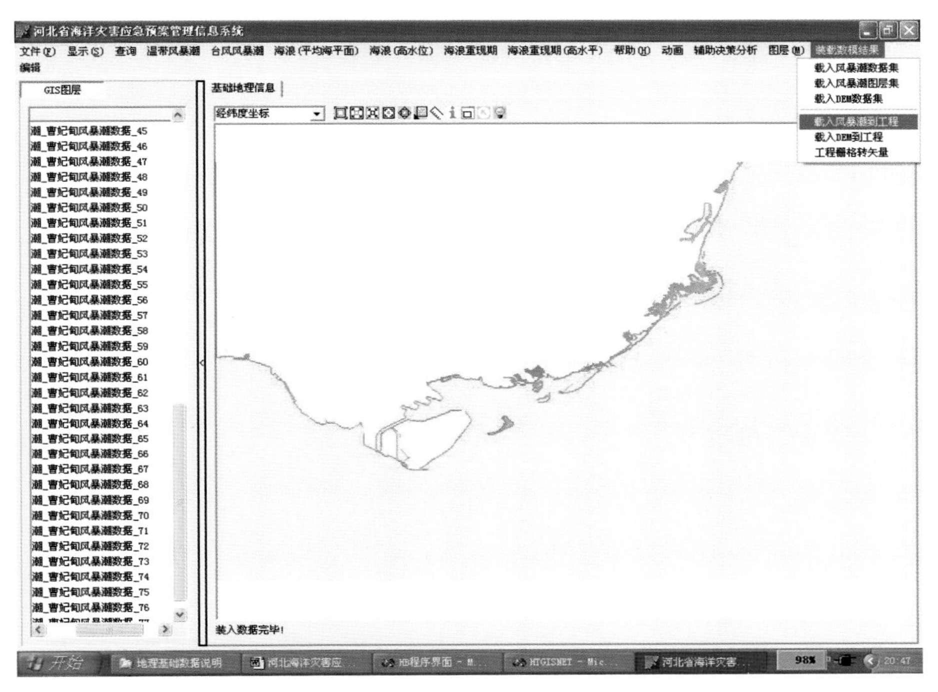

图6.41　风暴潮数值模型结果按时间场景转存为单独图层

控件中的相关程序源代码如下：

```
// 2007-04-11,TJH,
BOOL CStormSurgeHeadInfo::ReadFromFile(char const *pFileName)
{
    CStdioFile              datafile;           //打开文件。
    CString                 sLineContent,sString;
    BOOL        bbb;

    // 第一步，以读的方式打开文件。
    try
    {
            bbb = datafile.Open(pFileName, CFile::modeRead);
    }
    catch(CFileException *pEx)
    {
            CString ErrorCode;
            ErrorCode.Format("Error Code = %ld", pEx->m_lOsError);
            ::AfxMessageBox (ErrorCode);
            return FALSE;
```

```
}
if(!bbb)
{
        return FALSE;
}
//按行读入操作。
datafile.ReadString(sLineContent);
sLineContent.TrimLeft();
sLineContent.TrimRight();
if(sLineContent != "NMEFC_SUR")
{
        ::AfxMessageBox ("文件标识不能识别!");
        return FALSE;
}
else
{
        strcpy(m_szFileVer,sLineContent);
}

datafile.ReadString(sLineContent);
sLineContent.TrimLeft();
sLineContent.TrimRight();
if(sLineContent.GetLength() > 20)
{
        sLineContent.Left(20);
}
strcpy(m_szName,sLineContent);
datafile.ReadString(sLineContent);
m_iYear = atoi(sLineContent);
datafile.ReadString(sLineContent);
m_iMonth = atoi(sLineContent);
datafile.ReadString(sLineContent);
m_iDay = atoi(sLineContent);
datafile.ReadString(sLineContent);
m_iHour = atoi(sLineContent);
datafile.ReadString(sLineContent);
m_iMinute = atoi(sLineContent);
datafile.ReadString(sLineContent);
m_iSecond = atoi(sLineContent);
```

```
datafile.ReadString(sLineContent);
m_iAirPresure = atoi(sLineContent);
datafile.ReadString(sLineContent);
m_iWindDegree = atoi(sLineContent);

datafile.ReadString(sLineContent);
m_dTyphoonCenterLongitute = atof(sLineContent);
datafile.ReadString(sLineContent);
m_dTyphoonCenterLatitute = atof(sLineContent);

datafile.ReadString(sLineContent);
m_iPath = atoi(sLineContent);

datafile.ReadString(sLineContent);
m_fTimeGapOfSequence = atof(sLineContent);

datafile.ReadString(sLineContent);
m_iCounterOfSequence = atoi(sLineContent);
datafile.ReadString(sLineContent);
m_iColumn = atoi(sLineContent);
datafile.ReadString(sLineContent);
m_iRow = atoi(sLineContent);
datafile.ReadString(sLineContent);
m_iUnitOfGrid = atoi(sLineContent);

datafile.ReadString(sLineContent);
m_dCellSizeOfGrid = atof(sLineContent);
datafile.ReadString(sLineContent);
m_dLeftTopX = atof(sLineContent);
datafile.ReadString(sLineContent);
m_dLeftTopY = atof(sLineContent);
datafile.ReadString(sLineContent);
m_dRightBottomX = atof(sLineContent);
datafile.ReadString(sLineContent);
m_dRightBottomY = atof(sLineContent);

datafile.ReadString(sLineContent);
m_iDataType = atoi(sLineContent);
```

```
    datafile.ReadString(sLineContent);
    m_iUnitOfDataValue = atoi(sLineContent);

    datafile.ReadString(sLineContent);
    m_dNonDataVal = atof(sLineContent);
    datafile.ReadString(sLineContent);
    m_dLableDataVal = atof(sLineContent);
    datafile.ReadString(sLineContent);
    m_dBoundaryDataVal = atof(sLineContent);
  datafile.Close();
  return TRUE;
  }
```

6.2.3.3 风暴潮减灾预案数据

减灾预案统一采用工程方式进行管理，对于不同的预案，系统载入方式是一致的，一个预案为一个电子图层，每个图层都具有一个UUID来标识属性，在进行查询时，首先通过UUID来定位是否与菜单命令的查询要求一致，否则，就提示用户重新载入这个预案工程。相关的VC代码如下。

```
//------------------------------风暴潮减灾预案---------------------------------
#define TangShan_WenDai_Surge_PRJ "\\SurgeData\\WenDaiSurgeTS\\WdSurgeTS.prj"
// 唐山温带风暴潮
void CMyDlg::OnWenDai_TS_DegreeOne()
{
  char Prj_UUID[39] = "{835BA942-4063-42ad-A6A0-FD98CFEF1C89}";
  char COV_UUID[39] = "{869022CA-93A6-48d4-883D-9D492DEE7997}";
  BOOL bbb = LocateThemeCoverage(TangShan_WenDai_Surge_PRJ,Prj_UUID,COV_UUID);
  ASSERT(bbb);
}
void CMyDlg::OnWenDai_TS_DegreeTwo()
{
  char Prj_UUID[39] = "{835BA942-4063-42ad-A6A0-FD98CFEF1C89}";
  char COV_UUID[39] = "{71986D50-7D12-40e0-9711-1E28BBB17719}";
  BOOL bbb = LocateThemeCoverage(TangShan_WenDai_Surge_PRJ,Prj_UUID,COV_UUID);
  ASSERT(bbb);
}
void CMyDlg::OnWenDai_TS_DegreeThree()
{
  char Prj_UUID[39] = "{835BA942-4063-42ad-A6A0-FD98CFEF1C89}";
```

```
    char COV_UUID[39] = "{208CA86D-6012-4944-8742-82093935AAFE}";
    BOOL bbb = LocateThemeCoverage(TangShan_WenDai_Surge_PRJ,Prj_UUID,COV_UUID);
    ASSERT(bbb);
}
void CMyDlg::OnWenDai_TS_DegreeFour()
{
    char Prj_UUID[39] = "{835BA942-4063-42ad-A6A0-FD98CFEF1C89}";
    char COV_UUID[39] = "{080EAC49-E130-4bcd-A9C1-7502069F9C99}";
    BOOL bbb = LocateThemeCoverage(TangShan_WenDai_Surge_PRJ,Prj_UUID,COV_UUID);
    ASSERT(bbb);
}


#define TangShan_Typhoon_Surge_PRJ "\\SurgeData\\StormSurgeTS\\SurgeTS.prj"
// 唐山台风风暴潮。
void CMyDlg::OnStormSurge_TS_DegreeOne()
{
    char Prj_UUID[39] = "{32BFCE43-064C-44fb-A2F8-318188E8E47F}";
    char COV_UUID[39] = "{E5CD9441-45A2-4147-9735-0C8880505AA1}";
    BOOL bbb = LocateThemeCoverage(TangShan_Typhoon_Surge_PRJ,Prj_UUID,COV_UUID);
    ASSERT(bbb);
}
void CMyDlg::OnStormSurge_TS_DegreeTwo()
{
    char Prj_UUID[39] = "{32BFCE43-064C-44fb-A2F8-318188E8E47F}";
    char COV_UUID[39] = "{0779810C-EE26-4bf8-9B38-CC3155B30C87}";
    BOOL bbb = LocateThemeCoverage(TangShan_Typhoon_Surge_PRJ,Prj_UUID,COV_UUID);
    ASSERT(bbb);
}
void CMyDlg::OnStormSurge_TS_DegreeThree()
{
    char Prj_UUID[39] = "{32BFCE43-064C-44fb-A2F8-318188E8E47F}";
    char COV_UUID[39] = "{2505064F-C03D-4ed0-AB8A-CF2435F39800}";
    BOOL bbb = LocateThemeCoverage(TangShan_Typhoon_Surge_PRJ,Prj_UUID,COV_UUID);
    ASSERT(bbb);
}
void CMyDlg::OnStormSurge_TS_DegreeFour()
{
    char Prj_UUID[39] = "{32BFCE43-064C-44fb-A2F8-318188E8E47F}";
```

```
    char COV_UUID[39] = "{D256D677-2DAD-4b67-99E1-209F8A27A0DE}";
    BOOL bbb = LocateThemeCoverage(TangShan_Typhoon_Surge_PRJ,Prj_UUID,COV_UUID);
    ASSERT(bbb);
}
void CMyDlg::OnStormSurge_TS_DegreeFive()
{
    char Prj_UUID[39] = "{32BFCE43-064C-44fb-A2F8-318188E8E47F}";
    char COV_UUID[39] = "{C428AEB2-93A2-48f4-9975-D6039626400B}";
    BOOL bbb = LocateThemeCoverage(TangShan_Typhoon_Surge_PRJ,Prj_UUID,COV_UUID);
    ASSERT(bbb);
}

#define HuangHua_WenDai_Surge_PRJ "\\SurgeData\\WenDaiSurgeHH\\WdSurgeHH.prj"
// 黄骅温带风暴潮。
void CMyDlg::OnWenDai_HH_DegreeOne()
{
    char Prj_UUID[39] = "{F5199C97-1C01-4080-9FB7-362D35A0CE3A}";
    char COV_UUID[39] = "{B7B7EED5-6DA4-4657-BE20-69E9E6AC649B}";
    BOOL bbb = LocateThemeCoverage(HuangHua_WenDai_Surge_PRJ,Prj_UUID,COV_UUID);
    ASSERT(bbb);
}
void CMyDlg::OnWenDai_HH_DegreeTwo()
{
    char Prj_UUID[39] = «{F5199C97-1C01-4080-9FB7-362D35A0CE3A}»;
    char COV_UUID[39] = "{4D59112A-3568-43df-B4A5-692F0A147415}";
    BOOL bbb = LocateThemeCoverage(HuangHua_WenDai_Surge_PRJ,Prj_UUID,COV_UUID);
    ASSERT(bbb);
}
void CMyDlg::OnWenDai_HH_DegreeThree()
{
    char Prj_UUID[39] = «{F5199C97-1C01-4080-9FB7-362D35A0CE3A}»;
    char COV_UUID[39] = «{DFC5DE98-1445-4d70-8CBE-6D4EFADC36AA}»;
    BOOL bbb = LocateThemeCoverage(HuangHua_WenDai_Surge_PRJ,Prj_UUID,COV_UUID);
    ASSERT(bbb);
}
void CMyDlg::OnWenDai_HH_DegreeFour()
{
    char Prj_UUID[39] = «{F5199C97-1C01-4080-9FB7-362D35A0CE3A}»;
    char COV_UUID[39] = "{6C24338F-F5AF-4c40-B835-D7742E978B97}";
```

```
    BOOL bbb = LocateThemeCoverage(HuangHua_WenDai_Surge_PRJ,Prj_UUID,COV_UUID);
    ASSERT(bbb);
}

#define HuangHua_Typhoon_Surge_PRJ "\\SurgeData\\StormSurgeHH\\SurgeHH.prj"
// 黄骅台风风暴潮。
void CMyDlg::OnStormSurge_HH_DegreeOne()
{
    char Prj_UUID[39] = "{60CF3B23-0BCE-44ca-9C85-EC14F892E881}";
    char COV_UUID[39] = "{F5FBDC89-83B6-4042-BA53-DED517F2A635}";
    BOOL bbb = LocateThemeCoverage(HuangHua_Typhoon_Surge_PRJ,Prj_UUID,COV_UUID);
    ASSERT(bbb);
}
void CMyDlg::OnStormSurge_HH_DegreeTwo()
{
    char Prj_UUID[39] = "{60CF3B23-0BCE-44ca-9C85-EC14F892E881}";
    char COV_UUID[39] = "{9430C67F-3040-4134-994F-618674F38030}";
    BOOL bbb = LocateThemeCoverage(HuangHua_Typhoon_Surge_PRJ,Prj_UUID,COV_UUID);
    ASSERT(bbb);
}
void CMyDlg::OnStormSurge_HH_DegreeThree()
{
    char Prj_UUID[39] = "{60CF3B23-0BCE-44ca-9C85-EC14F892E881}";
    char COV_UUID[39] = "{1FB688D1-6832-4b96-AE4C-09F983ACCA65}";
    BOOL bbb = LocateThemeCoverage(HuangHua_Typhoon_Surge_PRJ,Prj_UUID,COV_UUID);
    ASSERT(bbb);
}
void CMyDlg::OnStormSurge_HH_DegreeFour()
{
    char Prj_UUID[39] = "{60CF3B23-0BCE-44ca-9C85-EC14F892E881}";
    char COV_UUID[39] = "{369ABDAE-AD85-4ead-99A6-2EF49B42ABEB}";
    BOOL bbb = LocateThemeCoverage(HuangHua_Typhoon_Surge_PRJ,Prj_UUID,COV_UUID);
    ASSERT(bbb);
}
void CMyDlg::OnStormSurge_HH_DegreeFive()
{
    char Prj_UUID[39] = "{60CF3B23-0BCE-44ca-9C85-EC14F892E881}";
    char COV_UUID[39] = "{5D8DC61E-208B-417c-8F66-9E6199379FDA}";
    BOOL bbb = LocateThemeCoverage(HuangHua_Typhoon_Surge_PRJ,Prj_UUID,COV_UUID);
```

```
        ASSERT(bbb);
    }
    //------------------------------------------------------------------------------
```

黄骅台风风暴潮预案工程	
Prj_UUID	{60CF3B23-0BCE-44ca-9C85-EC14F892E881}
文件存放目录	"\\SurgeData\\StormSurgeHH\\SurgeHH.prj"
1级台风预案CovUUID	{F5FBDC89-83B6-4042-BA53-DED517F2A635}
2级台风预案CovUUID	{9430C67F-3040-4134-994F-618674F38030}
3级台风预案CovUUID	{1FB688D1-6832-4b96-AE4C-09F983ACCA65}
4级台风预案CovUUID	{369ABDAE-AD85-4ead-99A6-2EF49B42ABEB}
5级台风预案CovUUID	{5D8DC61E-208B-417c-8F66-9E6199379FDA}

黄骅温带风暴潮预案工程	
Prj_UUID	{F5199C97-1C01-4080-9FB7-362D35A0CE3A}
文件存放目录	\\SurgeData\\WenDaiSurgeHH\\WdSurgeHH.prj
1级温带气旋预案CovUUID	{B7B7EED5-6DA4-4657-BE20-69E9E6AC649B}
2级温带气旋预案CovUUID	{4D59112A-3568-43df-B4A5-692F0A147415}
3级温带气旋预案CovUUID	{DFC5DE98-1445-4d70-8CBE-6D4EFADC36AA}
4级温带气旋预案CovUUID	{6C24338F-F5AF-4c40-B835-D7742E978B97}

6.3 系统开发

6.3.1 基于COM的软件框架

基于COM技术进行软件开发可以实现组件复用，从而达到较高的开发效率。作为减灾辅助决策信息系统，涉及空间信息是必然的，因此，利用HTGIS控件来实现基础地理信息和遥感信息管理是必然选择。除了空间信息管理这个通用性的需求以外，本系统的特别之处是要将数值计算模型数据与GIS数据统一起来，实现减灾信息的可视化显示、查询和分析，真正为减灾决策提供信息支持。因此，基于COM进行数模分析结果的可视化管理和分析，并在GIS平台下实现信息管理，是本项软件开发的重点。为了考虑系统的实用性，降低成本，本系统的数据基于文件目录，但是，基于COM接口标准，系统保持了与大型网络数据库数据访问功能，以便于将来进行较大规模的减灾系统集成。减灾系统软件开发框架示意见图6.42所示。

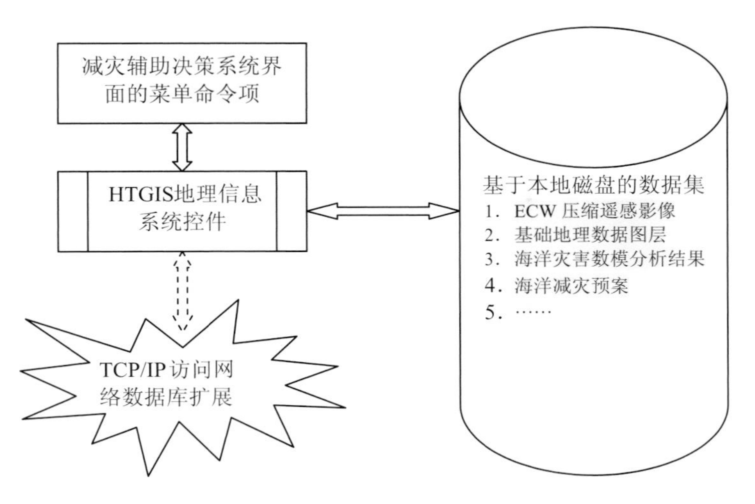

图6.42 减灾系统软件开发框架示意图

整个应用系统由VC开发系统功能菜单界面，界面中的每一项具体实现，通过HTGIS控件来实现，如地图显示、放大、漫游、分析等。主程序通过调用控件的方法，来实现数据的载入、分析等功能。项目相关的数据统一存贮在本地磁盘中，根据目录结构进行管理，系统安装时由安装程序统一完成数据复制。控件保留了ADO接口与大型网络数据库进行互操作的可能性，将为今后系统扩展提供方便。

6.3.2 软件开发关键技术

6.3.2.1 ECW压缩图像的可视化

1）大幅面图像显示问题

项目中的遥感背景图像分辨率高，黄骅市由3幅SPOT构成，唐山市也是由2幅SPOT组合而成，整个幅面较大，需要ECW来支持图像管理。图像信息十分丰富，在许多GIS应用中都有利用遥感镶嵌图作为背景的需求，通过遥感图像与GIS数据图层的空间位置配准，实现图像与GIS图层的同屏显示，从而提高地理环境信息的利用价值。对于局部区域来说，基于BMP等通用格式图像数据可以解决问题，但随着遥感图像空间分辨率的提高，图像幅面大大增加，另外，GIS管理的数据范围增大，往往要求对应的图像数据幅面也增大，这就导致在GIS显示处理时，需要解决大幅面的图像数据的显示问题。比如GIS应用中需要管理浙江省沿海地区的海域使用情况，显示时需要调入全省的遥感镶嵌图，具体应用时，要求图像能随着GIS数据的缩放而进行动态显示，在这种需求下，基于LOD原理进行局部图像数据的动态抽取就变得十分重要，ECW图像压缩与解压技术可以满足这个要求。

2）选用ECW技术的优势

图像压缩技术成熟的产品有许多是不错，原理上都是基于小波理论来进行大图像数据的金字塔形（LOD）的数据压缩，在显示程序根据具体的区域动态地解压和抽取相关的数据。

ER Mapper由澳大利亚EARTH RESOURCE MAPPING公司开发，在图像压缩方面ER Mapper做得最好，其ECW技术是一流的。

其一，ER Mapper压缩比可达10∶1 到50∶1，在降低图像存储空间的同时，仍然能保持图像的高质量。表6.8“ECW图像压缩效果评价表”显示了ECW技术在大幅面图像显示和存贮上的应用价值。

表6.8　ECW图像压缩效果评价表

彩色图像	压缩前彩色图像	压缩后彩色图像（50∶1）	评价
4 000 × 4 000 × 3	48 MB	1 MB	可装入一张软盘
10 000 × 10 000 × 3	300 MB	6 MB	可通过INTERNET下载
100 000 × 10 000 × 3	30 GB	600 MB	可装入一张CD-ROM
1 000 000 × 1 000 000 × 3	3 TB	60 GB	可装入4个17 GB DVD-ROM

其二，ECW的解压软件开发工具包是免费的，而且，ER Mapper提供免费的压缩工具ECW JPEG 2000 Compressor 7.0，它可以对于原始图像小于500 MB的数据进行压缩，如果大于500 MB，则需要购买ER Mapper软件，但读取ECW数据的开发包不受图像大小限制。

其三，ECW的解压速度十分快，而且支持网络平台的数据共享。

从ER MAPPER公司的网站上下载相关的软件包和开发工具，其中ECW JPEG 2000 Compressor 7.0为图像压缩软件包，免费下载网址：www.ermapper.com/ecw/，读取ECW数据的开发工具包下载网址：www.ermapper.com/downloads/sdks.aspx。

3）ECW大幅面图像显示技术的VC++实现方法

（1）开发工具包安装

开发工具包下载后，可以得到两个文件，compression_white_paper1.pdf是相关说明，ECWSDK246_25Mar02.exe是开发工具包的安装程序，如图6.43所示，在进行软件开发之前要ECW SDK安装到本地机器上。

图6.43　ECW_SDK 安装界面

（2）将ECW_SDK库加入到VC开发环境中

当ECW_SDK安装后，在相关目录下包含VC++开发时所需的引入库和软件件分发所需的DLL库。如安装在C:\Program Files\Earth Resource Mapping\ECW SDK时，引入库在其下一级目录Lib下，redistributable目录下含有发行时的DLL库。

在VC++开发环境中将软件工程与ECWSDK开发库建立联系。具体操作如下，在集成环境中，选菜单项“Project”→“Setting...”，在弹出对话框后，选择“Link”标签对话框，在Objects/Modules这栏中，加入引入库NCSEcw.lib NCSEcwC.lib NCSUtil.lib，如图6.44所示。

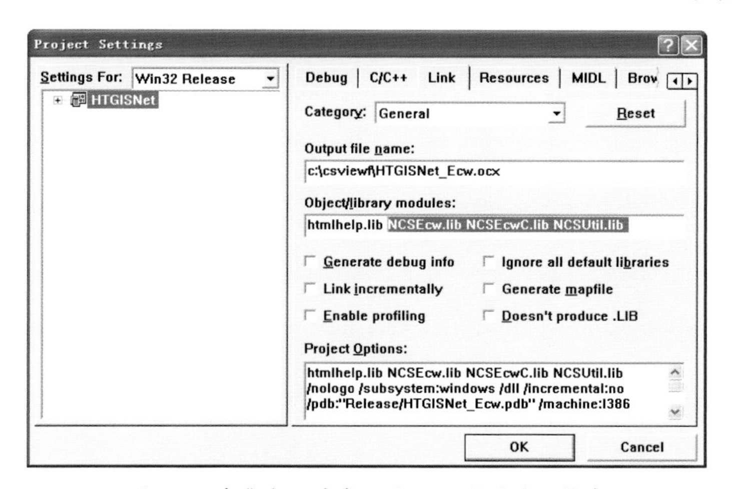

图6.44　在集成环境中配置ECW所需的链接库

同理，还需要将引入库和头文件所在路径的告诉编译环境，这个操作在Tools中完成，在集成环境中，选菜单项“Tools”→“Options...”，当弹出对话框后选择“Directories”标签对话框，如图6.45所示，在“Show directories for”所对应的列表框中选择“Include files”，然后在文件路径列表中增加头文件路径，如“C:\Program Files\Earth Resource Mapping\ECW SDK\include”。同样地，Show directories for 所对应的列表框中选择“Library files”，并增加引入库的路径名，如“C:\Program Files\Earth Resource Mapping\ECW SDK\lib”。

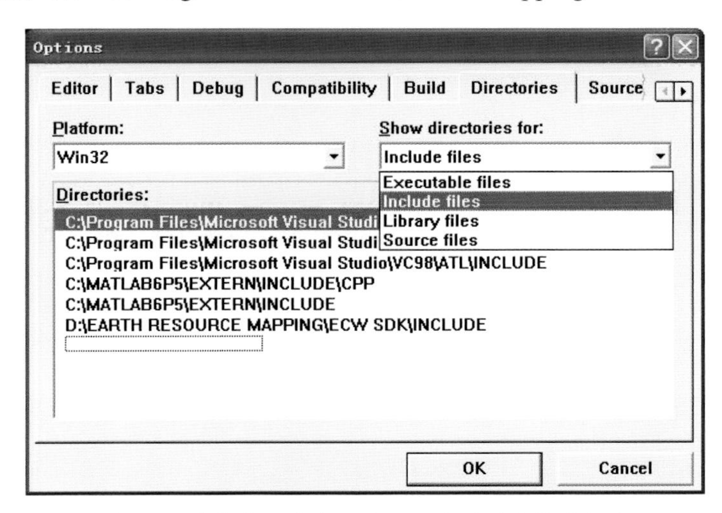

图6.45　在集成环境中配置ECW相关的文件路径名

（3）在VC++中使用ECW_SDK

在VC++中利用ECW_SDK开发图像显示应用程序时，需要调用ECW_SDK工具包中的相关函数。在C++程序的文件中，要加入以下两个头文件。

#include “NCSECWClient.h”

#include “NCSErrors.h”

ECW_SDK包含有很强大的开发工具，更深层次的开发需要详细参考相关的使用说明，这里仅仅从实用角度出发来示例ECW图像的读取和显示操作，分述如下。

首先，将EWC数据文件打开，其对应的SDK函数为NCScbmOpenFileView()，当成功打开ECW压缩文件后，可以调用函数NCScbmGetViewFileInfo()来获得相关的图像信息，代码如下。

```
class CCsTopoPolygonMap:public CObject
{
public:
  BOOL LoadECWImgToCov(CRect rEcwRect, int nImageWidth, int nImageHeight);
  NCSFileView                    *m_pNCSFileView;  // 初值为NULL。
  NCSFileViewFileInfo            *m_pNCSFileInfo;  // 读入成功时，对象包含图像基本信息
  HDIB m_hDIB;
  CPalette* m_palDIB;
  BITMAPFILEHEADER m_BMPFileHead;
  long int m_HDIB_Size;
}

BOOL CCsTopoPolygonMap::OpenECWImgFile(char *szInputFilename)
{
CString sss;
NCSError eError              = NCS_SUCCESS;
eError = NCScbmOpenFileView(szInputFilename, &this->m_pNCSFileView, NULL);
if (eError != NCS_SUCCESS)
{
sss.Format ("Could not open view for file:%s\nError = %s\n",szInputFilename,NCSGetErrorText(eError));
::AfxMessageBox (sss);
return(FALSE);
}
NCScbmGetViewFileInfo(m_pNCSFileView, &m_pNCSFileInfo);
sss.Format ("Input file is [%ld x %ld by %d bands]\n", m_pNCSFileInfo->nSizeX, m_pNCSFileInfo->nSizeY, m_pNCSFileInfo->nBands);
return TRUE;
}
```

然后，根据显示区域动态地将ECW数据抽取出来，并还原成BMP格式，以便利用MFC库来显示。ECW实际上支持动态地从网络环境中打开数据文件，并从中抽取数据，具体操作详见使用说明，在这里仅仅解说如何解压本地文件。

接上一步，从pNCSFileView可以获取图像尺寸，程序可以定义从图像中抽取子图的起止行列号和子图大小。根据子图尺寸构造MFC显示所需的BMP数据块，包括BI头和BMP实体，从pNCSFileView中一行一行地抽取数据，并填入到BMP块中，最后调用MFC函数显示这个位图，以下代码演示的是固定大小子图抽取，通过修改读者可以实现动态子图抽取。

```
BOOL CCsTopoPolygonMap:: LoadECWImgToCov(int nImageWidth, int nImageHeight)
{
BOOL                        bRet = TRUE;
HDIB                        hDIB = NULL;
LPSTR                       pDIB = NULL;
unsigned char         *pRGBTriplets;
CString                     sss;
NCSError                    eError = NCS_SUCCESS;
unsigned int                band_list[3];
int                                 start_x, start_y, end_x, end_y,number_x, number_y;

band_list[0]=2;
band_list[1]=1;
band_list[2]=0;
if(NULL == m_pNCSFileView) // 没有打开ECW文件。
{
return FALSE;
}
start_x      =start_y=0; // 要从ECW中抽取的子图尺寸和起止行列号。
end_x        =4320-1;
end_y        = 2160-1;
number_x  =4320-1;
number_y  =2160-1;

eError = NCScbmSetFileView(m_pNCSFileView,
3, &band_list[0],
start_x, start_y, end_x, end_y,
number_x, number_y);
if( eError != NCS_SUCCESS)
{
sss.Format ("Error while setting file view to %d bands, TL[%d,%d] BR[%d,%d], Window size
```

```
[%d,%d]\n",
        3, start_x, start_y, end_x, end_y, number_x, number_y);
        ::AfxMessageBox (sss);
        sss.Format ("Error = %s\n", NCSGetErrorText(eError));
        ::AfxMessageBox (sss);
        NCScbmCloseFileView(m_pNCSFileView);
        return(FALSE);
        }
        else
        {
        nImageWidth         = number_x;
        nImageHeight        = number_y;
        }

        //解压成功，构筑DIB数据块。
        DWORD                       dwScanBytes = (nImageWidth*3+3)/4*4;
        BITMAPINFOHEADER        bi;
        memset(&bi,0,sizeof(BITMAPINFOHEADER));
        bi.biSize               = 40L;
        bi.biWidth = nImageWidth;
        bi.biHeight             = nImageHeight;
        bi.biPlanes             = 1;
        bi.biBitCount           = 24;     //图像位数，8或24，目前仅仅支持24位的BMP做成的ECW文件。
        hDIB = (HDIB) ::GlobalAlloc(GMEM_MOVEABLE | GMEM_ZEROINIT,
        dwScanBytes*nImageHeight+sizeof(BITMAPINFOHEADER));
        if (hDIB == 0)
        {
        return FALSE;
        }
        pDIB = (LPSTR) ::GlobalLock((HGLOBAL) hDIB);
        // 将头信息复制到内存块。
        memcpy(pDIB,&bi,sizeof(BITMAPINFOHEADER));
        // 将数据实体复制到pDIB。
        pDIB+=sizeof(BITMAPINFOHEADER);
        pRGBTriplets = new unsigned char[nImageWidth*3+1];
        if(NULL == pRGBTriplets)
        {
        return FALSE;
        }
```

```
// 从ECW中解压出文件中的每一行，因为BMP的数据是倒着存放的，需要一行一行来进行。
for(int i =0;i<nImageHeight;i++)
{
NCSEcwReadStatus eReadStatus;
eReadStatus = NCScbmReadViewLineRGB(m_pNCSFileView,pRGBTriplets);
if (eReadStatus != NCSECW_READ_OK)
{
sss.Format ("Read line error at line %d\nStatus code = %d\n",i, eReadStatus);
::AfxMessageBox (sss);
NCScbmCloseFileView(m_pNCSFileView);
delete[] pRGBTriplets;
return(FALSE);
}
else
{
// 将其中的RGB次序进行调整，ECW中的RGB与微软BMP中的RGB次序不同，其中R=B要互换
一下。
for(int j=0;j<nImageWidth;j++)
{
unsigned char ch;
ch = pRGBTriplets[j*3];
pRGBTriplets[j*3] = pRGBTriplets[j*3 + 2];
pRGBTriplets[j*3 + 2] = ch;
}
memcpy(pDIB+(nImageHeight-i-1)*dwScanBytes,pRGBTriplets,nImageWidth*3);
}
}
delete[] pRGBTriplets;

// 返回处理。
// 2002-07-29 将这个内存块赋给图层对象中的代表BMP文件句柄。
::GlobalUnlock((HGLOBAL) hDIB);
if (m_hDIB != NULL)
{
::GlobalFree((HGLOBAL) m_hDIB);
m_hDIB = NULL;
}
else
{
```

```
m_hDIB = hDIB;
}
return TRUE;
};
```

6.3.2.2 风暴潮淹没过程的动画显示

数模计算可以获得整个淹没过程，按1小时间隔生成风暴增水分布，从而模拟整个灾害过程中区域内的受灾情况，为减灾提供可视化分析工具。将各场景数据采用计算机动画技术来显示，可以从时间维上来表达灾害的致灾过程，从而为决策提供参考。

本系统可以直接读入数值模型计算的结果，并自动与GIS下的空间数据配准，将淹没信息在地图上显示。也可以将矢量格式的图层按时间序列进行显示，将经过分析或会商以后的致灾过结果在GIS平台上显示，并提供空间分析功能。

动画效果在程序上通过Ontimer()来实现，下面为程序代码。

```
void CHTGISNetCtrl::OnTimer(UINT nIDEvent)
{
m_TimeCounter ++;
switch(nIDEvent)
{
case MOUSE_MOVE_TIMER_ID: // 生成时间事件的返回值,它肯定是对的。
if(m_TimeCouterOfQueryEnable)
{
m_TimeCouterOfQuery ++;
}
// 当自定义的累加器的值等于这个点，则就要进行相关的查询操作。
if(m_TimeCouterOfQuery == m_UserDefinedElapse && m_allGeoFeatureQueryEnble && m_
FocusStatus)
{
// 在这里进行相关的查询处理。
// 1:从全局堆中取出MOUSEMOVE的坐标。
// 2:调用全局查询过程，进行查询，如果有结果，则进行它是否与上一次的查询到的对象一样的。
// 如果是同一个，则不发消息给用户.它用来过滤掉用户一直在OCX外界处理时的情况。
// 3:发消息给用户，并开始下一个自动查询。
if(m_Project.FoundGeoObjectByPoint(m_ptMouseMoveViewPosition,m_SelectDistanceThreshold,
m_TempCovIndex,m_TempGeoType,m_TempRecKeyNo,m_TempUserID,m_TempSystemID,m_
TempIndex,m_WeightOfDistance))
{
// 2001-04-01，画出地理对象的属性，然后再将屏幕设为脏，表示需要重画背景。
```

```
//            Redraw(5); // 2001-04-26 增加其中的闪烁效果，很好
// 2001-10-25，当VB程序员已经在外面调用了其中的COPY函数以后，则可以考虑不用再通知它。
// 相关的DRAWOVER，因为它的唯一作用是绘图后再补绘如贴面监视这样的东西。
// 目前仍然采用这个旧的方法。
//            Redraw(50); // 2001-04-26 增加其中的闪烁效果，很好
//            DrawHTDisplayStringByDlgInfo(0,0,1);
DrawAllQueryResult(5,-5,1);
m_IsScreenDirty = TRUE;
//-----------------------------------------------------------------
// 2001-04-25 在这里不发送这个消息，它需要用户右击鼠标来触发它。
}
}
break;
case SIMULATION_FLUID_FIELD:     // 流场动画刷新时钟
case SIMULATION_POLLUTANT_FIELD:
case SIMULATION_HAB_FIELD:
case SIMULATION_OIL_FIELD:
{

long int lLayerNumber;
long int lTemp;
lLayerNumber = m_gFluidFieldCoverage.m_arListOfSingleLayerFluid.GetSize();
lTemp= m_gPollutantFieldCoverage.m_arListOfSingleLayerPollutant.GetSize();
lLayerNumber = (lLayerNumber > lTemp)?lLayerNumber:lTemp;
lTemp= m_gHabFieldCoverage.m_arListOfSingleLayerHab.GetSize();
lLayerNumber = (lLayerNumber > lTemp)?lLayerNumber:lTemp;
lTemp= m_gOilFieldCoverage.m_arListOfSingleLayerOil.GetSize();
lLayerNumber = (lLayerNumber > lTemp)?lLayerNumber:lTemp;
if(lLayerNumber  < 1)
{
break;
}
// 解决鼠标操作冲突，如果当前鼠标操作标识是处于拉窗或者什么状态时，以鼠标操作为先。
if(m_MouseStatus != 0 ) // && m_MouseStatus != DRAGMAPSTART
{
// 鼠标为0或者处于拖动屏幕时，都是进行动态显示的方法，否则，进入到这里时。
// 有可能是要求进行动态查询其中的信息，在时间触发时，进行判断。
// m_lMouseQueryFluFldPtInfo按位进行状态判断。
// 第一位（索引为0）如果置位，表示流场信息的动态跟踪。
```

```
if(m_lMouseQueryFluFldPtInfo == 1)
{
// 计算当前鼠标位置的流场信息。
pCurFluidFieldOfSingleLayer = m_gFluidFieldCoverage.GetFluFldByIndex(this->m_
CurSimulationIndex -1);
if(pCurFluidFieldOfSingleLayer)
{
double u,v;
CGisPoint ViewPt;
ViewPt.x =m_ptMouseMoveViewPosition.x;
ViewPt.y =m_ptMouseMoveViewPosition.y;
CString  sMsgInfo;
if(pCurFluidFieldOfSingleLayer->FluidInterpolationOfSinglePoint(ViewPt,u,v))
{
CString sss = pCurFluidFieldOfSingleLayer->m_tmFluidTime.Format("%Y-%m-%d %H:%M:%S");
sMsgInfo.Format("%s,东西向流速=%5.2lf(m/s),南北向流速=%5.2lf(m/s)",sss,u/100,v/100);
this->FireMsgToYou(-1,0, sMsgInfo);
}
else
{
sMsgInfo.Format ("流速屏幕跟踪计算出错!");
this->FireMsgToYou (-1,0, sMsgInfo);
}
}
}
// 第2位（索引为1）如果置位，表示污染物浓度场信息的动态跟踪。
//                                   if(::GetStatusFlagOfBit(m_lMouseQueryFluFldPtInfo,1))
if(m_lMouseQueryFluFldPtInfo == 2)
{

// 污染场与流场不一样，其第一个场为初始场，不显示。
// 但是，它记录在列表中的第0个图层，就是第0+1个场的信息;
// 每次显示以后，计算器作增一运算，因此，实际对应的图层为-2;
// TJH,2007-6-22 REVIEW
pCurPollutantFieldOfSingleLayer = m_gPollutantFieldCoverage.GetPollutantFldByIndex(this->m_
CurSimulationIndex -2);
if(pCurPollutantFieldOfSingleLayer)
{
double u;
```

```
CGisPoint ViewPt;
ViewPt.x =m_ptMouseMoveViewPosition.x;
ViewPt.y =m_ptMouseMoveViewPosition.y;
CString  sMsgInfo;
if(pCurPollutantFieldOfSingleLayer->PollutantInterpolationOfSinglePoint(ViewPt,u))
{
CString sss= pCurPollutantFieldOfSingleLayer->m_tmPollutantTime.Format("时间：%Y-%m-%d
%H:%M:%S");
sMsgInfo.Format("%s,污染物浓度为: %lf (mg/L)",sss,u);
this->FireMsgToYou(-1,0, sMsgInfo);
}
else
{
sMsgInfo.Format("屏幕跟踪计算污染物浓度出错，可能没有载入数据。");
this->FireMsgToYou(-1,0, sMsgInfo);
}
}
}
// 其他情况不进行计算,也不进行动态流场绘制。
break;
}

// 绘图方式决断
if(m_lPlayMode == 0)
{
break;
}
else if(m_lPlayMode == 2)
{
if(m_CurSimulationIndex >= lLayerNumber)
{
break;
}
}
else if(m_lPlayMode == 1)
{
if(m_CurSimulationIndex >= lLayerNumber)
{
m_CurSimulationIndex = 0; // 从头开始
```

```
}
}
else if(m_lPlayMode == 3)
{
m_MouseStatus = 1;
if(m_CurSimulationIndex >= lLayerNumber)
{
m_CurSimulationIndex = 0; // 从头开始
}
}

// 将备绘图，需要绘图设备。
CDC *pdc;
pdc = this->GetDC();
if(pdc == NULL)
{
break;
}
// 地理背景图已在ONDRAW后面绘制完成。
// 如果当前正在绘制动态显示内容，避开再重入SimulateMarineEnviField。
if(m_IsDrawingMarineData)
{
break;
}
else
{
m_IsDrawingMarineData = TRUE;
}

BOOL    bbb;
CString  sMsgInfo;
bbb = this->SimulateMarineEnviField(pdc,m_CurSimulationIndex,sMsgInfo);
if(bbb)
{
// 发送接口消息为第几个层的信息显示在当前屏幕上。
this->FireMsgToYou(-1,0, sMsgInfo);
}
m_CurSimulationIndex ++;
m_IsDrawingMarineData = FALSE;   // 可以绘制下一个时间的动画，控制置位。
```

```
this->ReleaseDC(pdc);
}
break;

case SIMULATION_DYNAMIC_STORMSURGE:    // 风暴潮淹没过程的动画显示。
{
long int lLayerNumber;
long int lTemp;
lLayerNumber = this->m_DynamicSubmergedCovListPrj.GetCovNumbers();
//                    lLayerNumber = this->m_Project.GetCovNumbers();
if(lLayerNumber  < 1)
{
break;
}

// 不进行风暴潮动画显示的控制变量。
if(!m_bDrawOfStormSurge)
{
break;
}

// 解决鼠标操作冲突，如果当前鼠标操作标识处于操作状态时，以鼠标操作为先。
if(m_MouseStatus != 0 ) // && m_MouseStatus != DRAGMAPSTART
{
// 鼠标为0或者处于拖动屏幕时，都是进行动态显示的方法，
// 否则，有可能是动态查询操作，在时间触发时，进行判断。
if(m_lMouseQueryStormSurgeInfo == 1)
{
CCsTopoPolygonMap          *pDEMCov;
CCsTopoPolygonMap          *pCov;
CString          sMsg=" ";

// 实际上，在目前的风暴潮应用中，DEM数据层只有一层。
pDEMCov = this->m_DemSequenceCovListPrj.GetCoverageByIndex(0);
if(pDEMCov)
{
CGisPoint ViewPt;
ViewPt.x =m_ptMouseMoveViewPosition.x;
ViewPt.y =m_ptMouseMoveViewPosition.y;
```

```
CString  sMsgInfo;
// 根据GIS视窗参数来同步图层中的缩放参数。
pDEMCov->RatioNormalizationOfGeoBox(this->m_OrgPnt,this->m_Ratio,this->CurrentMapFrame);
ViewPt.TurnViewPointToGeoPoint(pDEMCov->m_SelfOrgPnt,pDEMCov->m_SelfRatio);
// 如果当前图层是位图，则坐标是位图的像素值。
if(pDEMCov->m_HeadInfo.m_CoverageType == 'R' || pDEMCov->m_HeadInfo.m_CoverageType ==
'r' )
{
CGisPoint m_MapPoint,m_BmpPoint;
m_MapPoint.x = ViewPt.x;
m_MapPoint.y = ViewPt.y;
PointTurnInMapAndBmp(TRUE,m_MapPoint,m_BmpPoint,pDEMCov->m_HeadInfo.
Kx,pDEMCov->m_HeadInfo.Ky,pDEMCov->m_HeadInfo.a,pDEMCov->m_HeadInfo.b);
// 得到位图的行列号，它与图层中的DEM数据一一对应。
double PtGetValue;
long   Row,Column;

if(pDEMCov->GetDEMDataofPoint(m_BmpPoint.x,m_BmpPoint.y,PtGetValue,Row,Column))
{
sMsgInfo.Format("DEM：%.0f cm",PtGetValue);
}
else
{
sMsgInfo.Format("DEM界外!");
}
sMsg += sMsgInfo;
}
else  // 是矢量图层的信息。
{
// 计算风暴潮淹没图斑的属性信息。
if(pDEMCov->FoundGeoObjectByPoint(m_ptMouseMoveViewPosition,m_SelectDistanceThreshold,m_
TempGeoType,m_TempRecKeyNo,m_TempUserID,m_TempSystemID,m_TempIndex,m_WeightOfDistance))
{
CCsTopoPolygon *pTop = pDEMCov->GetTopByIndex(m_TempIndex);
if(pTop)
{
// 有没有与线对象相关的LABEL标识点，没有时要增加。
CCsLabelBody *m_pLabel = pDEMCov->FindLabelByInnerID(pTop->GetSystemID());
if(m_pLabel)
```

```
{
sMsgInfo.Format("DEM:%s",m_pLabel->Description);
}
}
}
sMsg += sMsgInfo;
}
}
sMsg += "  ";
pCov = this->m_DynamicSubmergedCovListPrj.GetCoverageByIndex(m_CurSimIndexOfStormSurge-1);
if(pCov)
{
CGisPoint ViewPt;
ViewPt.x =m_ptMouseMoveViewPosition.x;
ViewPt.y =m_ptMouseMoveViewPosition.y;
CString  sMsgInfo;
ViewPt.TurnViewPointToGeoPoint(pCov->m_SelfOrgPnt,pCov->m_SelfRatio);
// 如果当前图层是位图，则坐标是位图的像素值。
if(pCov->m_HeadInfo.m_CoverageType == 'R' || pCov->m_HeadInfo.m_CoverageType == 'r' )
{
CGisPoint m_MapPoint,m_BmpPoint;
m_MapPoint.x = ViewPt.x;
m_MapPoint.y = ViewPt.y;
PointTurnInMapAndBmp(TRUE,m_MapPoint,m_BmpPoint,pCov->m_HeadInfo.Kx,pCov->m_
HeadInfo.Ky,pCov->m_HeadInfo.a,pCov->m_HeadInfo.b);
// 得到位图的行列号，它与图层中的DEM数据一一对应。
double PtGetValue;
long   Row,Column;

if(pCov->GetDEMDataofPoint(m_BmpPoint.x,m_BmpPoint.y,PtGetValue,Row,Column))
{
sMsgInfo.Format("水位：%.0f cm", PtGetValue);
}
else
{
sMsgInfo.Format("界外!");
}
sMsg += sMsgInfo;
}
```

```
else  // 是矢量图层的信息。
{
// 计算风暴潮淹没图斑的属性信息。
if(pCov->FoundGeoObjectByPoint(m_ptMouseMoveViewPosition,m_SelectDistanceThreshold,m_TempGeoType,m_TempRecKeyNo,m_TempUserID,m_TempSystemID,m_TempIndex,m_WeightOfDistance))
{
CCsTopoPolygon *pTop = pCov->GetTopByIndex(m_TempIndex);
if(pTop)
{
// 有没有与线对象相关的LABEL标识点，没有时要增加。
CCsLabelBody *m_pLabel = pCov->FindLabelByInnerID(pTop->GetSystemID());
if(m_pLabel)
{
sMsgInfo.Format("%s - %s",pCov->m_HeadInfo.m_CoverageDescription,m_pLabel->Description);
}
}
}
sMsg += sMsgInfo;
}
}
this->FireMsgToYou(-1,0, sMsg);
}
break;  // 退出，不进入下一步的动画显示。
}

// step1. 如果当前正在绘制动态显示内容，避开再重入。
if(m_IsDrawingStormSurgeInfo)
{
break;
}
else
{
m_IsDrawingStormSurgeInfo = TRUE;
}

// 0:暂停动画；1：循环动画；2：绘完停在最后；3：静态绘制下一景；4：静态前一景；5：最后一景；6：最前一景。
// step2. 绘图模式控制。
```

```
if(0 == m_lPlayModeOfStormSurge)
{
m_IsDrawingStormSurgeInfo = FALSE;
break;
}
else if(1 == m_lPlayModeOfStormSurge)
{
if(m_CurSimIndexOfStormSurge >= lLayerNumber)
{
m_CurSimIndexOfStormSurge = 0;
}
}
else if(2 == m_lPlayModeOfStormSurge)
{
if(m_CurSimIndexOfStormSurge >= lLayerNumber)
{
m_CurSimIndexOfStormSurge = 0;
m_lPlayModeOfStormSurge = 0;
m_IsDrawingStormSurgeInfo = FALSE;
break;
}
}
else if(3 == m_lPlayModeOfStormSurge)
{
m_MouseStatus = 1;
if(m_CurSimIndexOfStormSurge >= lLayerNumber)
{
m_CurSimIndexOfStormSurge = 0;
}
}
else if(4 == m_lPlayModeOfStormSurge)
{
m_MouseStatus = 1;
m_CurSimIndexOfStormSurge -= 2;
if(m_CurSimIndexOfStormSurge < 0)
{
m_CurSimIndexOfStormSurge = 0;
}
}
```

```
else if(5 == m_lPlayModeOfStormSurge)
{
m_MouseStatus = 1;
m_CurSimIndexOfStormSurge = lLayerNumber-1;
}
else if(6 == m_lPlayModeOfStormSurge)
{
m_MouseStatus = 1;
m_CurSimIndexOfStormSurge = 0;
}
else
{
m_IsDrawingStormSurgeInfo = FALSE;
break;
}

// step3. 绘制指定图层
CString                    sMsgInfo = " ";
CCsTopoPolygonMap          *pCov;
pCov = this->m_DynamicSubmergedCovListPrj.GetCoverageByIndex(m_CurSimIndexOfStormSurge);
//                 pCov = this->m_Project.GetCoverageByIndex(m_CurSimIndexOfStormSurge);
if(pCov == NULL)
{
this->FireMsgToYou(-1,0, "风暴潮淹没动画：在风暴潮淹没工程中找不到图层!");
return;
}
this->DrawSubmergedArea(pCov,sMsgInfo,SRCCOPY);
// 发送接口消息为第几个层的信息显示在当前屏幕上。
// 将当前的第m_CurSimIndexOfStormSurge个景发送给框架来处理，12345是风暴潮动画标识。
this->FireMsgToYou(12345,m_CurSimIndexOfStormSurge, sMsgInfo);
m_CurSimIndexOfStormSurge ++;
m_IsDrawingStormSurgeInfo = FALSE; // 可以绘制下一个时间的动画，控制置位。
}
break;

case HUSKIE_TIMER_ID:
{
long int var;
var = rand();
```

```
var %= 10;
//                    this->FireMsgToYou(-1,0,sHuskieSpeech[var]);
if(pWinThreadObj == NULL)
{
this->m_ThreadInfo.hMainFrameHandle = this->m_hWnd;
this->m_ThreadInfo.hDeadEvent= this->m_HuskieDiedofHungary;
this->m_ThreadInfo.hHungryEvent= this->m_HuskieFeeding;
pWinThreadObj = ::AfxBeginThread(LaunchMonitorApp,&this->m_ThreadInfo);
}
else
{
::SetEvent(this->m_HuskieFeeding);
}
}
break;
case SOCKET_TIMER_ID:   // 检测网络通信是否超时，并设法补救。
// 如果没有SOCKET对象存在，直接返回。
if(NULL == this->m_pSocket)
{
break;
}
// 如果SOCKET的状态不是处于回传结果的状态，立即返回。
if(this->m_pSocket->m_CommandObj.m_KernelCmdObj.m_CommandType != SVR_COM_TYPE_
RESULT_TRANSFER_BACK)
{
break;
}
else
{
if(m_pSocket->m_TimerOnOff == 0)
{
break;
}
// 此时进行时间比较，是否已经超过了。
COleDateTime      TempCurrentTime;
COleDateTimeSpan   tmSpan;
TempCurrentTime = COleDateTime::GetCurrentTime();
tmSpan = TempCurrentTime - m_pSocket->m_tmNewStamp;
// 已经超限＝10 s。
```

```
if(tmSpan.GetTotalSeconds() >= 10)
{
// 更新时间，并发送回声信号。
m_pSocket->m_tmNewStamp = COleDateTime::GetCurrentTime();
char szBuffer[200];
strcpy(szBuffer,COMMAND_HEAD_LABEL);
* (long int *)(szBuffer+7)  = this->m_pSocket->m_CommandObj.m_KernelCmdObj.m_CommandID;
* (long int *)(szBuffer+11) = SVR_COM_TYPE_RESULT_TRANSFER_BACK_AGAIN;
* (long int *)(szBuffer+15) = this->m_pSocket->m_CommandObj.m_CurReceivePos;
int SendNum  = this->m_pSocket->Send(szBuffer,19);
m_pSocket->m_TimerOnOff = 0;
if(SendNum != 19)
{
::AfxMessageBox ("发送回传的补救信息出错，系统将状态设为空闲状态");
this->m_pSocket->m_CommandObj.m_KernelCmdObj.m_CommandType = CLN_COM_TYPE_IDLE;
this->m_pSocket->m_SocketStatus = CLN_SOCKET_STATUS_IDLE;
}
else
{
::AfxMessageBox ("[调试参考] 成功地发送回传的补救信息！ ");
}
}
}
break;
default:
break;
};

m_ExitAtOnce:
COleControl::OnTimer(nIDEvent);
}
```

6.3.2.3　基于GIS的淹没分析

基于GIS空间分析方法实现了风暴潮淹没范围图层（多边形）与其他属性图层如居民地、盐田等图层的叠置分析，求解出不同淹没深度下的淹没范围。

以居民地的淹没分为例，说明OVERLAY分析的相关流程（图6.46）。

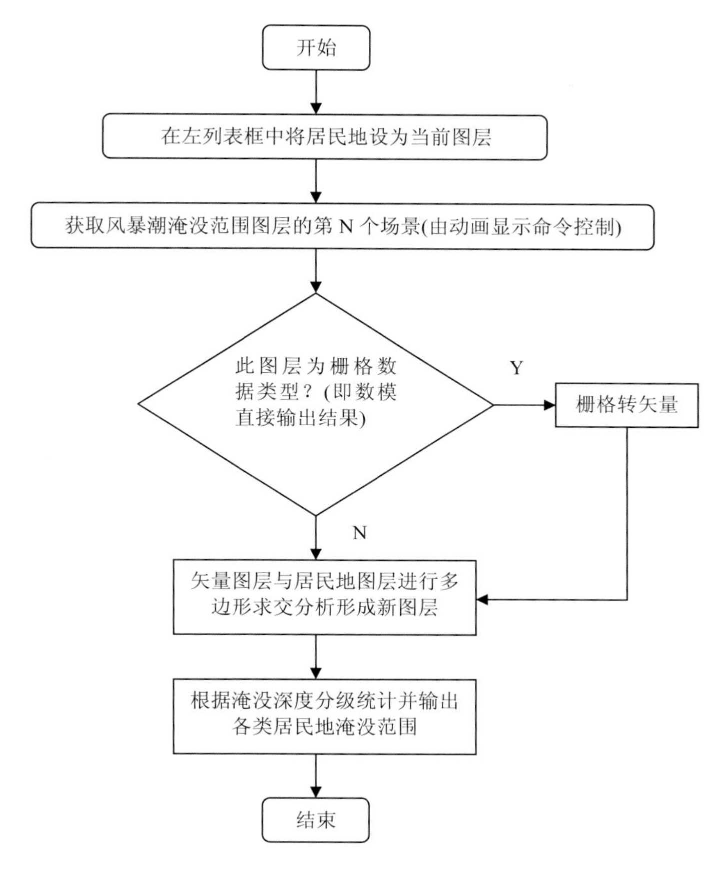

图6.46 基于GIS的OVERLAY分析的流程图

相关的VC++源代码如下：

```
else if (CovIndex == 10002)  // 进行淹没分析定义。
{
// 首先要将当前BMP变为矢量图。
int                                         lCovIndex;
CCsTopoPolygonMap           *pCov;
lCovIndex  = this->m_CurSimIndexOfStormSurge-1;
pCov = this->m_DynamicSubmergedCovListPrj.GetCoverageByIndex(lCovIndex);
// 如果图层不是矢量图层，则需要先行进行矢量化处理，如果已经是矢量图层，则不需要这个操作。
if(pCov)
{
if(!(pCov->m_HeadInfo.m_CoverageType ==  'T'|| pCov->m_HeadInfo.m_CoverageType ==  't' ))
{
if(this->m_DynamicSubmergedCovListPrj.m_pDemSetsColorLegend == NULL)
{
::AfxMessageBox ("没有载入风暴潮淹没计算结果，或者数据不是栅格数据类型!");
```

```
return FALSE;
}
// 直接定义为简单的转换，即11，修改为通用的根据位图定位参数进行矢量化操作。
BOOL bbb = pCov->CreateArcsFrom256BMP(pCov->m_hDIB,2,1,this->m_
DynamicSubmergedCovListPrj.m_pDemSetsColorLegend);
// 生成的属性表中有3个字段
//        CString             sKeyRecordNoFldName = "HTGISRECKEYNO";
//        pTmpObj->m_strFldNameOfSys          = sKeyRecordNoFldName;
//        pTmpObj->m_strFldNameOfUser         = "GEO键码";
//        pTmpObj->m_strFldNameOfSys          = "USERID";
//        pTmpObj->m_strFldNameOfUser         = "分类码";
//        pTmpObj->m_strFldNameOfSys          = "DESCRIPT";
//        pTmpObj->m_strFldNameOfUser         = "说明";
if(!bbb)
{
::AfxMessageBox ("矢量化操作失败!");
return FALSE;
}
}
}
else
{
::AfxMessageBox ("当前图层不存在!");
return FALSE;
}

// ------------------------
CCsTopoPolygonMap *pNewCov;
CCsTopoPolygonMap *pSrcCov;
CCsTopoPolygonMap *pCompCov;
// 获得2个操作图层
if(SelectMode == -1)
{
pSrcCov = m_Project.GetCurrentCoverage();
}
else
{
pSrcCov = m_Project.GetCoverageByIndex(SelectMode);
}
```

```
pCompCov = pCov;    // 用刚才生成的图层来作为比较图层。
if(NULL == pSrcCov || NULL == pCompCov)
{
::AfxMessageBox ("指定的分析图层不存在! 注意:入口参数中的图层索引号必须大于等于零!");
return 0;
}
pNewCov = new CCsTopoPolygonMap();
if(NULL == pNewCov)
{
::AfxMessageBox ("创建OVERLAY结果图层对象出错!");
return 0;
}
else
{
// 设置基本的文件存储参数，首先复制源图层头信息。
::memcpy(&pNewCov->m_HeadInfo,&pSrcCov->m_HeadInfo,sizeof(CHtCoverageHead));
// 然后修改文件存放路径信息
pNewCov->m_HeadInfo.m_CoverageType = 'T';
sprintf(pNewCov->m_HeadInfo.m_CoverageName,"c:\\TmpOverlay_%ld",pNewCov);
sprintf(pNewCov->m_HeadInfo.m_szPrimaryDataFileName,"c:\\TmpOverlay_%ld.arc",pNewCov);
sprintf(pNewCov->m_HeadInfo.m_szDBSFileName,"c:\\TmpOverlay_%ld.DBS",pNewCov);
sprintf(pNewCov->m_HeadInfo.m_szAuxiliaryFileNameLab,"c:\\TmpOverlay_%ld.lab",pNewCov);
sprintf(pNewCov->m_HeadInfo.m_szAuxiliaryFileNameTop,"c:\\TmpOverlay_%ld.top",pNewCov);
}

// 利用CreateOverlayShapeCoverge()调用来进行OVERLAY操作。
int TopNum,iIndexCov;
CString CompCovFlds;
CompCovFlds.Format( "|0,USERID|0,DESCRIPT" );
// 比较图层的信息固定起来，源图层由参数转入。
TopNum = pNewCov->CreateOverlayShapeCoverge(pSrcCov,pCompCov,Operand1,CompCovFlds,th
is->m_hWnd);
if(TopNum > 0)
{
char szNewCovHeadFile[120];
sprintf(szNewCovHeadFile,"c:\\TmpOverlay_%ld.hed",pNewCov);
// 将临时图层加入到工程中，并将属性表调出来显示。
iIndexCov = m_Project.AddCoverage(szNewCovHeadFile,pNewCov);
// 新加入的图层设为当前图层。
```

```
m_Project.m_CurrentCoverageIndex = iIndexCov;
// 显示当前图层属性表。
this->DbsOperation(4, "", 0);
}
else
{
::AfxMessageBox ("两个图层没有相交的地理对象!");
delete pNewCov;
pNewCov = NULL;
}
return 1;
}
```

6.3.2.4　基于GIS的空间查询

基于GIS平台提供了空间地理定位信息，鼠标在地图上点取任何一点，都是具有空间地理坐标信息的，根据坐标点，可以在GIS图层中查询到相关的属性信息，如道路级别、居民地名称等。同时，也可以查询当前海洋灾害动态显示中某个场景下的水深淹没深度。其查询功能在ontimer()函数中实现，完整代码参见第6.3.2.2节中的风暴潮淹没过程的动画显示的源代码，下面是其中ontimer()函数中随时查询功能相关的代码。

```
pCov = this->m_DynamicSubmergedCovListPrj.GetCoverageByIndex(m_CurSimIndexOfStormSurge-1);
if(pCov)
{
CGisPoint ViewPt;
ViewPt.x =m_ptMouseMoveViewPosition.x;
ViewPt.y =m_ptMouseMoveViewPosition.y;
CString  sMsgInfo;
ViewPt.TurnViewPointToGeoPoint(pCov->m_SelfOrgPnt,pCov->m_SelfRatio);
// 如果当前图层是位图，则坐标是位图的像素值。
if(pCov->m_HeadInfo.m_CoverageType == 'R' || pCov->m_HeadInfo.m_CoverageType == 'r' )
{
CGisPoint m_MapPoint,m_BmpPoint;
m_MapPoint.x = ViewPt.x;
m_MapPoint.y = ViewPt.y;
PointTurnInMapAndBmp(TRUE,m_MapPoint,m_BmpPoint,pCov->m_HeadInfo.Kx,pCov->m_
HeadInfo.Ky,pCov->m_HeadInfo.a,pCov->m_HeadInfo.b);
// 得到位图的行列号，它与图层中的DEM数据一一对应。
double PtGetValue;
long   Row,Column;
```

```
if(pCov->GetDEMDataofPoint(m_BmpPoint.x,m_BmpPoint.y,PtGetValue,Row,Column))
{
sMsgInfo.Format("水位：%.0f cm",PtGetValue);
}
else
{
sMsgInfo.Format("界外!");
}
sMsg += sMsgInfo;
}
else  //是矢量图层的信息
{
//计算风暴潮淹没图斑的属性信息
if(pCov->FoundGeoObjectByPoint(m_ptMouseMoveViewPosition,m_SelectDistanceThreshold,m_
TempGeoType,m_TempRecKeyNo,m_TempUserID,m_TempSystemID,m_TempIndex,m_
WeightOfDistance))
{
CCsTopoPolygon *pTop = pCov->GetTopByIndex(m_TempIndex);
if(pTop)
{
//有没有与线对象相关的LABEL标识点,没有时要增加。
CCsLabelBody *m_pLabel = pCov->FindLabelByInnerID(pTop->GetSystemID());
if(m_pLabel)
{
sMsgInfo.Format("%s - %s",pCov->m_HeadInfo.m_CoverageDescription,m_pLabel->Description);
}
}
}
sMsg += sMsgInfo;
}
}
this->FireMsgToYou(-1,0, sMsg);
}
```

6.3.2.5 场景动画与台风路径的对应显示

台风路径显示在应用程序中增加一个PICTURE绘图框，背景位图从资源中装入，其中每个像素与经纬度的关系可以计算出来。只要将动画场景与台风路径轨迹点对应起来就可以实现两者的对应显示，同时，也可从视窗中反求出相关的场景，如图6.47所示。

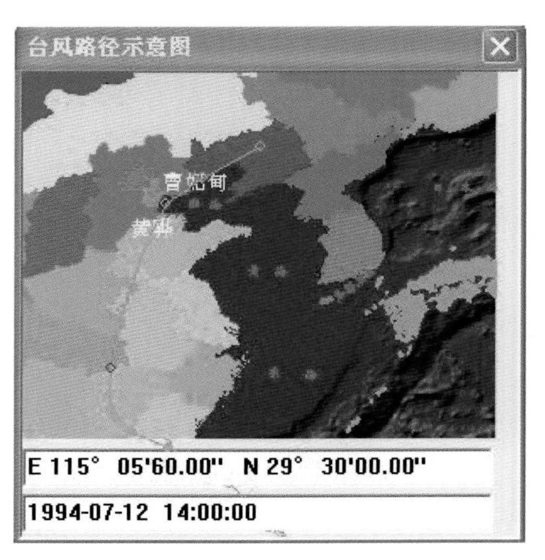

图6.47　台风路径场景

从下面的代码中可以看出，本项目中的台风路径文件从“应用程序路径” + \\台风路径文件和背景位图\\TF94.txt装入，在初始化时装入相当于系统的配置文件。

```
BOOL CDlgTyphoonPath::OnInitDialog()
{
  CDialog::OnInitDialog();
  BOOL           bbb;
  CString        sPrjFileName = "\\台风路径文件和背景位图\\TF94.txt";
  CString        sMapProjectFilepath = "d:";
  char      szAppPath[1000];
  ::GetModuleFileName(NULL,szAppPath,1000);
  if(0 != ::GetModuleFileName(NULL,szAppPath,1000))
  {
          sMapProjectFilepath = szAppPath;
          int pos = sMapProjectFilepath.ReverseFind('\\');
          sMapProjectFilepath = sMapProjectFilepath.Left(pos);
  }
  sMapProjectFilepath += sPrjFileName;

  bbb = m_Typhoon.ReadFromFile(sMapProjectFilepath);
  return TRUE;
}

// 绘制台风数据。
void CDlgTyphoonPath::DrawTyphoonPath(int PathIndex,int TractIndex)
{
```

```
CWnd *pWnd;
pWnd = (CWnd *)GetDlgItem(IDC_BKImg);
if(pWnd)
{
CDC *pDC;
pDC = pWnd->GetDC();
CTyphoonPath * pPath;
pPath = m_Typhoon.GetTyphoonPath(PathIndex);
if(pPath)
{
this->m_lPathIndex = PathIndex;
pPath->DrawTyphoonPath(1, pDC,1,RGB(0,255,255));
}
// 画当前点，用红色。
CTyphoonTracePoint *pObj;
if(TractIndex >=0 && TractIndex < pPath->m_arTracePoint.GetSize())
{
pObj = (CTyphoonTracePoint*)pPath->m_arTracePoint[TractIndex];
pObj->DrawTyphoonSymbol(pDC,1,RGB(255,0,0));
CString         sss;
CWnd            *pEditWnd;
pEditWnd = (CWnd *)GetDlgItem(IDC_GeoCoordinateInfo);
if(pEditWnd)
{
sss = FormStandardGeoDisplayInfo(pObj->EL/10.0,pObj->NL/10.0);
pEditWnd->SetWindowText(sss);
}
pEditWnd = (CWnd *)GetDlgItem(IDC_DateTime);
if(pEditWnd)
{
sss = pObj->m_tInstantTime.Format("%Y-%m-%d  %H:%M:%S");
pEditWnd->SetWindowText(sss);
}
}
pWnd->ReleaseDC(pDC);
}
}

// 如果右键时，根据位置算出哪个点是其选中的。
```

```
void CDlgTyphoonPath::OnRButtonDown(UINT nFlags, CPoint point)
{
// point返回的是客户区相对坐标，而GetWindowRect返回的是屏幕坐标。
// 计算此点是否在某个控件所在的区域，通过以下方法来换算。
CDialog::OnRButtonDown(nFlags, point);
CRect rt;
CWnd *pWnd;
pWnd = (CWnd *)GetDlgItem(IDC_BKImg);
pWnd->GetWindowRect(rt);
this->ClientToScreen(&point);
// 大家都统一到屏幕坐标了。
double i,j;
CString sss;
i = point.x - rt.left;
j = point.y - rt.top;
// 经纬度可以反算出来。
double lumda,fie;
// 将坐标变为位图坐标。
SS_BmpPixelAndGeoCoordinateConverse(TRUE,i,j,lumda, fie);
sss.Format("在BMP中的行列号 (%.1lf,%.1lf) = 经纬度(%.6lf,%.6lf)",i,j,lumda,fie);

CTyphoonPath            *pPath = NULL;
CTyphoonTracePoint      *pTracePtIndex = NULL;
double                  dDistance;
long                    lTracePtIndex;
pPath = m_Typhoon.GetTyphoonPath(m_lPathIndex);
if(pPath)
{
pTracePtIndex = pPath->FindTracePnt(lumda,fie,0.5,dDistance,lTracePtIndex);
if(pTracePtIndex)
{
// 向框架发送相关的消息，告知，已经找到最近的轨迹点，相关索引号以消息方式，返回。
::PostMessage(this->m_MainDlgwnd,WM_USER+1,m_lPathIndex,lTracePtIndex);
}
}
}
```

6.3.3 安装软件制作

本系统包含有GIS控件软件、应用程序、减灾决策预案、GIS数据、遥感数据等，软件在运行时会根据文件相对目录路径找到相关的数据，并装入到系统之中。如果数据复制过程中出问题，则用户较难发现。因此，采用一个完全自动的安装程序来进行系统分发，是十分必要的。下面以InstallShield 软件为例说明具体的安装程序制作过程。

6.3.3.1 利用Wizard自动生成一个工程

执行Wizard后所有操作都是自动的，下面简单说明每一步的作用，实际上，用户可以一直按下步来建立一个框架，然后在后面所说的方法中来进行修正。

第一步是选择一个通用的工程安装，实际上InstallShield还提供了对象安装及VB程序安装软件制作功能，如图6.48所示。

图6.49说明制作一个软件安装包工程，以下还有很多个步骤，其功能都是用来增加与删除某些选项，可以简单地采用下一步如图6.50所示，最后可以建立一个安装程序的框架如图6.51所示。下面就安装程序制作中的一些特殊技术进行相关的说明。

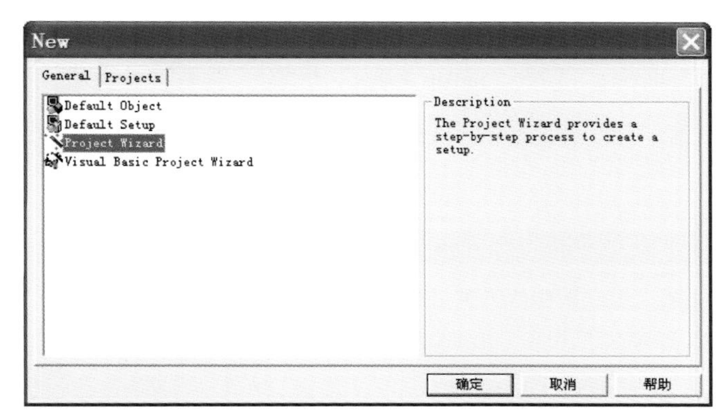

图6.48 启用安装工程包自动创建模式

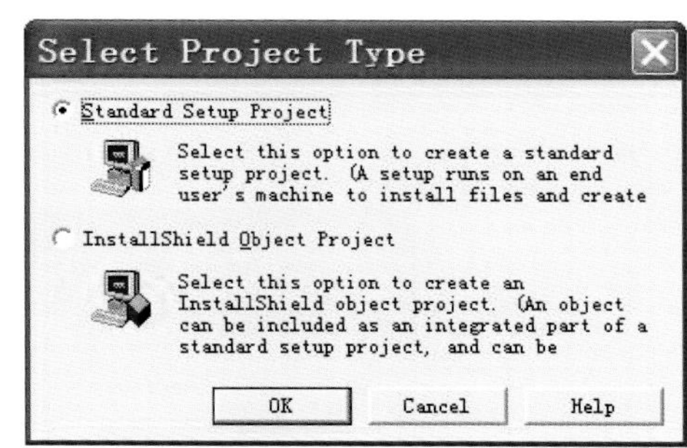

图6.49 选择建立标准安装工程包

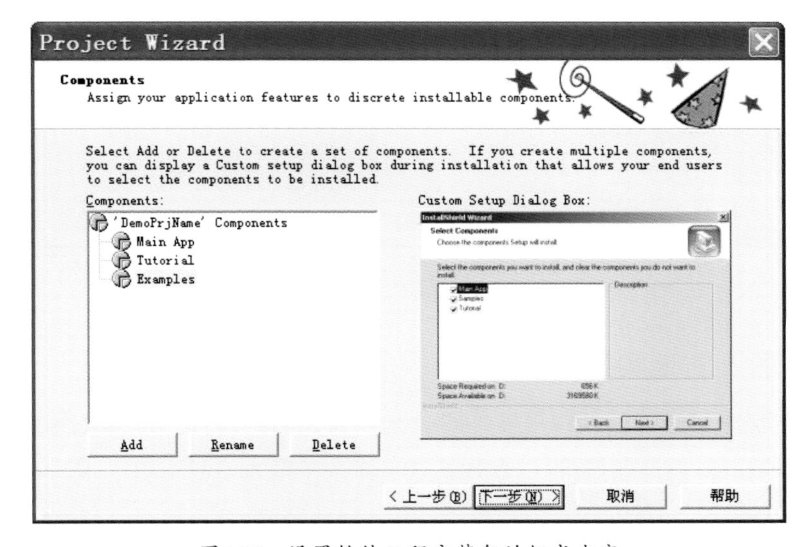

图6.50 设置软件工程安装包的组成内容

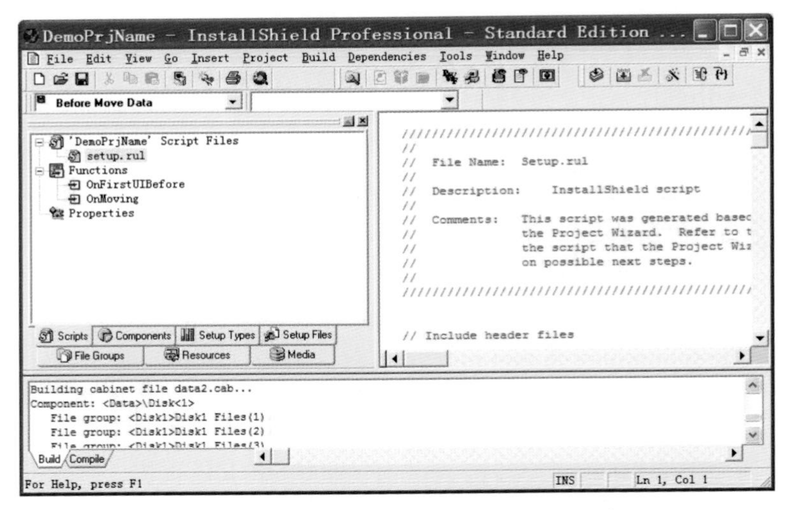

图6.51　软件安装工程包框架自动创建完毕

6.3.3.2　如何插入首页位图

安装界面的首页代表着软件系统的标志，因此，一般在安装时首先弹出来。这个页面文件名称必须是setup.bmp文件，如果是其他文件名，则无法显示。

如图6.52所示，在左边树形框的下面选项中，选择“Setup Files”标签，然后在树形框中选择“Splash Screen”（首页快速显示）这一项，将准备好的setup.bmp粘贴到右边的文件列表框中即可。

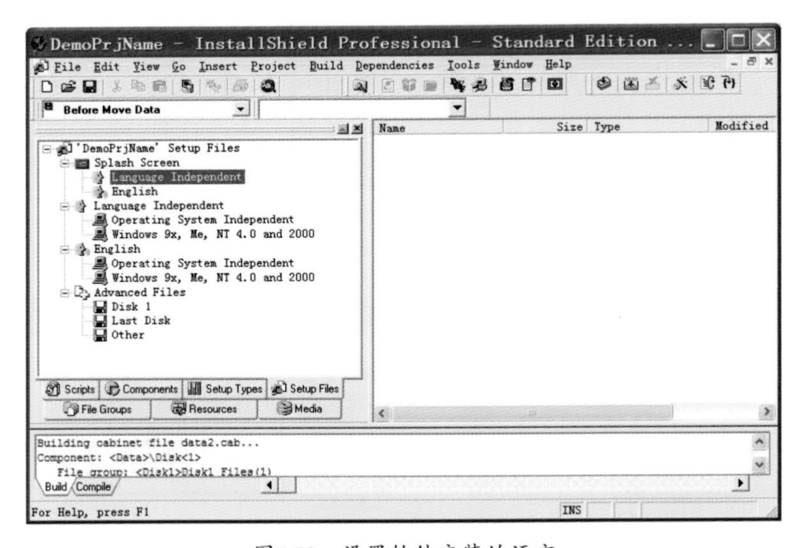

图6.52　设置软件安装的语言

6.3.3.3　加入安装实体数据

InstallShield软件在进行安装程序制作时，采用分组分块来进行安装的策略，一个项目中有数据、程序、例子、自注册组件、动态链接库等在逻辑本身是分开，其中有些还需要安装到不同目录下的数据组，因此，采用分组方式进行安装制作是合适的，另外，更上一层的安装分组包括自定义、压缩、完全等安装方式的定义。那么，这些功能是如何实现的？一般情况下都是通过分组来实现。具体操作为：在左边树型框的下面选项中，选择“File Groups”标签。

在树形列表框中可以增加组，这个组中的文件如何安装？其设置由右边的属性列表框中的各项来定义。如图6.53中，文件组名为“App Executables”,其右边列表框中属性可以设置，其中有几项说明一下。如果要安装自动注册的控件，则“Self-Registered”这一项设为“YES”。安装到什么地方，在“Destination”中定义，操作方法在下面的固定目录安装中一并说明。如图6.54单击打开的Staic File Links，并需要安装的数据通过COPY和PASTE方法，放在右边的列表框中。注意，如果子目录的安装文件发生了变化，则需要重新COPY和PASTE操作，否则，可能会使用原来的文件。

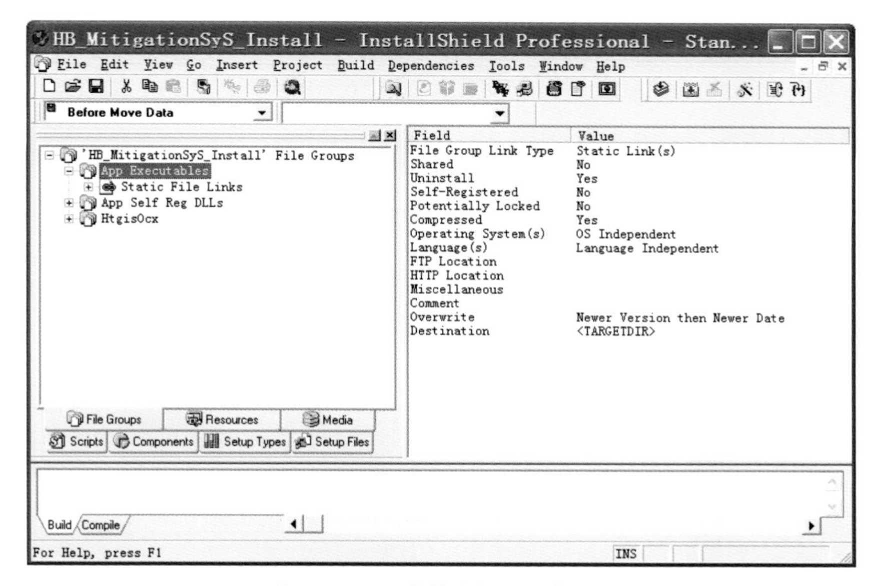

图6.53　添加安装的执行程序文件

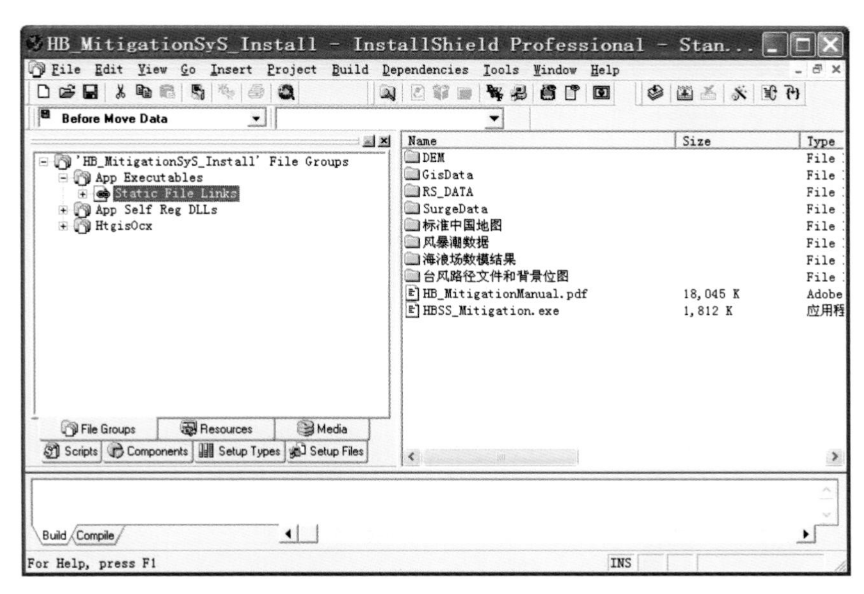

图6.54　添加软件安装时数据文件目录结构

6.3.3.4 将文件安装到固定目录下的设置方法

将文件组的内容安装在什么目录之下，是安装程序最重要的问题，在属性栏“Destination”中点击，如图6.55所示对话框。系统定义几个常用的目录，其中“Application Target Folder”代表着用户在安装时输入的目录，如果要将某个文件组放大应用程序目录下的“HTGIS”目录之下，先在其下增加一个新的“New Folder”，然后将属性设为这个目录名即可。

有时候，用户需要将某个数据文件安装在固定盘的固定目录，比如某个特殊的加密数据体或者是软件版本文件等，此时，如何来实现？InstallShield提供了一种脚本自定义的目录命名方式，通过这种方式，可以将文件组安装到如“C:\\Ftp”这样的固定目录。具体操作时，在“Script-defined Folder”下面增加需要自定义的目录名称，然后，将属性设置为这个目录。如图所示。建立了两个自定义的目录，其名称为HTGIS_SVR和FTP_DIR，这两个名称所对应的具体安装目录名在哪里？需要在脚本中定义（图6.56）。

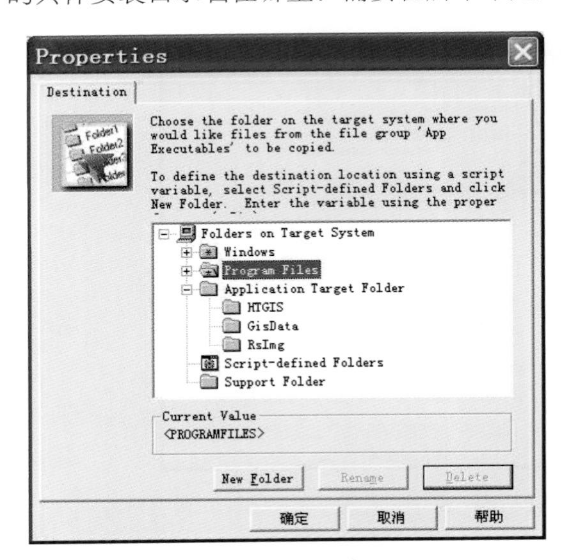

图6.55 设置主安装目录

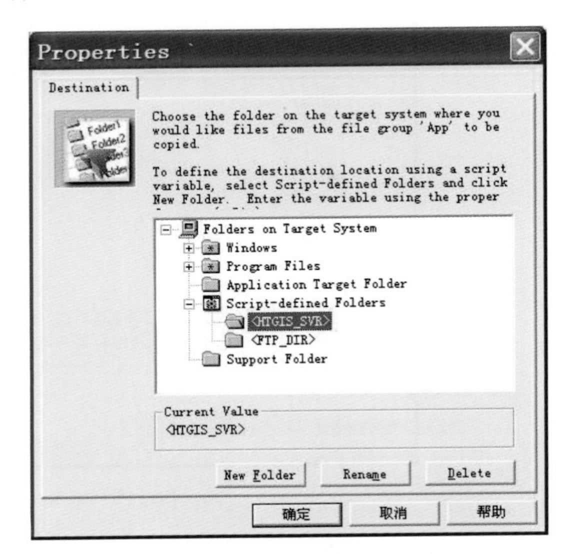

图6.56 增加用户自定义目录

在脚本中增加两项定义，即下面代码中红色字表示的两行。

```
///////////////////////////////////////////////////////////////////////////////
//
// FUNCTION:   OnFirstUIBefore
//
// EVENT:      FirstUIBefore event is sent when installation is run for the first
//             time on given machine. In the handler installation usually displays
//             UI allowing end user to specify installation parameters. After this
//             function returns, ComponentTransferData is called to perform file
//             transfer.
//
```

```
//////////////////////////////////////////////////////////////////////////////
function OnFirstUIBefore()
number  nResult,nSetupType;
string  szTitle, szMsg;
string  szDir;
begin
// TO DO: if you want to enable background, window title, and caption bar title
// SetTitle( @TITLE_MAIN, 24, WHITE );
// SetTitle( @TITLE_CAPTIONBAR, 0, BACKGROUNDCAPTION );
// Enable( FULLWINDOWMODE );
// Enable( BACKGROUND );
// SetColor(BACKGROUND,RGB (0, 128, 128));

TARGETDIR = "d:\\HTGIS_SVR";
szDir = TARGETDIR;

ComponentSetTarget (MEDIA, "<FTP_DIR>", "E:\\FTP_DIR");
ComponentSetTarget (MEDIA, "<HTGIS_SVR>", "D:\\HTSVR");

Dlg_Start:
// beginning of dialogs label

Dlg_SdWelcome:
szTitle = "";
szMsg = "";
nResult = SdWelcome( szTitle, szMsg );
if (nResult = BACK) goto Dlg_Start;

Dlg_SdAskDestPath:
szTitle = "";
szMsg   = "";
nResult = SdAskDestPath( szTitle, szMsg, szDir, 0 );
TARGETDIR = szDir;
if (nResult = BACK) goto Dlg_SdWelcome;

Dlg_ObjDialogs:
nResult = ShowObjWizardPages(nResult);
if (nResult = BACK) goto Dlg_SdAskDestPath;
```

```
// setup default status
SetStatusWindow(0, "");
Enable(STATUSEX);
StatusUpdate(ON, 100);

return 0;
end;

//////////////////////////////////////////////////////////////////////////////
//
// FUNCTION:   OnMoving
//
// EVENT: Moving event is sent when file transfer is started as a result of
//            ComponentTransferData call, before any file transfer operations
//            are performed.
//
//////////////////////////////////////////////////////////////////////////////
function OnMoving()
string szAppPath;
begin
// Set LOGO Compliance Application Path
// TO DO : if your application .exe is in a subfolder of TARGETDIR then add subfolder
szAppPath = TARGETDIR;
RegDBSetItem(REGDB_APPPATH, szAppPath);
RegDBSetItem(REGDB_APPPATH_DEFAULT, szAppPath ^ @PRODUCT_KEY);
end;

// --- include script file section ---
```

6.3.3.5 建立快捷方式

在左边树型框的下面选项中，选择“Resoure”标签，在“Shell Objects”栏中，可以通过增加、删除、编辑等操作来建立相关的快捷方式。如“desktop”表示在桌面上建，可以建目录，也可以建快捷方式。这个快捷方式链接到什么地方，什么程序，通过属性设置来完成。

如图6.57所示，将“减灾信息系统”指向“<TARGETDIR>\HBSS_Mitigation.exe”，请注意，快捷方式指向一个文件，这个文件由操作系统来启动它。如果还有什么参数要传入，则在下面的属性中输入，还有其他相关的一些启动时的设置。如果要显示帮助文件，则直接将链接指向这个文件即可。以下设置直接将一个PDF格式的帮助文件显示出来，“<TARGETDIR>\HB_MitigationManual.pdf”。值得一提的是，“卸载”是由一个特殊的操作来完成的，因为安装程序也是卸载程序，因此，需要将它启动起来即可进行卸载。只要将其中的属性设为“<DISK1TARGET>\setup.exe”即可，如图6.58所示。

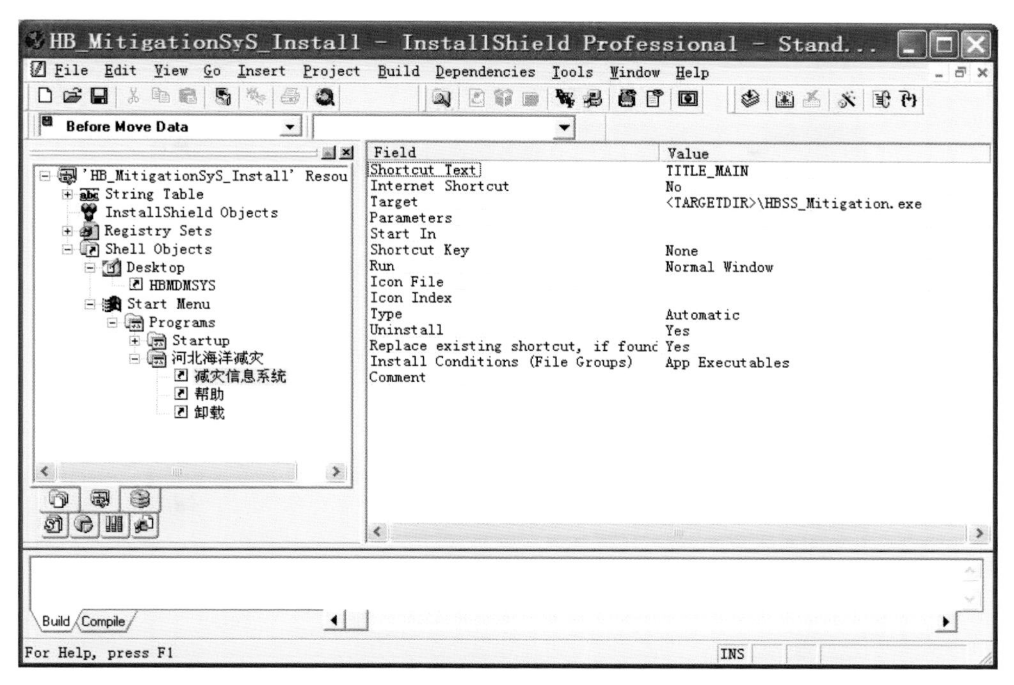

图6.57 设置主应用程序的目录和快捷方式

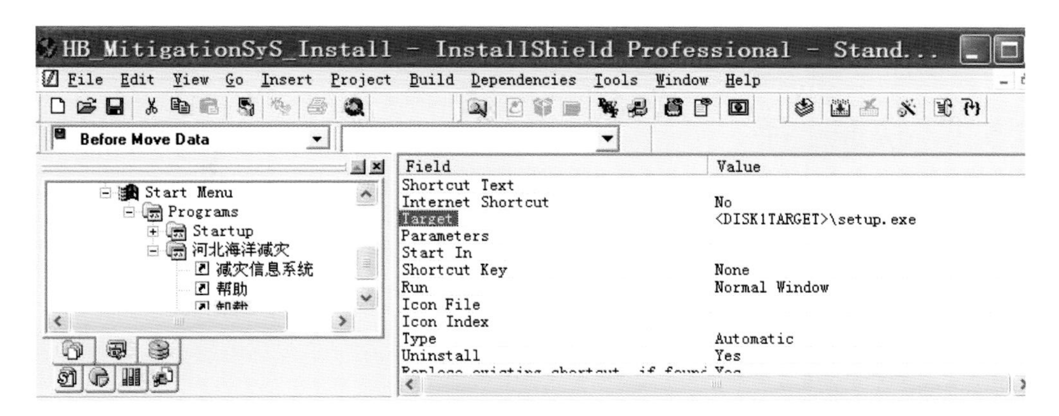

图6.58 设置安装软件包的文件名

虽然快捷方式设置正确，也指向了正确的执行程序，可是安装程序在安装以后就是不建立快捷方式，为什么？这是因为还需要执行最后一步设置，即将其中的“Install Condition (File Groups)”属性这一栏设置，它告诉安装程序只有指定文件组正确地安装了，才建立这个快捷方式，否则不建。如图中只要App Executables这个文件安装了，就会建立相关的快捷方式。

6.4 系统安装

系统安装十分方便，只要启动光盘上的Setup.exe程序，就会自动启动安装软件进行系统安装，用户只要输入信息即可，比如选择将软件安装在什么盘上的什么目录下，一般情况下只要单击“下一步”就可以，安装完成以后会在桌面上建立快捷方式，双击可以启动系统（图6.59）。

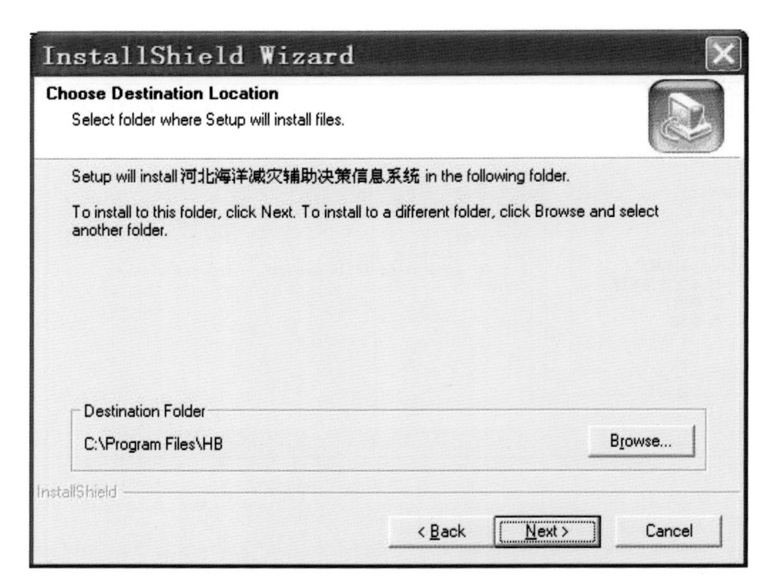

图6.59　启动安装软件后开始界面

6.5 使用说明

6.5.1 快速上手

有多种方法启动系统。用户可以在Window系统界面下的“开始”→“程序”菜单中启动；用户在安装系统以后，桌面上自动出现快捷键，用户直接在桌面上双击快捷键就可以启动该程序；在安装目录下，双击EXE文件直接启动系统。

系统启动后弹出欢迎对话框以后，自动将黄骅地区的基础地理数据载入系统并显示，界面如下。

界面分以下几个部分。最上面为标题，标识为“河北省海洋灾害应急预案管理信息系统”；接下来是系统菜单，利用鼠标或键盘可以使用其中的菜单命令完成相关的操作。左面列表框为图层列表信息，鼠标单击用来选择该图层为当前图层，右键菜单提供全面图层显示、全部图层隐藏、图层属性列表等常用功能；右边为GIS视窗，其中上面为显示控制列表选项，中间为鼠标操作工具条，下面为状态栏，左边为当前操作信息，右边为鼠标所在位置信息，移动鼠标会显示出当前的经纬度信息。单击图中分隔线的中间按钮，将隐藏左边的图层列表框如图6.60所示。再单击时恢复图层列表框如图6.61所示。

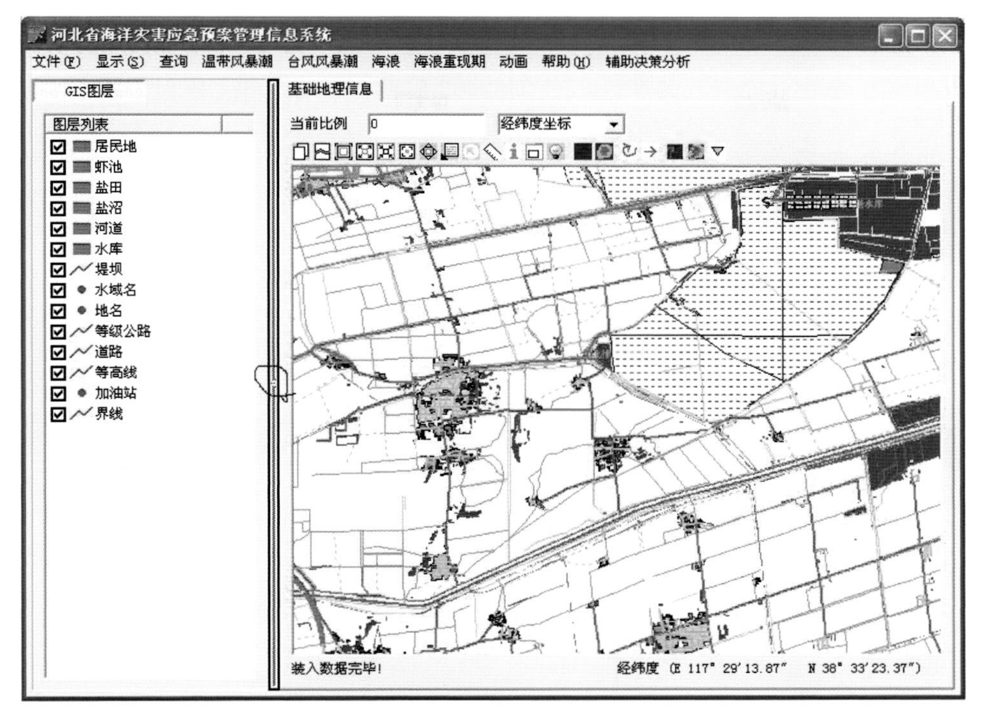

图6.60　显示图层列表框

图6.61　隐藏图层列表框

6.5.2　菜单功能

6.5.2.1　文件菜单

此菜单用来维护基础地理信息的载入和输出等操作。如图6.62所示，分述如下。

1）载入黄骅

单击此菜单命令直接载入黄骅地区的基础地理信息，以前地理工程自动清空。

2）载入唐山秦皇岛

点击此菜单命令直接载入唐山秦皇岛地区的基础地理信息，以前地理工程自动清空。

3）打开工程

点击此菜单命令进入选择界面来打开一个现有工程。单击文件菜单下“打开工程”，出现如图6.63所示打开文件窗口。

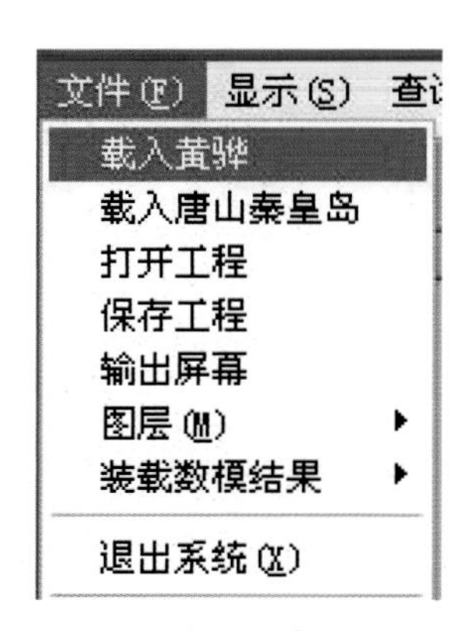

图6.62　载入黄骅市基础地理数据

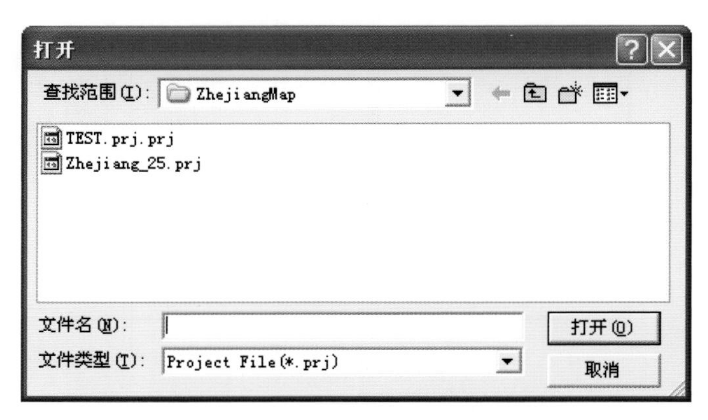

图6.63　载入用户自定义区域的地理数据

4）保存工程

保存当前工程中的地图数据，包括当前地图缩放状态等。

5）输出屏幕

将当前GIS视窗中的地图输出成为一个BMP文件，相当于拷屏功能，只不过它仅仅将视窗内容写成BMP。

6）退出系统

即关闭系统退出。

6.5.2.2　图层操作

此菜单用来完成与图层相关的操作，具有如下菜单子项，如图6.64所示。

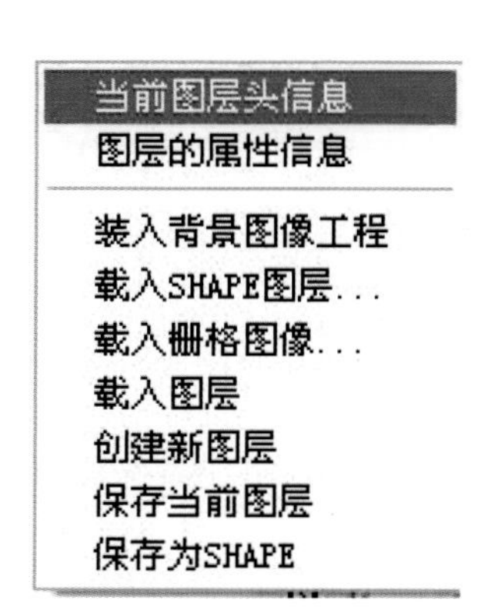

图6.64　图层操作的相关命令

1）当前图层头信息

显示当前图层头信息。选择一个图层作为当前图层，点击“图层”菜单下的“当前图层头信息”，显示当前图层的头信息。如图6.65所示。

2）图层属性信息

如果当前图层具有属性表，则以表格形式显示。在属性表中点击相关的记录时，系统自动将与之对应的地理对象移到屏幕中心显示。操作方法：选择一个图层作为当前图层，单击“图层”列表框选择一个图层作为当前图层，单击“图层”菜单下的“图层的属性信息”，此菜单功能在工具条中有对应的按钮“ ”。如图6.66所示，选在图层列表框中选择“盐田”为当前图层，调用“盐田”的属性表显示。

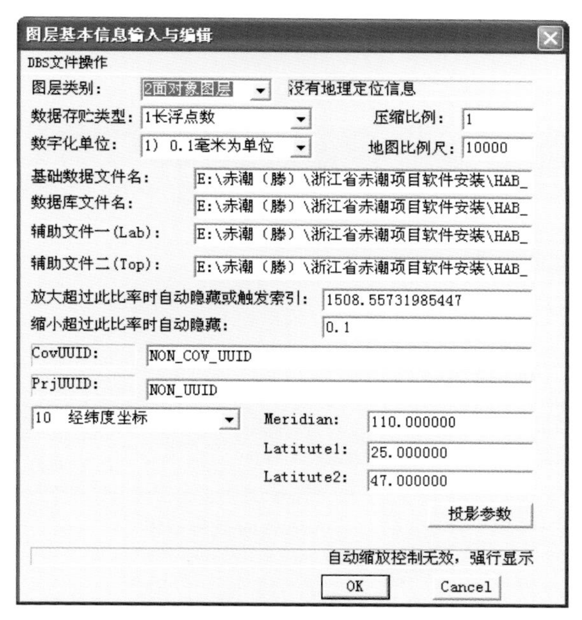

图6.65 当前图层头信息

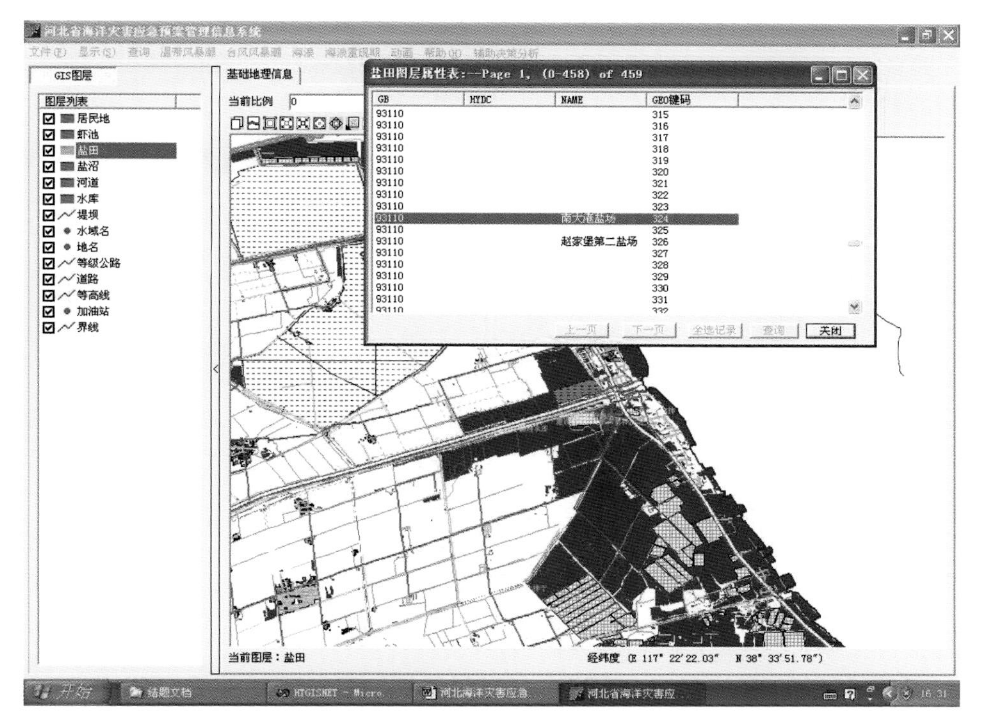

图6.66 图层属性表记录显示与快速定位

在属性列表框中单击字段标题栏可以实现当前页中的记录排序，单击其中的记录时，如图所示的“南大港盐田”时，则自动将与它对应的地理对应在屏幕中心显示，标识为选中状态“▇”。

3）装入背景图像工程

背景图像以工程集方式组织，但其显示特征表现为一个背景图层。由于背景图像为大数据量遥感图像集，其显示速度比较慢，为使用上的灵活性，采用人工载入的方法，具体操作与载入工程相同，系统在安装时已经将相关的背影图像数据复制，在文件对话框中如图6.67所示选择相关的工程文件名。

图6.67　装入地区的遥感影像

载入背景图像以后，系统自动将它与当前地图进行配准，并放在背景位图上显示，自动管理随图缩放。图6.68中左图为缩小状态下的背景，右图为局部精细放大情况下的背景，采用小波变换原来实现了海量数据的显示管理。

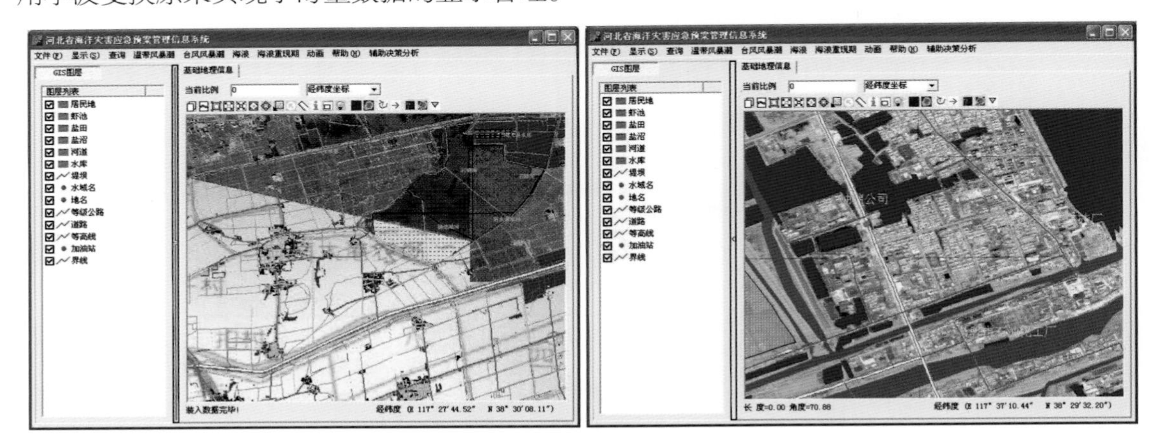

图6.68　遥感背景影像与与矢量图层集成显示

左为缩小，自动调用粗分辨率遥感影像；右为放大，自动调用高分辨率的清晰遥感影像

4）载入SHAPE图层

在当前工程中载入SHAPE图层。单击“图层”菜单下的“载入SHAPE图层”，弹出打开图层对话框。如图6.69所示。

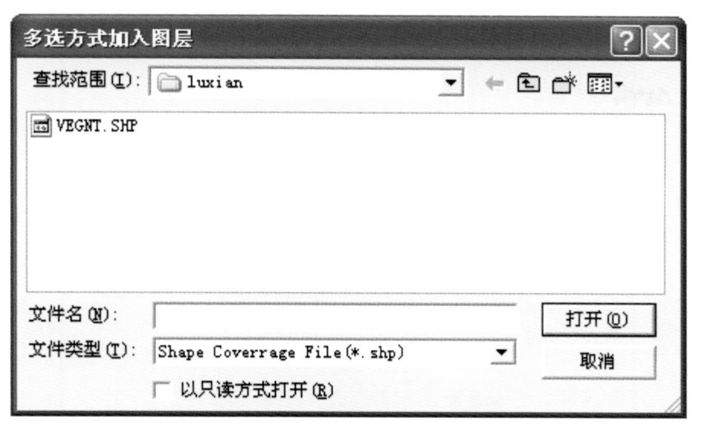

图6.69　打开SHAPE图层对话框

选择需打开SHAPE文件，即完成在当前工程中打开一SHAPE格式的图层操作，相应地在图层列表框中会显示这个SHAPE图层的相关信息。

5）载入栅格图像

在工程中载入栅格图像，如位图、ECW压缩图像。点击“图层”菜单下的“载入栅格图层”，弹出打开图层对话框。选择需打开的图像文件，即完成在当前工程中打开栅格图层的操作。

6）载入图层

在当前工程中载入图层。点击“图层”菜单下的“载入图层”，弹出打开图层对话框。如图6.70所示。

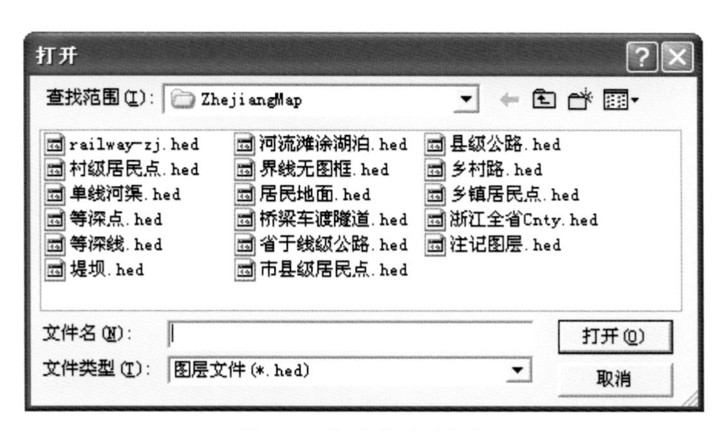

图6.70　打开图层对话框

选择需打开的图层，即完成在当前工程中打开一图层。

7）创建新图层

在当前工程中创建新图层。点击“图层”菜单下的“创建新图层”，出现新建图层头信息编辑框。如图6.71所示。

对头信息建造编辑后，即完成在当前工程中创建新图层。

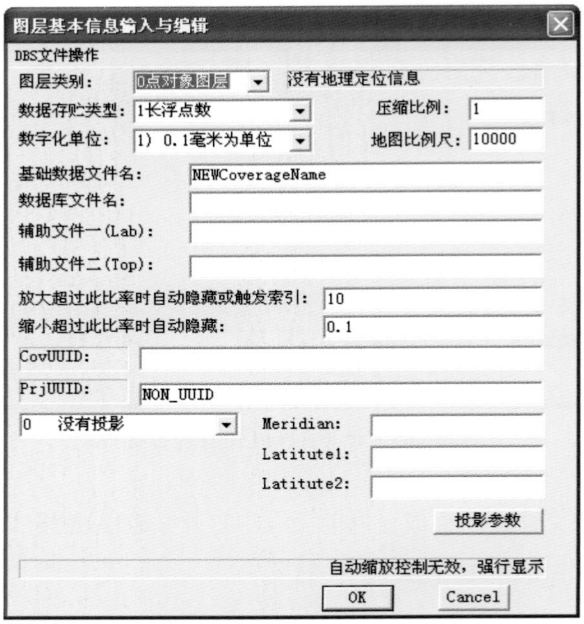

图6.71　新建图层头信息

8）保存当前图层

保存当前图层。对当前图层进行编辑后，点击“图层”菜单下的“保存当前图层”，即完成对当前图层进行保存，在本系统中主要用来保存相关的头文件信息。

9）保存SHAPE文件

将当前图层保存为可为外界系统接受的通用GIS数据文件。点击“图层”菜单下的“保存SHAPE文件”，在文件对话框中输入相关的文件名，注意，不要加上扩展名，即可将当前图层另存为一个SHPAE格式的图层文件，但绘图符号不能保存。

10）卸载图像背影

当用户不需要背影图像集时，此菜单命令从内存中清空遥感图像背景，这样可以大大提高显示速度。如果当前背景中没有遥感背景图存在，此功能相当于重绘当前屏幕操作。

6.5.2.3　载入数模结果

本系统的特色表现在数值模拟结果与空间信息的高度无缝集成方面。风暴潮或海浪等减灾分析数据，以空间图层形式或者栅格形式提供，系统能直接载入这些数据，并自动与GIS进行空间配准，从而实现任意点的信息查询功能。

系统中减灾辅助决策信息中，DEM数据和风暴潮动态过程场景数据是以栅格形式提供的，其中一个是头文件，另一个是实体文件。头文件以*.sfm为扩展名，其中记录这个栅格数据的基本特征，另一个文件以*.srg为扩展名，其内容是数据实体。而减灾预案则以SHAPE图层表示，将不同级别的预案集合成一个工程文件，如黄骅风暴潮预案数据组织时，将5个级别的信息放在一起，菜单操作如图6.72所示。

图6.72 在地理数据上叠加风暴潮灾害信息

载入数模结果分成两个部分，第一部分为应用时用户载入数模分析结果的具体操作，第二部分还提供了将这些数模结果作为数据工程而显示或处理的辅助功能，提供数据保存、格式转换、数据输出之用。

1）载入风暴潮数据集

风暴潮灾害过程数据集提供了整个风暴潮致灾过程中的水位信息，在系统中是动画显示过程的数据源，也是进行空间分析的数据源。用户在进行减灾分析时，除了解减灾预案以外，还需要了解不同过程中淹没水位信息。利用此菜单命令，可以载入相关的风暴潮灾害过程数值模拟数据，操作界面如图6.73所示，在文件对话框中选入“风暴潮数据”目录下的相关文件。

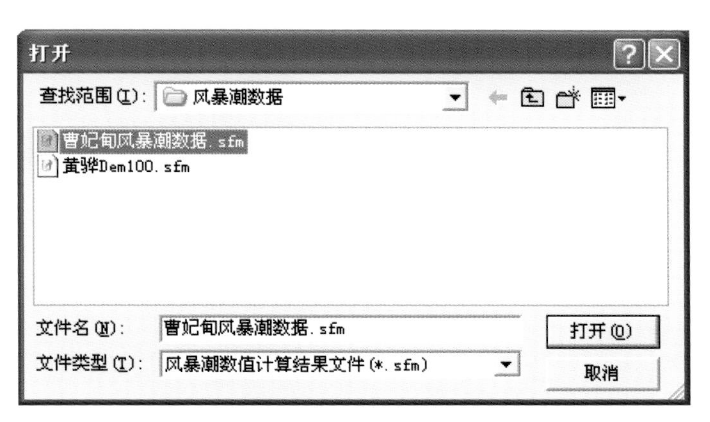

图6.73 风暴潮防灾减灾决策数据

单击“打开”后系统将载入风暴潮数据文件到工程中，系统动画显示相关的灾害过程数据，如图6.74所示。

图6.74　风暴潮防灾减灾数据在GIS界面中的叠加显示

2）载入风暴潮图层集

风暴潮灾害过程数据既可以是栅格格式数据，也可以通过下面的“工程栅格转矢量”以后的保存下来的矢量格式结果，矢量格式数据的优点是进行了分级，有助于了解大趋势。具体操作相似，在文件对话框中选择风暴潮工程集即可，如图6.75所示。

图6.75　风暴潮防灾减灾数据的矢量图层集方式

载入以后，原来风暴潮工程集被取代，动画显示结果如图6.76所示。

在装入风暴潮数据以后，按菜单“动画”中的“暂停”项，将显示当前场景的淹没情况。此时移动鼠标时，则在状态栏中自动显示风暴潮水位情况，如果载入了DEM数据集，则同时显示DEM和水位信息。

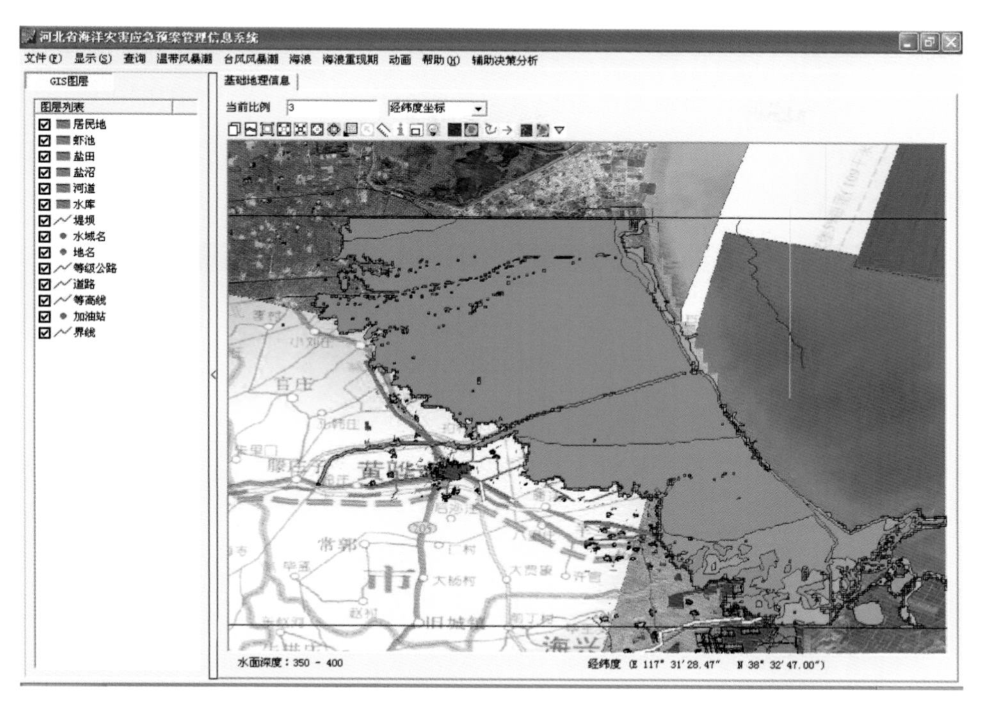

图6.76　基于矢量图层的风暴潮淹没范围显示

3）载入DEM数据集

DEM数据是一项重要的背景数据，系统提供了DEM数据与风暴潮淹没水深数据同屏查询功能。如图6.77所示，当鼠标移到位置①时，状态栏中同时显示了DEM和水面深度两个参数，表示在风暴潮过程中，此地淹没深度在350−162=188 cm，很危险了。

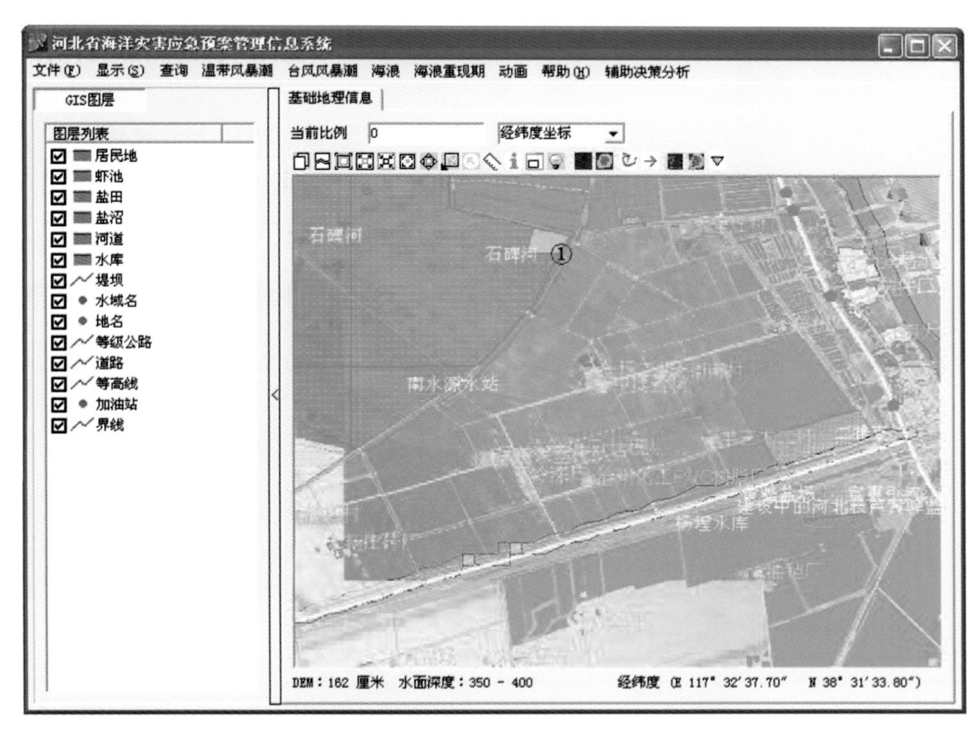

图6.77　基于DEM背景下的风暴增水可视化查询界面

4）载入风暴潮数据到工程

这个辅助分析功能可以将风暴潮数值计算模拟所产生的结果，按图层进行时间序列显示，同时，可以将每个时序场景的数据保存为标准的Shape图层，提供外系统使用，也可以将整个过程数据拆解为一个一个的BMP图层。如图6.78所示。

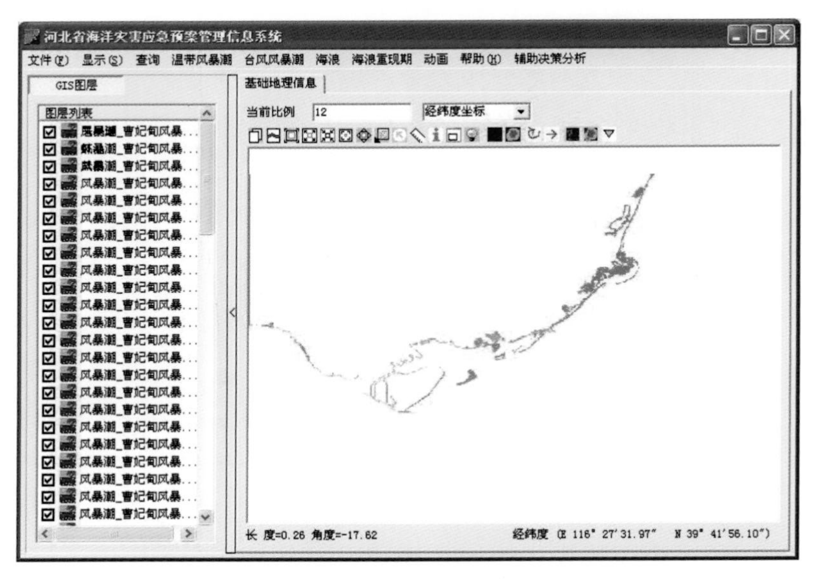

图6.78　将风暴潮数值模式结果转化为矢量图层

通过控制左边的图层列表框，如全部图层隐藏后，然后选择某个图层显示，可以分析某个时间场景的具体淹没情况。如果要将栅格数据变为矢量数据，则选菜单项“工程栅格转矢量”即可。

5）载入DEM到工程

如前所述，一般情况下DEM仅仅作为背景数据，在风暴潮水位查询时提供一个参考背景，但用户若需要查看DEM数据，在此菜单中执行。在文件对话框中选择DEM数据以后，系统将载入DEM数据，并自动进行分级显示，如图6.79所示。

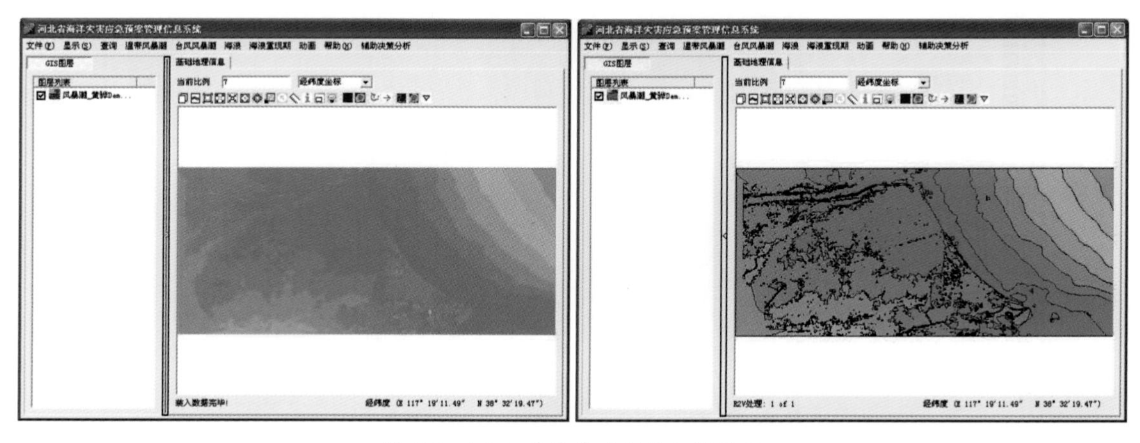

图6.79　DEM作为基础图层分级显示

左为色彩分级，右为矢量多边形分级

左图为BMP栅格图层，右图为执行下面的“工程栅格转矢量”菜单功能后的水深分级矢量图层，线为等值线。

6）工程栅格矢量

执行菜单项“工程栅格转矢量”，系统自动将每个图层的栅格数据转换为矢量数据，这个操作需要一定的时间，状态栏中会显示当前处理的进度，如“R2V处理：23 of 78”，表示共有79个，现在已经处理完成了23个图层。处理完成后，左边图层列框中图层类型的图标会改变，由原来BMP图层变为多边形图层。利用“文件”菜单中的相关命令，保存整个工程或者保存某个图层。

6.5.2.4 显示

显示菜单如图6.80所示。

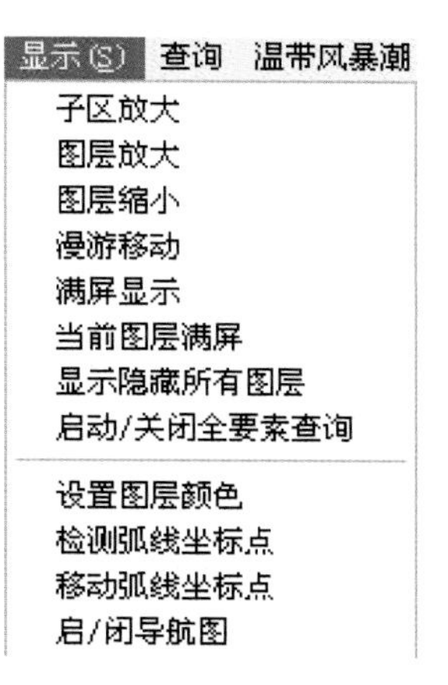

图6.80　显示菜单

1）子区放大

选定子区进行放大显示。单击“显示”菜单下的“子区放大”，或单击工具栏中“ ”，将鼠标移到地理信息显示视窗中，按下鼠标左键不放松，此时移动鼠标会出现子区框如图6.81所示。确定时松开鼠标按钮，即可完成子区放大功能。

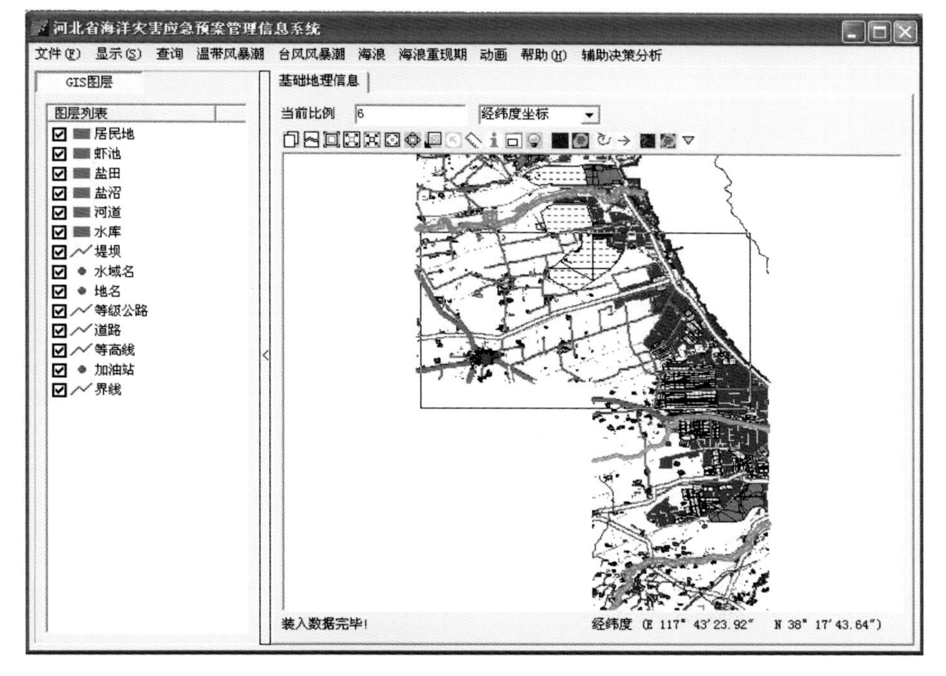

图6.81　子区放大

2）图层放大

将图层放大一倍显示。单击“显示”菜单下的“图层放大”，或单击工具栏中“ ”，用鼠标左键在地理信息显示视窗点击，系统将以此点为中心，将视图放大一倍显示。

3）图层缩小

将图层缩小1/2显示。单击“显示”菜单下的“图层放大”，或单击工具栏中“⊠”，用鼠标左键在地理信息显示视窗点击，系统将以此点为中心，将视图缩小1/2显示。

4）漫游移动

图层漫游移动，或称拖动图像。单击“显示”菜单下的“漫游移动”，或单击工具栏中“✥”，将鼠标移到地理信息显示视窗中，按下鼠标左键不放松，此时移动鼠标可拖动显示，确定时松开鼠标按钮，即可完成视图区域的手工移动功能。对于大范围的区域显示控制，可以参考导航图操作功能来实现。

5）满屏显示

将当前打开地理信息工程满屏显示。单击“显示”菜单下的“满屏显示”，或单击工具栏中“⊡”，即可完成当前工程满屏显示功能。

6）当前图层满屏

如果工程中图层外框不一致时，“满屏显示”与本功能有所不同。本功能是将当前图层的外框作为计算依据来实现满屏显示，而不保证其他图层是否一定在视窗中显示。操作方法：在左边图层列表框中选择一当前图层，单击“显示”菜单下的“当前满屏显示”，即可完成当前图层满屏显示功能。

7）显示隐藏所有图层

显示或隐藏工程中所有图层。如果用户仅仅想查看某一个图层，则可以采用隐藏所有图层，然后在左边图层列表框中单独选中这个图层来显示，以提高操作效率。操作方法：单击“显示”菜单下的“显示隐藏所有图层”，若此菜单项前显示“√”，则将工程中所有图层全部隐藏，否则显示所有图层。

8）启动/关闭全要素查询

系统提供了针对工程图集中的全部图层要素的可视化显示操作功能。在GIS视图界面上，不可能将所有信息全部展现出来，而与地理要素相关的属性信息，在信息浏览时常常是十分需要的，这就需要一个功能强大的全要素查询功能。即不管理图层如何安排，用户仅仅关心其所见的地理对象是什么，只要鼠标移到地图中的某个区域，要求系统能自动地将用户所见的地理对象的属性显示出来。这个功能称之为全要素查询。打开这个功能，将鼠标移到查询区域，停一下，系统自动将此时鼠标所指的地理对象属性对屏幕上显示。启动或关闭会在菜单项前显示“√”。注意，此功能如果在第一次打开时不工作，则重复执行两次，即打开后关闭，然后再打开。具体操作效果说明如下。

此时鼠标处于跟踪查询状态，将鼠标停在如图所示的位置①时，如图6.82所示，系统自动查询虚线区域的地理属性，并在屏幕上显示，移动鼠标时属性显示取消。跟踪查询是自动的，可以在不同图层中自动切换用户仅仅关注屏幕上的目标就可以了。

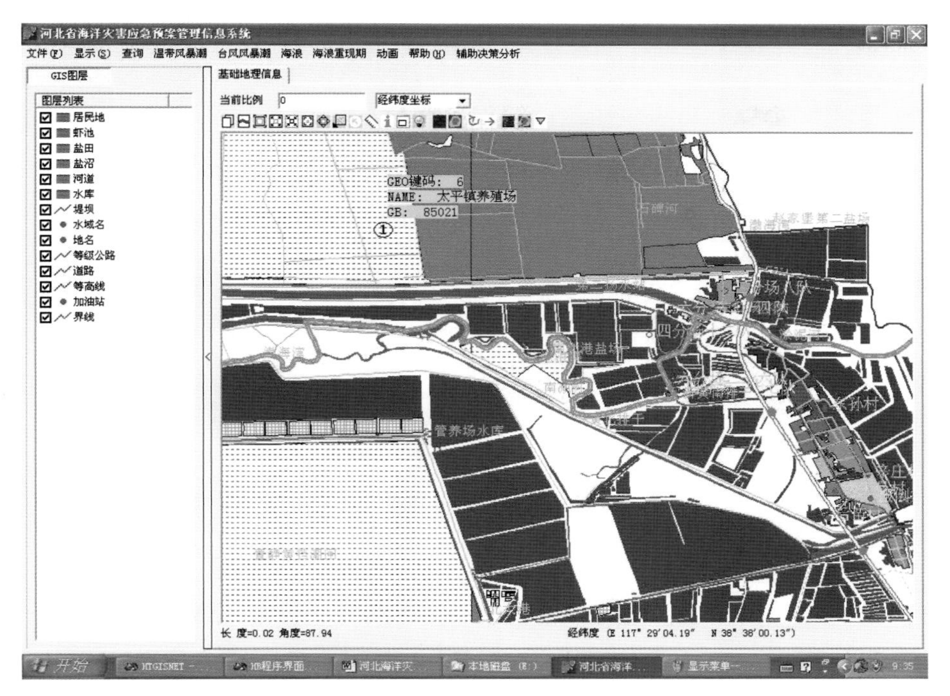

图6.82 全要素鼠标跟踪查询自动找查到面对象

当鼠标再移到图中位置②时，系统自动查询到相关的线对象，属性信息显示为一般堤，如图6.83所示。同理，当鼠标再移到图中位置③时，查询到排水渠信息，如图6.84所示。从中可以看出，上述查询到的属性不在同一个图层，但这个查询功能由于具有智能特点，可以轻松地查询到用户所需的信息，大大地扩展了通常的GIS空间查询功能。在一般GIS工具软件中查询，需要选确定在哪个图层，然后才能进行空间查询。

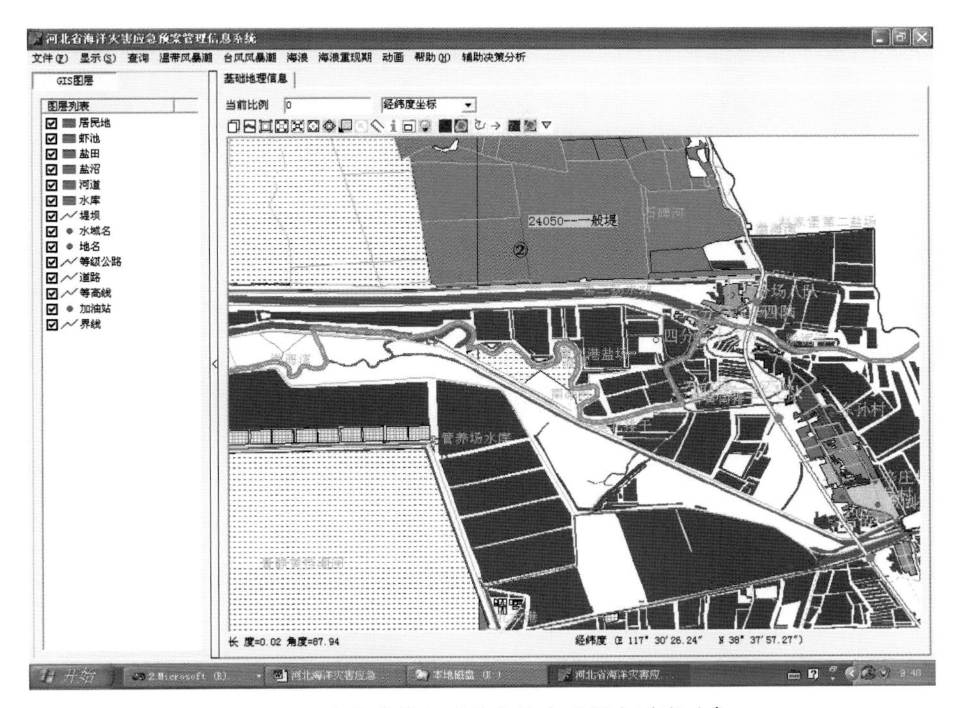

图6.83 全要素鼠标跟踪查询自动找查到线对象

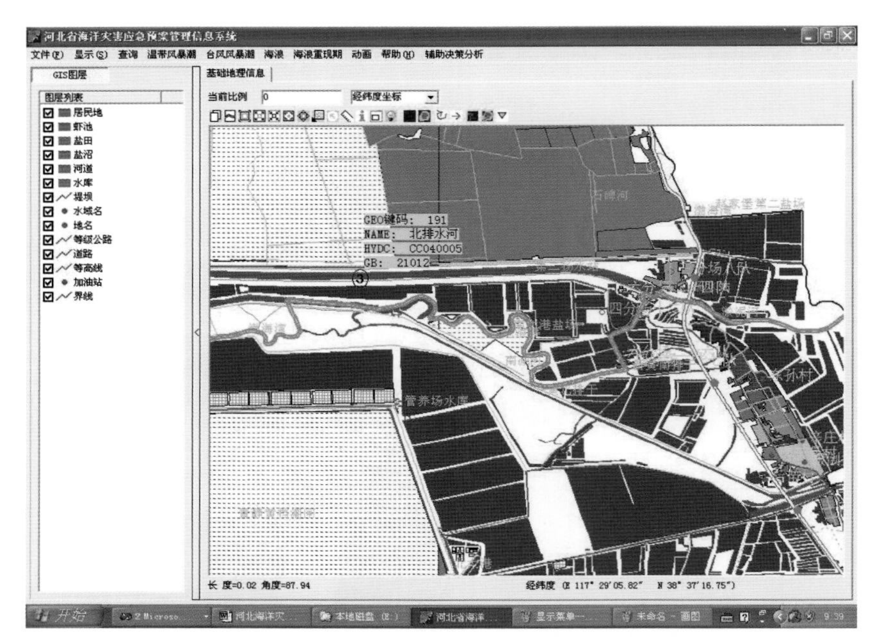

图6.84　全要素鼠标跟踪查询自动找查到另外图层的线对象

9）设置图层颜色

地理图层点、线、面在显示时如果不指定显示颜色，一般以黑色显示。这个功能为用户提供了自定义显示颜色。以点对象显示来说，由于点的类型是根据绘图符号由符号库定义的，不能改变，但是，对于点相关的注记，则可以用这个功能来改变显示颜色。操作如下，在图层列表框中选定“水域名”图层，然后单击此菜单项，弹出背景颜色设置框，选择需要的颜色，单击“确定”，即完成设置颜色。此时，相关的点注记颜色即变为设定颜色，如果要保持这个设定，则保存当前图层，下一次载入时将自动采用它，如图6.85所示。

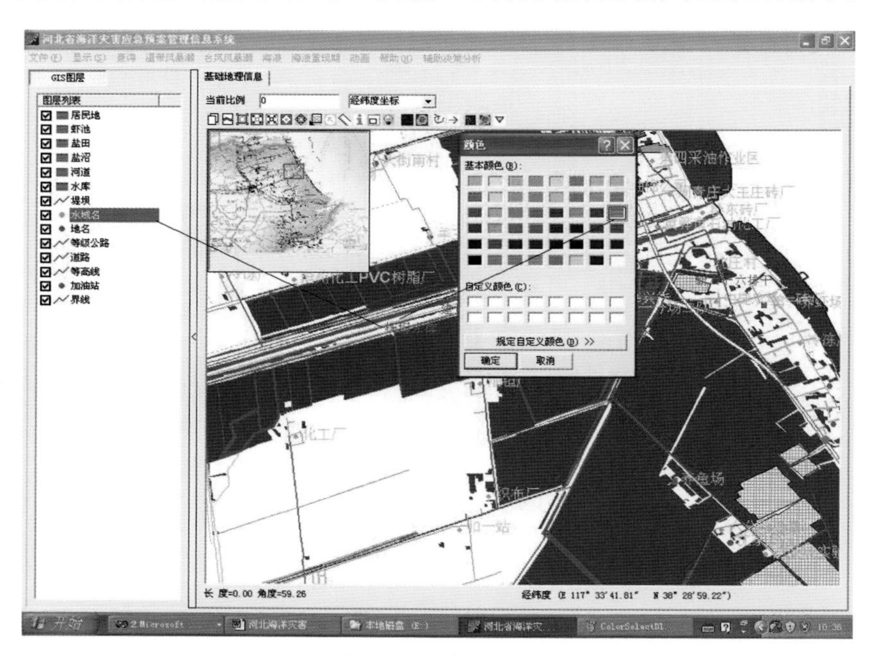

图6.85　颜色设置框

10）检测弧线坐标点

系统提供了实时的坐标查询功能，只有将鼠标移到地理系统视窗中，在状态栏中即显示相关的经纬度信息。但在实际应用中，用户需要查询地理对象中的精确点位信息，如一个宗地的精确界址坐标，一个沟渠测点的精确坐标。如果仅仅依靠屏幕查询，则总会存在误差。本功能就是为了实现这个特殊的需求，即鼠标查询点的点，就是相关弧线拐点的精确坐标。

以查询堤坝图层中某一堤的精确拐点为例。首先在图层列表框中选中“堤坝”为当前图层，然后选此菜单项。将鼠标移到要查询的线对象附近，点击鼠标左键，此时，系统将线对象选中，并显示其中所有的拐点。移动鼠标，则系统自动将与其最近的拐点坐标显示出来，如果图6.86所示。如果要查询其他线，则重复选线操作。

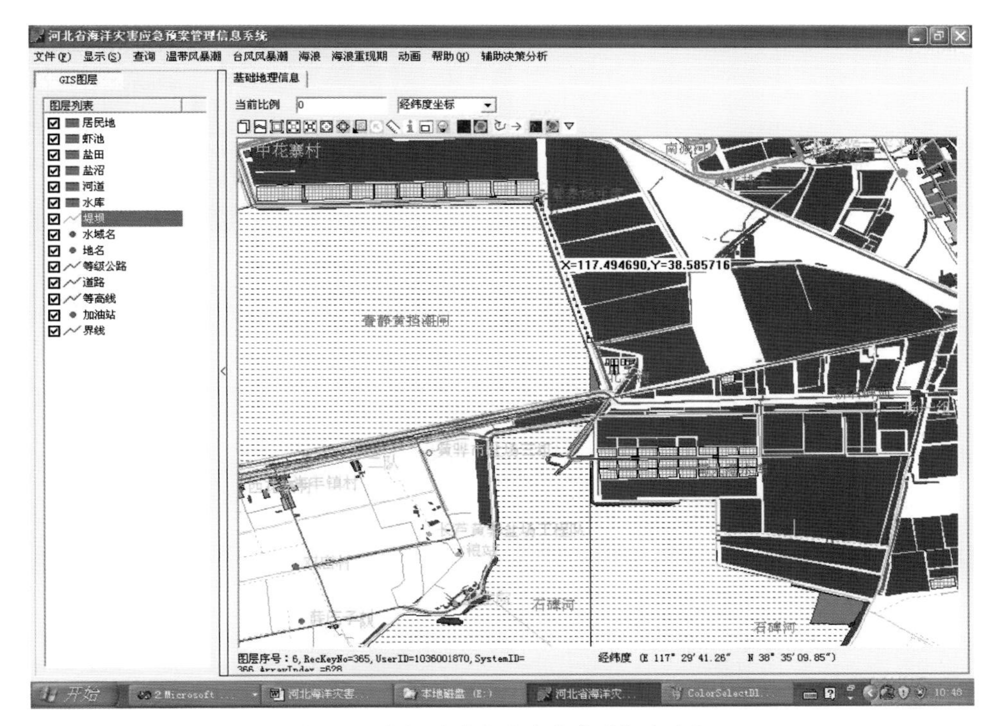

图6.86　鼠标跟踪查询选中线的拐点坐标

11）移动弧线坐标点

这个功能为用户提供了一个轻量级的线编辑功能。在GIS应用工程中，数据处理一般由功能强大的编辑软件来完成，最后整理为成果数据，供用户使用。但在某些应用中，需要作轻微的编辑。其操作与查询线坐标相似，选中需要编辑的图层为当前层，然后单击图层中的编辑对象，线中所有拐点都在屏幕上显示。此时在线附件移动鼠标时，系统自动捕捉离其最近的拐点，单击选中此点作为编辑对象，此时移动鼠标时系统以橡皮筋方式显示新点的位置，再单击确定修改。可以连续修改线的中点，直到将操作变为其他状态。如果在两个拐点之间右击，系统将自动将这个点插入到线中如图6.87所示。

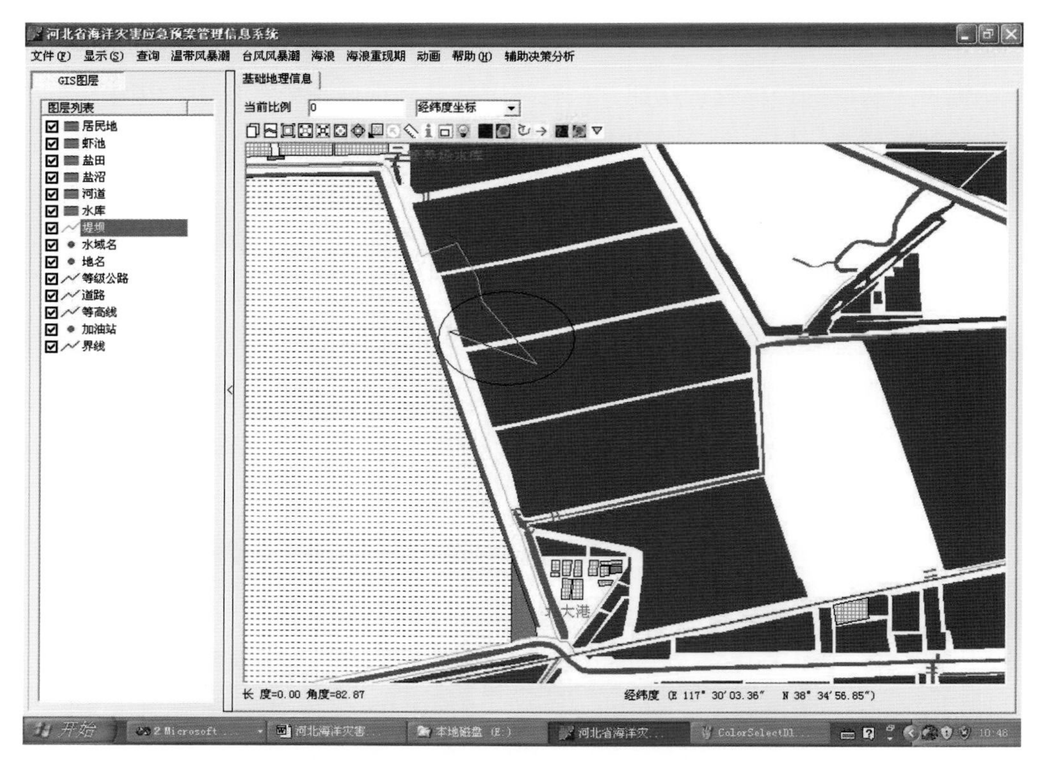

图6.87 利用鼠标可视化编辑弧线的拐点坐标

12）启/闭导航图

导航图，也称鹰眼功能，利用一个缩小的概略图来帮助用户快速移动地理信息视窗，或者是帮助用户判断当前局部状态是在整体区域的哪个位置。无论在数据编辑，还是在信息查询时，此功能都是有用的。点击菜单项，其前显示“√”表示开启导航图，否则为关闭导航图。一般情况下导航图在数据工程制作完成时加入，如果当前工程没有预定好的导航图，则系统自动以当前屏幕为基准，自动建立起导航图。

如图6.88所示，启开导航图时，自动将其放在地理信息视图窗口屏幕的左上方。导航图中的红色框代表着地理信息视窗在整个区域中位置。用鼠标在导航图红框以外的地方单击，当前视窗以此点为中心移动显示画面。当在红框以内按下鼠标左键时可以移动红色框，松开时确定显示区域，此功能与拖动显示相似。当前视窗放大倍数越大，则红框越小。关闭时，导航图隐藏起来不显示。

13）预案集中栅格图层自动色标显示

减灾预案工程集可以直接装入数模计算结果，并进行动画显示。详见菜单命令“载入风暴潮数据集”。减灾数据显示是通过分级来实现的，程序自动将其分为0.25 cm一个等级，而各级的色标则通过一个连续的渐变色标来实现，具体各种颜色代表什么样的值，可以查看这个菜单来实现。当装入数据后，点此菜单命令，会出现如下的对话框来显示色标。这是一个列表框，可以通过鼠标来上下查看具体的色标和色值，如图6.89所示。

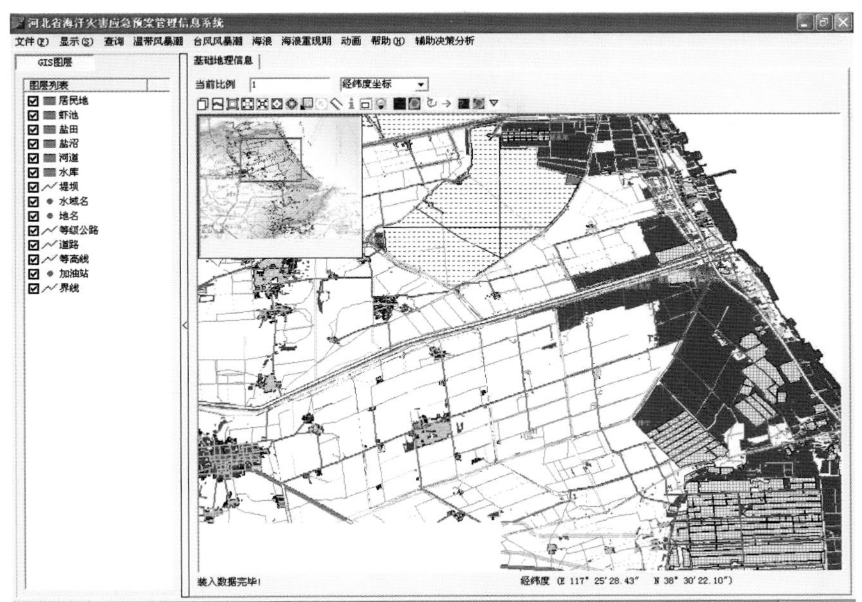

图6.88 在导航图中操作可以改变显示地图区域

色阶设计或显示

色标	水位(cm)
	< 25.0
	25.0 - 50.0
	50.0 - 75.0
	75.0 - 100.0
	100.0 - 125.0
	125.0 - 150.0
	150.0 - 175.0
	175.0 - 200.0
	200.0 - 225.0
	225.0 - 250.0
	250.0 - 275.0
	275.0 - 300.0
	300.0 - 325.0
	325.0 - 350.0
	350.0 - 375.0
	375.0 - 400.0
	400.0 - 425.0
	425.0 - 450.0

图6.89 设置风暴增水分级的色标

6.5.2.5 查询

查询功能在本系统中具有重要意义，担负着辅助决策分析功能，是将地理信息与数值模拟计算结果进行集成应用体现。系统同时支持栅格数据的数值模拟计算结果，同时，也支持矢量格式的预案。执行这一菜单下的具体命令之前，必须先行执行菜单项“载入风暴潮数据集”载入风暴潮数据，注意，需要载入栅格数据，而不是矢量图层的数据。

1）淹没范围分析

在载入风暴潮数据集以后，系统就可以进行淹没范围分析，否则，会提示错误，如图6.90所示，提示在分析之前载入数据。

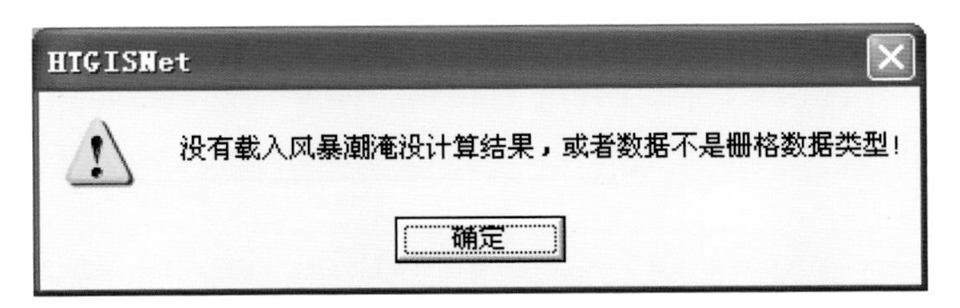

图6.90 淹没范围分析的出错提示

利用菜单“动画”中的功能，可以显示每个场景的淹没情况，按“暂停”菜单项时，选定这个场景的数据作为统计分析图层。

在此时按“淹没范围分析” 菜单项，进行淹没结果统计分析，结果以对话框方式显示。如果用户需要保存这个分析结果，则打开Word编辑器，利用“粘贴”命令将数据复制到Word文件中。如

淹没分析结果来自于图层：D:\河北项目GIS\风暴潮数据\曹妃甸风暴潮数据_77.arc

面积（平方千米）	水位分级
48.33	101 ~ 140
29.65	140 ~ 179
7.24	295 ~ 334
8.86	373 ~ 411

淹没面积合计 = 94.09 (平方千米)

2）居民地淹没分析

准备工作同“淹没范围分析”小节。左边的图层列表框中点击“居民地”，选定此图层为当前图层，然后执行本菜单。注意，本操作需要较长的分析时间，请等待。计算完成后，自动将结果在对话框中显示，如图6.91所示。如果要保存这个结果，同样地，可以在Word软件中用“粘贴”来实现。

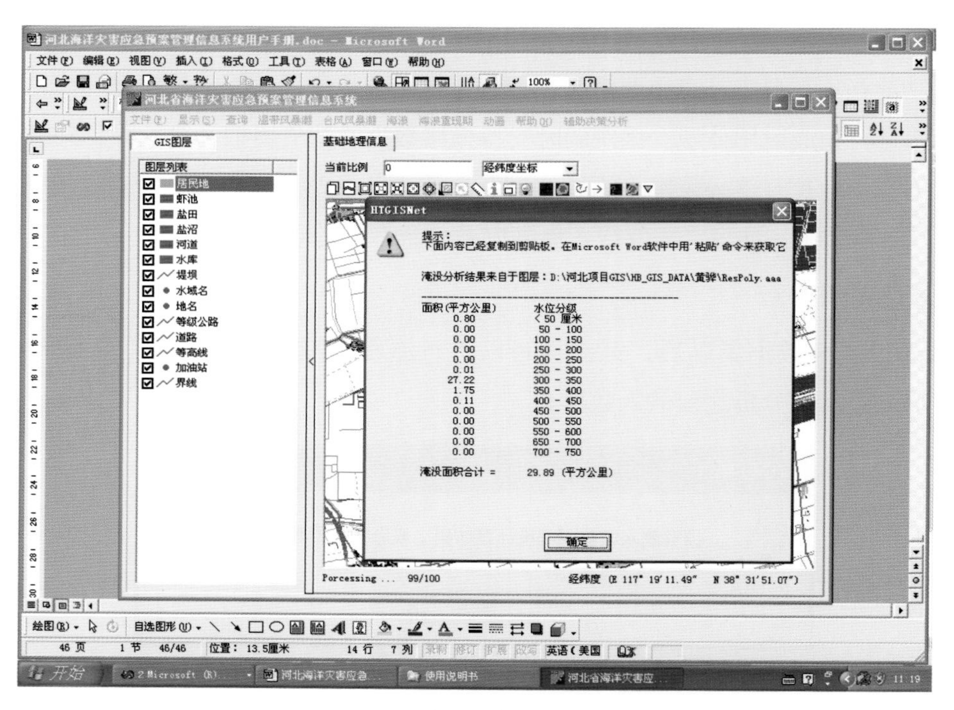

图6.91 淹没分析统计结果

3）盐田淹没分析

准备工作同“淹没范围分析”小节。左边的图层列表框中点击“盐田”，选定此图层为当前图层，然后执行本菜单。注意，本操作需要较长的分析时间，请等待。如图6.92所示，淹没区域在界面显示。

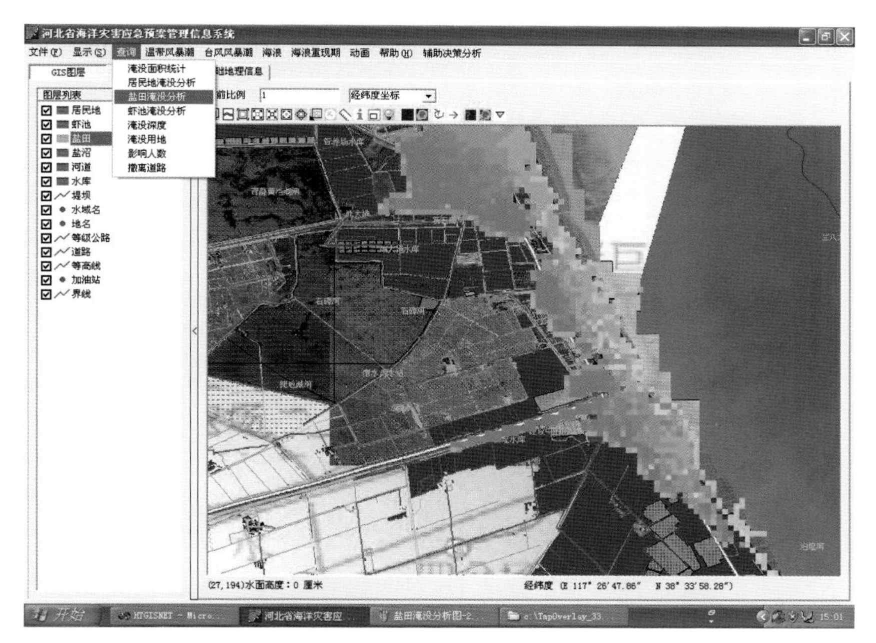

图6.92　盐田淹没区域的空间分析显示

计算完成后，自动将结果在对话框中显示，如图6.93所示。如果要保存这个结果，同样地，可以在Wrod软件中用“粘贴”来实现。

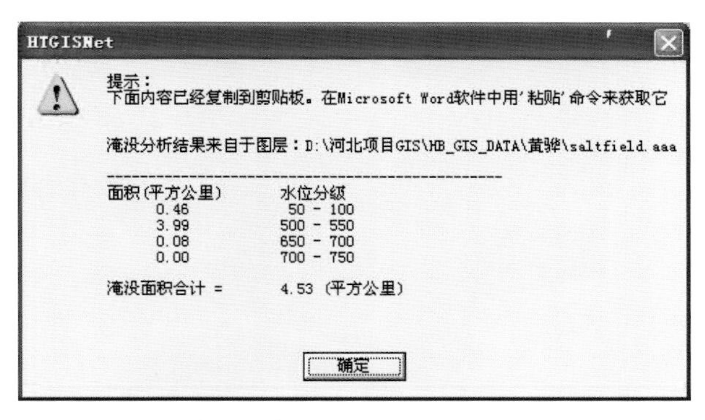

图6.93　淹没分析结果以粘贴方式传递给用户

空间分析结果以图层形式自动地加入到当前工程中，如图6.94中图层列表框新增了一个图层，如果用户需要保存这个结果，可以利用图层保存命令完成，或转存一个SHAPE格式的标准交换文件。系统完成空间分析以后，自动弹出属性以话框，供用户进一步做工间细化查询分析之用。如图6.94所示，“南大港盐场”被不同的淹没深度区域所分割，点击属性表中的某一项，则与此对应的多边形将自动移到屏幕中心，并高亮显示。

4）虾池淹没分析

准备工作同“淹没范围分析”小节。左边的图层列表框中点击“虾池”，选定此图层为当前图层，然后执行本菜单。注意，本操作需要较长的分析时间，请等待。分析结果如图6.95所示。

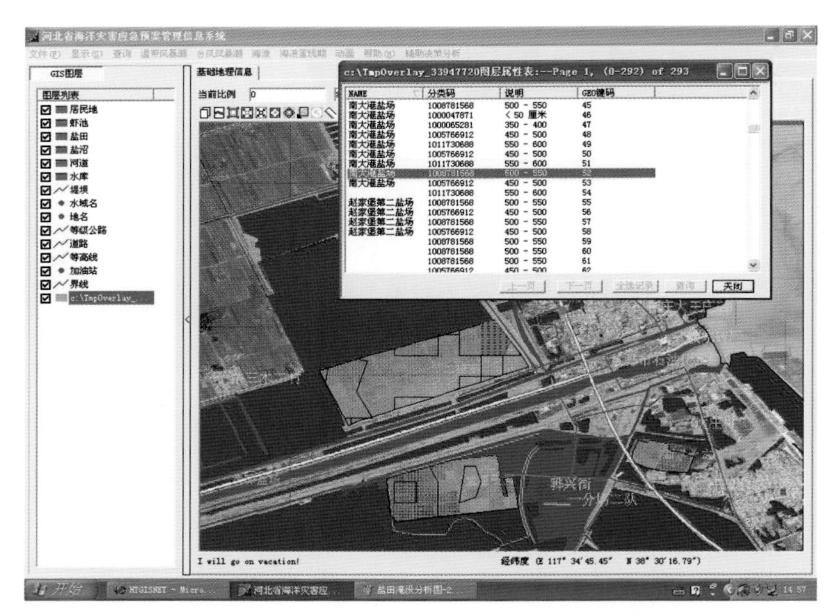

图6.94　淹没分析结果记录与地理空间自动定位显示

图6.95　虾池淹没分析界面

5）道路淹没分析

准备工作同“淹没范围分析”小节。左边的图层列表框中点击“等级公路”，选定此图层为当前图层，然后执行本菜单。注意，本操作需要较长的分析时间，请等待。结果如图6.96所示。

6）屏幕长度量算

在左边图层列表框中选择一个具有地理坐标的参考图层，如居民地。单击本菜单项后，鼠标变为量算操作。在地理信息视窗中击右键表示起点，然后按鼠标左键为中间点，按右键结束，系统自动计算这条线的长度，并在窗体的状态栏中显示。

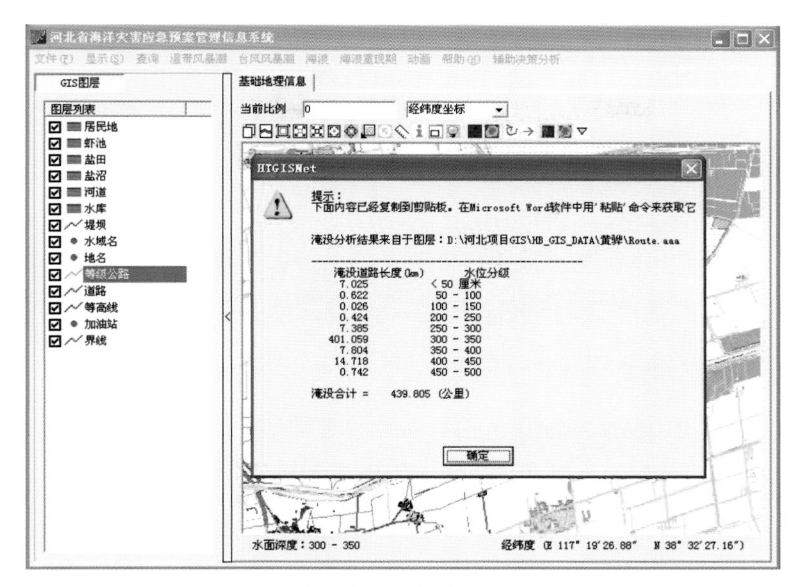

图6.96　道路淹没分析界面的结果显示

7）屏幕面积量算

在左边图层列表框中选择一个具有地理坐标的参考图层，如居民地。单击本菜单项，鼠标变为量算操作。在地理信息显示视窗中击右键表示起点，然后按鼠标左键为中间点，按右键结束，系统自动计算由这条线组成的面积，自动闭合开始点与结束点，计算结果在窗体的状态栏中显示。

6.5.2.6　动画

动画菜单项用来操作载入到系统中的风暴潮灾害过程数据的显示方式，如图6.97所示。此菜单项的信息源来自于菜单“载入风暴潮数据集”或者“载入风暴潮图层集”的数据，在执行“动画”操作之前，需要提前载入相关的数据。

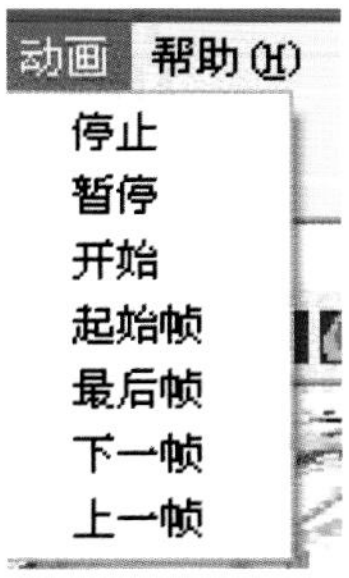

动画　帮助(H)
停止
暂停
开始
起始帧
最后帧
下一帧
上一帧

图6.97　风暴潮淹没动画显示控制菜单项

1）停止

一般情况下，当执行菜单“载入风暴潮数据集”命令后，系统自动载入相关时间序列数据，并将它动画显示。

“停止”菜单项将停止风暴潮灾害过程的动态演示，而且，当前场景的风暴潮淹没信息不显示，同时，屏幕上动态查询的功能也取消。但此时仍可进行“查询”菜单系列中空间分析功能。

2）暂停

与“停止”菜单项不同，虽然这个功能也是用来控制动画过程中的停止动作，但它自动将当前场景以半透明方式来显示风暴潮淹没范围，此时，鼠标在屏幕上移动时，自动将鼠标所在的水深信息、高程信息（如果载入DEM）等在状态栏中显示，实现了动态实时查询功能。

3）开始

将“停止”菜单项和“暂停”菜单项的功能重新启动起来，进入动画状态。

4）前一帧、后一帧、起始帧、最后帧

接下来的4个按钮是静态控制操作，“起始帧”相当于将场景移到头，并“暂停”；“最后帧”相当于将场景移到尾，并“暂停”；“前一帧”相当于将场景往前移一个位置，并“暂停”；“后一帧”相当于将场景往后移一位置，并“暂停”。

5）显示台风路径

点击菜单，系统弹出东海、黄海、渤海湾区域地理底图，如图6.98所示，台风路径显示框，其中黄骅和曹妃甸两个地点的位置在图上用红点标出，以便观察台风路径离研究区的远近。在进行动画显示时，与之相关的台风轨迹在地理底图上显示，当前场景的台风中心点位置、时间等也同时显示，如图6.99所示。

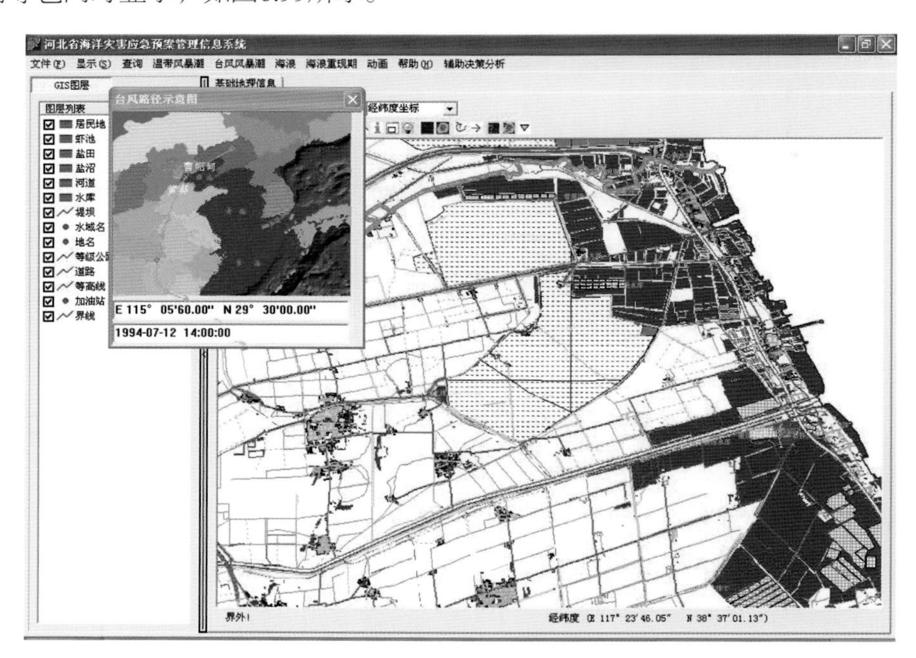

图6.98　显示动画时台风路径同步

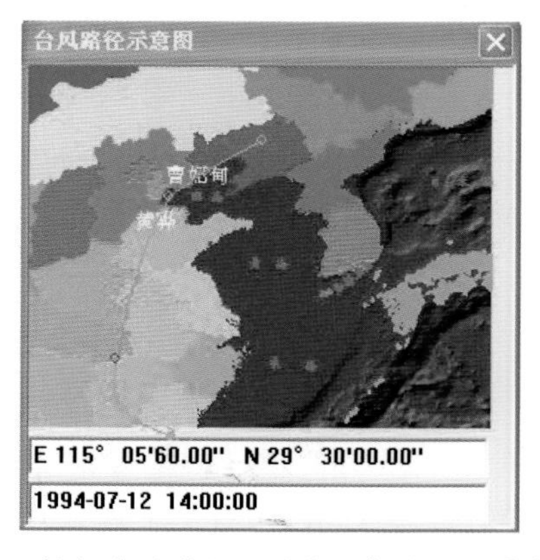

图6.99　根据台风路径位置定位相应的风暴潮增水

从台风路径图中反向定位风暴潮增水场景显示控件功能。用户可以根据地理底图上台风迹点的位置来选择与之相关的风暴潮淹没范围分布场景。为某一个场景对应下的路径和时间。每个台风迹点代表一个风暴潮场景，用鼠标的右键在地理底图上台风路径上的某个迹点上单击，系统自动找查与之最近的迹点，并将动画场景切换到当前迹点所对应的时间。

6）隐藏台风路径

关闭这个台风路径显示窗。

6.5.2.7 温带风暴潮

1）黄骅

操作同“台风风暴潮”菜单，只不过预案数据为“温带风暴潮”预案数据，按系统提示来载入相关的工程。

2）唐山

操作同“台风风暴潮”菜单，只不过预案数据为“温带风暴潮”预案数据，按系统提示来载入相关的工程。

6.5.2.8 台风风暴潮

1）黄骅

此菜单功能为显示台风风暴潮的减灾预案可视化显示如图6.100所示，在载入风暴潮淹没预案分析以后，利用“查询”功能可以进行基于某个预案的灾害影响空间分析。

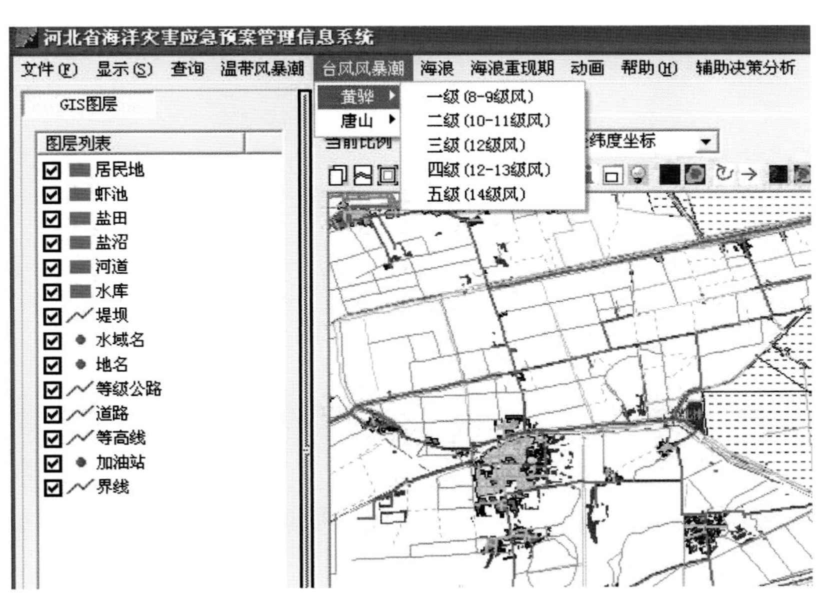

图6.100 风暴潮减灾预案分级菜单

单击菜单项“台风风暴潮”→“黄骅”→“一级（8-9级风）”，系统自动将此级别的台风风暴潮灾害淹没范围在当前屏幕上显示，并提示可以利用“查询”菜单来进行减灾决策辅助分析，如图6.101所示。

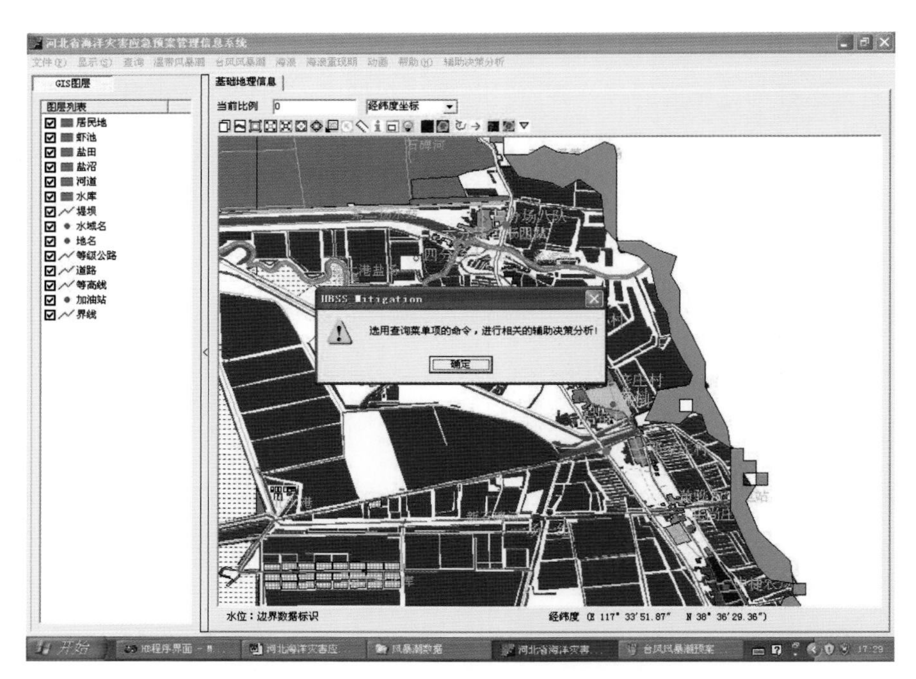

图6.101　载入减灾预案并在界面上显示淹没区域

如果系统此时没有载入针对黄骅的台风风暴潮预案，或者当前载入的是其他地方的预案，则系统提示，并要求用户载入相关的预案工程信息，如图6.102所示。

图6.102　提示辅助决策分析时与防灾减灾预案一一对应

确定后，系统要求载入相关的工程文件，载入后的工程文件将以动画形式来演示不同级别下的风暴潮淹没范围。

2）唐山

功能和操作方法同上。

注意，在预案显示时，系统不进行基础地理信息是否与预案中的地理位置一致的检验。仅仅检验预案工程是否为唐山的预案，因此，用户需要注意，如果显示唐山的预案，需要手工来载入唐山地区的基理地理信息。否则，由于基础地理信息中没有唐山地区的坐标范围，而无法基于GIS来显示风暴潮淹没范围。

6.5.2.9　海浪

1）基于平均海平面的海浪预案管理

基于平均海平面的海浪预案管理，其菜单界面如图6.103所示。将项目中所涉及的两个区域（唐山和秦皇岛）针对温带气旋和台风的不同强度分析，给出减灾决策所需的分级体系下的最大灾害影响区域和强度。

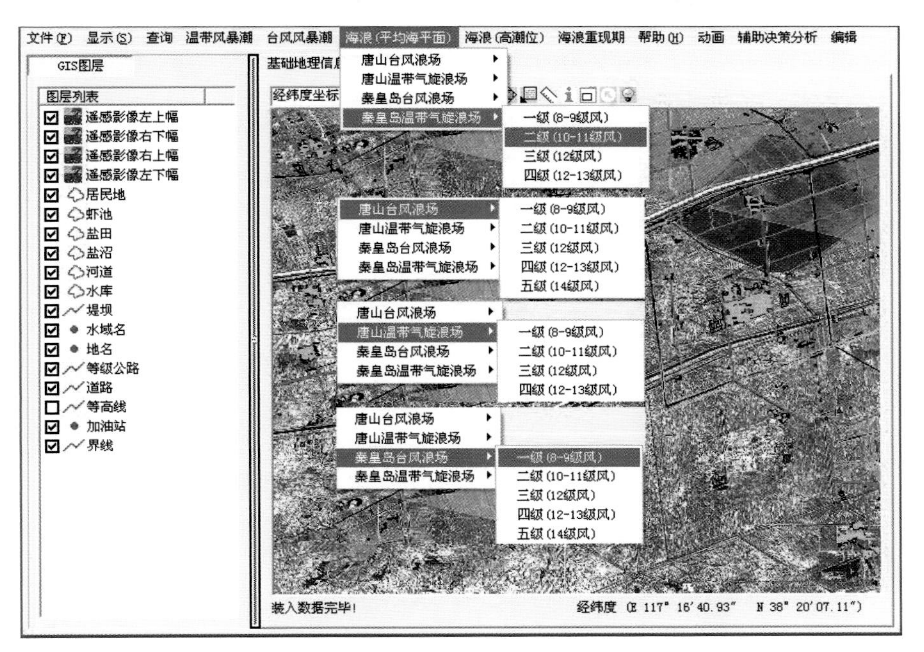

图6.103 海浪灾害防灾减灾预案及菜单功能图示

单击菜单项中的任一项，系统将自动调入相关的海洋灾害预案工程集，并将所指定的预案图层设为当前图层。注意，系统在装载预案工程集时可以在屏幕上显示每一景的载入过程，但装入完毕后将根据当前基础地理数据进行显示，因此，当地理数据位置与减灾预案不配时，有可能不能显示预案的信息。比如，当前地理数据是黄骅地区，而载入的是唐山的灾害预案，此时由于两者地理位置不配，则预案信息由于落在显示区域之外，用户不能看到。有两种方法：第一，将地图缩小；第二，装入与减灾预案相配的地理数据。

当载入相关的减灾预案后，就可以基于GIS进行查询，地图缩放时预案能与地理数据自动配准。鼠标移动到相关地点时，系统自动查询所在点的信息，并在状态条下显示相关的查询结果。如图所示，表明当前预案为“唐山平均海平面1级台风情况下海浪灾害预案”，所在位置的经纬度为（38°20′7.11″N，117°16′40.93″E），预案标明所在点的海浪2.0～2.5 m。

2）基于高潮位的海浪预案管理

基于高潮位的减灾决策信息管理与平均海平面情况下的相似，其操作方法相同。载入海浪灾害预案以后，叠加显示效果如图6.104所示。

6.5.2.10 海浪重现期

系统中含有唐山和秦皇岛这两个区域的针对平均海平面和高潮位情况下的海浪重现期分析资料，分别为100年、50年、25年、10年、5年、2年等一遇的分析资料，能过菜单可以装入分析资料与进行可视化查询，载入方法同“基于平均海平面的海浪预案管理”相似。菜单项和显示效果如图6.105所示。

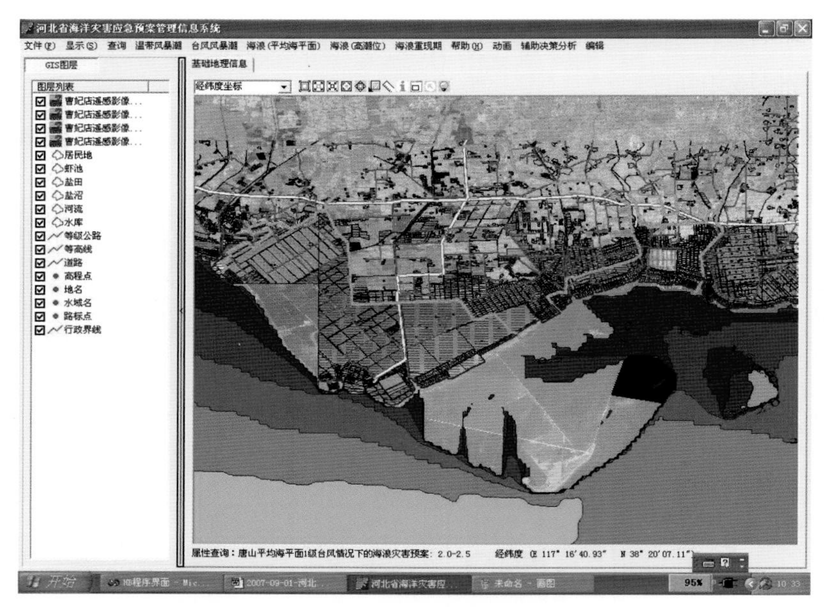

图6.104　高潮位海浪预案中浪高分级显示

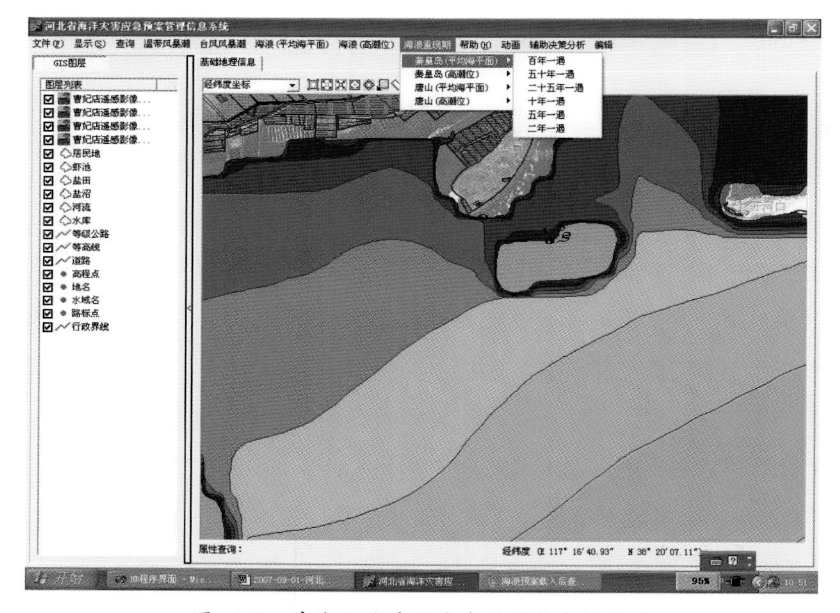

图6.105　高潮位海浪预案中重现期分级显示

6.5.2.11　帮助

1）帮助主题

系统自动显示本用户手册。

2）关于系统

显示系统相关信息和联系方式，如图6.106所示。

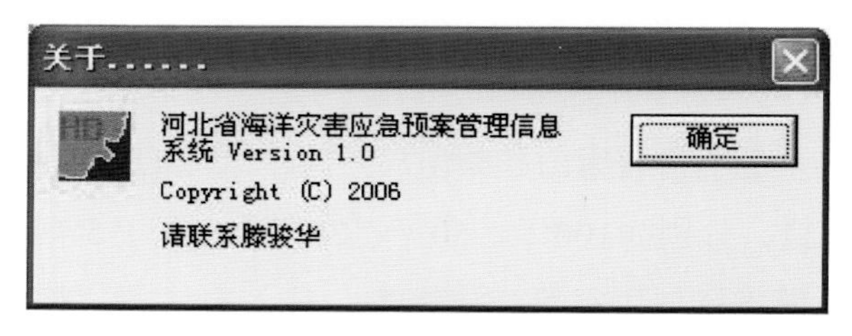

图6.106　软件版权与开发时间

结束语

区域性的风暴潮海浪减灾辅助决策系统对于地方海洋灾害的应急工作是十分重要的，在设计上注重将遥感和地理信息系统技术与海洋灾害数值预报模式结果的无缝结合，实现灾害预案的可视化表达与查询，更为重要的是，充分发挥地理信息系统空间分析功能，实现数值模式数据与区域社会经济数据的叠加分析与分类统计分析，从而达到区域中所有位置的灾害分队分析覆盖。

系统针对海洋防灾减灾的业务应用，以海洋防灾预案在实际应用中的需求为出发点，利用VC++自动开发海洋防灾减灾信息综合平台，在数据组织、功能设计、动画展示等方面，进行了专门的设计与开发，在数据集成和系统集成方面，力求做到用户至上，操作方便，具有以下特点。

第一，以业务应用进行菜单项的组织，用户关注某类防灾，只要按菜单项从上而下执行，即可完成种类灾害预案的加载、显示、查询、分析。

第二，遥感和地理信息数据的支持，对于地区防灾减灾提供了十分直观的表现形式，尤其是将防灾减灾重点关注的载灾体数据，如农田、盐田、居民地、道路等社会经济信息，在系统中以标准图层形式参与灾损可能性分析，使得防灾救灾工作中的预演得到部分实现。一方面，在社会经济数据的更新方面比较方便；另一方面，由于数模结果也是可以通过标准数据格式引入到系统之中。因此，针对预案分析的功能是实时计算完成，而不仅仅局限于将已经事先做好的预案结果加以显示，从而提高了系统的应用价值和应用上的扩展能力。

第三，数模结果提供了两种方式的数据结构，可以是栅格的，也可以是矢量的，系统提供了自动将栅格转换为矢量的操作分析能力，使得灾害分析时的分级统计功能大大加强，无级缩放能力得以体现。

第四，系统将风暴潮、海浪这两个主要灾种的减灾辅助决功能，根据灾种进行操作上的设计。例如，在风暴潮预案动画展示时，可以同时与此相关历史上相似台风的路径信息，以及场景变化时的淹没区域范围与路径轨迹的一一对应，帮助决策者了解可能的灾害演进过程，从而利于救灾方案制定或具体救灾行为选择，提高救灾过程中重点关注区域的科学制定。海浪灾害预案采用矢量化的灾害级别表达，对于特殊区域的局部灾害的影响，如港口区域，在可视化界面下比较清晰，其效果要比栅格数据在表达上分析清晰，界线明确，有利决策。

第五，系统采用自主开发的方式，解决海洋防灾减灾辅助系统中的数据模型构建，将遥感数据、基础地理信息、区域社会经济数据、风暴潮数模数据、海浪数模数据、风暴潮防灾减灾预案等多种类型的数据进行了无缝集成，完成多源数据的综合分析处理和统计分析，在功能上体现了计算机系统的分析处理能力，而不仅仅注重成员展示。

随着防灾工作的深入，社会经济数据和基础地理信息数据都会更新，海洋灾害数值预报模型也会发生升级。防灾减灾系统的核心部分，即数据体系将随着时间的推进而不断发生变化，如果系统没有足够的数据更新能力，显然是不符合实际应用需求的。本系统采用了标准的数据模型，因此，在未来的扩展中，通过升级数据就可以实现系统的防灾辅助决策能力达到更新，系统维护方便。

参考文献

梁海燕，邹欣庆. 海口湾沿岸风暴潮风险评估 . 海洋学报，2005，27 (5) :22-29.

屈口孝男. 第13回海岸工程讲演集. 1966，242-247.

莎日娜，尹宝树，杨德周，等. 天津近岸台风暴潮漫滩数值模式研究. 海洋科学，2007，31(7) :63-67.

滕俊华，吴玮，孙美仙，等. 基于GIS的风暴潮减灾辅助决策信息系统. 自然灾害学报，2007，16(2) :16-21.

王喜年，刘凤树. 中国风暴潮的研究. 见：中国科协2000中国研究办公室. 2000年中国研究资料，第59集，海洋科学现状、差距与展望. 1985，35-41.

王喜年，尹庆江，张保明. 中国海台风风暴潮预报模式的研究与应用. 水科学进展，1991，2(1):1-10.

王喜年. 风暴潮——海洋灾害及预报，北京：海洋出版社，1991，43-88.

王喜年. 国内外风暴潮研究现状. 见：中国重大自然灾害及减灾对策（分论），北京：科学出版社，1993，409-416.

王喜年. 全球海洋的风暴潮灾害概况. 海洋预报，1993，10(1):30-36.

吴少华，王喜年，戴明瑞，等. 渤海风暴潮概况及温带风暴潮数值模拟. 海洋学报，2002，24(3) :28-34.

吴巍，孙文心. 渤海局部海域风暴潮漫滩计算模式——ADI干湿网格模式在渤海局部海域风暴潮漫滩计中的应用. 青岛海洋大学学报，1995，25(2) :146-152.

谢翠娜，胡蓓蓓，王军，等. 天津滨海地区风暴潮极值增水漫滩情景展及风险评估. 海洋湖沼通报，2010，(2) :130-139.

杨华庭，田淑珍，叶琳，等. 中国海洋灾害四十年资料汇编（1949—1990）. 海洋出版社，1993.

尹庆江. 渤海7203号强台风潮数值模拟和台风潮某些特性的研究. 海洋学报，1985，3(3):367-373.

仉天宇，于福江，董剑希，等. 海平面上升对河北黄骅台风风暴潮漫滩影响的数值研究. 海洋通报，2010，29(5) :499-503.

周玲，等. 渤、黄海沿岸潮灾性质分析. 海洋预报，1993, 10(1):37-39.

朱军政，于普兵. 钱塘江河口杭州湾风暴潮溢流计算方法研究. 水科学进展，2009，20(2):269-274.

B. A. Ebersole, J. J. Westerink, S.Bunya, J. C. Dietrich, M. A. Cialone. Development of Storm Surge which Led to Flooding in St. Bernard Polder during Hurricane Katrina [J]. Ocean Engineering, 37, 2010:91-103.

C. A. Blain, J. J. Westerink, R. A. Luettich. Grid Convergence Studies for the Prediction of Hurricane Storm Surge [J]. International Journal for Numerical Methods in Fluids, 1998, Vol.26:369-401.

Fijita, T. (1952) Pressure Distributed in Typhoon, Geophys. Mag., 23, 437-452.

Flather, R.A. and K.P. Hubbert , Tide and Surge Models for Shallow Water-Morecambe Bay Revisited. 1990, 135-166 in Modeling Marine Systems, Volume 1 (A.M. Davies Ed.). CRC Press, Boca Raton, Florida.

Flather, R.A. and N.S. Heaps , Tidal computations for Morecambe Bay. 1975, Geophysical Journal of the Royal Astronomical Society, 42, 489-517.

How Resilient is Your Coastal Community—A Guide for Evaluating Coastal Community Resilience to Tsunamis and Other Hazards[R]. U.S. Indian Ocean Tsunami Warning System Program.2007, U.S. IOTWS Document No. 27-IOTWS-07.

Hurricane and Storm Damage Reduction System Design Guidelines [J]. New Orleans District Engineering

Division, Naval Research Laboratory, Department of the Navy, 2007:1-26.
J. C. Dietrich, R. L. Kolar, R. A. Luettich. Assessment of ADCIRC Wetting and Drying Algorithm [J].
J. J. Westerink, R. A. Luettich, A. Militello. Leaky Internal-Barrier Normal-Flow Boundaries in the ADCIRC Coastal Hydrodynamics Code [J]. ERDC/CHL CHETN-IV-32, Naval Research Laboratory, Department of the Navy, 2001:1-26.
Jelesnianshi, C.P., Jye Chen and Wilson A.Shaffer, 1992, SLOSH: Sea, Lake, and Overland Surge from Hurricanes, NOAA Technical Report NWS48, pp71.
Murty, T.S., R.A. Flather and R.F. Henry , The Storm Surge Problem in the Bay of Bengal, 1986, Progress in Oceanography, 16, 195-233.
Murty, T.S., storm surge. Jelesnianski, C.P. , A Numerical Calculation of Storm Tides Induced by a Tropical Storm on a Continental Shelf, 1965, Mon. Wea. Rev., 93, 343-358.
R. A. Luettich, J. J. Westerrink. ADCIRC User Manual: A (Parallel) Advanced Circulation model for Oceanic, Coastal and Estuarine Waters [R].
Tatsuo Konishi, An Experimental Storm Surge Prediction for Western Part of the Inland Sea with Application to Typhoon 9129, 1995, Meteorology and Geophysics, 46(1):9-17.
Wang Xinian, Han Mukang. Impact of Sea-Level Rise on the Coastal Regions of China, Potential Impact of Climate Change on China, Chinese Research Academy of Environmental Sciences, Beijing, China (Supported by the Global Environmental Facility), 1994: 44-64.
Wang Xinian, Yu Fujiang, Yin Qingjiang. Research of Application of Numerical Models of Typhoon Surges in China Seas, The Special Issue of MAUSAM in Oct. 1997.
Wang Xinian, Yu Fujiang. Advances in the Research of Storm Surge, CHINA NATIONAL REPORT on Physical Sciences of the Oceans and on Hydrological Sciences for the XXIInd General Assembly of IUGG Birmingham, UK,July. 1999.
Wang Xinian, Yu Fujiang. Storm Surge CHINA NATIONAL REPORT ON Physical Sciences of the Oceans for the XX1th General Assembly of IUGG Boulder, Colorado, USA, July 1995.
Wu J., Wind Stress Over Sea Surface from Breeze to Hurricane. 1982, Journal of Geophysical Research, 87, c12, 9704-9706.
Yin Qingjiang, Wang Xinian. A Nomogram Method of Typhoon Surge Prediction in the Bohai Sea,Storm Surge:Observation and Modelling, China Ocean Press, 1990, 269-279.
Yu Fujiang, Ye Lin, Wang Xinian. A High Resolution Storm Surge Prediction Model for Bohai Sea with Application to Typhoon 9216, Proceedings of The International Conference on Marine Disasters: Forecast and Reduction，China Ocean Press, 1998.
Yu Fujiang, Zhang Zhanhai, Lin Yihua. A numerical storm surge forecast model with Kalman filter, Acta Oceanologica Sinica, 20(4):483-492.
Yu Fujiang, Zhang Zhanhai. lmplementation and Application of a Nested Numerical Storm Surge Forecast in the East China Sea, Acta Oceanologica Sinica, 21(1):19-31.